Dallmann

Baustatik 1

Raimond Dallmann

Baustatik 1

Berechnung statisch bestimmter Tragwerke

6., aktualisierte Auflage

HANSER

Autor:

Prof. Dr.-Ing. Raimond Dallmann

Hochschule Wismar
Fakultät für Ingenieurwissenschaften

Bibliografische Information der Deutschen Nationalbibliothek:
Die Deutsche Nationalbibliothek verzeichnet diese Publikation in der Deutschen Nationalbibliografie; detaillierte bibliografische Daten sind im Internet über http://dnb.d-nb.de abrufbar.

Vilshofener Straße 10 | 81679 München | info@hanser.de
Internet: www.hanser-fachbuch.de

Lektorat: Frank Katzenmayer
Herstellung: Anne Kurth
Covergestaltung: Max Kostopoulos
Titelbild: © istockphoto.com/Yamtono_Sardi
Coverkonzept: Marc Müller-Bremer, www.rebranding.de, München
Satz: Raimond Dallmann
Druck und Bindung: CPI books GmbH, Leck
Printed in Germany

Print-ISBN 978-3-446-46318-9
E-Book-ISBN 978-3-446-46354-7

Vorwort

Dieses Lehrbuch hat das Ziel, die Grundlagen der Baustatik zu vermitteln. Es ist aus den von mir seit 1994 an der Fachhochschule in Wismar gehaltenen Lehrveranstaltungen entstanden und richtet sich an *Studienanfänger* des Bauingenieurwesens.

Die Statik ist die Grundlage für alle konstruktiven Lehrgebiete des Bauingenieurwesens. Ein fundiertes Grundlagenwissen auf diesem Gebiet ist daher unerlässlich, zumal die während des Studiums erworbenen theoretischen Kenntnisse die Basis für das gesamte weitere Berufsleben bilden.

Das Lehrgebiet der Baustatik gliedert sich in die Berechnung statisch bestimmter und statisch unbestimmter Tragwerke. Der vorliegende Band 1 behandelt statisch bestimmte Tragwerke. Die Berechnung statisch unbestimmter Tragwerke sowie die Ermittlung von Verformungen sind Inhalt von Band 2.

In diesem Buch werden zunächst die für die Baustatik benötigten Grundlagen der Mechanik ausführlich behandelt. Die Darstellung der für die Berechnung statisch bestimmter Tragkonstruktionen erforderlichen Zusammenhänge erfolgt methodisch, wobei auf die spezifischen Eigenschaften spezieller Tragwerke eingegangen wird. Zum besseren Verständnis des Lehrstoffes schließen sich in jedem Kapitel an die theoretischen Grundlagen viele vollständig durchgerechnete Beispiele an. Die Anwendung der zuvor dargestellten Zusammenhänge wird anhand dieser Beispiele auf anschauliche Art ausführlich erläutert.

Die der *Baustatik* zugrunde liegende Methodik ist von der Art des Tragwerks unabhängig. Die Berechnung statisch bestimmter Systeme erfolgt durch Anwendung von Gleichgewichtsbedingungen. Es gibt keine spezielle Theorie des Dreigelenkrahmens oder des Gerberträgers, vielmehr ist die grundsätzliche Vorgehensweise für alle Tragwerksformen gleich. Das Verständnis der grundlegenden Methodik ist darum von so großer Bedeutung, weil sonst jedes statische System, das etwas anders aussieht als das vorherige, eine völlig neue, unlösbare Aufgabe darstellt.

Obwohl der Computer aus der Praxis des Bauingenieurs nicht mehr wegzudenken ist, hat das Erlernen der klassischen Methoden nicht an Bedeutung verloren. Es ist sogar noch wichtiger geworden, da durch die Anwendung von Computerprogrammen kaum noch Handrechnungen durchgeführt werden und daher das Gefühl für das Tragverhalten eines statischen Systems in der Berufspraxis nicht mehr ausgebildet werden kann. Die Unübersichtlichkeit von Computerberechnungen macht es jedoch unbedingt erforderlich, mit einfachen Methoden der Handrechnung die Ergebnisse komplizierter Berechnungsmodelle überprüfen zu können.

Statik lernt man nicht durch Bücher oder Lehrvorträge allein, sondern vor allem, *indem man selbst rechnet.* Das eigenständige intensive Üben des Lehrstoffes in Anwendung auf konkrete Aufgabenstellungen vermittelt oft auch erst im Nachhinein ein tieferes Verständnis der zugrunde liegenden Zusammenhänge. Zu diesem Lernprozess gehört selbstverständlich auch, dass man sich zunächst ungeschickt anstellt, unnötig hohen Aufwand betreibt oder auch Fehler macht. Auch ein falsch gewählter Berechnungsansatz oder eine schlecht gewählte Schnittführung stellen Erfahrungen dar, die dem Verständnis förderlich sein können.

Es kann gar nicht ausdrücklich genug betont werden, dass das Erlernen der Statik nur dann wirklich Erfolg haben kann, wenn es nicht auf die schematische Anwendung rezeptartiger Lösungsmuster auf ähnlich aussehende Aufgabenstellungen ausgerichtet ist, sondern vielmehr auf das Verständnis der grundlegenden Zusammenhänge.

Die Ausbildung im Fach Statik hat nicht nur das Ziel, praktische Fertigkeiten der Berechnung zu vermitteln. Sie schult auch eine gewisse Denkweise, fördert sowohl Anschauung als auch Abstraktionsvermögen und vermittelt ein „statisches Gefühl“ für das Tragverhalten von Konstruktionen.

Um die eigenständige Übung zu ermöglichen, enthält das vorliegende Buch eine Vielzahl von Übungsaufgaben, deren Lösungen am Ende des Buches angegeben sind. Die vollständigen Lösungswege sind im Internet unter *http://www.dallmann.bau.hs-wismar.de* oder unter *http://www.hanser-fachbuch.de/9783446463189* zu finden.

Es würde mich freuen, wenn dieses Buch nicht nur hilft, die Prüfung im Fachgebiet Statik zu bestehen, sondern sogar zum wirklichen Verständnis beiträgt.

Die vorliegende vierte Auflage dieses Buches ist inhaltlich unverändert, es wurden jedoch bekannt gewordene Fehler korrigiert. Ich danke für die zahlreichen Hinweise sowie für die überwiegend sehr positive Beurteilung des Buches.

Weitere Vorschläge, Hinweise, Erfahrungen und Anregungen zur Verbesserung des Inhalts aus dem Leserkreis sind stets willkommen.

Dem Carl Hanser Verlag danke ich für die ansprechende Ausstattung des Buches und insbesondere der Lektorin Frau Christine Fritzsch für die sehr angenehme Zusammenarbeit.

Frau Bianca Hennings und Herrn Thomas Bittermann bin ich für die Kontrolle der Beispiele und Aufgaben zu großem Dank verpflichtet.

Mein ganz besonderer Dank gilt meiner Frau Nanette, die nicht nur viel Geduld und Verständnis beim Entstehen dieses Buches aufgebracht hat, sondern auch beim Korrekturlesen eine große Hilfe war.

Tressow, im Herbst 2012

Raimond Dallmann

Vorwort zur sechsten Auflage

Auch die vierte Auflage ist von den Lesern sehr positiv aufgenommen worden. In der fünften Auflage wurden immer noch vorhandene Fehler korrigiert und punktuell Verbesserungen vorgenommen.

Mein großer Dank gilt in diesem Zusammenhang Herrn Mike Nemak, der durch sehr viele Hinweise und Anregungen zur weiteren Verbesserung des Buches beitrug.

Die vorliegende sechste Auflage dieses Buches unterscheidet sich von der letzten Auflage nur durch geringfügige Korrekturen. Sollten noch weitere Fehler auffallen, bitte ich um entsprechende Hinweise.

Ich danke dem Lektorat des Carl Hanser Verlages für die langjährige, gute und angenehme Zusammenarbeit.

Tressow, im Frühjahr 2020

Raimond Dallmann

Inhaltsverzeichnis

1 Einführung

1.1 Einordnung der Statik

Die Mechanik und damit auch die Statik ist ein Teilgebiet der Physik. Sie ist die Lehre von den Kräften und Bewegungen. Der Teil der Mechanik, der insbesondere für technische Anwendungen relevant ist, wird auch als *Technische Mechanik* bezeichnet. Die Aufteilung der Mechanik zeigt das folgende Diagramm.

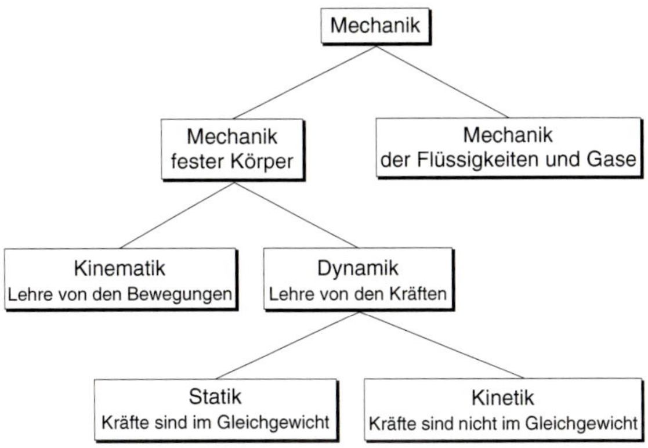

Bild 1.1 Einordnung der Statik

Die Statik ist die Lehre von den Kräften, die sich im Gleichgewicht befinden. Sie ist also ein Teilgebiet der *Dynamik*. Häufig wird der Begriff Dynamik irreführend als Gegensatz zur Statik verwandt. Eigentlich ist damit die *Kinetik* gemeint, also mechanische Vorgänge, die mit beschleunigten Bewegungen einhergehen.

Die Statik der Baukonstruktionen, also die Berechnungsverfahren, die speziell auf die Erfordernisse der Baukonstruktionen zugeschnitten sind, wird als *Baustatik* bezeichnet.

Die Methoden der Statik bzw. der Mechanik basieren auf Abstraktionen und Idealisierungen der Wirklichkeit. Die tatsächliche Konstruktion eines Bauwerks wird auf ein gedankliches Modell reduziert. Diese Abstraktion bereitet dem Studienanfänger häufig Schwierigkeiten, da nicht immer ersichtlich ist, welche Bedeutung manche Begriffsbildungen in der Realität besitzen.

Die Reduktion des wirklichen Bauwerks auf das mechanische Modell eines Tragsystems ist eine Aufgabe, die das Können erfahrener Ingenieure voraussetzt. Es kommt dabei darauf an, die wesentlichen Einflüsse zu berücksichtigen, aber alles zu vernachlässigen, was von untergeordneter Bedeutung ist.

Erst durch die Vereinfachung der äußerst komplizierten Wirklichkeit wird eine Berechnung überhaupt erst möglich. Die Baustatik betrachtet das idealisierte Tragwerk, das *Statische System.* Der Prozess der Modellbildung wird in diesem Buch nicht behandelt, er wird als bereits durchgeführt vorausgesetzt.

1.2 Kräfte

1.2.1 Der Kraftbegriff

Die Kraft ist eine physikalische Größe, die wir aus unserer Erfahrung kennen. Kräfte sind nicht sichtbar, ihre Existenz kann nur durch ihre Wirkung erkannt werden. Wenn wir Gegenstände heben oder tragen, spüren wir eine Wirkung in unseren Muskeln, die wir als Kraft bezeichnen.

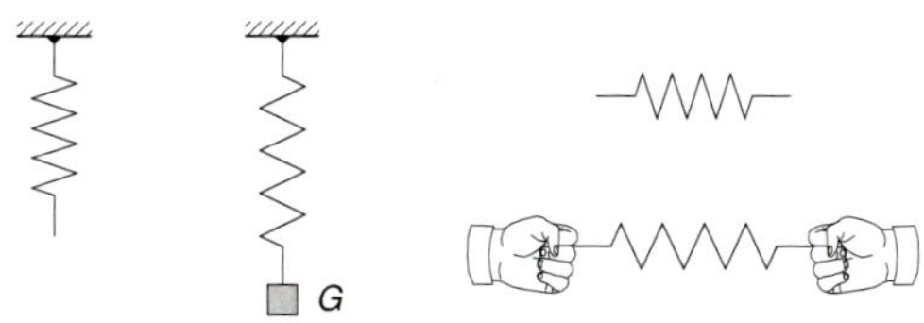

Bild 1.2 Kräfte als Ursache von Verformungen

Eine weitere alltägliche Erfahrung einer Kraftwirkung entsteht beim Verformen von Gegenständen. Um eine Schraubenfeder oder ein Gummiband zu dehnen, müssen Muskel- oder andere Kräfte wirken. Die dargestellte Schraubenfeder in *Bild 1.2* verlängert sich, wenn ein Gewicht angehängt wird oder wenn an beiden Enden gezogen wird.

Wir haben also eine Vorstellung davon, was eine Kraft ist. Diese Vorstellung ist eine Abstraktion, die wir als Ursache einer bestimmten Wirkung zuordnen.

Eine strenge Definition des Kraftbegriffs ist nicht möglich. Kräfte sind die Ursache von Form- und Bewegungsänderungen. Sie sind durch ihre *Größe*, ihre *Richtung* sowie durch ihren *Richtungssinn* gekennzeichnet, d. h., sie haben *vektoriellen Charakter*. Ein weitere wichtige Bestimmungsgröße ist der Angriffspunkt der Kraft.

Dass die Wirkung einer Kraft nicht nur von ihrer Größe abhängt, ist auch aus der Erfahrung geläufig. Die in *Bild 1.3* dargestellten Kräfte haben auf den rechteckigen Gegenstand, auf den sie einwirken, unterschiedliche Wirkungen, auch wenn sie dieselbe Größe haben. Aus diesem Grunde ist der Kraftvektor kein freier, sondern ein gebundener Vektor.

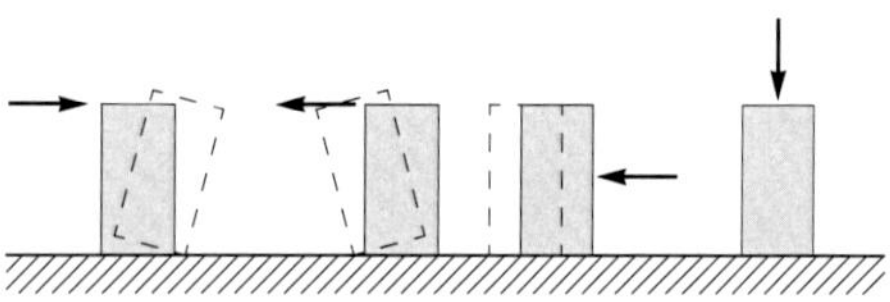

Bild 1.3 Unterschiedliche Wirkungen einer Kraft

Die neben der Muskelkraft ursprünglichste Vorstellung einer Kraftwirkung ist die der *Gewichtskraft*. Sie ist eine Folge der Gravitation, also der Eigenschaft zweier Körper (Massen), sich gegenseitig anzuziehen. Die irdische Gewichtskraft stellt die Kraft dar, mit der ein Körper an der Erdoberfläche durch die Masse der Erde angezogen wird. Sie ergibt sich als Sonderfall des Gravitationsgesetzes:

$$\mathbf{G} = m \cdot g$$

wobei m die Masse des Körpers und g die mittlere Erdbeschleunigung darstellt. Diese Kraft wirkt in Richtung des Erdmittelpunktes und kann in guter Näherung als senkrecht angesehen werden. Die mittlere Erdbeschleunigung beträgt:

$$g = 9{,}81\ \frac{\text{m}}{\text{s}^2}$$

1.2.2 Darstellung der Kraft

Kräfte werden als gerichtete Strecke, als Pfeil veranschaulicht. Die Länge des Pfeils kennzeichnet die Größe der Kraft (mathematisch: der Betrag des Vektors), die Neigung des Kraftpfeils die Richtung und die Pfeilspitze den Richtungssinn. Vektoren werden durch Fettdruck gekennzeichnet.

Da aus der zeichnerischen Darstellung des Kraftvektors Richtung und Richtungssinn unmittelbar zu entnehmen ist, schreibt man in der Regel nur den Betrag der Kraft hinzu.

Die Einheit der Kraft ist das Newton [N], eine aus den Basiseinheiten des internationalen Einheitensystems SI (Système International d'Unité) abgeleitete Größe.

Die Kraft 1 N erteilt der Masse 1 kg die Beschleunigung $1\ \frac{\text{m}}{\text{s}^2}$, es gilt: $1\ \text{N} = 1\ \frac{\text{kg} \cdot \text{m}}{\text{s}^2}$.

1.2.3 Einteilung der Kräfte

Kräfte lassen sich nach unterschiedlichen Gesichtspunkten einteilen.

Ein Unterteilungsgesichtspunkt ist die *Verteilung* der Kraft. Der bisher betrachtete Begriff der in einem Punkt angreifenden sogenannten Einzelkraft stellt eine Idealisierung dar. Diese Idealisierung ist annähernd nur dann gegeben, wenn z. B. mit einer Nadelspitze auf einen Körper gedrückt wird (*Bild 1.4a*).

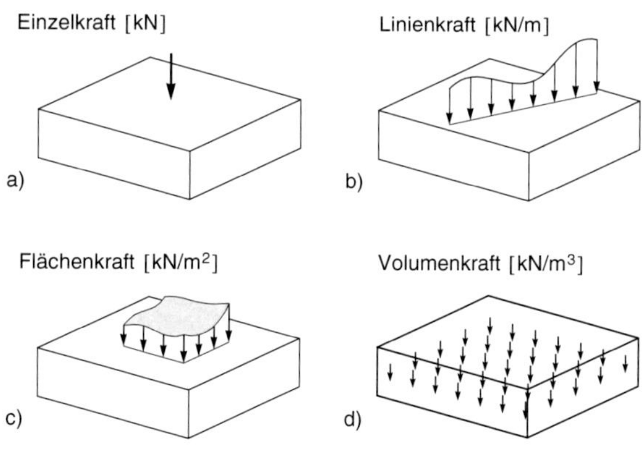

Bild 1.4 Unterschiedlich verteilte Kräfte

Auch eine linienförmig verteilte Kraft, auch *Linienkraft* oder Streckenlast genannt, stellt eine Abstraktion dar, die sich annähernd realisieren lässt, wenn man z. B. mit einer Messerschneide gegen einen Körper drückt (*Bild 1.4b*).

In der Wirklichkeit treten Kräfte nur in verteilter Form als *Volumen-* oder *Flächenkräfte* auf. Der in *Bild 1.4d* dargestellte Quader hat eine in seinem Volumen gleichmäßig verteilte Masse, wenn das Material, aus dem er besteht, homogen, also überall gleich ist. Aus diesem Grund ist natürlich auch seine Schwerkraft gleichmäßig innerhalb des Volumens verteilt. *Schwerkräfte* sind daher immer *Volumenkräfte.*

Flächenkräfte treten in der Berührungsfläche zweier Körper auf, siehe *Bild 1.4c.* Beispiele hierfür sind der Wasserdruck oder das Gewicht von Estrich und Fußbodenbelag auf einer Deckenplatte, das auf dieser verteilt wirkt.

Eine weitere Art der Einteilung ergibt sich aus der Unterscheidung von eingeprägten oder einwirkenden Kräften einerseits und Reaktionskräften andererseits. *Eingeprägte Kräfte* ergeben sich durch physikalische Gesetze und sind vorgegeben, man spricht auch von Lasten. Beispiele sind die Gewichtskräfte, Wasserdruck oder auch Reibung. *Reaktionskräfte* stellen Zwangskräfte dar, die sich aus den Bindungen eines Körpers ergeben, sie sind zunächst unbekannt.

Es werden noch *äußere* und *innere Kräfte* unterschieden. Während äußere Kräfte von außen auf einen Körper einwirken, werden innere Kräfte durch gedankliches Zerschneiden eines Körpers sichtbar gemacht. Sie werden an einem der Teile des durch den Schnitt getrennten Körpers zu äußeren Kräften.

1.2.4 Kräftesysteme

Ein Kräftesystem ist eine *Gruppe von Kräften*, die unter einem bestimmten Gesichtspunkt zusammengefasst werden können. So bilden alle auf einen Körper einwirkenden Kräfte ein Kräftesystem. Wirken alle Kräfte in einer Ebene, so spricht man von einem *ebenen* Kräftesystem, ist dies nicht der Fall, liegt ein *räumliches* Kräftesystem vor. Ein Kräftesystem, bei dem sich die Wirkungslinien aller Kräfte in einem Punkt schneiden, ist eine *zentrales Kräftesystem.*

Ziel der folgenden Betrachtungen ist es, die Wirkung von Kräftesystemen auf einen starren Körper zu beurteilen.

1.3 Der starre Körper

Unter dem bereits verwendeten Begriff des Körpers versteht man ein mit Materie gefülltes Volumen. Ein starrer Körper ist ein Körper, der sich unter der Wirkung von Kräften nicht verformt. Da jeder reale Körper deformierbar ist, stellt die Annahme der Starrheit eine Idealisierung dar. Durch die Modellvorstellung des starren Körpers wird seine Bewegung in der Ebene auf drei Freiheitsgrade eingeschränkt. Unter einem *Freiheitsgrad* versteht man eine unabhängige Bewegungsmöglichkeit. Obwohl sich jeder Körper verformt, sind diese Verformungen in der Regel jedoch so klein, dass sie gegenüber den Abmessungen des Körpers vernachlässigbar sind und daher die Modellvorstellung der Starrheit annähernd zutrifft. Einen festen Körper, dessen Verformungen infolge von Kräften nur sehr klein sind, bezeichnet man als steif.

1.4 Axiome der Mechanik

Die Mechanik baut auf Axiomen auf. Axiome sind Grundgesetze, die unbeweisbar sind und auf der Erfahrung basieren. Die nachfolgend angegebenen Axiome sind die Grundlage aller weiteren Betrachtungen.

Trägheitsaxiom (1. Newtonsches Gesetz)[1]

Jeder Körper verharrt in seinem Zustand der Ruhe oder der gleichförmigen geradlinigen Bewegung, solange er nicht durch einwirkende Kräfte gezwungen wird, diesen Zustand zu ändern.

Newtons Grundgesetz der Mechanik
(2. Newtonsches Gesetz)

Die Bewegungsänderung ist der bewegenden Kraft proportional und erfolgt in Richtung der bewegenden Kraft, d. h., Kraft und Beschleunigungsvektor sind proportional.

$$\boldsymbol{F} = \sum \boldsymbol{F}_i = m\ddot{\boldsymbol{x}}$$

1 Isaac Newton, engl. Physiker, Mathematiker u. Astronom, 1643 - 1727. In seiner Schrift „Philosophiae naturalis principia mathematica“ (1687) veröffentlichte er u. a. die Newtonschen Axiome.

Reaktionsaxiom (3. Newtonsches Gesetz)

Die wechselseitige Wirkung zweier Körper aufeinander ist gleich groß und von entgegengesetzter Richtung (Aktion gleich Reaktion).

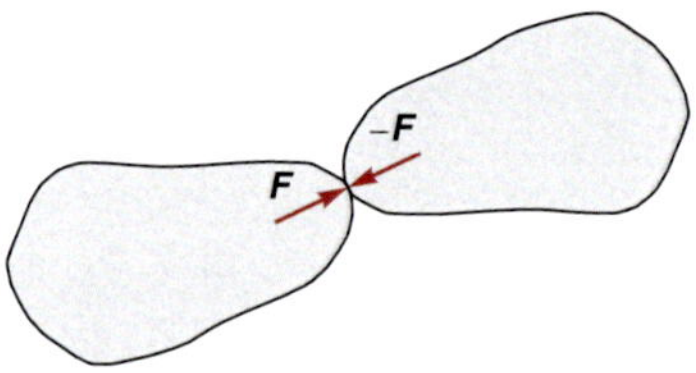

Bild 1.5 Reaktionsaxiom

Verschiebungsaxiom

Kräfte können am starren Körper beliebig auf ihrer Wirkungslinie verschoben werden, sind also *linienflüchtige Vektoren*.

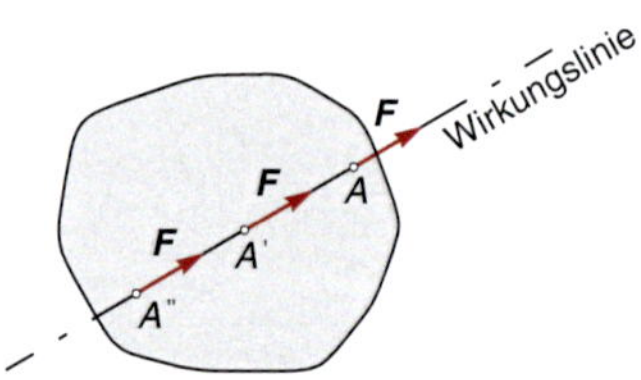

Bild 1.6 Verschiebungsaxiom

Parallelogrammaxiom

Die Wirkung zweier Kräfte mit gleichem Angriffspunkt ist ihrer vektoriellen Summe äquivalent. Zwei Kräfte $\boldsymbol{F}_1$ und $\boldsymbol{F}_2$ können also durch eine einzige Kraft $\boldsymbol{R}$ wirkungsgleich ersetzt werden, wenn die Kraft $\boldsymbol{R}$ aus der Parallelogrammkonstruktion in *Bild 1.7* gebildet wird.

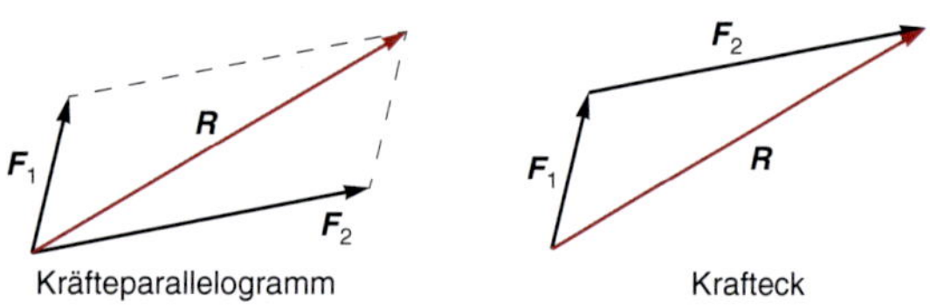

Bild 1.7 Parallelogrammaxiom

1.5 Das Schnittprinzip

Das Schnittprinzip stellt eines der wichtigsten Prinzipien der Mechanik dar. Erst durch seine Anwendung gelingt es, innere Beanspruchungen sichtbar zu machen. Der Körper wird gedanklich zerschnitten, um Aussagen über die inneren Kräfte machen zu können, die die getrennten Teile des Körpers aufeinander ausüben.

Wird die Schraubenfeder aus *Bild 1.2* in *Bild 1.8* durch einen Schnitt durchtrennt, so müssen die beiden dargestellten Kräfte wirksam sein, damit die wechselseitige Wirkung beider Teile aufeinander nicht verloren geht.

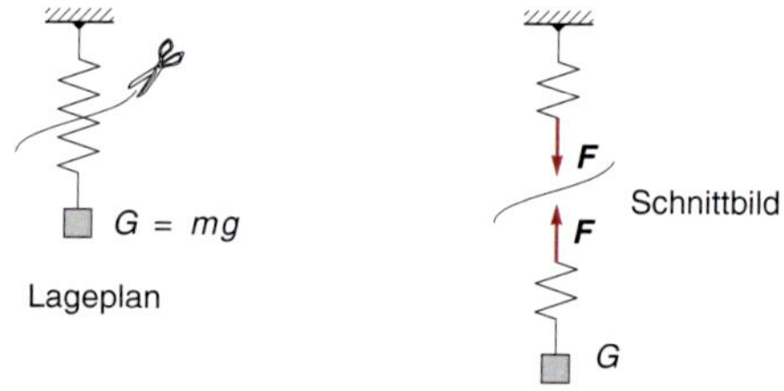

Bild 1.8 Beispiel zum Schnittprinzip

Aus dem *Reaktionsaxiom* folgt, dass die freigeschnittenen Kräfte immer entgegengerichtete Doppelgrößen sind. Der obere Teil der Feder zieht mit einer genau so großen Kraft am unteren Teil, wie der untere am oberen Teil. Das Schnittprinzip besteht in der folgenden axiomatischen Aussage:

Ist ein Körper im Gleichgewicht, so ist auch jeder Teil des Körpers im Gleichgewicht, der durch gedachte Schnitte herausgetrennt wurde.

1.6 Gleichgewicht

Die Statik ist die Lehre von den Kräften, die sich im Gleichgewicht befinden. Wann sind Kräfte im Gleichgewicht? Diese Frage beantwortet das Trägheitsaxiom sowie das Newtonsche Grundgesetz.

Ein ruhender Körper bleibt im Zustand der Ruhe, wenn er unter der Wirkung eines Kräftesystems $\boldsymbol{F}_i$ keine Beschleunigung erfährt. Dieser Ruhezustand wird als *Gleichgewichtszustand* bezeichnet. Ein Kräftesystem, das auf einen Körper wirkt, befindet sich im Gleichgewicht, wenn es den Körper nicht beschleunigt.

Die gleichförmige geradlinige Bewegung ist ebenfalls ein Gleichgewichtszustand, aber in der Baustatik ohne Bedeutung.

Die Gleichgewichtsbedingung ergibt sich daher als Sonderfall des Newtonschen Grundgesetzes:

$$\sum \boldsymbol{F}_i = 0$$

2 Das zentrale Kräftesystem

Ein zentrales Kräftesystem ist dadurch gekennzeichnet, dass sich die Wirkungslinien aller Kräfte in einem Punkt schneiden. *Bild 2.1* zeigt ein aus vier Kräften bestehendes Kräftesystem. Die Darstellungen a) und b) sind völlig gleichwertig, da nach dem Verschiebungsaxiom alle Kräfte auf ihrer Wirkungslinie verschoben werden können.

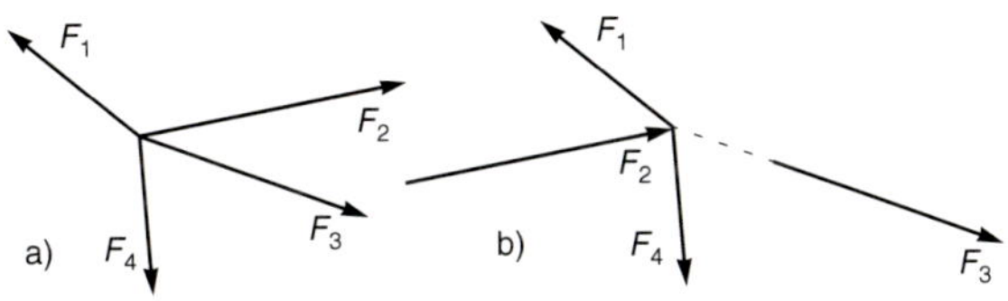

Bild 2.1 Zentrales Kräftesystem

2.1 Grafische Behandlung

Obwohl zeichnerische Verfahren keine praktische Bedeutung mehr haben, sind sie aufgrund ihrer Anschaulichkeit weiterhin wichtig, da sie den Einblick in die Zusammenhänge im Umgang mit Kräften erleichtern.

Für die zeichnerische Darstellung von Kräften ist es erforderlich, einen Kräftemaßstab zu wählen. Mithilfe dieses Maßstabs werden die Kräfte im *Kräfteplan* entsprechend ihrer Größe und Richtung dargestellt. Der *Lageplan* definiert den Angriffspunkt und die Richtung der Kräfte. In der Regel werden die Kräfte im Lageplan durch unmaßstäbliche Pfeile dargestellt und ihr Betrag durch eine Zahlenangabe festgelegt. Es ist allerdings auch möglich, die Größe der Kraft mithilfe eines Kräftemaßstabs durch die Länge des Pfeils anzugeben.

2.1.1 Resultierende eines zentralen Kräftesystems

Ziel ist die Reduktion des zentralen Kräftesystems, d. h., es soll durch eine einzige Kraft wirkungsgleich ersetzt werden. Diese Kraft ist die Resultierende des Kräftesystems.

Für die zeichnerische Ermittlung der Resultierenden werden nacheinander jeweils zwei Kräfte mithilfe der Parallelogrammkonstruktion bzw. des Kraftecks zusammengefasst. Die Zwischenresultierende lässt man dabei fort. Die dabei entstehende Konstruktion ist das Krafteck, siehe *Bild 2.2*.

Damit lässt sich die Resultierende nach folgender Vorschrift bilden:

Die Resultierende eines Kräftesystems ergibt sich, indem man alle Kraftpfeile hintereinander zeichnet. Die Verbindung des Anfangs der ersten Kraft mit der Spitze der letzten Kraft ist die Resultierende des Kräftesystems.

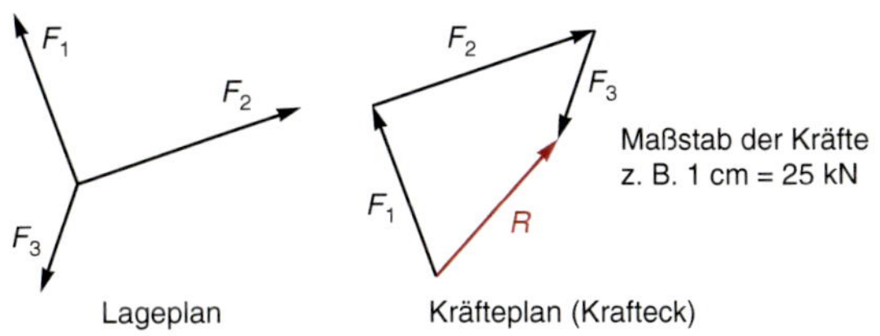

Bild 2.2 Resultierende eines zentralen Kräftesystems

2.1.2 Zerlegung einer Kraft in zwei vorgegebene Richtungen

Die Zerlegung einer Kraft ist die Umkehrung der vorherigen Aufgabenstellung der Reduktion des Kräftesystems. Gegeben ist nunmehr eine Kraft, die durch zwei andere Kräfte, deren Richtung vorgegeben ist, wirkungsgleich ersetzt werden soll.

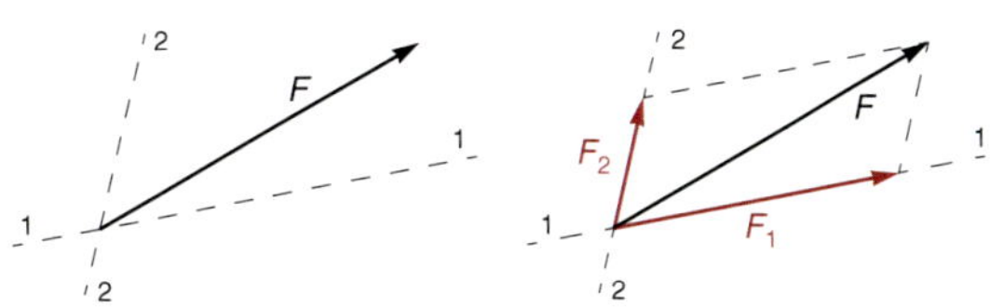

Bild 2.3 Zerlegung einer Kraft

Die zeichnerische Lösung dieser Aufgabe ergibt sich unmittelbar aus der Parallelogrammkonstruktion in *Bild 2.3*. Es werden Parallelen zu den vorgegebenen Richtungen durch die Spitze der Kraft gezeichnet. Die

Schnittpunkte der Linien ergeben die Spitze der gesuchten Kraft.

Die Zerlegung einer Kraft in mehr als zwei Richtungen ist nicht eindeutig möglich.

2.2 Rechnerische Behandlung

Zur rechnerischen Behandlung werden die Kräfte in einem *kartesischen Koordinatensystem* als Vektoren dargestellt. Dies entspricht der Zerlegung der Kraft in Richtung der Koordinatenachsen. Für den Fall des ebenen Kräftesystems ist dies in *Bild 2.4* dargestellt. Im Folgenden werden Vektoren durch Fettdruck gekennzeichnet.

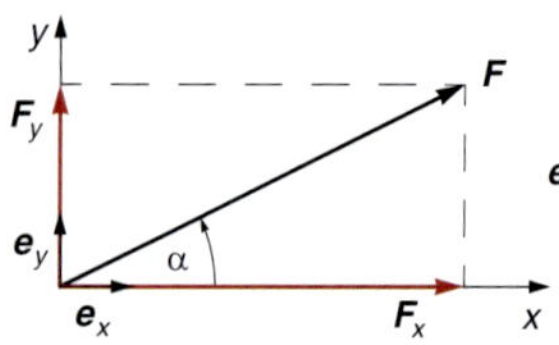

$$\mathbf{e}_x = \begin{bmatrix} 1 \\ 0 \end{bmatrix} \qquad |\mathbf{F}_x| = F_x = |\mathbf{F}|\cos\alpha \qquad |\mathbf{F}_y| = F_y = |\mathbf{F}|\sin\alpha$$

Bild 2.4 Vektorielle Darstellung einer Kraft

Jeder Kraftvektor kann durch seinen Betrag und einen Einheitsvektor, der die Richtung der Kraft beschreibt, dargestellt werden. Ein Einheitsvektor ist ein Vektor, dessen Betrag gleich eins ist. Beschreibt dieser Einheitsvektor die Richtung der Koordinatenachsen, so wird er als Basisvektor bezeichnet. Formal ergibt sich damit die Parallelogrammkonstruktion als Vektorsumme. Die Darstellung erfolgt für ein räumliches Kräftesystem, im ebenen Fall entfallen alle Größen mit dem Index *z*.

$$\mathbf{F} = \mathbf{F}_x + \mathbf{F}_y + \mathbf{F}_z = F_x\mathbf{e}_x + F_y\mathbf{e}_y + F_z\mathbf{e}_z$$

$\mathbf{e}_x, \mathbf{e}_y, \mathbf{e}_z$ sind die Basisvektoren, $\mathbf{F}_x, \mathbf{F}_y, \mathbf{F}_z$ die Komponenten von $\mathbf{F}$ bezüglich der Basis.

F_x, F_y, F_z sind die Projektionen der Kraft $\mathbf{F}$ auf die Basisvektoren $\mathbf{e}_x, \mathbf{e}_y, \mathbf{e}_z$.

Es ist üblich, die Beträge der Komponenten in einer Klammer übereinander zu schreiben:

$$\mathbf{F} = \begin{bmatrix} F_x \\ F_y \\ F_z \end{bmatrix}$$

Wird nur mit einer Basis gearbeitet, so unterscheidet man häufig nicht zwischen Komponenten und Projektionen. Die Projektionen F_x, F_y, F_z werden dann auch als die Komponenten der Kraft $\mathbf{F}$ bezeichnet. Wir werden von dieser Bezeichnungsweise auch Gebrauch machen, da wir nur in kartesischen Koordinaten arbeiten werden.

2.2.1 Resultierende des Kräftesystems

Die rechnerische Ermittlung der Resultierenden erfolgt für zwei Kräfte durch Bildung der Vektorsumme:

$$\begin{aligned}\mathbf{R} &= \mathbf{F}_1 + \mathbf{F}_2 \\ &= (\mathbf{e}_xF_{x1} + \mathbf{e}_yF_{y1} + \mathbf{e}_zF_{z1}) + (\mathbf{e}_xF_{x2} + \mathbf{e}_yF_{y2} + \mathbf{e}_zF_{z2}) \\ &= \mathbf{e}_x(F_{x1} + F_{x2}) + \mathbf{e}_y(F_{y1} + F_{y2}) + \mathbf{e}_z(F_{z1} + F_{z2}) \\ &= \mathbf{e}_xR_x + \mathbf{e}_yR_y + \mathbf{e}_zR_z\end{aligned}$$

Die Erweiterung auf mehr als zwei Kräfte ist offensichtlich.

Für *n* Kräfte $\mathbf{F}_i$ gilt:

$$\mathbf{R} = \begin{bmatrix} R_x \\ R_y \\ R_z \end{bmatrix} = \begin{bmatrix} \sum_{i=1}^{n} F_{xi} \\ \sum_{i=1}^{n} F_{yi} \\ \sum_{i=1}^{n} F_{zi} \end{bmatrix}$$

Beispiel 2.1

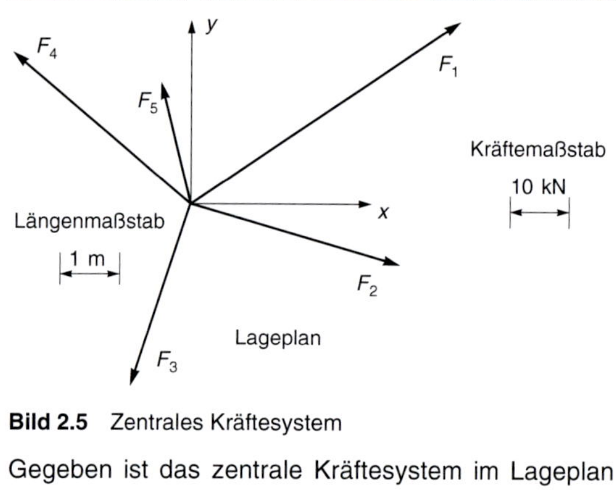

Bild 2.5 Zentrales Kräftesystem

Gegeben ist das zentrale Kräftesystem im Lageplan in *Bild 2.5*. Die Größe der Kräfte (Betrag) ist dabei nicht durch eine Zahl angegeben, sondern durch dieselbe maßstäbliche Darstellung wie im Kräfteplan. Gesucht ist die Resultierende des Kräftesystems.

Zeichnerische Lösung:
Die Kräfte werden aus dem Lageplan entsprechend ihrer Länge parallel in den Kräfteplan verschoben, die Reihenfolge ist dabei beliebig, siehe *Bild 2.6*. Die hier gewählte Reihenfolge entspricht der Nummerierung der Kräfte.

Nach dem Hintereinanderzeichnen der fünf Kräfte ergibt sich die Resultierende als Verbindung des Anfangspunktes der Kraft F_1 mit der Spitze der Kraft F_5. Der Betrag der Resultierenden wird durch Ausmessen ermittelt. Der gemessene Wert von 3,5 cm entspricht einer Kraft von 50,0 kN. Die Neigung der Resultierenden lässt sich mit 45° ablesen. Die Resultierende wird schließlich parallel in den gemeinsamen Schnittpunkt des zentralen Kräftesystems im Lageplan verschoben.

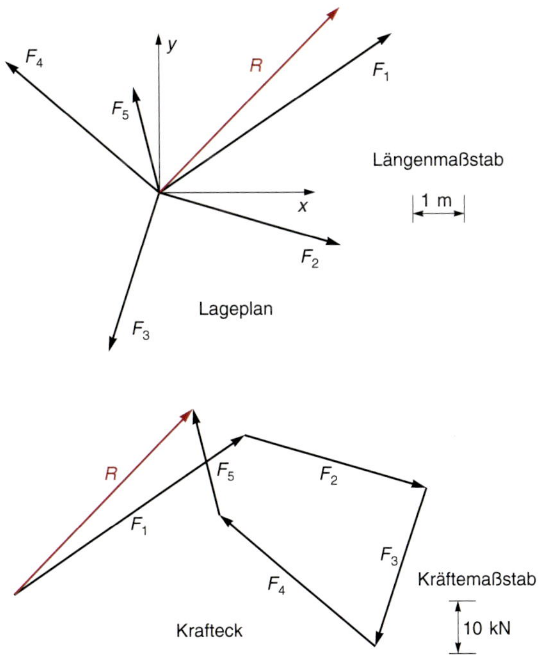

Bild 2.6 Zeichnerische Ermittlung der Resultierenden

Rechnerische Lösung:
Es werden zunächst alle Kräfte als Vektoren angeschrieben, dafür wird ein rechtwinkliges *x*-*y*-Koordinatensystem im gemeinsamen Schnittpunkt des Kräftesystems zugrunde gelegt. Um die Kraft F_1 zu beschreiben, muss man 3,15 cm in x-Richtung und 2,1 cm in y-Richtung vom Ursprung fortschreiten, um zur Spitze der Kraft zu gelangen. Dies entspricht nach dem Kräftemaßstab einer horizontalen Komponente von 45 kN und einer vertikalen Komponente von 30 kN.

Entsprechend wird bei den anderen Kräften verfahren. Ist es erforderlich, sich in negative Koordinatenrichtung zu bewegen, um zur Kraftspitze zu gelangen, so ist die Kraftkomponente negativ. Damit ergeben sich die fünf Kräfte zu:

$$\boldsymbol{F}_1 = \begin{bmatrix} 45 \\ 30 \end{bmatrix} \quad \boldsymbol{F}_2 = \begin{bmatrix} 35 \\ -10 \end{bmatrix} \quad \boldsymbol{F}_3 = \begin{bmatrix} -10 \\ -30 \end{bmatrix}$$

$$\boldsymbol{F}_4 = \begin{bmatrix} -30 \\ 25 \end{bmatrix} \quad \boldsymbol{F}_5 = \begin{bmatrix} -5 \\ 20 \end{bmatrix}$$

Die Einheit kN wird aus Gründen der Übersichtlichkeit bei der Berechnung weggelassen und erst beim Endergebnis wieder angegeben. Die Resultierende ergibt sich durch Addition aller Kräfte als Vektorsumme.

$$\boldsymbol{R} = \sum_{i=1}^{5} \boldsymbol{F}_i = \boldsymbol{F}_1 + \boldsymbol{F}_2 + \boldsymbol{F}_3 + \boldsymbol{F}_4 + \boldsymbol{F}_5$$

$$= \begin{bmatrix} 45 \\ 30 \end{bmatrix} + \begin{bmatrix} 35 \\ -10 \end{bmatrix} + \begin{bmatrix} -10 \\ -30 \end{bmatrix} + \begin{bmatrix} -30 \\ 25 \end{bmatrix} + \begin{bmatrix} -5 \\ 20 \end{bmatrix}$$

$$= \begin{bmatrix} 45 + 35 - 10 - 30 - 5 \\ 30 - 10 - 30 + 25 + 20 \end{bmatrix} = \begin{bmatrix} 35 \\ 35 \end{bmatrix} \text{kN}$$

Der Betrag der Resultierenden folgt aus dem Satz des Pythagoras.

$$|\boldsymbol{R}| = R = \sqrt{R_x^2 + R_y^2} = \sqrt{35^2 + 35^2}$$

$$= \sqrt{2 \cdot 35^2} = \sqrt{2} \cdot 35 = 49{,}50 \text{ kN}$$

Die Neigung erhält man mit:

$$\alpha = \arctan\left(\frac{R_y}{R_x}\right) = \arctan\left(\frac{35}{35}\right) = \arctan(1) = 45°$$

2.2.2 Kräftezerlegung

Ausgangspunkt der rechnerischen Behandlung der Kräftezerlegung ist das *Parallelogrammaxiom*. Gegeben ist eine Kraft $\boldsymbol{F}$ sowie zwei Richtungen, in die die Kraft zerlegt werden soll. Unbekannt sind die beiden Komponenten der Kraft.

Jeder Kraftvektor ist darstellbar als das Produkt aus dem Betrag und einem Richtungsvektor, der den Betrag eins hat. Dieser sogenannte Einheitsrichtungsvektor wird durch eine hochgestellte Null bezeichnet.

$$\boldsymbol{F} = |\boldsymbol{F}| \cdot \boldsymbol{n}^0 = F \cdot \boldsymbol{n}^0$$

Der Einheitsrichtungsvektor ergibt sich aus einem beliebigen Vektor durch Division durch seinen Betrag.

$$\boldsymbol{n}^0 = \frac{\boldsymbol{n}}{|\boldsymbol{n}|}$$

Daraus folgt:

$$\boldsymbol{F} = F \cdot \frac{\boldsymbol{n}}{|\boldsymbol{n}|} = \frac{F}{|\boldsymbol{n}|} \cdot \boldsymbol{n} = \tilde{F} \cdot \boldsymbol{n} \text{ mit } \tilde{F} = \frac{F}{|\boldsymbol{n}|}$$

Die beiden gesuchten Kräfte $\boldsymbol{F}_1$ und $\boldsymbol{F}_2$ werden nun in dieser Form dargestellt.

$$\boldsymbol{F}_1 = \tilde{F}_1 \cdot \boldsymbol{n}_1, \quad \boldsymbol{F}_2 = \tilde{F}_2 \cdot \boldsymbol{n}_2$$

Die Faktoren $\tilde{F}_1$ und $\tilde{F}_2$ werden aus der Bedingung ermittelt, dass die Resultierende aus $\boldsymbol{F}_1$ und $\boldsymbol{F}_2$ gleich der Kraft $\boldsymbol{F}$ ist.

$$\boldsymbol{F}_1 + \boldsymbol{F}_2 = \boldsymbol{F}$$

$$\tilde{F}_1 \cdot \boldsymbol{n}_1 + \tilde{F}_2 \cdot \boldsymbol{n}_2 = \boldsymbol{F}$$

Damit ergeben sich zwei skalare Gleichungen für die unbekannten Faktoren $\tilde{F}_1$ und $\tilde{F}_2$.

Beispiel 2.2

Gegeben ist die Kraft $\boldsymbol{F}$ mit einem Betrag von 50 kN in *Bild 2.7*. Ihre Wirkungslinie sowie die Richtungen 1 und 2 sind durch je zwei vermaßte Punkte vorgegeben.

Zeichnerische Lösung:

Die Kraft $\boldsymbol{F}$ wird parallel zu ihrer Wirkungslinie mit einer Länge von 3,5 cm im Kräfteplan gezeichnet. Die beiden Richtungen werden parallel durch den Anfangs- und Endpunkt der Kraft verschoben. Die Reihenfolge ist dabei beliebig. Es sind hier beide Möglichkeiten dargestellt, selbstverständlich reicht eine Möglichkeit für die Lösung der Aufgabe aus.

Die Beträge der beiden Komponenten können nun aus dem Kräfteplan abgemessen und mithilfe des Kräftemaßstabs umgerechnet werden. Damit erhalten wir:

$$F_1 = 1{,}4 \text{ cm} \cdot \frac{10}{0{,}7} \frac{\text{kN}}{\text{cm}} = 20{,}0 \text{ kN}$$

$$F_2 = 2{,}35 \text{ cm} \cdot \frac{10}{0{,}7} \frac{\text{kN}}{\text{cm}} = 33{,}6 \text{ kN}$$

Die Genauigkeit des durch zeichnerische Lösung erzielten Ergebnisses ist selbstverständlich von dem gewählten Maßstab abhängig.

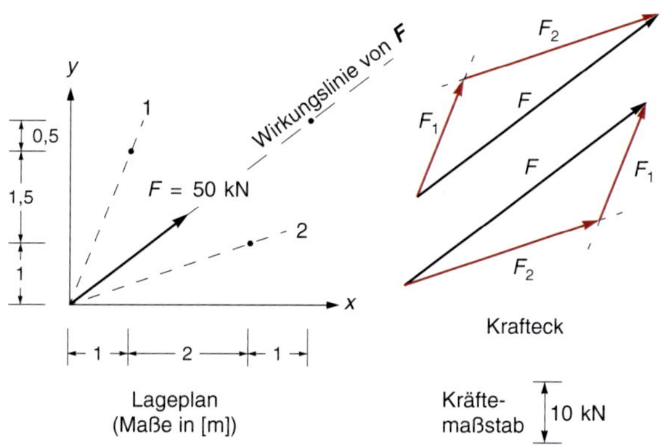

Bild 2.7 Beispiel zur Kraftzerlegung

Rechnerische Lösung:

Es wird zunächst die Kraft $\boldsymbol{F}$ als Vektor dargestellt. Der Einheitsvektor in Richtung der Wirkungslinie ist:

$$\boldsymbol{n}^0 = \frac{\boldsymbol{n}}{|\boldsymbol{n}|} = \frac{1}{5}\begin{bmatrix}4\\3\end{bmatrix}$$

Damit erhält man für den Kraftvektor:

$$\boldsymbol{F} = F \cdot \boldsymbol{n}^0 = 50 \cdot \frac{1}{5}\begin{bmatrix}4\\3\end{bmatrix} = \begin{bmatrix}40\\30\end{bmatrix} \text{ kN}$$

Aus der Bedingung $\boldsymbol{F}_1 + \boldsymbol{F}_2 = \boldsymbol{F}$ folgt:

$$\tilde{F}_1 \cdot \boldsymbol{n}_1 + \tilde{F}_2 \cdot \boldsymbol{n}_2 = \boldsymbol{F}$$

$$\tilde{F}_1 \cdot \begin{bmatrix} 2 \\ 5 \end{bmatrix} + \tilde{F}_2 \cdot \begin{bmatrix} 3 \\ 1 \end{bmatrix} = \begin{bmatrix} 40 \\ 30 \end{bmatrix}$$

Hinweis: Da die Länge des Richtungsvektors beliebig ist, wurde für $\boldsymbol{n}_1$ nicht $\begin{bmatrix} 1 \\ 2{,}5 \end{bmatrix}$, sondern $\begin{bmatrix} 2 \\ 5 \end{bmatrix}$ gewählt, um nur „glatte" Zahlen zu erhalten.

Es ergeben sich zwei Gleichungen mit zwei Unbekannten:

$$2\,\tilde{F}_1 + 3\,\tilde{F}_2 = 40$$

$$5\,\tilde{F}_1 + \tilde{F}_2 = 30$$

Multiplikation der zweiten Zeile mit –3 und Addition zur ersten Zeile ergibt:

$$2\,\tilde{F}_1 + (-3) \cdot 5\,\tilde{F}_1 = 40 + (-3) \cdot 30$$

$$-13\,\tilde{F}_1 = -50$$

$$\tilde{F}_1 = 3{,}846$$

Durch Einsetzen in eine der Ausgangsgleichungen erhalten wir $\tilde{F}_2 = 10{,}77$.

Die berechneten Werte haben keine unmittelbare mechanische Bedeutung, sondern sind nur Faktoren für die gewählten Richtungsvektoren. Die Beträge der gesuchten Kräfte folgen aus der Beziehung:

$$\tilde{F} = \frac{F}{|\boldsymbol{n}|} \Rightarrow F = \tilde{F} \cdot |\boldsymbol{n}|$$

Für das vorliegende Beispiel ergibt sich:

$$|\boldsymbol{n}_1| = \sqrt{2^2 + 5^2} = \sqrt{29}$$

$$|\boldsymbol{n}_2| = \sqrt{3^2 + 1^2} = \sqrt{10}$$

$$\Rightarrow F_1 = 3{,}846 \cdot \sqrt{29} = 20{,}71 \text{ kN}$$

$$F_2 = 10{,}77 \cdot \sqrt{10} = 34{,}06 \text{ kN}$$

Die Kraftvektoren sind:

$$\boldsymbol{F}_1 = \tilde{F}_1 \cdot \begin{bmatrix} 2 \\ 5 \end{bmatrix} = 3{,}846 \cdot \begin{bmatrix} 2 \\ 5 \end{bmatrix} = \begin{bmatrix} 7{,}692 \\ 19{,}23 \end{bmatrix} \text{ und}$$

$$\boldsymbol{F}_2 = \tilde{F}_2 \cdot \begin{bmatrix} 3 \\ 1 \end{bmatrix} = 10{,}77 \cdot \begin{bmatrix} 3 \\ 1 \end{bmatrix} = \begin{bmatrix} 32{,}31 \\ 10{,}77 \end{bmatrix}$$

2.3 Gleichgewicht am Punkt

Nach Abschnitt 1.6 ist ein zentrales Kräftesystem im Gleichgewicht, wenn die Resultierende des Kräftesystems gleich null ist.

$$\boldsymbol{R} = \sum \boldsymbol{F}_i = \boldsymbol{0} \qquad (2.1)$$

Die Resultierende eines zentralen Kräftesystems ergibt sich zeichnerisch aus der Konstruktion des Kraftecks. Gelangt man mit der Spitze des letzten Kraftvektors wieder an den Anfangspunkt des ersten Kraftpfeils, so verbleibt keine Resultierende. Das Krafteck ist geschlossen.

Rechnerisch folgt aus Gl. (2.1) der obigen Bedingung, dass alle Komponenten der Resultierenden gleich null sein müssen. Aus dieser Bedingung ergeben sich in der Ebene zwei skalare Gleichungen:

$$\sum F_{xi} = 0, \quad \sum F_{yi} = 0$$

Für den Fall des räumlichen zentralen Kräftesystems kommt als dritte Gleichung noch $\sum F_{zi} = 0$ hinzu.

Ist ein zentrales Kräftesystem gegeben, lässt sich durch Reduktion feststellen, ob eine Resultierende verbleibt oder ob diese gleich null ist, also Gleichgewicht herrscht.

Die Aufgabenstellung sieht in der Regel aber anders aus. Es sind einige Kräfte gegeben und einige Kräfte sind unbekannt. Die Fragestellung ist nunmehr, wie groß diese unbekannten Kräfte sind, damit Gleichgewicht vorhanden ist. Die gegebenen Kräfte sind die auf einen Körper einwirkenden Aktionskräfte, die unbekannten die Reaktionskräfte.

Beispiel 2.3

Die in *Bild 2.8* dargestellte Skizze ist das statische System einer Konstruktion. Es besteht aus zwei Stäben, die im Punkt *A* durch ein Gelenk verbunden sind. Beide Stäbe sind am anderen Ende so befestigt, dass sie sich frei verdrehen können.

Solch eine Befestigung nennt man (gelenkiges) Auflager, es wird durch ein Symbol dargestellt. Die Gelenke werden als völlig reibungsfrei und die Stäbe als gewichtslos vorausgesetzt. Dieses statische System stellt also das Ergebnis einer Idealisierung dar.

Die Stäbe können durch den beidseitig gelenkigen Anschluss nur Kräfte in Richtung ihrer Achse übertragen. Die Aufgabe besteht nun darin, die Größe dieser Kräfte zu ermitteln.

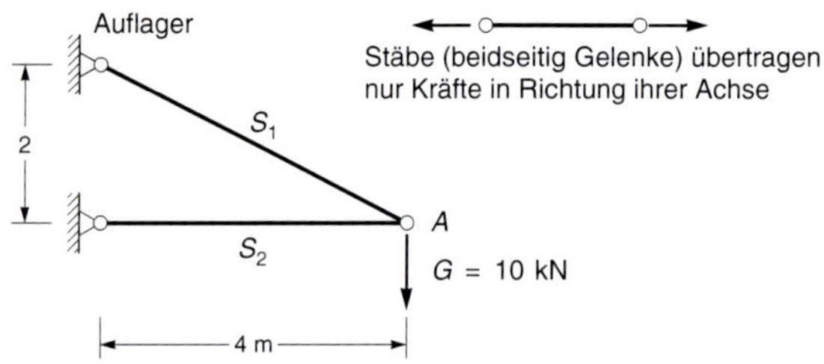

Bild 2.8 Ausleger mit Gewichtskraft

Um die Stabkräfte berechnen zu können, müssen diese zunächst durch Anwendung des Schnittprinzips sichtbar gemacht werden. Dies geschieht mit einem gedanklichen Schnitt durch beide Stäbe, durch den der Punkt A vom Rest des System völlig abgetrennt wird, siehe *Bild 2.9*.

Durch das Zertrennen eines Stabes werden die Bindungen zwischen den beiden Stabteilen zerstört. Die zerstörten Bindungen werden durch von außen wirkende Kräfte ersetzt. Da diese Kräfte durch einen Schnitt sichtbar gemacht werden, nennt man sie Schnittkräfte.

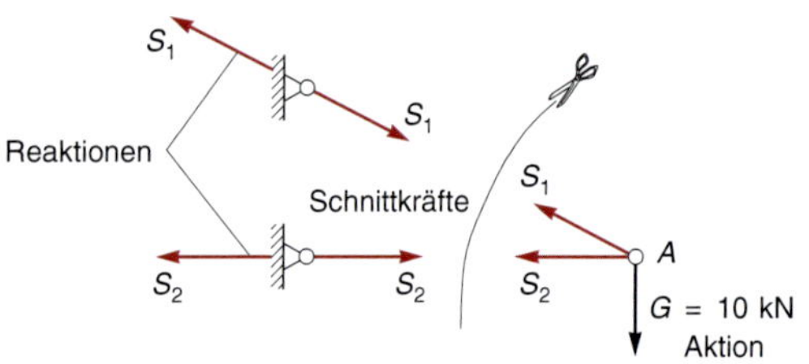

Bild 2.9 Schnittbild

Nach dem Reaktionsaxiom sind Schnittkräfte immer gleich groß und von entgegengesetzter Richtung. Die Kraft S_1, die im Punkt A angreift (zieht), ersetzt die Wirkung, die der abgetrennte obere Teil des Stabes auf den unteren ausübt.

Es wirken nun im Punkt A die beiden freigelegten unbekannten Schnittkräfte S_1 und S_2 sowie die vorgegebene Kraft G. Die drei Kräfte bilden ein zentrales Kräftesystem, da sie sich alle im Punkt A schneiden. Die Größe der Kräfte soll nun so bestimmt werden, dass der Punkt A in Ruhe bleibt, also Gleichgewicht herrscht. Dies ist dann der Fall, wenn die Resultierende des Kräftesystems, also die Summe aller drei Kräfte, gleich null ist.

Zeichnerische Lösung:

Um die Kräftesumme zeichnerisch zu bilden, müssen alle drei Kraftpfeile nach ihrer Richtung und Länge hintereinander gezeichnet werden. Da nur die Kraft G bekannt ist, muss sie zuerst gezeichnet werden.

An die Spitze dieser Kraft wird nun die nächste Kraft gezeichnet, wobei es gleichgültig ist, ob zunächst S_1 oder S_2 gewählt wird. Von beiden Kräften ist nur die Richtung bekannt, sie ergibt sich aus dem Lageplan durch die Geometrie der Stäbe. Wir wählen zunächst S_2 und zeichnen die Wirkungslinie dieser Kraft durch die Spitze von G, siehe *Bild 2.10*.

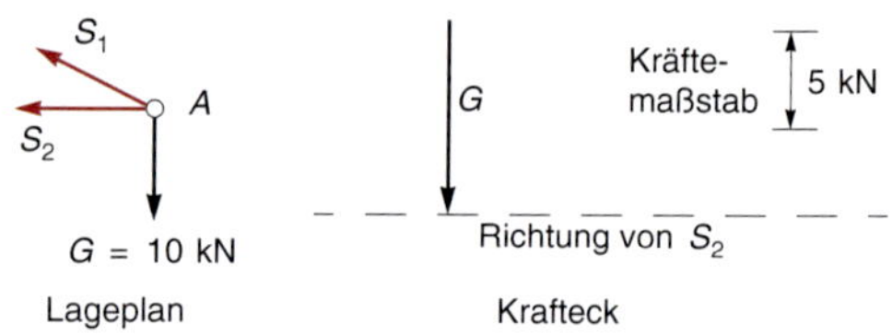

Bild 2.10 Konstruktion des Kraftecks, Schritt 1

Da die Resultierende gleich null sein muss, müssen wir mit der Spitze der dritten Kraft S_1 zum Anfangspunkt von G gelangen, damit sich das Krafteck schließt. Die bekannte Wirkungslinie von S_1 wird darum aus dem Lageplan parallel durch diesen Punkt verschoben, wie in *Bild 2.11* dargestellt ist.

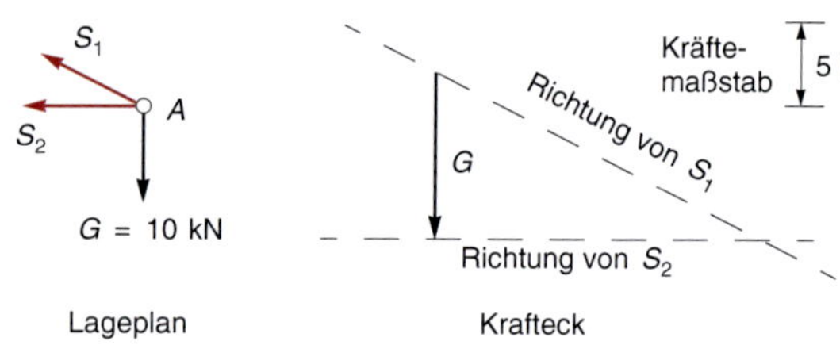

Bild 2.11 Konstruktion des Kraftecks, Schritt 2

Aus dem Schnittpunkt der beiden Wirkungslinien folgt die Größe und der Richtungssinn der gesuchten Kräfte nach *Bild 2.12*. Die Pfeilrichtungen der Kräfte ergeben sich dadurch, dass ein einheitlicher Umfahrungssinn vorhanden ist, dies entspricht der Definition der Vektoraddition. Es dürfen daher niemals zwei Pfeilspitzen zusammenstoßen.

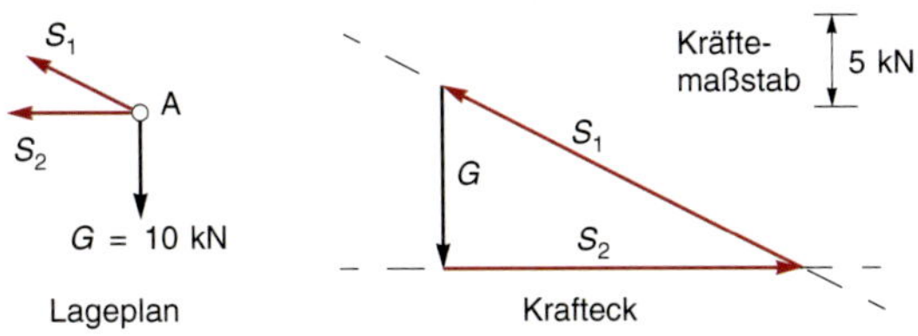

Bild 2.12 Konstruktion des Kraftecks, Schritt 3

Beginnt man, statt wie oben dargestellt, die Konstruktion mit der Richtung von S_1, so ergibt sich das Krafteck in *Bild 2.13*, wie leicht nachvollziehbar ist.

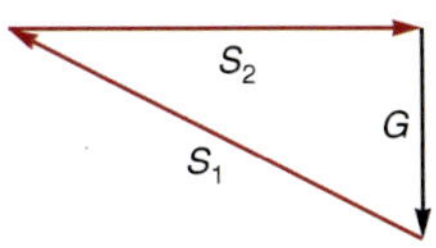

Bild 2.13 Alternative Konstruktion des Kraftecks

Die Größe der Kräfte erhält man wiederum durch Messung und Umrechnung mithilfe des Kräftemaßstabs:

$$S_1 = 3{,}15\ \text{cm} \cdot \frac{5}{0{,}7}\ \frac{\text{kN}}{\text{cm}} = 22{,}5\ \text{kN}$$

$$S_2 = 2{,}8\ \text{cm} \cdot \frac{5}{0{,}7}\ \frac{\text{kN}}{\text{cm}} = 20\ \text{kN}$$

Das Vorzeichen wird ermittelt, indem die Pfeilrichtung aus dem Krafteck mit der angesetzen Zugkraft aus dem Lageplan verglichen wird. Bei Übereinstimmung handelt es sich um eine Zugkraft, sonst um eine Druckkraft. S_1 ist demnach eine Zugkraft, S_2 eine Druckkraft.

Rechnerische Lösung:
Für die rechnerische Behandlung wird das in *Bild 2.14* dargestellte Koordinatensystem mit Ursprung im Punkt *A* zugrunde gelegt.

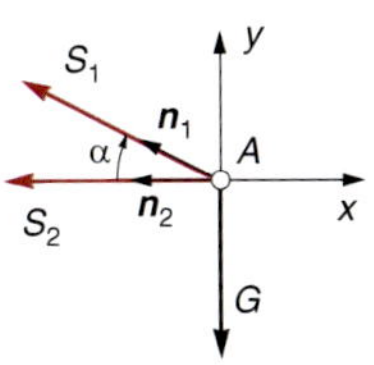

Bild 2.14 Freigeschnittener Knoten *A*

Die Kräfte werden als Vektoren in diesem Koordinatensystem dargestellt. Die Richtung der Kraftvektoren $\boldsymbol{S}_1$ und $\boldsymbol{S}_2$ ist durch die Geometrie der Stäbe vorgegeben.

Die unbekannten Stabkräfte werden wiederum als Produkt aus Betrag und Einheitsrichtungsvektor dargestellt. Der Betrag wird so bestimmt, dass Gleichgewicht herrscht. Die Gleichgewichtsbedingung lautet:

$$\sum \boldsymbol{F} = \boldsymbol{S}_1 + \boldsymbol{S}_2 + \boldsymbol{G} = \boldsymbol{0}$$

$$S_1 \cdot \boldsymbol{n}_1^0 + S_2 \cdot \boldsymbol{n}_2^0 + \boldsymbol{G} = 0$$

Es ist für die Zahlenrechnung wieder praktischer, die Kraft $\boldsymbol{S}_1$ durch einen beliebigen Richtungsvektor zu beschreiben:

$$\boldsymbol{S}_1 = S_1 \cdot \boldsymbol{n}_1^0 = S_1 \cdot \frac{\boldsymbol{n}_1}{|\boldsymbol{n}_1|} = \tilde{S}_1 \cdot \boldsymbol{n}_1 \quad \text{mit} \quad \tilde{S}_1 = \frac{S_1}{|\boldsymbol{n}_1|}$$

Damit folgt:

$$\tilde{S}_1 \cdot \boldsymbol{n}_1 + S_2 \cdot \boldsymbol{n}_2^0 + \boldsymbol{G} = 0$$

$$\tilde{S}_1 \begin{bmatrix} -2 \\ 1 \end{bmatrix} + S_2 \begin{bmatrix} -1 \\ 0 \end{bmatrix} + \begin{bmatrix} 0 \\ -10 \end{bmatrix} = 0$$

Es ergeben sich also zwei skalare Gleichungen für die Unbekannten $\tilde{S}_1$ und S_2. Aus der zweiten Zeile erhält man sofort $\tilde{S}_1 = 10$. Die Unbekannte S_2 tritt in der zweiten Zeile nicht auf, da S_2 nur in horizontaler Richtung wirkt und daher keine Komponente in vertikaler Richtung besitzt. S_1 folgt durch Multiplikation von $\tilde{S}_1$ mit dem Betrag des Richtungsvektors.

$$S_1 = \tilde{S}_1 \cdot |\boldsymbol{n}_1| = 10 \cdot \sqrt{5} = 22{,}36\ \text{kN}$$

Durch Einsetzen von $\tilde{S}_1$ in die erste Zeile erhält man

$$-2 \cdot \tilde{S}_1 - S_2 = 0$$

$$S_2 = -2 \cdot \tilde{S}_1 = -2 \cdot 10 = -20\ \text{kN}$$

Das negative Vorzeichen von S_2 bedeutet, dass S_2 entgegen der angesetzten Richtung wirkt, es handelt sich daher um eine Druckkraft.

Die bei der Lösung der Aufgabe auftretenden skalaren Gleichungen für die Unbekannten $\tilde{S}_1$ und S_2 haben die Bedeutung, dass die Summe der Kraftkomponenten in horizontaler (erste Zeile) und in vertikaler Richtung (zweite Zeile) gleich null sein müssen.

Betrachten wir noch einmal den freigeschnittenen Punkt *A* in *Bild 2.14*. Die beiden Gleichgewichtsbedingungen lassen sich auch anschreiben, indem die Stabkraft S_1 in Richtung der Koordinatenachsen zerlegt wird.

Die Bedingung $\sum F_x = 0$ ergibt:

$$-S_1 \cdot \cos\alpha - S_2 = 0$$

und die Bedingung $\sum F_y = 0$:

$$S_1 \cdot \sin\alpha - G = 0$$

Die Winkelfunktionen können wir aus der Stabgeometrie durch Katheten und Hypotenuse ausdrücken.

$$\sin\alpha = \frac{2}{\sqrt{20}} = \frac{1}{\sqrt{5}} \text{ und } \cos\alpha = \frac{4}{\sqrt{20}} = \frac{2}{\sqrt{5}}$$

Damit folgt für die beiden Gleichungen:

$$-S_1 \cdot \frac{2}{\sqrt{5}} - S_2 = 0$$

$$S_1 \cdot \frac{1}{\sqrt{5}} - 10 = 0$$

Mit der Abkürzung $\tilde{S}_1 = \frac{S_1}{\sqrt{5}}$ erhält man:

$$-\tilde{S}_1 \cdot 2 - S_2 = 0$$

$$\tilde{S}_1 \cdot 1 - 10 = 0$$

Diese Gleichungen sind mit denen identisch, die sich aus der Vektordarstellung ergaben.

Beispiel 2.4

Für das in *Bild 2.15* dargestellte räumliche Dreibein sind die Stabkräfte S_1, S_2, und S_3 infolge der gegebenen Einzelkraft $\boldsymbol{F}$ zu berechnen. Die Richtung der Stäbe ist durch die folgenden Punkte gegeben:

$$A = \begin{bmatrix} 2 \\ 1 \\ 0 \end{bmatrix} \text{m}, \quad B = \begin{bmatrix} 5 \\ 3 \\ 0 \end{bmatrix} \text{m}, \quad C = \begin{bmatrix} 0 \\ 4 \\ 2 \end{bmatrix} \text{m}, \quad D = \begin{bmatrix} 2 \\ 4 \\ 3 \end{bmatrix} \text{m}$$

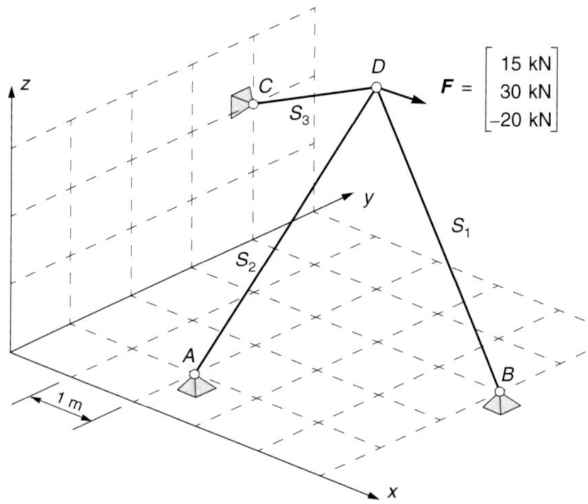

Bild 2.15 Räumliches Dreibein

Um die Stabkräfte berechnen zu können, müssen sie durch Anwendung des Schnittprinzips sichtbar gemacht werden. Dies erfolgt durch einen Schnitt um den Punkt *D*. Die unbekannten Stabkräfte werden als Zugkräfte angesetzt.

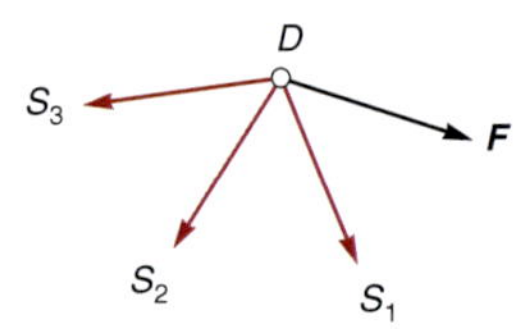

Bild 2.16 Freigeschnittener Knoten *D*

Die Gleichgewichtsbedingung lautet:

$$\sum \boldsymbol{F} = \boldsymbol{S}_1 + \boldsymbol{S}_2 + \boldsymbol{S}_3 + \boldsymbol{F} = \boldsymbol{0}$$

$$\tilde{S}_1 \cdot \boldsymbol{n}_1 + \tilde{S}_2 \cdot \boldsymbol{n}_2 + \tilde{S}_3 \cdot \boldsymbol{n}_3 + \boldsymbol{F} = \boldsymbol{0}$$

Um die Richtung der Kraftvektoren zu beschreiben, ist es zweckmäßig, einen Vektor zu wählen, der vom Punkt *D* zu dem entsprechenden Auflagerpunkt geht. Dieser Vektor ergibt sich aus der Differenz der Koordinaten des Auflagerpunktes und des Punktes *D*.

$$\tilde{S}_1 \cdot \begin{bmatrix} 3 \\ -1 \\ -3 \end{bmatrix} + \tilde{S}_2 \cdot \begin{bmatrix} 0 \\ -3 \\ -3 \end{bmatrix} + \tilde{S}_3 \cdot \begin{bmatrix} -2 \\ 0 \\ -1 \end{bmatrix} + \begin{bmatrix} 15 \\ 30 \\ -20 \end{bmatrix} = \boldsymbol{0}$$

Das Gleichungssystem lässt sich übersichtlich in Matrizendarstellung schreiben. Die Lösung folgt z. B. durch Anwendung des Gaußschen Eliminationsverfahrens und ist hier nicht dargestellt.

$$\begin{bmatrix} 3 & 0 & -2 \\ -1 & -3 & 0 \\ -3 & -3 & -1 \end{bmatrix} \begin{bmatrix} \tilde{S}_1 \\ \tilde{S}_2 \\ \tilde{S}_3 \end{bmatrix} = \begin{bmatrix} -15 \\ -30 \\ 20 \end{bmatrix} \Rightarrow \begin{bmatrix} \tilde{S}_1 \\ \tilde{S}_2 \\ \tilde{S}_3 \end{bmatrix} = \begin{bmatrix} -16{,}43 \\ 15{,}48 \\ -17{,}14 \end{bmatrix}$$

Die Stabkräfte erhalten wir durch Multiplikation der $\tilde{S}_i$-Werte mit dem Betrag des Richtungsvektors.

$$S_1 = -16{,}43 \cdot \sqrt{19} = -71{,}62 \text{ kN}$$

$$S_2 = 15{,}48 \cdot \sqrt{18} = 65{,}68 \text{ kN}$$

$$S_3 = -17{,}14 \cdot \sqrt{5} = -38{,}33 \text{ kN}$$

Negative Werte sind Druckkräfte, positive Werte Zugkräfte.

Aufgaben

Aufgabe 2.1

Für das in *Bild 2.17* dargestellte ebene, zentrale Kräftesystem ist die Resultierende nach Größe und Richtung zeichnerisch und rechnerisch zu ermitteln.

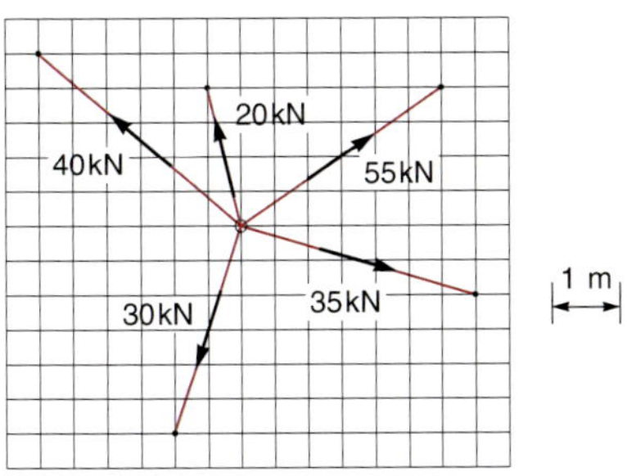

Bild 2.17

Aufgabe 2.2

Für das in *Bild 2.18* dargestellte System sind die Stabkräfte S_1 und S_2 infolge der angegebenen Einzelkraft zeichnerisch und rechnerisch zu ermitteln.

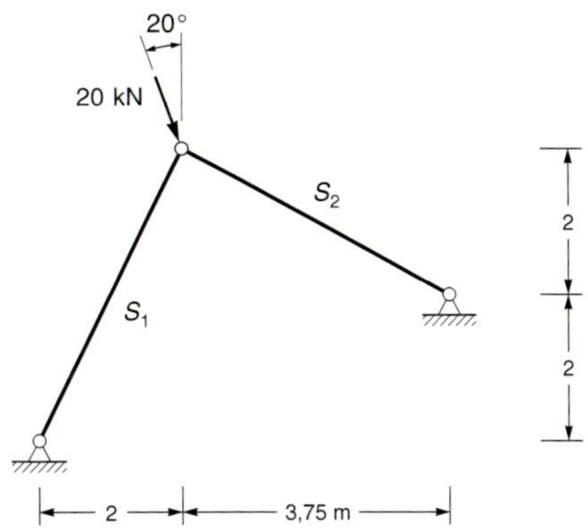

Bild 2.18

Aufgabe 2.3

Für das in *Bild 2.19* in Grund- und Aufriss dargestellte räumliche Dreibein sind die Stabkräfte S_1 bis S_3 infolge der angegebenen Einzelkraft zu ermitteln.

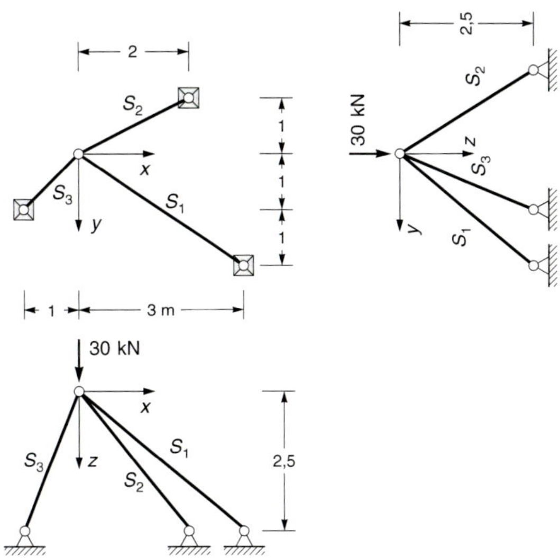

Bild 2.19

3 Das allgemeine ebene Kräftesystem

Schneiden sich im Gegensatz zum zentralen Kräftesystem die Wirkungslinien aller Kräfte nicht mehr in einem Punkt, so handelt es sich um ein allgemeines ebenes Kräftesystem. Die Kräfte sind nunmehr also beliebig in der Ebene verstreut. Dieses Kräftesystem soll wiederum durch Reduktion durch eine einzige Kraft wirkungsgleich ersetzt werden.

3.1 Grafische Behandlung

3.1.1 Reduktion des Kräftesystems durch sukzessives Zusammensetzen

Die Vorgehensweise bei diesem Verfahren wird anhand des aus drei Kräften bestehenden Kräftesystems in *Bild 3.1* erläutert.

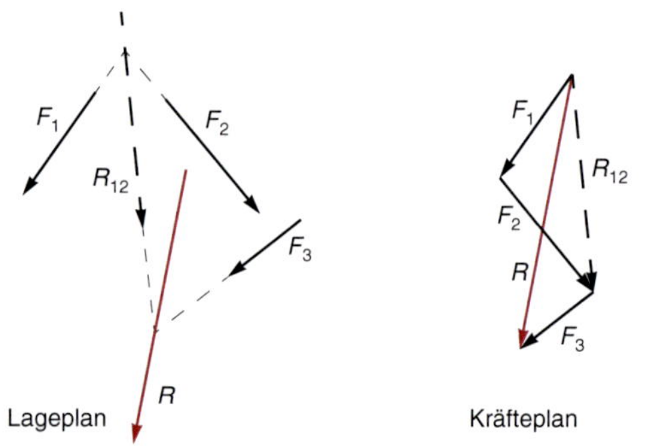

Bild 3.1 Reduktion durch sukzessives Zusammensetzen

Wir betrachten zunächst nur zwei der gegebenen Kräfte. Diese lassen sich immer dann zum Schnitt bringen, wenn sie nicht parallel verlaufen. Auf den Sonderfall paralleler Kräfte werden wir später eingehen.

Die Wirkungslinien von $\boldsymbol{F}_1$ und $\boldsymbol{F}_2$ werden zum Schnitt gebracht, die beiden Kräfte bilden ein zentrales Kräftesystem. Somit kann die Resultierende $\boldsymbol{R}_{12}$ nach Abschnitt 2.2.1 ermittelt werden, ihre Wirkungslinie verläuft durch den Schnittpunkt von $\boldsymbol{F}_1$ und $\boldsymbol{F}_2$. Damit besteht das Kräftesystem nur noch aus den beiden Kräften $\boldsymbol{R}_{12}$ und $\boldsymbol{F}_3$. Mit diesen Kräften verfahren wir wiederum wie mit den ersten beiden. Die gesamte Resultierende ergibt sich nach Größe und Richtung wie beim zentralen Kräftesystem durch die Konstruktion des Kraftecks. Ihre Wirkungslinie verläuft durch den Schnittpunkt von $\boldsymbol{R}_{12}$ und $\boldsymbol{F}_3$ im Lageplan.

Aus dem erläuterten Vorgehen wird deutlich, dass bei der Bestimmung der Resultierenden nach Größe und Richtung kein Unterschied zum zentralen Kräftesystem besteht. Neu bei der Reduktion des allgemeinen Kräftesystems ist die Bestimmung der **Lage** der Resultierenden. Die Wirkungslinie der Resultierenden ist die *Zentralachse* des Kräftesystems. Zusammengefasst ergibt sich folgende Vorgehensweise:

- Zwei Kräfte ($\boldsymbol{F}_1$ und $\boldsymbol{F}_2$) zum Schnitt bringen
- $\boldsymbol{R}_{12}$ aus dem Krafteck in den Schnittpunkt von $\boldsymbol{F}_1$ und $\boldsymbol{F}_2$ verschieben
- Der Schnittpunkt von $\boldsymbol{R}_{12}$ mit $\boldsymbol{F}_3$ ist ein Punkt der Wirkungslinie von $\boldsymbol{R}$
- Parallelverschiebung von $\boldsymbol{R}$ aus dem Krafteck durch diesen Punkt ergibt die Lage der Resultierenden

Die Erweiterung des Vorgehens auf mehr als drei Kräfte erfolgt durch aufeinander folgende Hinzunahme jeweils einer weiteren Kraft.

Voraussetzung für die dargestellte Vorgehensweise ist, dass die Wirkungslinien jeweils zweier Kräfte zum Schnitt gebracht werden. Daher ergibt sich schon dann ein Problem, wenn dieser Schnittpunkt außerhalb des Blattes liegt. Bei parallelen Wirkungslinien existiert der Schnittpunkt gar nicht.

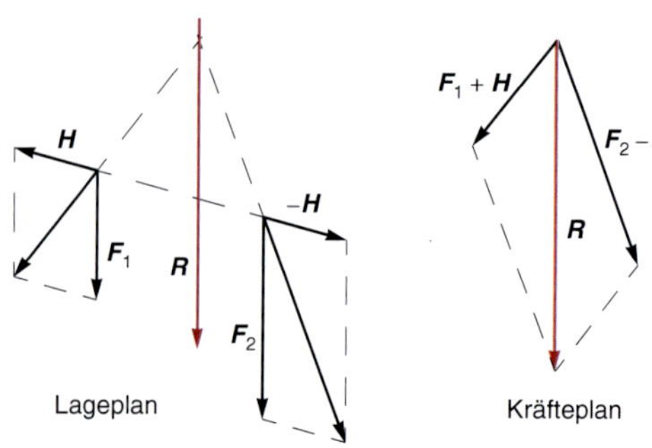

Bild 3.2 Reduktion paralleler Kräfte

Dieses Problem lässt sich lösen, indem das Kräftesystem so ergänzt wird, dass zwei gegengleiche Kräfte mit gleicher Wirkungslinie hinzugefügt werden. Durch diese Operation ändert sich das Kräftesystem nicht, da sich die Kräfte aufheben und somit einen Nullvektor darstellen. Bilden wir, wie in *Bild 3.2* dargestellt, mit den Hilfskräften $\boldsymbol{H}$ und $-\boldsymbol{H}$ die Resultierenden mit den parallelen Kräften, so lassen sich die Resultierenden durch geeignete Wahl der Hilfskräfte immer innerhalb des Konstruktionsblattes zum Schnitt bringen und die Konstruktion kann wie oben beschrieben fortgeführt werden.

3.1.2 Reduktion des Kräftesystems mit Polplan und Seileck

Diese Variante der zeichnerischen Reduktion des allgemeinen ebenen Kräftesystems hat gegenüber der Methode des sukzessiven Zusammensetzens den Vorteil, dass sie übersichtlicher ist. Auch wenn Kräfte parallel sind oder der Schnittpunkt ihrer Wirkungslinien außerhalb des Konstruktionsblattes liegt, führt sie immer unmittelbar zum Ziel.

Es wird zunächst das Krafteck im Kräfteplan konstruiert, wodurch die Resultierende nach Größe und Richtung bestimmt ist. Gesucht ist nun wiederum die Lage der Resultierenden im Lageplan.

Wir legen nun einen Punkt im Kräfteplan fest. Dieser Punkt, der *Pol*, ist grundsätzlich frei wählbar. Um Konstruktionsprobleme wie schleifende Schnitte zu vermeiden, sollte er so gewählt werden, dass sich die Verbindungslinien vom Anfangs- und Endpunkt der Resultierenden zum Pol unter einem Winkel von etwa 90° schneiden.

Nachdem der Pol gewählt ist, werden die Anfangs- und Endpunkte aller Kräfte durch Linien mit dem Pol verbunden. Diese Linien sind die *Polstrahlen.* Nun wird zunächst die Kraft $\boldsymbol{F}_1$ in Richtung der beiden ersten Polstrahlen 1 und 2 zerlegt. Die Zerlegung erfolgt im Lageplan in einem beliebigen Punkt der Wirkungslinie von $\boldsymbol{F}_1$. In diesem Punkt müssen sich die Wirkungslinien der Kräfte $\boldsymbol{S}_1$ und $\boldsymbol{S}_2$ schneiden. Die aus den Polplan in den Lageplan parallel verschobenen Polstrahlen, also die Wirkungslinien der Kräfte $\boldsymbol{S}_i$, werden als *Seilstrahlen* bezeichnet.

Die Kraft $\boldsymbol{F}_2$ wird nun ebenfalls in Richtung der angrenzenden Polstrahlen (2 und 3) zerlegt. Dabei entsteht eine Komponente in Richtung des zweiten Polstrahls, die der Kraft $\boldsymbol{S}_2$ aus der Zerlegung von $\boldsymbol{F}_1$ entgegengerichtet gleich ist. Ihre Wirkungslinie ist im Lageplan schon vorhanden und wird mit der Wirkungslinie von $\boldsymbol{F}_2$ zum Schnitt gebracht.

Durch diesen Schnittpunkt muss auch die Wirkungslinie von $\boldsymbol{S}_3$ verlaufen. $\boldsymbol{S}_3$ wird mit der Wirkungslinie von $\boldsymbol{F}_3$ zum Schnitt gebracht und so verfährt man weiter, bis die letzte Kraft (hier: $\boldsymbol{F}_4$) zerlegt ist.

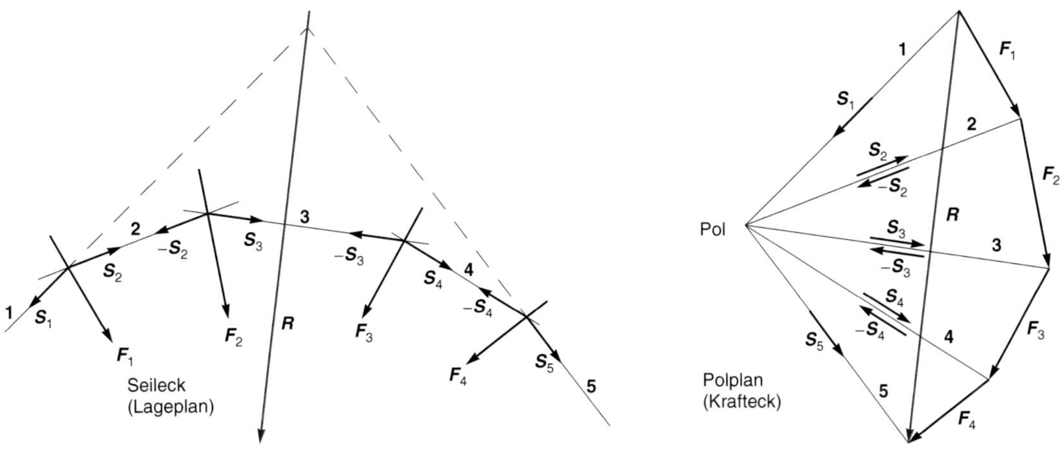

Bild 3.3 Seileckskonstruktion

Wie aus der Konstruktion erkennbar ist, heben sich die Komponenten der Zerlegung ($\boldsymbol{S}_2$ bis $\boldsymbol{S}_4$) bis auf die erste und die letzte Seilkraft gegenseitig auf, da sie jeweils zu zwei Kräften gehören und immer entgegengerichtet sind.

Damit ist das gesamte Kräftesystem bei *n* Kräften (in diesem Beispiel ist *n* gleich vier) auf die beiden Seilkräfte $\boldsymbol{S}_1$ und $\boldsymbol{S}_{n+1}$ zurückgeführt. Diese beiden Kräfte stellen die Zerlegung der Resultierenden in Richtung der äußeren Seilstrahlen dar. Ihr Schnittpunkt ist ein Punkt der gesuchten Wirkungslinie der Resultierenden. Diese kann nun durch Parallelverschiebung aus dem Kräfteplan in den Lageplan gezeichnet werden.

Die erläuterte Konstruktion des Seilecks im Lageplan kann in mechanischer Hinsicht interpretiert werden. Dafür stellen wir uns in den Schnittpunkten der Seilstrahlen Gelenke vor, die durch Stäbe miteinander verbunden sind. Die so entstandene Konstruktion nennt man *Gelenkkette* oder *Stabpolygon (Bild 3.4a)*.

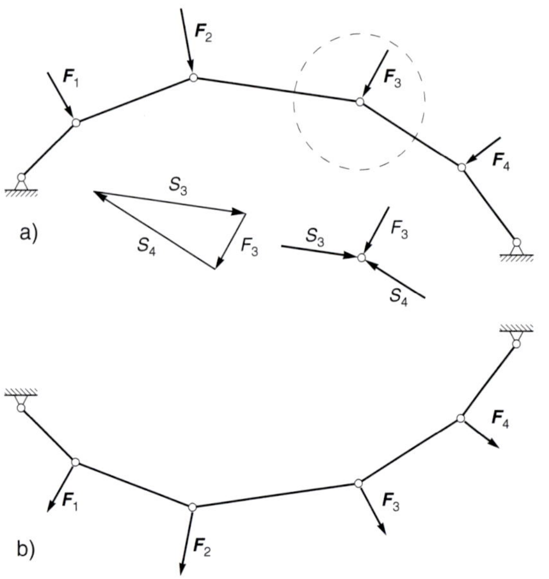

Bild 3.4 Stützlinie und Seilpolygon

In der Konstruktion in *Bild 3.3* wurde jede Kraft in Richtung der Seilstrahlen zerlegt. Wirken diese „Seilkräfte" in entgegengesetzter Richtung, so ist jeder Gelenkpunkt und damit auch die gesamte Gelenkkette im Gleichgewicht. Exemplarisch ist in *Bild 3.4a* das Schnittbild und das zugehörige Krafteck für einen Punkt dargestellt. Die Form dieser Gelenkkette wird als *Stützlinie* bezeichnet. Wir werden auf diesen Begriff später noch eingehen.

Dreht man die Richtung aller Kräfte um, so wirken in den Stäben keine Druck-, sondern Zugkräfte. In *Bild 3.4b* ist diese Situation dargestellt, wobei die Konstruktion in vertikaler Richtung umgedreht wurde. Bei einem an den Endpunkten befestigtem Seil würde sich unter der Wirkung der Kräfte die dargestellte Form einstellen. Dies ist der Grund für die Bezeichnung *Seileck.* Eine andere Bezeichnungsweise ist der Begriff *Seilpolygon.*

Beispiel 3.1

Gegeben ist das aus fünf Kräften bestehende allgemeine ebene Kräftesystem, siehe *Bild 3.5.* Gesucht ist die Resultierende nach Größe, Richtung und Lage.

Im Lageplan ist nicht nur die Lage der Kräfte gegeben, sie sind dort auch in ihrer Größe durch den angegebenen Kräftemaßstab definiert.

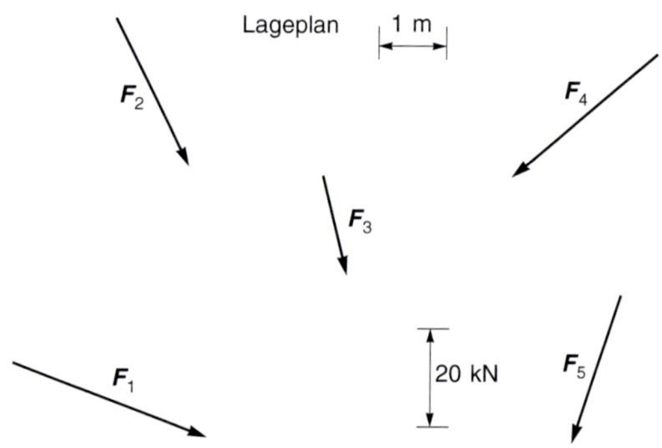

Bild 3.5 Allgemeines ebenes Kräftesystem

Durch das Zeichnen des Kraftecks im Kräfteplan erhalten wir die Resultierende in *Bild 3.6* nach Größe und Richtung. Es wird nun der Pol im Kräfteplan vorgegeben und die Polstrahlen 1 bis 6 werden gezeichnet. Polstrahl 1 wird in den Lageplan parallel in einen Punkt der Wirkungslinie von $\boldsymbol{F}_1$ verschoben. In diesen Punkt wird auch Polstrahl 2 parallel verschoben und mit der Wirkungslinie von $\boldsymbol{F}_2$ zum Schnitt gebracht. Die Konstruktion wird auf diese Weise fortgesetzt, bis sämtliche Seilstrahlen im Lageplan gezeichnet sind.

Der Schnittpunkt des ersten und letzten Seilstrahls ist ein Punkt der Wirkungslinie der Resultierenden. In diesen Punkt wird nun die Resultierende aus dem Kräfteplan parallel in den Lageplan verschoben.

Durch Messung der Länge der Resultierenden und Umrechnung mithilfe des Kräftemaßstabs ergibt sich die Größe der Resultierenden zu $|\boldsymbol{R}| = 122$ kN.

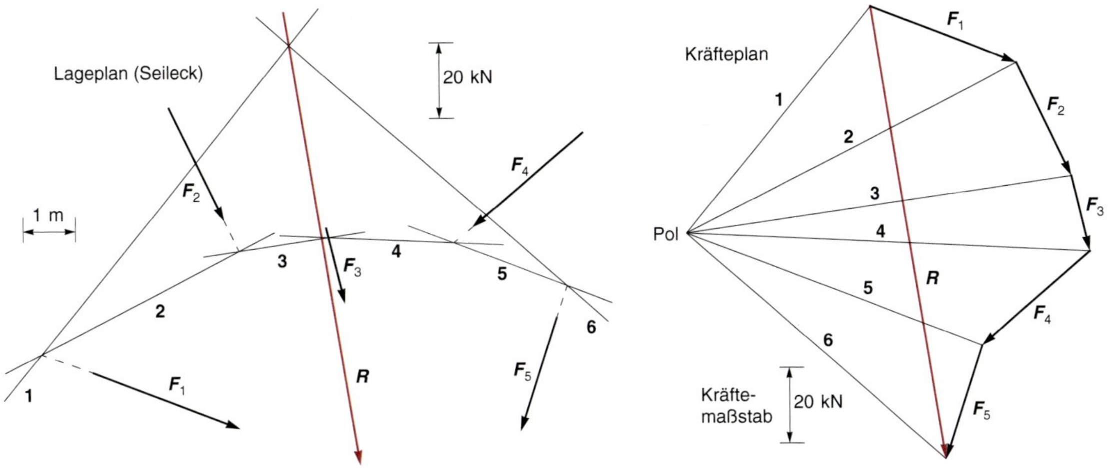

Bild 3.6 Zeichnerische Reduktion eines Kräftesystems

3.2 Rechnerische Behandlung

Um das allgemeine ebene Kräftesystem rechnerisch zu behandeln, müssen zunächst einige neue Begriffsbildungen eingeführt werden.

3.2.1 Moment und Kräftepaar

Wir betrachten nun einen Sonderfall des allgemeinen Kräftesystems, nämlich zwei gegengleiche Kräfte auf parallelen Wirkungslinien. Dieses spezielle Kräftesystem nennt man ein *Kräftepaar*. Um dieses Kräftesystem zu reduzieren, addieren wir zunächst zwei Kräfte $\boldsymbol{H}$ und $-\boldsymbol{H}$, die sich gegenseitig aufheben. Ersetzen wir die Kräfte $\boldsymbol{F}$ und $\boldsymbol{H}$ bzw. $-\boldsymbol{F}$ und $-\boldsymbol{H}$ durch die Resultierenden $\boldsymbol{R}$ und $-\boldsymbol{R}$, so wird aus *Bild 3.7* deutlich, dass diese Resultierenden wiederum ein Kräftepaar bilden.

Es ist also nicht möglich, dieses spezielle Kräftesystem auf eine einzige Resultierende zurückzuführen. Der Abstand h der Wirkungslinien des neu entstandenen Kräftepaares sowie deren Richtung ist von der Größe der gewählten Kräfte $\boldsymbol{H}$, $-\boldsymbol{H}$ abhängig. Es lassen sich demnach durch die gezeigte Konstruktion unendlich viele Kräftepaare erzeugen.

Es gibt jedoch eine Größe, die für all diese Kräftepaare gleich ist. Es ist der Flächeninhalt des von beiden Kräften gebildeten Parallelogramms. Der Flächeninhalt der in *Bild 3.7* dargestellten schraffierten Dreiecke ist gleich groß, da Grundseite und Höhe der Dreiecke gleich sind. Da diese Dreiecksflächen die Hälfte der Parallelogrammflächen darstellen, folgt, dass das Produkt $F \cdot a$ gleich dem Produkt $R \cdot h$ ist.

Dieses invariante Produkt heißt das *Moment des Kräftepaares, statisches Moment* oder *Drehmoment.*

$$M = F \cdot a$$

Die zeichnerische Darstellung erfolgt durch einen gebogenen Pfeil. Mit diesem Symbol wird auch die mechanische Wirkung dieser neu eingeführten Größe zum Ausdruck gebracht. Ein Moment versucht einen Körper zu drehen. Dabei ist nicht nur die Größe (der Betrag) des Moments von Bedeutung, sondern auch der Drehsinn bzw. die Drehrichtung. Dies deutet auf den vektoriellen

Charakter des Momentes hin, auf den später noch eingegangen wird.

Zu einem gegebenen Kräftepaar gehört eindeutig ein Moment als Flächeninhalt des von beiden Kräften gebildeten Parallelogramms. Ist ein Moment gegeben, dann existieren unendlich viele Kräftepaare, die den entsprechenden Flächeninhalt ergeben. *Kräftepaare*, die das gleiche Moment besitzen, heißen *statisch äquivalent*.

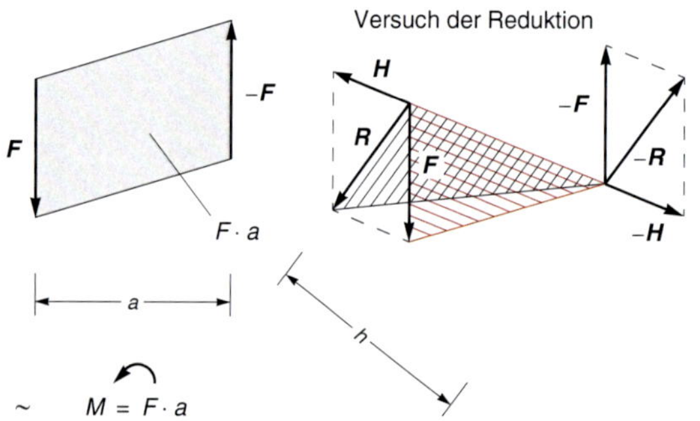

Bild 3.7 Reduktion gegengleicher Kräfte auf parallelen Wirkungslinien

Da zu einem Moment unendlich viele äquivalente Kräftepaare gehören, hat es keinen festen Angriffspunkt in der Ebene und ist daher *frei verschiebbar*.

3.2.2 Moment einer Einzelkraft bezüglich eines Punktes

Nach dem Verschiebungsaxiom darf eine Kraft am starren Körper auf ihrer Wirkungslinie verschoben werden, ohne dass sich ihre Wirkung auf den Körper ändert. Wie kann aber eine Kraft parallel zu ihrer Wirkungslinie so verschoben werden, dass ihre Wirkung gleich bleibt?

Um die in *Bild 3.8* gegebene Kraft $\boldsymbol{F}$ wirkungsgleich durch den Punkt A zu verschieben, wird zunächst im Punkt A ein Nullvektor $\boldsymbol{F}$, $-\boldsymbol{F}$ addiert, der das Kräftesystem nicht ändert. Damit ist ein Kräftepaar mit dem Moment $M_A = F \cdot a$ und eine Einzelkraft im Punkt A entstanden. Diese beiden Größen bilden eine sogenannte *Dyname*.

M_A ist das Moment der Kraft $\boldsymbol{F}$ bezüglich des Punktes A. Ein weiterer Begriff für M_A ist der des *Versatzmomentes*. Eine Kraft lässt sich also nur dann wirkungsgleich parallel verschieben, wenn das Versatzmoment hinzugefügt wird.

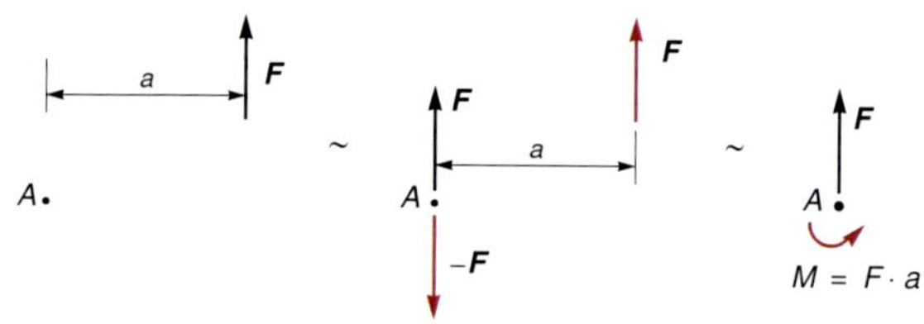

Bild 3.8 Reduktion einer Kraft auf eine Dyname im Punkt A

3.2.3 Resultierendes Moment

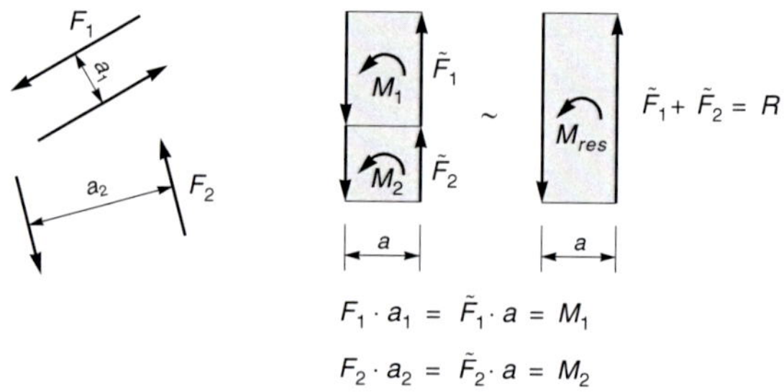

Bild 3.9 Addition von Momenten

Wirken nun mehrere Kräftepaare auf einen Körper, so können sie durch äquivalente Kräftepaare mit gleichem Abstand und gleichen Wirkungslinien ersetzt werden. Die beiden Kräftepaare in *Bild 3.9* werden zunächst so umgewandelt, dass sie dieselbe Wirkungslinie haben. Ihre Momente bleiben dabei erhalten. Durch Addition beider Kräfte sind dann beide Kräftepaare durch ein einziges ersetzt. Wie ersichtlich ist, addieren sich dabei auch die Flächeninhalte. Dies gilt offensichtlich auch für mehr als zwei Kräfte. Die Summe der Momente mehrerer Kräftepaare ist also gleich dem Moment des resultierenden Kräftepaares.

$$M_{res} = \sum M_i$$

3.2.4 Das Moment als Vektor

Bei der Einführung des Momentes in 3.2.1 wurde schon angedeutet, dass es sich nicht um eine skalare Größe handelt. Das Moment hat nicht nur eine bestimmte Größe, sondern auch eine Drehrichtung und damit vektoriellen Charakter. Die Größe (der Betrag) des Momentes ergibt sich aus dem Flächeninhalt des in *Bild 3.10* dargestellten Parallelogramms. Die Drehung, die das Moment bewirkt, erfolgt um eine Achse, die senkrecht zur Ebene ist. Der Drehsinn (die Drehrichtung) in *Bild 3.10* ist entgegen dem Uhrzeiger.

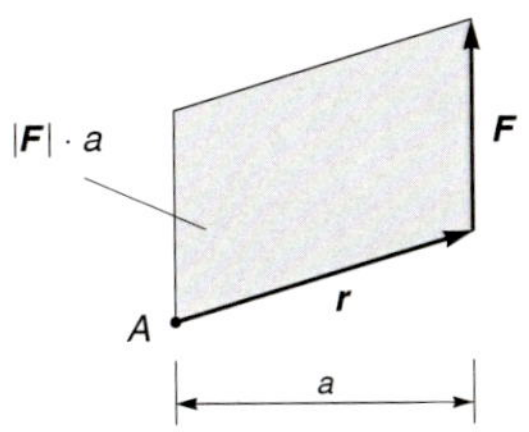

$$\boldsymbol{M} = \boldsymbol{r} \times \boldsymbol{F}$$

Bild 3.10 Zur Vektoreigenschaft des Momentes

Die genannten Eigenschaften des Momentes entsprechen den Eigenschaften eines Vektors, der sich aus dem Kreuzprodukt eines Vektors $\boldsymbol{r}$ und dem Kraftvektor $\boldsymbol{F}$ ergibt. Der Vektor $\boldsymbol{r}$ zeigt vom Punkt A zu einem beliebigen Punkt der Wirkungslinie von $\boldsymbol{F}$.

Nach der Definition des Kreuzproduktes hat der Momentenvektor die folgenden Eigenschaften:

- $|\boldsymbol{M}|$ ist der Flächeninhalt des von $\boldsymbol{r}$ und $\boldsymbol{F}$ aufgespannten Parallelogramms: $|\boldsymbol{F}| \cdot a$
- Die Richtung von $\boldsymbol{M}$ ist senkrecht zu der aus $\boldsymbol{r}$ und $\boldsymbol{F}$ gebildeten Ebene
- $\boldsymbol{r}$, $\boldsymbol{F}$ und $\boldsymbol{M}$ bilden ein Rechtssystem

Der Momentenvektor in *Bild 3.10* ist senkrecht zur Papierebene und zeigt mit der Pfeilspitze zum Betrachter. Das Kreuzprodukt ist weiterhin invariant gegenüber einer Verschiebung von $\boldsymbol{F}$ auf der Wirkungslinie.

Da das Kreuzprodukt nicht kommutativ ist, ist die Reihenfolge der Vektoren zu beachten: $\boldsymbol{r} \times \boldsymbol{F} = -\boldsymbol{F} \times \boldsymbol{r}$

3.2.5 Der Momentensatz

Wir betrachten nun die beiden gegebenen Kräfte $\boldsymbol{F}_1$ und $\boldsymbol{F}_2$ in *Bild 3.11*. Das Moment, dass diese beiden Kräfte bezüglich des Punktes A besitzen, ergibt sich als Kreuzprodukt mit den Ortsvektoren $\boldsymbol{r}_1$ und $\boldsymbol{r}_2$:

$$\boldsymbol{M}_A = \boldsymbol{r}_1 \times \boldsymbol{F}_1 + \boldsymbol{r}_2 \times \boldsymbol{F}_2$$

Verschiebt man die beiden Kräfte in den Schnittpunkt ihrer Wirkungslinien, so ist der Vektor $\boldsymbol{r}$ für beide Kräfte gleich. Durch diesen Schnittpunkt verläuft auch die Resultierende der Kraft. Damit folgt:

$$\boldsymbol{M}_A = \boldsymbol{r}_1 \times \boldsymbol{F}_1 + \boldsymbol{r}_2 \times \boldsymbol{F}_2 = \boldsymbol{r} \times \boldsymbol{F}_1 + \boldsymbol{r} \times \boldsymbol{F}_2$$
$$= \boldsymbol{r} \times (\boldsymbol{F}_1 + \boldsymbol{F}_2) = \boldsymbol{r} \times \boldsymbol{R}$$

Dies ist der Momentensatz:

Das Moment der Resultierenden mehrerer Kräfte bezüglich eines Punktes A ist gleich der Summe der Momente der Einzelkräfte bezüglich dieses Punktes.

$$M = R \cdot a_R = \sum F_i \cdot a_i$$

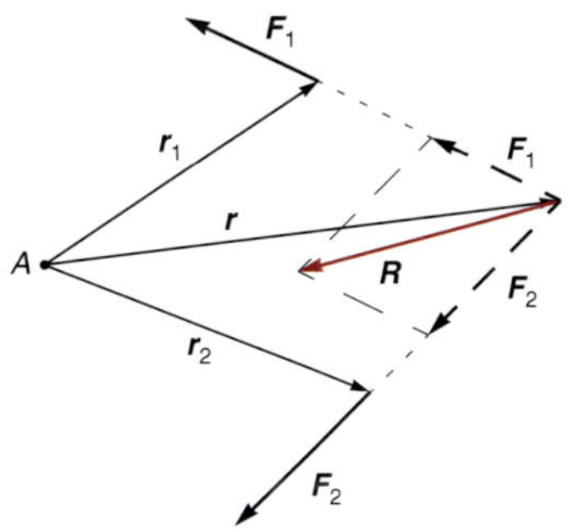

Bild 3.11 Herleitung des Momentensatzes

3.2.6 Rechnerische Reduktion des Kräftesystems

Die Erläuterung der rechnerischen Behandlung erfolgt in Bezug auf das in *Bild 3.12* dargestellte Kräftesystem mit einem beliebig gewählten Punkt A.

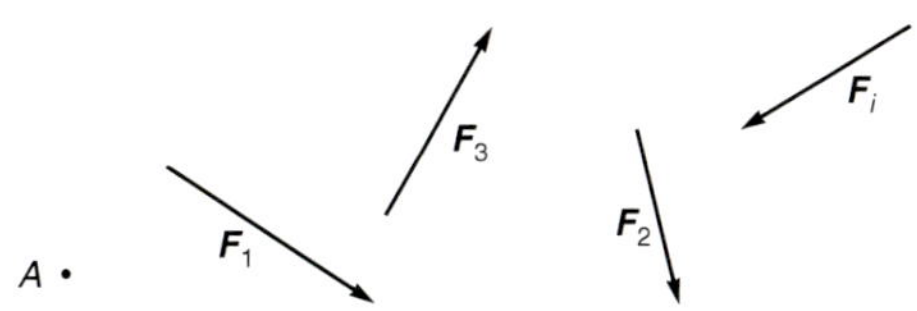

Bild 3.12 Allgemeines ebenes Kräftesystem und Reduktionspunkt

Die Resultierende ergibt sich wie beim zentralen Kräftesystem:

$$\boldsymbol{R} = \sum \boldsymbol{F}_i = \begin{bmatrix} R_x \\ R_y \end{bmatrix} = \begin{bmatrix} \sum F_{xi} \\ \sum F_{yi} \end{bmatrix} \tag{3.1}$$

Gesucht ist die Lage der Resultierenden in der Ebene. Es wird jede Kraft wirkungsgleich in den Punkt A (Reduktionspunkt) verschoben. Dabei ist das Versatzmoment bezüglich A zu berücksichtigen. Durch Addition aller Kräfte und Momente in A erhalten wir die Kräftesumme $\boldsymbol{R}$ und die Momentensumme $\boldsymbol{M}_A$.

$$\boldsymbol{R} = \sum \boldsymbol{F}_i = \begin{bmatrix} R_x \\ R_y \end{bmatrix} = \begin{bmatrix} \sum F_{xi} \\ \sum F_{yi} \end{bmatrix}$$

$$\boldsymbol{M}_A = \sum (\boldsymbol{r}_i \times \boldsymbol{F}_i)$$

Da der Momentenvektor in einem ebenen Kräftesystem nur eine Komponente senkrecht zur Ebene besitzt, ist es ausreichend, mit dieser Komponente als skalarer Größe zu arbeiten. Diese Komponente ergibt sich formal aus dem Kreuzprodukt:

$$M_A = \sum (F_{yi}\,x_i - F_{xi}\,y_i) \tag{3.2}$$

Diese Beziehung lässt sich auch anschaulich aus *Bild 3.13* ableiten. Die Kraft $\boldsymbol{F}_i$ wird in ihrem Anfangspunkt in Richtung der Koordinatenachsen zerlegt. Nach dem Momentensatz ist das Moment der Kraft $\boldsymbol{F}_i$ gleich der Summe der Momente ihrer Komponenten. Die Komponente F_{yi} hat das Moment $F_{yi}\,x_i$ und die Komponente F_{xi} das Moment $F_{xi}\,y_i$. Die Drehwirkung von F_{yi} erfolgt im Gegenuhrzeigersinn und ist daher positiv. Die Drehwirkung von F_{xi} erfolgt im Uhrzeigersinn und ist daher negativ.

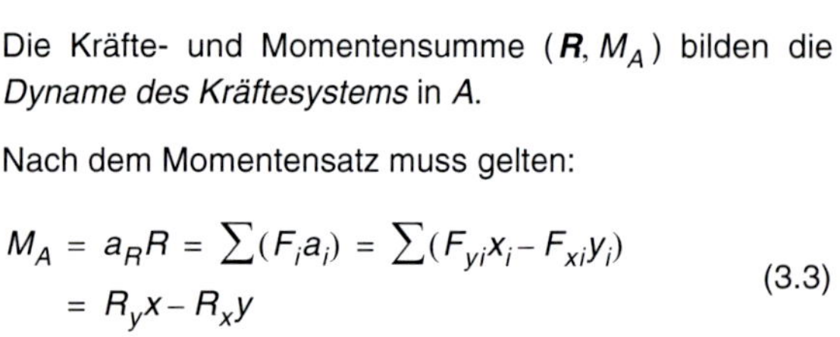

Bild 3.13 Dyname eines Kräftesystems

Die Kräfte- und Momentensumme ($\boldsymbol{R}$, M_A) bilden die *Dyname des Kräftesystems* in A.

Nach dem Momentensatz muss gelten:

$$\begin{aligned} M_A &= a_R R = \sum (F_i a_i) = \sum (F_{yi} x_i - F_{xi} y_i) \\ &= R_y x - R_x y \end{aligned} \tag{3.3}$$

Daraus folgt die Lage der Resultierenden:

$$a_R = \frac{\sum (F_i a_i)}{R}$$

bzw. die Gleichung der Zentralachse, also die Wirkungslinie der Resultierenden, als Geradengleichung:

$$M_A = R_y x - R_x y \Rightarrow y = \frac{R_y}{R_x} \cdot x - \frac{M_A}{R_x} \tag{3.4}$$

Die Achsabschnitte, also die Schnittpunkte der Zentralachse mit den Koordinatenachsen sind:

$$y = 0 \Rightarrow x_R = \frac{M_A}{R_y},$$

$$x = 0 \Rightarrow y_R = -\frac{M_A}{R_x}$$

In *Bild 3.14* ist die Zentralachse mit den charakteristischen Merkmalen dargestellt.

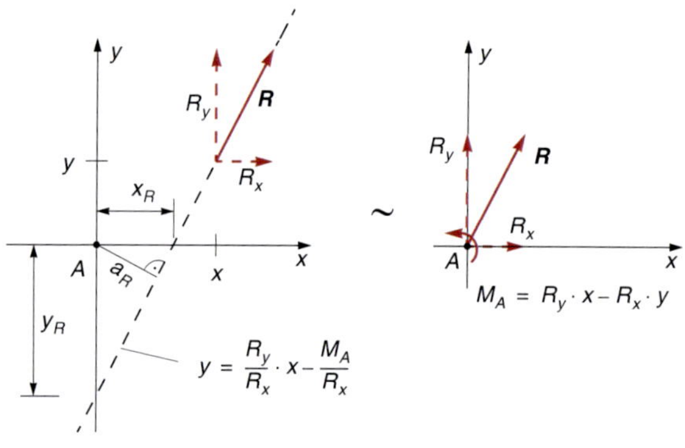

Bild 3.14 Resultierende und Zentralachse des Kräftesystems

Um die Gleichung der Zentralachse anzugeben, haben wir den Reduktionspunkt A als Ursprung des Koordinatensystems vorausgesetzt. Ist die Reduktion des Kräftesystem bezüglich eines anderen Reduktionspunktes B gesucht, so muss die Rechnung nicht etwa für diesen Punkt völlig neu durchgeführt werden. Vielmehr lässt sich die Dyname in B aus der Dyname in A ermitteln. Da das Moment frei verschiebbar ist, muss nur das Versatzmoment der Resultierenden berücksichtigt werden, das zum Moment M_A addiert wird und damit das Moment M_B ergibt.

Mit den Bezeichnungen in *Bild 3.15* erhalten wir:

$$M_B = M_A + R_x \cdot y_B - R_y \cdot x_B$$

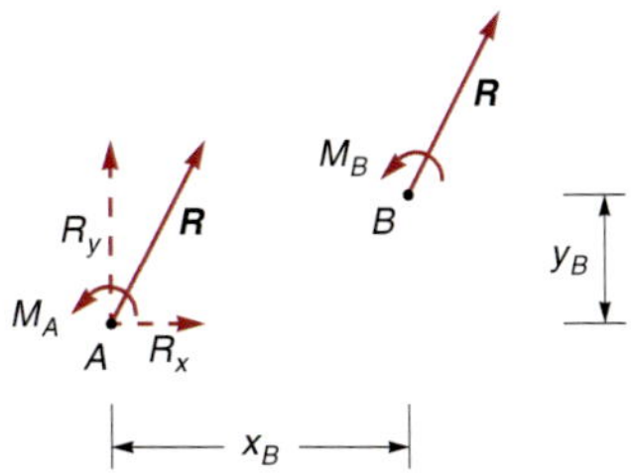

Bild 3.15 Dyname bezüglich zweier Reduktionspunkte

Beispiel 3.2

Das in *Bild 3.16* dargestellte ebene Kräftesystem wurde in Beispiel 3.1 bereits zeichnerisch behandelt. Gesucht ist jetzt die rechnerische Lösung der Reduktion. Es ist erforderlich, das Kräftesystem zur rechnerischen Behandlung in einem Koordinatensystem darzustellen.

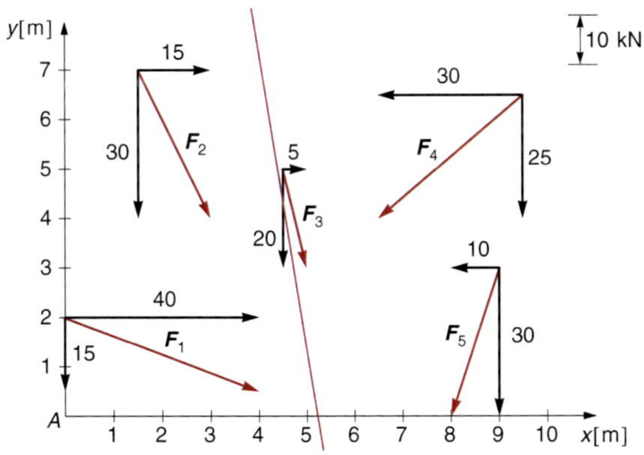

Bild 3.16 Allgemeines ebenes Kräftesystem

Die mithilfe eines Kräftemaßstabs maßstäblich dargestellten Kräfte werden zunächst im Anfangspunkt jedes Kraftpfeils in ihre horizontalen und vertikalen Komponenten zerlegt, um sie als Vektoren darstellen zu können. Die Zerlegung der Kräfte könnte jedoch auch in jedem anderen Punkt ihrer Wirkungslinie erfolgen.

Bei der Angabe der Beträge der Kraftkomponenten in *Bild 3.16* wurde aus Gründen der Übersichtlichkeit die Einheit [kN] weggelassen.

Für die vektorielle Darstellung der Kräfte ist das Vorzeichen der Komponenten zu beachten. Eine Komponente ist positiv, wenn ihre Pfeilspitze in positive Koordinatenrichtung zeigt, sonst negativ.

$$\boldsymbol{F}_1 = \begin{bmatrix} 40 \\ -15 \end{bmatrix} \quad \boldsymbol{F}_2 = \begin{bmatrix} 15 \\ -30 \end{bmatrix} \quad \boldsymbol{F}_3 = \begin{bmatrix} 5 \\ -20 \end{bmatrix}$$

$$\boldsymbol{F}_4 = \begin{bmatrix} -30 \\ -25 \end{bmatrix} \quad \boldsymbol{F}_5 = \begin{bmatrix} -10 \\ -30 \end{bmatrix}$$

Die Resultierende wird nach Gl. (3.1) gebildet:

$$\boldsymbol{R} = \sum_{i=1}^{5} \boldsymbol{F}_i = \begin{bmatrix} R_x \\ R_y \end{bmatrix} = \begin{bmatrix} \sum_{i=1}^{5} F_{xi} \\ \sum_{i=1}^{5} F_{yi} \end{bmatrix}$$

$$= \begin{bmatrix} 40 + 15 + 5 - 30 - 10 \\ -15 - 30 - 20 - 25 - 30 \end{bmatrix} = \begin{bmatrix} 20 \\ -120 \end{bmatrix} \text{kN}$$

Das Moment bezüglich A wird mit den Komponenten der einzelnen Kräfte berechnet. Das gesamte Moment ergibt sich durch Summation. Geht man formal nach Gl. (3.2) vor, sind die Komponenten F_{xi} und F_{yi} sowie die Abstände x_i und y_i vorzeichengerecht einzusetzen. Es ist jedoch dringend zu empfehlen, zunächst den Betrag des Momentes als Produkt aus Kraft und Hebelarm aufzuschreiben und das Vorzeichen des Produktes anschaulich aus dem Drehsinn der Kraft bezüglich des Punktes A abzuleiten. Dreht das Moment im Gegenuhrzeigersinn, ist das Moment positiv, sonst negativ.

Betrachten wir exemplarisch das Moment der Kraft $\boldsymbol{F}_4$. Die horizontale Komponente von 30 kN wirkt oberhalb des Drehpunktes A im Abstand von 6,5 m nach links und dreht daher im Gegenuhrzeigersinn. Das Produkt $30 \cdot 6{,}5$ ist also positiv. Die vertikale Komponente von 25 kN wirkt rechts des Drehpunktes A im Abstand von 9,5 m nach unten und dreht im Uhrzeigersinn. Daher ist das Produkt $25 \cdot 9{,}5$ negativ. Das gesamte Moment der Kraft $\boldsymbol{F}_4$ ist negativ. Dies lässt sich in *Bild 3.16* erkennen, da die Wirkungslinie der Kraft rechts von A die x-Achse schneidet, die resultierende Kraft also bezüglich A im Uhrzeigersinn dreht.

$$M_A(\boldsymbol{F}_1) = -40 \cdot 2 + 15 \cdot 0 = -80$$
$$M_A(\boldsymbol{F}_2) = -15 \cdot 7 - 30 \cdot 1{,}5 = -150$$
$$M_A(\boldsymbol{F}_3) = -5 \cdot 5 - 20 \cdot 4{,}5 = -115$$
$$M_A(\boldsymbol{F}_4) = 30 \cdot 6{,}5 - 25 \cdot 9{,}5 = -42{,}5$$
$$M_A(\boldsymbol{F}_5) = 10 \cdot 3 - 30 \cdot 9 = -240$$

$$M_A = -80 - 150 - 115 - 42{,}5 - 240 = -627{,}5 \text{ kNm}$$

Die Gleichung der Zentralachse folgt aus Gl. (3.4):

$$y = \frac{-120}{20}x - \frac{-627{,}5}{20} = -6x + 31{,}375$$

Mit den Achsabschnitten:

$$x_R = \frac{M_A}{R_y} = \frac{-627{,}5}{-120} = 5{,}2292 \text{ m}$$

$$y_R = -\frac{M_A}{R_x} = -\frac{-627{,}5}{20} = 31{,}375 \text{ m}$$

Die Zentralachse ist in *Bild 3.16* als farbige Linie eingetragen.

3.3 Die Gleichgewichtsbedingungen der ebenen Statik

Da die Reduktion eines allgemeinen ebenen Kräftesystems eine Dyname ergibt, ist die Forderung, dass die Resultierende gleich null ist, keine hinreichende Bedingung dafür, dass ein Körper in Ruhe bleibt, also Gleichgewicht herrscht. Ist die Resultierende gleich null, kann das Kräftesystem immer noch einem Kräftepaar äquivalent sein.

Es muss also zusätzlich die Momentensumme gleich null sein, damit ein Körper auch keine Drehbeschleunigung erfährt. Gleichgewicht ist also dann vorhanden, wenn die gesamte Dyname des Kräftesystems gleich null ist.

Daher müssen drei skalare Gleichgewichtsbedingungen in der Ebene erfüllt sein:

$$\sum F_x = 0 \qquad \sum F_y = 0 \qquad \sum M_a = 0 \tag{3.5}$$

wobei a ein beliebiger Bezugspunkt für die Momentensumme ist.

Eine gleichwertige Form der Gleichgewichtsbedingungen entsteht durch das Ersetzen einer Kräftegleichgewichtsbedingung durch eine Momentengleichgewichtsbedingung.

Die Gleichgewichtsbedingungen lauten dann:

$$\sum F_x = 0 \qquad \sum M_a = 0 \qquad \sum M_b = 0 \tag{3.6}$$

bzw.

$$\sum F_y = 0 \qquad \sum M_a = 0 \qquad \sum M_b = 0 \tag{3.7}$$

Die Richtung x bzw. y für die Kräftegleichgewichtsbedingung darf nicht senkrecht zur Linie $a - b$ der beiden Momentenbezugspunkte sein.

Die Gleichwertigkeit dieser Form der Gleichgewichtsbedingungen ergibt sich aus folgender Überlegung. Ist das Moment bezüglich zweier Bezugspunkte gleich null, dann kann das Kräftesystem keinem Kräftepaar äquivalent sein, sondern nur einer resultierenden Kraft.

Die Wirkungslinie dieser Resultierenden muss durch die beiden Bezugspunkte a und b verlaufen, da sonst die Momentensummen bezüglich beider Punkte nicht null wären. Um die Bedingung zu erfüllen, dass auch keine Resultierende existiert, muss die Kräftegleichgewichtsbedingung für eine Richtung gewählt werden, in der die Resultierende eine Komponente besitzt. Dies ist nur dann der Fall, wenn die gewählte Richtung nicht senkrecht zur Linie $a - b$ ist.

Auch die verbliebene Kräftegleichgewichtsbedingung in den Gleichungen (3.6) und (3.7) kann noch durch eine weitere Momentengleichgewichtsbedingung bezüglich eines dritten Bezugspunktes c ersetzt werden. In dieser Form lauten die Gleichgewichtsbedingungen:

$$\sum M_a = 0 \qquad \sum M_b = 0 \qquad \sum M_c = 0 \tag{3.8}$$

Die Bezugspunkte a, b, c müssen so gewählt werden, dass sie nicht auf einer Geraden liegen. Lägen alle drei Bezugspunkte auf einer Geraden, dann wäre die Momentensumme bezüglich aller Punkte auch dann gleich null, wenn die Wirkungslinie einer resultierenden Kraft mit dieser Geraden zusammenfällt.

Wie stellt man nun bei der zeichnerischen Behandlung eines allgemeinen ebenen Kräftesystems fest, ob dieses im Gleichgewicht ist oder nicht?

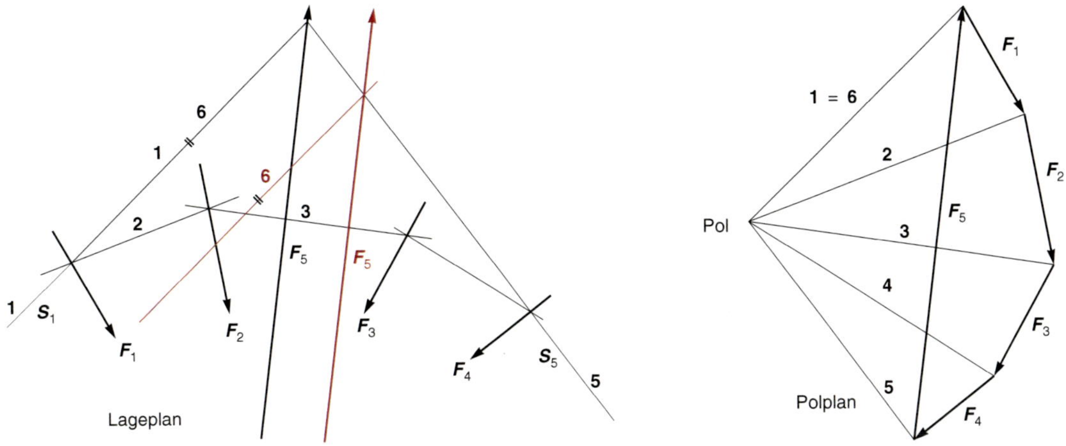

Bild 3.17 Seileckskonstruktion und Gleichgewicht

Damit keine Resultierende verbleibt, also die Kräftesumme gleich null ist, muss das Krafteck geschlossen sein. Diese Bedingung ist nun nicht mehr hinreichend, da dann immer noch ein Kräftepaar verbleiben kann.

Wir betrachten nochmals das Kräftesystem aus der Herleitung der Seileckskonstruktion in *Bild 3.3* im Abschnitt 3.1.2. Dieses Kräftesystem ist in *Bild 3.17* um eine Kraft $\boldsymbol{F}_5$ ergänzt worden, die der Resultierenden aus *Bild 3.3* entgegengerichtet gleich ist. Dieses Kräftesystem ist im Gleichgewicht, da das Krafteck geschlossen ist und die Kraft $\boldsymbol{F}_5$ im Lageplan die gleiche Wirkungslinie hat wie vorher die Resultierende.

Ist das Krafteck geschlossen, entspricht der letzte Seilstrahl dem ersten, da die Spitze der letzten Kraft und der Anfang der ersten Kraft in einen Punkt fallen. Aus der Konstruktion ist erkennbar, dass im Falle des Gleichgewichts die beiden Seilstrahlen auch im Lageplan zusammenfallen, das Seileck ist geschlossen. Wäre die Lage der Kraft $\boldsymbol{F}_5$ wie in *Bild 3.17* farbig eingetragen, so wäre das Kräftesystem nicht im Gleichgewicht, weil ein Kräftepaar verbleibt. In der Seileckskonstruktion fallen dann die Seilstrahlen 1 und 6 nicht zusammen, sondern sind parallel mit einem Abstand voneinander. Das Seileck ist offen.

Ein ebenes Kräftesystem ist also dann im Gleichgewicht, wenn Krafteck und Seileck geschlossen sind.

3.4 Koordinatensystem und Vorzeichen

In den bisherigen Betrachtungen der ebenen Kräftegeometrie wurde für die rechnerische Behandlung ein *x*-*y*-Koordinatensystem wie in *Bild 3.18a* zugrunde gelegt. Es ist in der Baustatik üblich, das Koordinatensystem in *Bild 3.18b* zu verwenden.

Es werden im Folgenden bei der Formulierung der Gleichgewichtsbedingungen die Vorzeichen nach diesem Koordinatensystem festgelegt.

Bild 3.18 Koordinatensysteme

Es gelten daher folgende Vorzeichenregeln bei der Formulierung der Gleichgewichtsbedingungen:

- **Horizontalkräfte** sind **nach rechts** wirkend **positiv**.
- **Vertikalkräfte** sind **nach unten** wirkend **positiv**.
- **Momente** sind im **Gegenuhrzeigersinn** drehend **positiv**.

$$\overset{+}{\rightarrow}\ \sum H = 0 \qquad \downarrow+\ \sum V = 0 \qquad \overset{+}{\curvearrowleft}\ \sum M = 0$$

Diese Vorzeichenregeln werden im Weiteren angewandt, ohne es jedes Mal wieder neu festzulegen. Nur falls von den Regeln abgewichen wird, wird es ausdrücklich erwähnt. Es soll jedoch darauf hingewiesen werden, dass selbstverständlich eine andere Regelung genauso verwandt werden könnte. Da die Gleichgewichtsbedingungen von der Form $\sum F = 0$ bzw. $\sum M = 0$ sind, entspricht eine andere Vorzeichenregelung einer Multiplikation der Gleichung mit dem Faktor -1. Da dies eine identische Umformung darstellt, ändert sich dadurch an der Gleichung nichts.

3.5 Auflager der ebenen Statik

Ein starrer Körper besitzt in der Ebene drei Bewegungsmöglichkeiten. Diese Bewegungsmöglichkeiten nennt man *Freiheitsgrade*. Der Körper kann sich in zwei Richtungen verschieben und er kann sich drehen. Damit ein Körper in Ruhe bleibt, sich also im Gleichgewicht befindet, müssen seine Freiheitsgrade eingeschränkt werden. Dies geschieht durch sogenannte Auflager, sie stellen die Verbindung des Körpers mit seiner Umgebung dar. Ein Balken kann beispielsweise auf einer Wand, auf einem Pfeiler oder einem Fundament befestigt sein. Dadurch ist er, je nach Ausführung der Befestigung, in seiner Bewegungsmöglichkeit eingeschränkt.

Auflager wirken mit Kräften auf den Körper ein, den sie stützen. Diese Kräfte bewirken, dass sich der Körper im Gleichgewicht befindet. Die Anzahl der Bewegungsmöglichkeiten, die ein Auflager verhindert, stellt die Wertigkeit des Auflagers dar. Sie entspricht der Anzahl der Kräfte, die von dem Auflager aufgenommen werden können. Ist eine Bewegung nicht möglich, so wird eine Kraft in dieser Richtung aufgenommen.

Die möglichen Arten der Auflager werden im Folgenden nach ihrer Wertigkeit eingeordnet. Die dargestellten Auflagersymbole repräsentieren verschiedene Formen der Idealisierung konstruktiver Lagerausbildungen. In der Praxis sind diese Idealisierungen nie eindeutig gegeben.

3.5.1 Einwertige Lager

Einwertige Lager verhindern die Verschiebung in einer Richtung. Senkrecht zu dieser Richtung ist die Verschiebung unbehindert, weiterhin ist eine Drehung möglich. Die Lagerkraft, die aufgenommen werden kann, steht senkrecht zur möglichen Verschiebungsrichtung. *Bild 3.19* zeigt die schematische Darstellung einer möglichen konstruktiven Ausbildung als Rollenlager, sowie die möglichen Symbole für diesen Lagertyp. Der dargestellte *beidseitig gelenkige Stab*, auch *Pendelstab* genannt, überträgt nur Kräfte in Richtung seiner Achse und entspricht daher ebenfalls einem *einwertigen Auflager*.

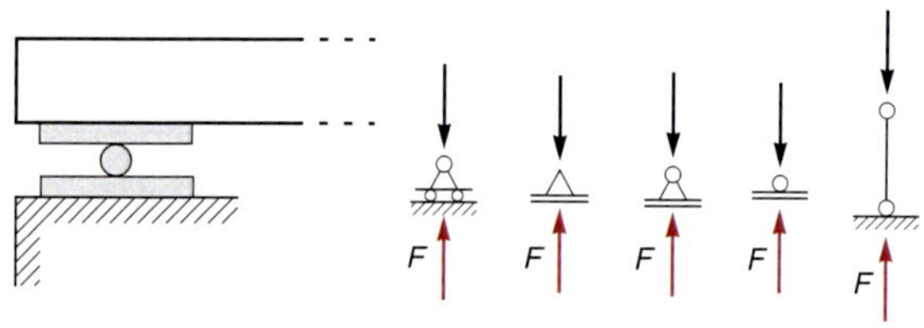

Bild 3.19 Einwertiges Auflager, eine aufnehmbare Kraft

3.5.2 Zweiwertige Lager

Sind die Verschiebungen in zwei Richtungen verhindert, können zwei unabhängige Lagerkräfte aufgenommen werden. Eine Drehung ist weiterhin möglich. Auch das dargestellte aus zwei Pendelstäben bestehende Zweibein entspricht dem in zwei Richtungen festen Lager.

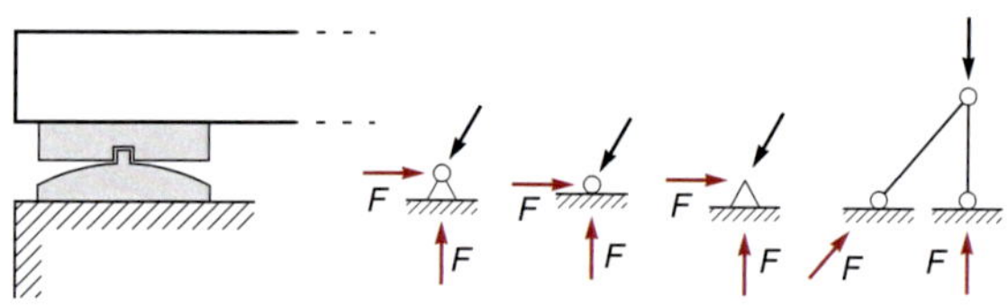

Bild 3.20 Zweiwertiges Auflager, zwei aufnehmbare Kräfte

Eine andere Variante der zweiwertigen Lagerung ist in *Bild 3.21* dargestellt.

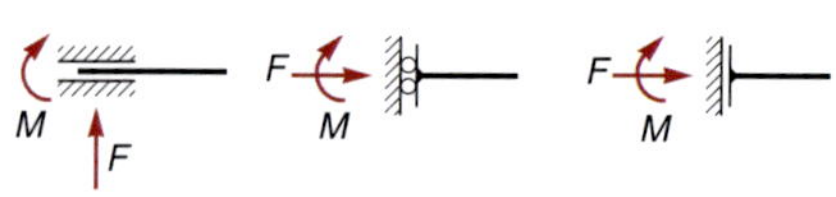

Bild 3.21 Zweiwertige Auflager, Moment und eine Kraft aufnehmbar

Diese Lager nehmen eine Kraft und ein Moment auf. Sie werden auch als verschiebliche Einspannung bezeichnet, da die Drehung und eine Verschiebungskomponente verhindert ist, die andere Verschiebungskomponente ist unbehindert.

3.5.3 Dreiwertige Lager

Sind die Verschiebungen in zwei Richtungen verhindert und ist auch keine Verdrehung möglich, können zwei unabhängige Lagerkräfte und ein Moment aufgenommen werden. Dieses Lager wird als *feste Einspannung* bezeichnet.

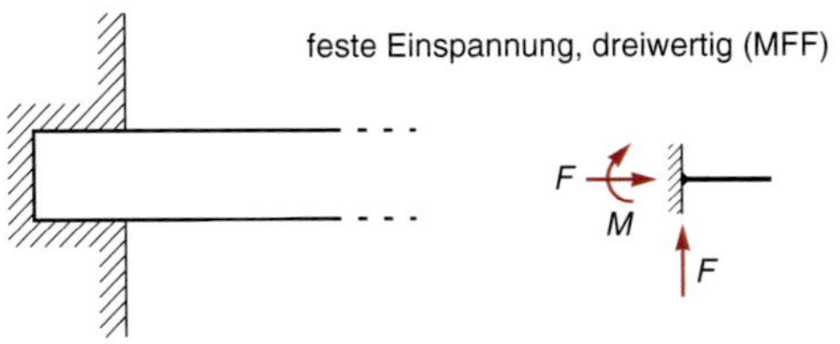

Bild 3.22 Dreiwertiges Auflager

Beispiel 3.3

Der in *Bild 3.23* dargestellte Körper ist bezüglich seiner Abmessungen dadurch ausgezeichnet, dass die Länge sehr viel größer ist als seine Höhe und Breite. Solch ein linienförmiges Bauteil wird auch als *Stab* oder *Balken* bezeichnet.

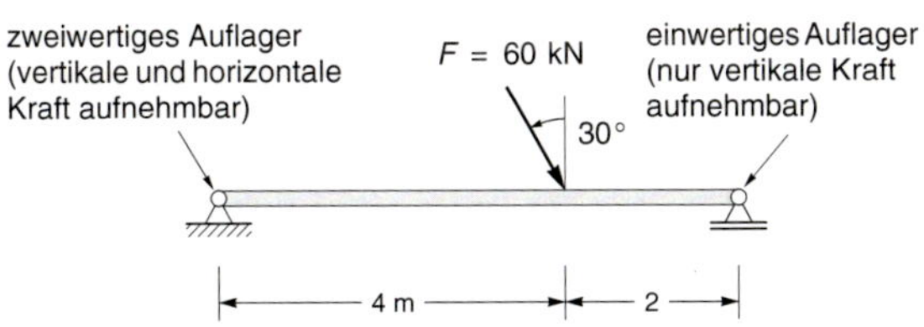

Bild 3.23 Balken auf zwei Stützen

Der dargestellte Balken ist an seinen Enden aufgelagert. Das linke Auflager ist zweiwertig, es kann horizontale und vertikale Kräfte aufnehmen. Das rechte Auflager ist einwertig. Da sich der Balken dort horizontal frei verschieben kann, wird nur eine vertikale Kraft aufgenommen.

Die Aufgabe ist nun, die Kräfte zu ermitteln, die von der stützenden Konstruktion, dem Auflager, auf den Balken einwirken. Diese Kräfte heißen *Stütz-* bzw. *Auflagerkräfte*. Um sie berechnen zu können, müssen sie zunächst durch Anwendung des Schnittprinzips sichtbar gemacht werden. Der Balken wird durch einen gedanklichen Schnitt von der Auflagerkonstruktion getrennt. Die durch das Entfernen der Lager verloren gegangene Stützwirkung wird durch von außen angreifende Kräfte ersetzt. Auf den Balken wirkt nun ein allgemeines Kräftesystem. Drei der wirkenden Kräfte, die Auflagerkräfte, sind unbekannt und sollen so bestimmt werden, dass Gleichgewicht herrscht.

Rechnerische Lösung:

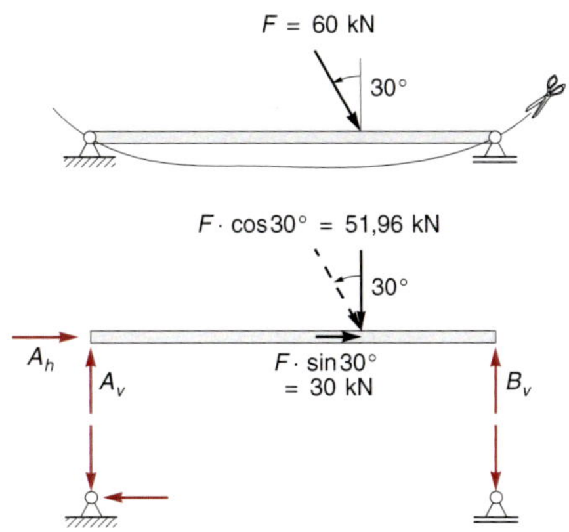

Bild 3.24 Freigeschnittener Balken

Durch Formulierung der drei Gleichgewichtsbedingungen ergeben sich drei Gleichungen für die drei unbekannten Kräfte.

Wir gehen dabei zunächst von der ursprünglichen Formulierung in Gl. (3.5) mit zwei Kräfte- und einer Momentengleichgewichtsbedingung aus. Da es für die Berechnung günstiger ist, ersetzen wir die angreifende Kraft durch ihre Komponenten in vertikaler und horizontaler Richtung.

Die beiden Kräftegleichgewichtsbedingungen lauten:

$$\sum F_h = 0: \quad A_h + 30 = 0$$

$$\sum F_v = 0: \quad A_v - 51{,}96 + B_v = 0$$

Bei der Momentengleichgewichtsbedingung ist die Wahl des Bezugspunktes von großer Bedeutung. Wählen wir einen beliebigen Punkt der Ebene, so gehen alle unbekannten Kräfte in diese Gleichung ein. Es ist daher sinnvoll, als Bezugspunkt den Schnittpunkt zweier unbekannter Kräfte zu wählen. Wählen wir den Auflagerpunkt *a*, so ergibt sich:

$$\sum M_a = 0: \quad -51{,}96 \cdot 4 + B_v \cdot 6 = 0$$

Aus der letzten Gleichung erhalten wir direkt die Unbekannte B_v. Durch Einsetzen in die zweite Gleichung lässt sich dann A_v berechnen. Die horizontale Auflagerkraft A_h folgt unmittelbar aus der ersten Gleichung. Damit lautet die Lösung:

$$A_h = -30 \text{ kN}$$
$$A_v = 17{,}32 \text{ kN}$$
$$B_v = 34{,}64 \text{ kN}$$

Das negative Vorzeichen für A_h bedeutet, dass die Kraft entgegen der angenommenen Richtung wirkt.

In die Gleichgewichtsbedingung $\sum F_v = 0$ gehen beide unbekannten vertikalen Auflagerkräfte ein. Eine direkte Berechnung einer Unbekannten mit einer Gleichung ist also nicht möglich.

Es ist daher besser, die zweite Kräftegleichgewichtsbedingung durch eine Momentengleichgewichtsbedingung so zu ersetzen, dass eine Gleichung für eine Unbekannte entsteht. Das gelingt durch Wahl eines entsprechenden Bezugspunktes für die Momentensumme. Der Auflagerpunkt *b* ist der Schnittpunkt der unbekannten Kräfte A_h und B_v. Wählen wir diesen Punkt als Bezugspunkt, so geht nur die Unbekannte A_v in die Gleichung ein. Damit sind alle Gleichungen vollständig entkoppelt. Die Gleichungen lauten dann:

$$\sum F_h = 0: \quad A_h + 30 = 0$$
$$\sum M_{(a)} = 0: \quad -51{,}96 \cdot 4 + B_v \cdot 6 = 0$$
$$\sum M_{(b)} = 0: \quad -51{,}96 \cdot 2 + A_v \cdot 6 = 0$$

Bild 3.25 zeigt das Ergebnis der Berechnung.

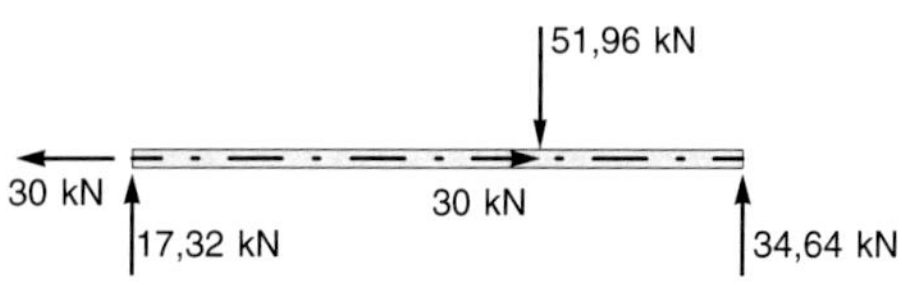

Bild 3.25 Balken mit Aktions- und Reaktionskräften

Unter der Wirkung der dargestellten Kräfte ist der Balken im Gleichgewicht.

Zeichnerische Lösung

Die zeichnerische Ermittlung der Auflagerkräfte ist in *Bild 3.26* dargestellt. Wir zeichnen zunächst das Krafteck der äußeren Kräfte im angegebenen Kräftemaßstab. In diesem Fall wirkt nur die unter 30° geneigte Kraft. Unbekannt sind die beiden Kräfte in den Auflagerpunkten. Nach der Wahl des Pols können die äußeren Polstrahlen im Krafteck gezeichnet werden.

Im Lageplan ist der Punkt *a* ein Punkt der Wirkungslinie der Auflagerkraft *A*, durch den der Seilstrahl 1 gezeichnet wird. Durch den Schnittpunkt dieses Seilstrahls mit der Wirkungslinie der äußeren Kraft verläuft der letzte Seilstrahl. Dieser wird mit der Wirkungslinie der vertikalen Auflagerkraft *B* geschnitten.

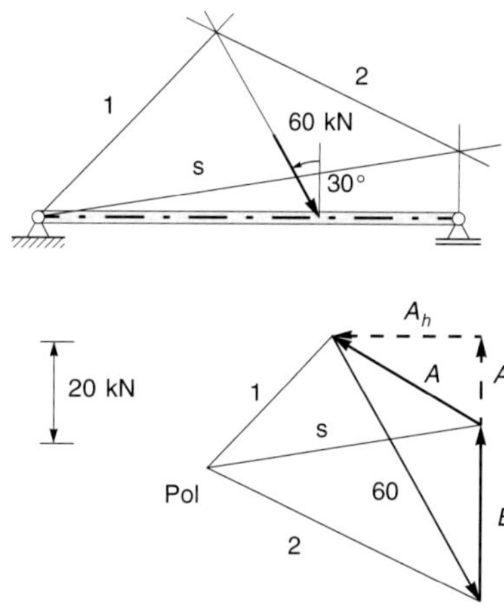

Bild 3.26 Zeichnerische Auflagerkraftermittlung

Da jede Kraft im Krafteck in zwei Richtungen zerlegt wird, muss durch den Schnittpunkt des Seilstrahls 2 mit der Wirkungslinie von *B* ein dritter Seilstrahl verlaufen. Dieser Seilstrahl muss außerdem durch den Schnittpunkt der Kraft *A* mit dem Seilstrahl 1 verlaufen, da er auch eine Richtung der Zerlegung der Kraft *A* darstellt. Der zusätzliche Seilstrahl wird als *Schlusslinie* bezeichnet. Durch Parallelverschiebung aus dem Seileck in den Polplan sind die beiden Auflagerkräfte bestimmt.

Beispiel 3.4

Für die in *Bild 3.27* dargestellte starre Scheibe sind die Stützkräfte in den Pendelstäben infolge der angegebenen Einzelkraft zu berechnen.

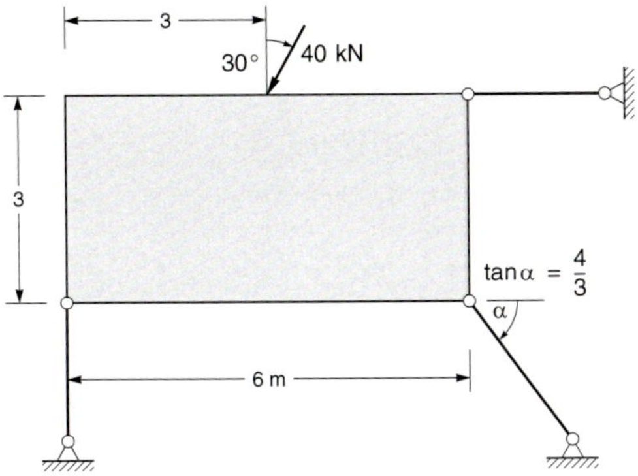

Bild 3.27 Dreiwertig gelagerte Scheibe

Die unbekannten Stabkräfte werden durch Anwendung des Schnittprinzips freigelegt *(Bild 3.28)*. Die Berechnung erfolgt durch die Formulierung der Gleichgewichtsbedingungen.

Um die Gleichgewichtsbedingungen zu entkoppeln, d. h., um jeweils eine Gleichung für eine Unbekannte zu erhalten, bringen wir jeweils zwei der drei Unbekannten zum Schnitt und wählen diesen Punkt als Bezugspunkt für die Bedingung $\sum M = 0$. Die Stützkraft B wird in ihre Komponenten zerlegt, wobei das Verhältnis der Komponenten durch die Geometrie des Stabes festgelegt ist, da die resultierende Stabkraft die Richtung der Stabachse haben muss. Es gilt daher:

$$\frac{B_v}{B_h} = \tan\alpha = \frac{4}{3}$$

Die Bedingung $\sum M = 0$ bezüglich des Schnittpunktes der Kräfte A und C ergibt eine Gleichung für die Unbekannte B_v.

$$\sum M_{(i)} = 0: \quad B_v \cdot 6 - \frac{3}{4} B_v \cdot 3 - 34{,}64 \cdot 3 = 0$$

$$\Rightarrow B_v = 27{,}712 \text{ kN}$$

$$\Rightarrow B_h = \frac{3}{4} \cdot 27{,}712 = 20{,}784 \text{ kN}$$

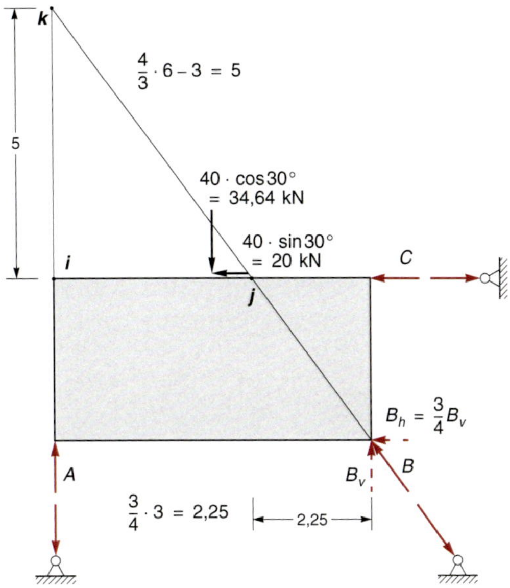

Bild 3.28 Freigeschnittene Scheibe

Nachdem B_v und damit auch B_h berechnet sind, könnten die Unbekannten A und C am einfachsten aus den Gleichgewichtsbedingungen $\sum H = 0$ und $\sum V = 0$ ermittelt werden.

Um diese Bedingungen als Kontrollen zu verwenden, ermitteln wir A und C jedoch jeweils aus der Bedingung $\sum M = 0$ bezüglich des Schnittpunktes der beiden anderen Kräfte.

$$\sum M_{(j)} = 0: \quad -A \cdot 3{,}75 + 34{,}64 \cdot 0{,}75 = 0$$

$$\Rightarrow A = 6{,}928 \text{ kN}$$

$$\sum M_{(k)} = 0: \quad -C \cdot 5 - 34{,}64 \cdot 3 - 20 \cdot 5 = 0$$

$$\Rightarrow C = -40{,}784$$

Kontrolle:

$$\sum H = 0: \quad 40{,}784 - 20{,}784 - 20 = 0$$

$$\sum V = 0: \quad 34{,}64 - 27{,}712 - 6{,}928 = 0$$

3.6 Reduktion verteilter Kräfte

Um mit verteilten Kräften umgehen zu können, müssen diese reduziert, also wiederum durch eine einzelne Kraft oder durch eine Dyname ersetzt werden.

Wir betrachten hierzu die *Streckenlastfunktion* in *Bild 3.29* und zerteilen sie in unendlich viele, infinitesimal (unendlich) schmale Streifen der Breite dx.

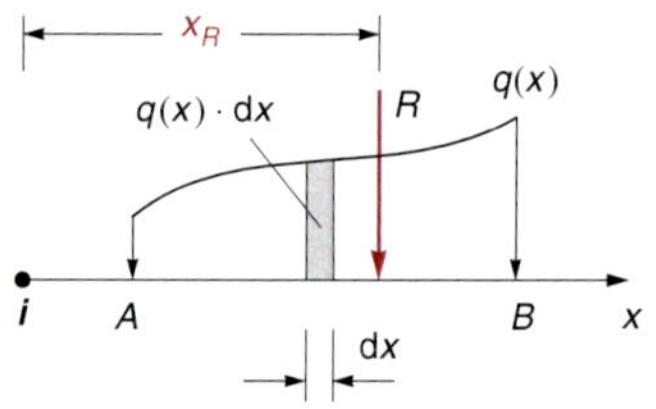

Bild 3.29 Reduktion einer Streckenlast

Innerhalb eines Streifens wird die Streckenlast durch eine Einzelkraft der Größe $q(x) \cdot dx$ ersetzt. Die Reduktion der unendlich vielen Einzelkräfte ergibt die Dyname der Streckenlast bezüglich des Reduktionspunktes *i*.

$$R = \int_A^B q(x)dx \qquad M_{(i)} = -\int_A^B q(x) \cdot x\, dx \tag{3.9}$$

Der Angriffspunkt der Resultierenden ergibt sich aus der Bedingung, dass das Moment der Resultierenden gleich dem Moment der Streckenlast sein muss. Daraus folgt die Lage der Resultierenden als Abstand x_R vom Bezugspunkt *i*.

$$M_{(i)} = -x_R \cdot R \Rightarrow x_R = -\frac{M_{(i)}}{R} = \frac{\int_A^B q(x) \cdot x\, dx}{\int_A^B q(x)dx} \tag{3.10}$$

Die Bestimmungsgleichung für die Resultierende ist nichts anderes als die Berechnung des Flächeninhaltes der Streckenlastfunktion. Der Wert x_R ist der Abstand ihres Schwerpunktes.

Um eine horizontale Kraft in verteilter Form darzustellen, werden die Ordinaten senkrecht zur x-Achse aufgetragen, um die Form der Verteilung darstellen zu können, da alle Kräfte in tangentialer Richtung wirken.

Ebenso wie Kräfte können auch Kräftepaare, also Momente stetig verteilt auftreten.

Bild 3.30 zeigt Beispiele der Darstellung verteilter Tangentialkräfte und Momente.

Bild 3.30 Verteilte Kraftgrößen

Die Reduktion einer tangential wirkenden Streckenlast ergibt eine resultierende Kraft, die in Richtung der x-Achse wirkt. Die Größe folgt analog zu Gl. (3.2):

$$R = \int_A^B p(x)dx$$

Entsprechend erhält man aus der Funktion $m(x)$ ein resultierendes Moment mit:

$$M = \int_A^B m(x)dx$$

Beispiel 3.5

Die in *Bild 3.31* dargestellte, linear verteilte Streckenlast ist durch eine Einzelkraft äquivalent zu ersetzen.

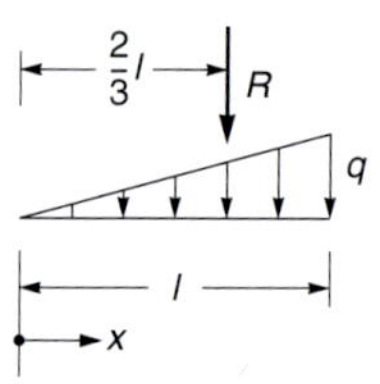

Bild 3.31 Reduktion einer Dreieckslast

Um die Integrale der Gleichungen (3.9) und (3.10) berechnen zu können, wird die Geradengleichung der Lastfunktion benötigt:

$$q(x) = \frac{q}{l}x$$

Damit können die Gleichungen (3.9) und (3.10) ausgewertet werden.

$$R = \int_0^l q(x)\mathrm{d}x = \int_0^l \frac{q}{l}x\mathrm{d}x = \left[\frac{q}{2l}x^2\right]_0^l = \frac{ql}{2}$$

$$M_{(i)} = -\int_0^l q(x)\cdot x\ \mathrm{d}x = -\int_0^l \frac{q}{l}x^2\mathrm{d}x = -\left[\frac{q}{3l}x^3\right]_0^l = -\frac{ql^2}{3}$$

$$x_R = -\frac{-\frac{ql^2}{3}}{\frac{ql}{2}} = \frac{2}{3}l$$

3.7 Darstellung von Streckenlasten

Strecken- oder *Linienlasten* geben an, welche Kraft pro Längeneinheit vorhanden ist, sie haben die Einheit [kN/m]. Die gesamte Gewichtskraft eines Stabes ist zum Beispiel gleichmäßig über seine Länge verteilt, wenn der Stabquerschnitt konstant ist. Die Streckenlast gilt demnach pro Meter wirklicher Stablänge und wird wie in *Bild 3.32a* dargestellt. Es ist oft praktischer, die Streckenlast auf die Projektionslänge des Stabes zu beziehen. Dann wird die resultierende Kraft auf die Länge $l\cdot\cos\alpha$ verteilt und die Ordinate der Streckenlast beträgt $q/\cos\alpha$.

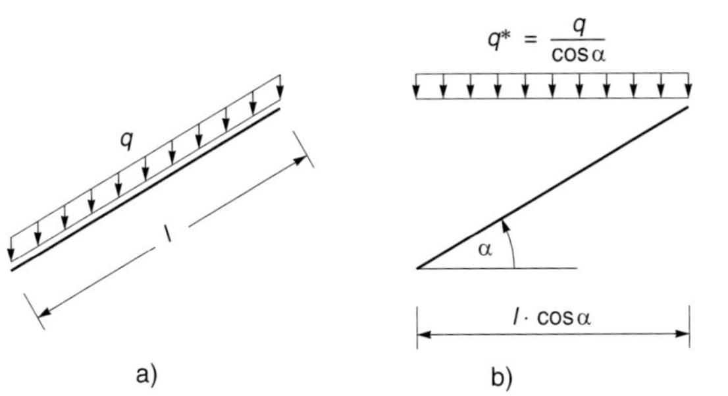

Bild 3.32 Darstellung von Streckenlasten

Wirkt eine Streckenlast senkrecht zu einer geneigten Stabachse, so lässt sie sich alternativ auf eine Art darstellen, die für die praktische Rechnung vorteilhaft sein kann. Die Resultierende der Streckenlast ist $R = q\cdot l$. Diese zerlegen wir in horizontale und vertikale Richtung, siehe *Bild 3.33*. Die Komponenten sind:

$$R_v = R\cdot\cos\alpha$$

$$R_h = R\cdot\sin\alpha$$

Diese Komponenten werden nun wieder auf die Projektionslänge des Stabes senkrecht zu ihrer Richtung verteilt.

$$q_v = \frac{R_v}{l\cdot\cos\alpha} = \frac{R\cdot\cos\alpha}{l\cdot\cos\alpha} = \frac{R}{l} = q$$

$$q_h = \frac{R_h}{l\cdot\sin\alpha} = \frac{R\cdot\sin\alpha}{l\cdot\sin\alpha} = \frac{R}{l} = q$$

Eine senkrecht zur Stabachse wirkende Streckenlast q lässt sich durch zwei in horizontaler und vertikaler Richtung wirkende Streckenlasten mit der Ordinate q ersetzen.

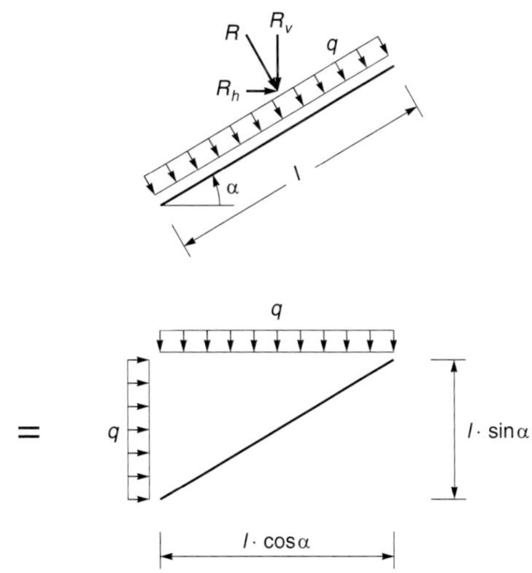

Bild 3.33 Gleichwertige Streckenlasten

Aufgaben

Aufgabe 3.1

Gegeben ist das dargestellte ebene Kräftesystem.

1. Ermitteln Sie die Resultierende nach Größe und Lage zeichnerisch mithilfe von Polplan und Seileck.
2. Ermitteln Sie die Resultierende rechnerisch und geben Sie die Gleichung der Zentralachse an.

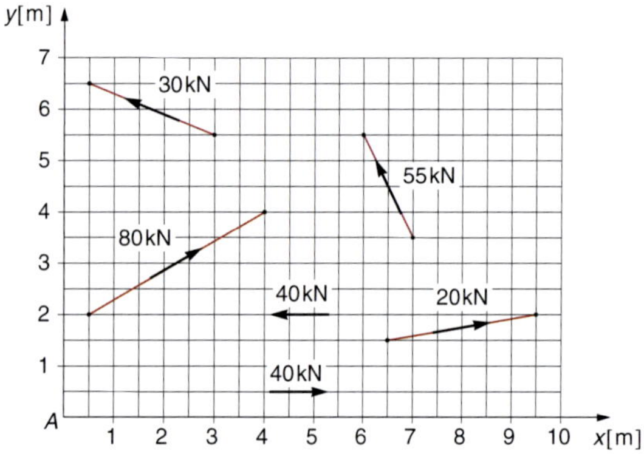

Bild 3.34 Ebenes Kräftesystem

Aufgabe 3.2

Für die in *Bild 3.35* dargestellte starre Scheibe sind die Stützkräfte in den Pendelstäben infolge der angegebenen Belastung zu berechnen.

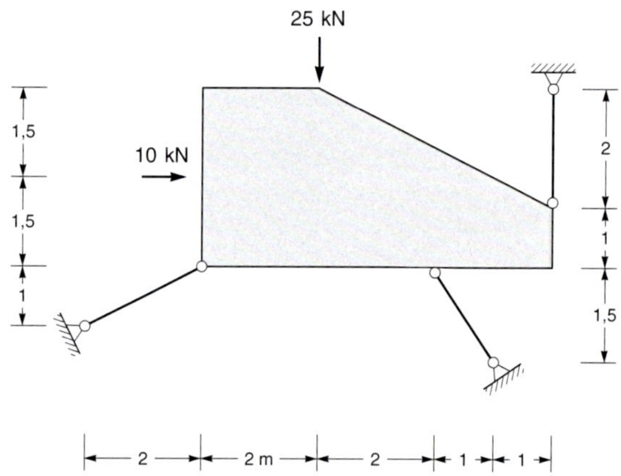

Bild 3.35 Dreiwertig gelagerte Scheibe

4 Schnittgrößen statisch bestimmter ebener Systeme

4.1 Allgemeines

4.1.1 Statische Modellbildung

Bauwerke sind dreidimensionale komplexe Strukturen. Sie bestehen aus einzelnen *Bauteilen* und *Konstruktionselementen*, die aus unterschiedlichen Baustoffen bestehen können. Die einzelnen Bauteile sind ebenfalls Körper mit räumlicher Ausdehnung, die sich in der Regel jedoch aufgrund ihrer Abmessungen als zwei- oder eindimensionale Tragelemente idealisieren lassen. *Bild 4.1* zeigt einige Varianten der Modellierung von Bauteilen.

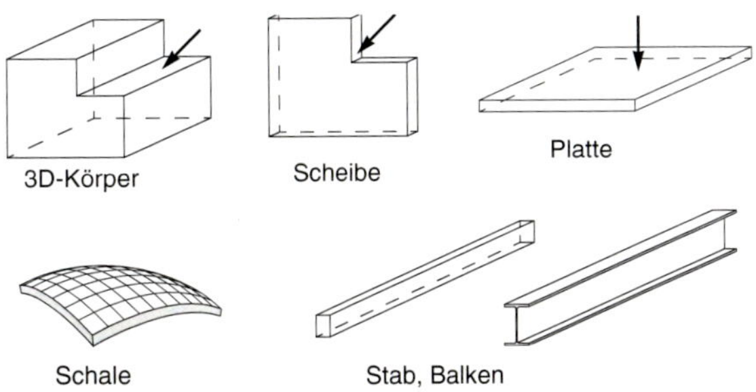

Bild 4.1 Tragwerksmodelle

Dreidimensionale volumenartige Baukörper liegen dann vor, wenn alle Abmessungen im Raum von gleicher Größenordnung sind.

Ist eine Abmessung klein gegenüber den beiden anderen, liegt ein *flächenartiges Bauteil* vor. Ist die Fläche gekrümmt, wird das Bauteil als *Schale* bezeichnet. Bei *ebenen Flächentragwerken* unterscheidet man nach der Belastung *Platten* und *Scheiben*. Während Scheiben in ihrer Ebene belastet sind, wirkt die Belastung bei Platten senkrecht zur Plattenebene.

Linienförmige Bauteile sind dadurch charakterisiert, dass zwei Abmessungen des Körpers klein gegenüber der dritten sind. Solche Bauteile werden als *Stäbe* oder *Balken* bezeichnet. Ihre Länge ist deutlich größer als die Abmessungen des Querschnitts. *Stabförmige Bauteile* können auch gekrümmt sein.

Wir werden uns in den folgenden Betrachtungen auf die Behandlung von Tragwerken beschränken, die aus stabförmigen Bauteilen zusammengesetzt sind.

In Abschnitt 1.3 sind wir von der Modellvorstellung des starren Körpers ausgegangen. Obwohl diese Idealisierung für die Berechnung statisch bestimmter Systeme nicht aufgegeben werden muss, kann es für die Anschauung hilfreich sein, bei den Betrachtungen der nachfolgenden Abschnitte, die in der Wirklichkeit vorhandenen Verformungen der stabförmigen Bauteile in die Überlegungen mit einzubeziehen. Da Verformungen sichtbar sind und wir sie aus unserer Erfahrung kennen, sind sie anschaulich im ursprünglichen Sinne des Wortes. Wir gehen jedoch davon aus, dass die auftretenden Verformungen so klein sind, dass die Gestaltänderung des Stabes bei der Aufstellung der Gleichgewichtsbedingungen nicht berücksichtigt werden muss.

4.1.2 Statische Bestimmtheit

Ein Tragwerk ist statisch bestimmt, wenn alle Auflagerreaktionen und Schnittgrößen nur mithilfe der Gleichgewichtsbedingungen ermittelt werden können. Besteht ein Tragwerk nur aus einem Körper, handelt es sich also zum Beispiel um einen Balken, so ist dieser bei einer dreiwertigen Lagerung statisch bestimmt, da für einen Körper drei Gleichgewichtsbedingungen für die Berechnung der Lagerreaktionen zur Verfügung stehen. Eine ausführliche Darstellung dieser Thematik erfolgt in Kapitel 5.

4.1.3 Schnittprinzip und Schnittgrößen

Bisher wurde betrachtet, wie ein Kräftesystem beschaffen sein muss, damit der Körper, auf den es einwirkt, im Gleichgewicht ist.

Welche Wirkung haben diese Kräfte aber auf den Körper selbst? Ein Balken kann zerbrechen, ein Seil kann reißen, wenn die Kraftwirkung zu groß ist. Ein Kräftesystem bewirkt also offenbar Beanspruchungen im Innern eines

Körpers. Diese müssen bekannt sein, um beurteilen zu können, ob das Material, aus dem der Körper besteht, sie aushält.

Um die Beanspruchungen im Innern des Körpers zu ermitteln, müssen sie durch Anwendung des Schnittprinzips sichtbar gemacht werden.

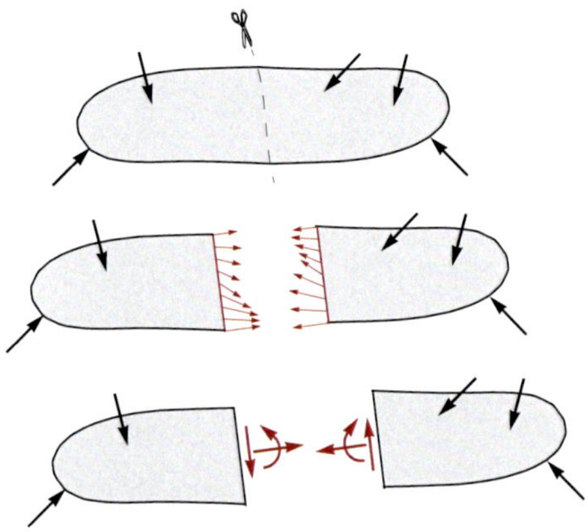

Bild 4.2 Geschnittener Körper mit inneren Kräften

Der in *Bild 4.2* dargestellte Körper sei unter der Wirkung des dargestellten Kräftesystems im Gleichgewicht, also in Ruhe. Wenn der gesamte Körper in Ruhe ist, dann ist es auch jeder Teil davon.

Wir führen nun einen gedanklichen Schnitt durch den Körper. Die dabei entstandenen Teile sind unter der Wirkung der Kräfte, die auf dem jeweiligen Teilsystem angreifen, im Allgemeinen natürlich nicht im Gleichgewicht. Das abgetrennte Teilsystem muss demnach auf den anderen Teil eine Wirkung ausüben, die diesen im Gleichgewicht hält. Diese inneren Kraftwirkungen sind durch den Schnitt, der die molekularen Bindungen zwischen den Teilen zerstört hat, verloren gegangen.

Um den Gleichgewichtszustand für die entstandenen Teilsysteme zu erhalten, müssen die durch den Schnitt verloren gegangenen inneren Kraftwirkungen durch von außen wirkende Größen ersetzt werden. Da sie durch einen Schnitt sichtbar gemacht werden, werden sie als *Schnittgrößen* bezeichnet.

Die Frage, ob Schnittgrößen innere oder äußere Größen darstellen, ist davon abhängig, welches System betrachtet wird. Für das Gesamtsystem stellen sie innere Größen dar, da sie im Innern des Körpers wirken. Sie werden durch den Schnitt sichtbar und sind in der Summe gleich null.

Betrachten wir eines der Teilsysteme für sich, wirken dort die Schnittgrößen als äußere Kräfte. Für die rechnerische Behandlung ist diese Unterscheidung jedoch ohnehin bedeutungslos.

Die durch den Schnitt freigelegten inneren Kräfte sind natürlich in irgendeiner Form über die Schnittfläche verteilt. Die Verteilung ist jedoch in diesem Zusammenhang zunächst nicht von Interesse, ihre Betrachtung ist Gegenstand der Festigkeitslehre. Es wird sich jedoch zeigen, dass nur bei stabförmigen Bauteilen von der Dyname der Schnittgrößen auf ihre Verteilung innerhalb der Schnittfläche geschlossen werden kann.

Die Reduktion dieser verteilten Kräfte bezüglich eines beliebigen Punktes der Querschnittsfläche ergibt eine resultierende Kraft und ein Moment, also eine Dyname.

Damit ein abgetrenntes Teilsystem im Gleichgewicht ist, muss also im Allgemeinen an der Schnittstelle eine vollständige Dyname wirken, um die drei Gleichgewichtsbedingungen der Ebene zu erfüllen. Diese Dyname lässt sich mithilfe der Gleichgewichtsbedingungen berechnen.

Beispiel 4.1

Wir betrachten noch einmal das Ergebnis der Berechnung des Beispiels 3.3 in *Bild 4.3*. Der dargestellte Balken ist unter der Wirkung der Kräfte im Gleichgewicht, also in Ruhe.

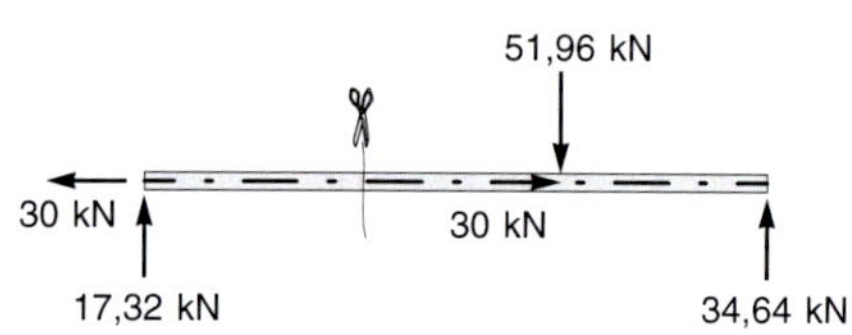

Bild 4.3 Balken im Gleichgewicht

Um die Beanspruchung im Inneren des Balkens sichtbar zu machen, führen wir den in *Bild 4.3* dargestellten Schnitt, durch den der Balken in zwei Teile zerlegt wird. Am linken Teilsystem in *Bild 4.4* ist zu erkennen, dass an der Schnittstelle innere Größen vorhanden sein müssen, die einer vertikalen, nach unten wirkenden Kraft von

17,32 kN entsprechen müssen, damit die vertikale Kräftesumme gleich null ist.

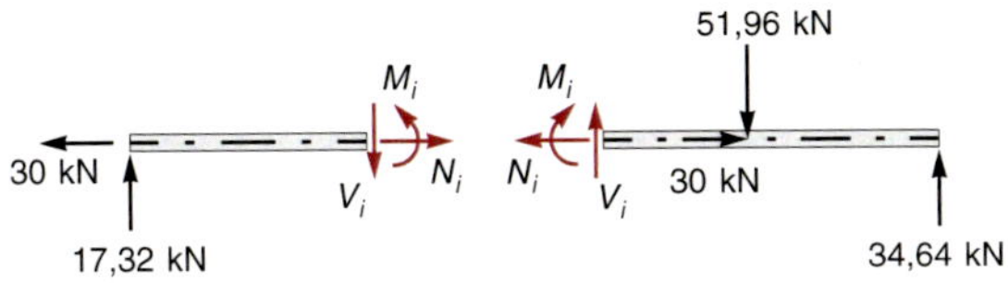

Bild 4.4 Geschnittener Balken

Diese vertikale Kraft wird als *Querkraft* bezeichnet, da sie senkrecht, also quer zur Achse des Balkens wirkt. Da die beiden senkrecht wirkenden Kräfte einen Abstand voneinander haben, bilden sie ein Kräftepaar, das eine Drehwirkung auf das abgetrennte Teilsystem ausübt. Es muss daher an der Schnittstelle ein Moment wirken, das die Drehwirkung des Kräftepaares kompensiert.

Weiterhin muss eine horizontal wirkende Kraft vorhanden sein, um die Gleichgewichtsbedingung zu erfüllen, dass die horizontale Kräftesumme gleich null ist. Diese Kraft nennt man *Normalkraft*, da sie normal, also senkrecht zur geschnittenen Querschnittsfläche wirkt.

Durch Anwendung des Schnittprinzips werden also an beiden entstandenen Schnittufern der Teilsysteme zwei Kraftkomponenten und ein Moment freigelegt, die als Schnittgrößen bezeichnet werden. Aufgrund des Reaktionsaxioms sind diese Schnittgrößen entgegengesetzt gleich. Sie können wahlweise an einem der beiden Teilsysteme ermittelt werden.

Wir berechnen zunächst die Schnittgrößen in der Mitte des Balkens, wobei wir zuerst das linke Teilsystem in *Bild 4.5* betrachten. Da die Höhe des Balkens für die Berechnung ohne Bedeutung ist, wird im Folgenden nur noch die Schwerachse dargestellt.

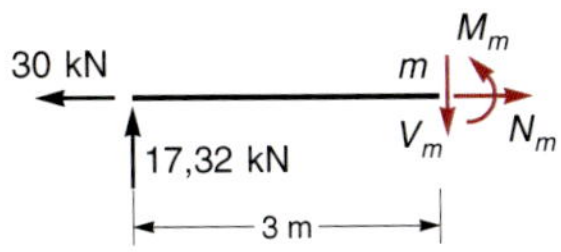

Bild 4.5 Linkes Teilsystem

Die Berechnung der Schnittgrößen erfolgt durch Formulierung der drei Gleichgewichtsbedingungen:

$$\sum M_{(m)} = 0: \quad M_m - 17{,}32 \cdot 3 = 0 \Rightarrow M_m = 51{,}96 \text{ kNm}$$

$$\sum V = 0: \quad -17{,}32 + V_m = 0 \Rightarrow V_m = 17{,}32 \text{ kN}$$

$$\sum H = 0: \quad -30 + N_m = 0 \Rightarrow N_m = 30 \text{ kN}$$

Führen wir die Berechnung am rechten Teilsystem durch (*Bild 4.6*), so erhalten wir:

$$\sum M_{(m)} = 0: \quad M_m + 34{,}64 \cdot 3 - 51{,}96 \cdot 1 = 0$$
$$\Rightarrow M_m = 51{,}96 \text{ kNm}$$

$$\sum V = 0: \quad 51{,}96 - 34{,}64 - V_m = 0 \Rightarrow V_m = 17{,}32 \text{ kN}$$

$$\sum H = 0: \quad 30 - N_m = 0 \Rightarrow N_m = 30 \text{ kN}$$

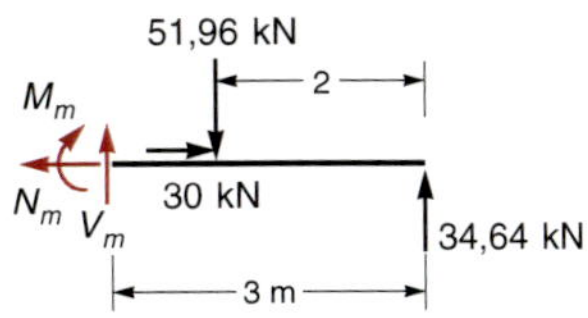

Bild 4.6 Rechtes Teilsystem

Das Ergebnis der Berechnung ist selbstverständlich mit dem identisch, das sich bei der Berechnung am linken Teilsystem ergab. Der Aufwand der Berechnung ist jedoch etwas größer, da mehr Kräfte am rechten Teilsystem wirken.

4.1.4 Vorzeichen der Schnittgrößen

Da Schnittgrößen immer an beiden Schnittufern entgegengesetzt gleich sind, stellen sie Doppelgrößen dar, deren Summe gleich null ist. Die zugehörigen Kraft- bzw. Momentenvektoren haben daher immer ein entgegengesetztes Vorzeichen. Da sie jedoch immer gemeinsam als Doppelgröße auftreten, wird dieser Doppelgröße **ein einheitliches** Vorzeichen zugeordnet.

Es wird ein lokales Koordinatensystem festgelegt, dessen x-Achse in Richtung der Stabachse zeigt. Es ist in der Baustatik üblich, dieses Koordinatensystem durch eine gestrichelte Linie, auch *Bezugslinie* genannt, festzulegen.

Diese Bezugslinie legt die Richtung der x-Achse fest. Liegt die Bezugslinie unten, so verläuft die x-Achse von links nach rechts, die z-Achse zeigt nach unten und die y-Achse ist senkrecht zur Ebene in Richtung des

4

Betrachters. Der Zusammenhang zwischen dem lokalen Koordinatensystem und der Bezugslinie ist in *Bild 4.7* dargestellt.

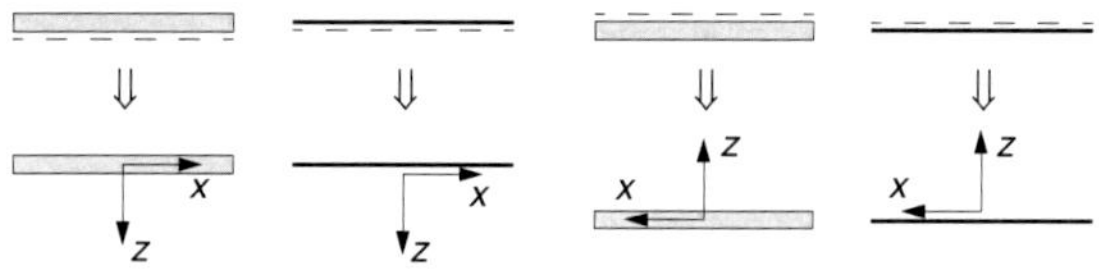

Bild 4.7 Definition der Bezugslinie

Eines der durch das Zertrennen des Balkens entstandenen Schnittufer wird als positiv definiert. Dies geschieht durch den nach außen, also in die „Luftseite", zeigenden Normalenvektor der Querschnittsfläche.

Ein Normalenvektor ist ein Vektor, der senkrecht (normal) zur Querschnittsfläche steht, wie in *Bild 4.8* dargestellt ist. Zeigt dieser Normalenvektor $\boldsymbol{n}$ in Richtung der positiven x-Achse, so ist das Schnittufer positiv.

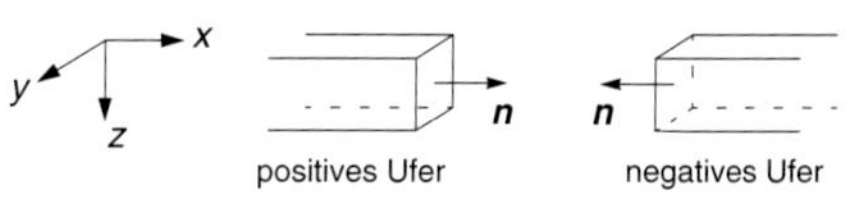

Bild 4.8 Zur Definition des positiven Schnittufers

Die Vorzeichen der Schnittgrößen sind wie folgt definiert, s. auch *Bild 4.11*:

Eine Schnittgröße ist positiv, wenn der am positiven (negativen) Schnittufer wirkende Vektor in positive (negative) Koordinatenrichtung zeigt.

Der Drehpfeil des Momentes (↶) entspricht dabei einem Vektor in Richtung der y-Achse (↙).

Einfache Merkregeln für Schnittgrößenvorzeichen

Eine wichtige Regel für das Moment ergibt sich aus seiner mechanischen Wirkung. Wir ersetzen das Moment durch ein äquivalentes, also gleich drehendes Kräftepaar, siehe *Bild 4.9*. Daraus ist erkennbar, dass eine Seite des Balkens gezogen und die andere gedrückt wird.

Da sich eine gezogene Stabfaser verlängert und eine gedrückte Stabfaser kürzer wird, entsteht durch ein Moment eine Krümmung des Stabes, der Stab wird gebogen. Aus diesem Grund wird das Schnittmoment auch als *Biegemoment* bezeichnet.

Obwohl diese Verformung bei statisch bestimmten Systemen ohne Bedeutung für die Schnittgrößenermittlung ist, stellt der Zusammenhang zwischen dem Biegemoment und der Stabkrümmung ein wichtiges anschauliches Hilfsmittel dar.

Es wird daher bei den nachfolgen Beispielen die Verformung des Tragwerks qualitativ dargestellt, um den Zusammenhang zwischen dem Biegemoment und der Wirkung auf den Stab zu veranschaulichen.

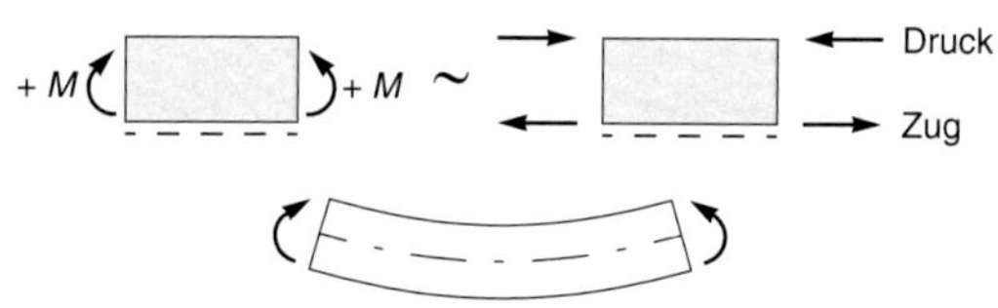

Bild 4.9 Moment und äquivalentes Kräftepaar

In Bezug auf die Definition in *Bild 4.11* lässt sich die folgende Merkregel angeben:

Das Moment ist positiv, wenn auf der gestrichelten Balkenseite Zug erzeugt wird.

Die Querkraft ist positiv, wenn ein Element im Uhrzeigersinn gedreht wird.

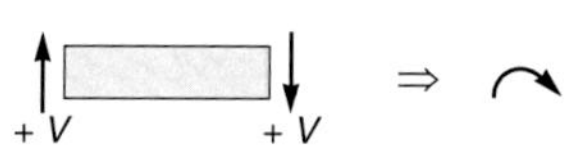

Bild 4.10 Merkregel zum Querkraftvorzeichen

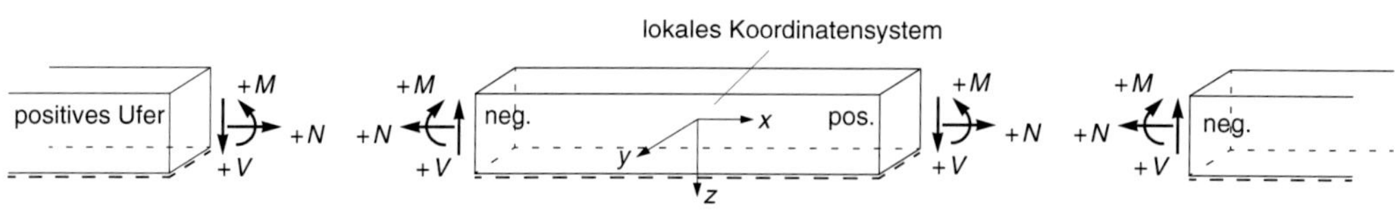

Bild 4.11 Definition der Vorzeichen

Die Normalkraft ist positiv, wenn ein Element gezogen wird.

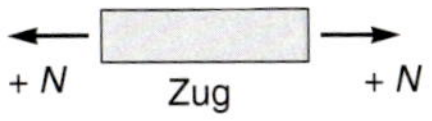

Bild 4.12 Merkregel zum Normalkraftvorzeichen

Nur das Vorzeichen des Momentes ist von der Lage der Bezugslinie abhängig.

4.1.5 Ermittlung von Zustandslinien

Wir haben die Schnittgrößen bisher nur in einem Punkt ermittelt, nämlich in der Mitte des Balkens. Für die Beurteilung der Beanspruchungen eines Tragwerks müssen sie aber an jeder Stelle bekannt sein. Um den Verlauf der Schnittgrößen zu berechnen, schneiden wir den Balken des vorherigen Beispiels nun an einer variablen Stelle *x*, siehe *Bild 4.13*.

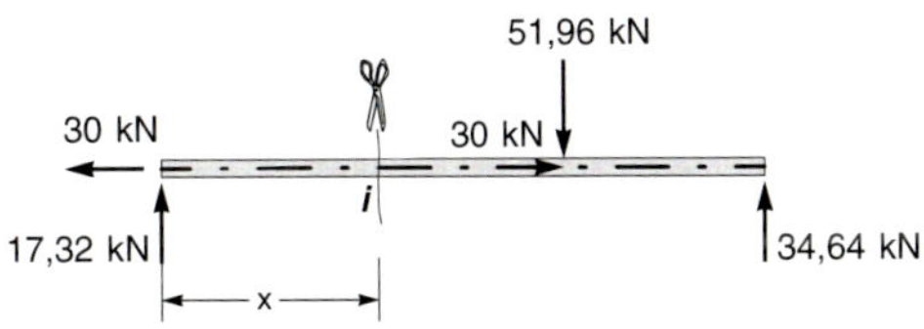

Bild 4.13 Totalschnitt an variabler Stelle *x*

Aufgrund der wirkenden Einzelkraft, die, wie sich noch zeigen wird, eine Unstetigkeitsstelle darstellt, unterteilen wir den Balken in zwei Abschnitte.

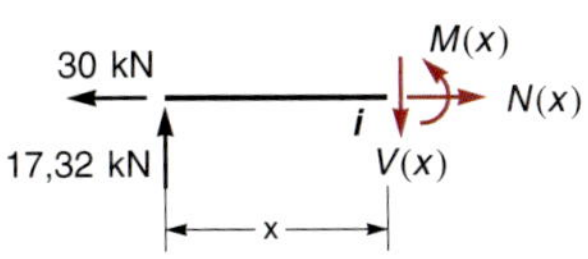

Bild 4.14 Schnitt links der Kraft an variabler Stelle *x*

Wir betrachten zunächst den linken Bereich in *Bild 4.14*, die Schnittstelle befindet sich also links vom Kraftangriffspunkt.

Die Schnittgrößen an der Stelle *x* ergeben sich aus den drei Gleichgewichtsbedingungen. Die Momentengleichgewichtsbedingung lautet:

$$\sum M_{(i)} = 0: \quad M(x) - 17{,}32 \cdot x = 0$$
$$\Rightarrow M(x) = 17{,}32 \cdot x$$

Der Funktionsverlauf des Momentes ist also geradlinig. Das Moment im Angriffspunkt der Einzelkraft ist der Funktionswert an der Stelle $x = 4$ m:

$$M(4) = 17{,}32 \cdot 4 = 69{,}28 \text{ kNm}$$

Die Kräftegleichgewichtsbedingungen lauten:

$$\sum V = 0: \quad -17{,}32 + V(x) = 0 \Rightarrow V(x) = 17{,}32 \text{ kN}$$

$$\sum H = 0: \quad -30 + N(x) = 0 \Rightarrow N(x) = 30 \text{ kN}$$

Der Verlauf der Querkraft und der Normalkraft ist konstant.

Um den Verlauf der Schnittgrößen im zweiten Bereich zu ermitteln, führen wir den Schnitt nun rechts vom Angriffspunkt der Kraft (*Bild 4.15*) und schreiben die drei Gleichgewichtsbedingungen auf.

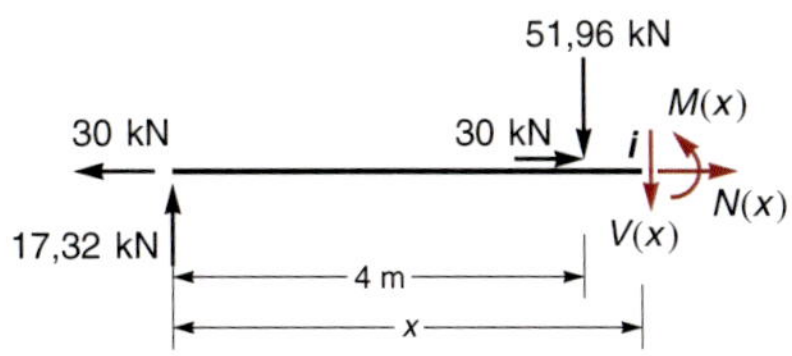

Bild 4.15 Schnitt rechts der Kraft an variabler Stelle *x*

$$\sum M_{(i)} = 0: \quad M(x) - 17{,}32 \cdot x + 51{,}96 \cdot (x - 4) = 0$$
$$\Rightarrow M(x) = -34{,}64 \cdot x + 207{,}84$$

Der Funktionsverlauf des Momentes ist auch in diesem Bereich geradlinig.

$$\sum V = 0: \quad -17{,}32 + 51{,}96 + V(x) = 0$$
$$\Rightarrow V(x) = -34{,}64 \text{ kN}$$

$$\sum H = 0: \quad -30 + 30 + N(x) = 0 \Rightarrow N(x) = 0$$

Der Verlauf der Querkraft und der Normalkraft ist wiederum konstant.

Die Momentenordinate im Kraftangriffspunkt muss für beide Bereiche den gleichen Wert ergeben. Aus der Momentenfunktion des zweiten Bereiches folgt:

$$M(4) = -34{,}64 \cdot 4 + 207{,}84 = 69{,}28 \text{ kNm}$$

Die zeichnerische Darstellung der Verläufe der Schnittgrößen $M(x)$, $V(x)$ und $N(x)$ nennt man *Zustandslinien*, sie sind für das vorliegende Beispiel in *Bild 4.16* dargestellt.

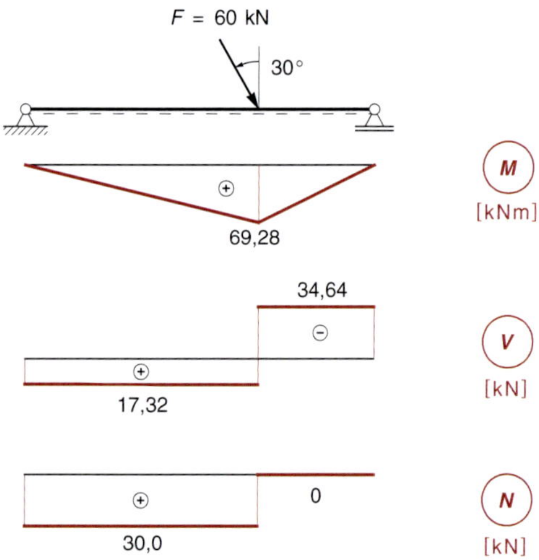

Bild 4.16 Darstellung der Schnittgrößenverläufe

4.1.6 Darstellung von Zustandslinien

Positive Schnittgrößen werden in Richtung der positiven z-Achse, also auf der gestrichelten Seite aufgetragen. Daraus ergibt sich die wichtige Regel, dass das Auftragen des Momentes von der Strichelung unabhängig ist!

Die Momentenlinie wird immer auf der gezogenen Balkenseite aufgetragen.

Das Moment ist positiv, wenn die Ordinate auf der gestrichelten Seite liegt.

Eine sehr nützliche und anschauliche Merkregel für die korrekte Darstellung der Momentenlinie ergibt sich aus der Vorstellung, wie sich ein Gummiband unter der vorhandenen Belastung verformen würde. Die Form der Momentenlinie entspricht qualitativ der Verformung dieses Gummibandes. Für eine Einzelkraft und eine konstante Streckenlast ist dies in Bild 4.17 dargestellt.

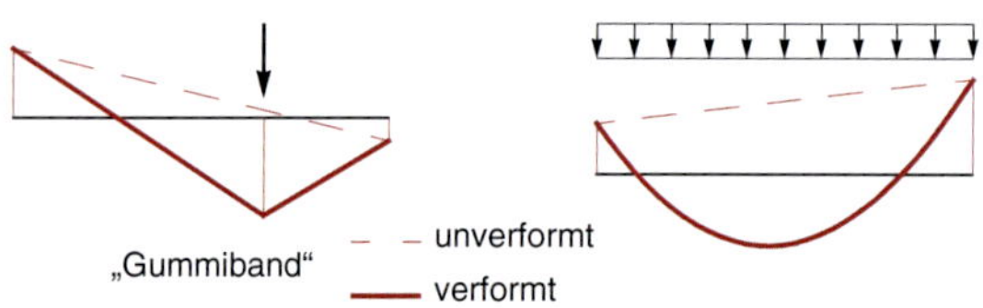

Bild 4.17 Charakteristische Merkmale der Momentenlinie

Die gestrichelte Linie ist das an beiden Enden befestigte „Gummiband", die Momentenlinie entspricht der Verformung dieses Bandes infolge der Last. Insbesondere kann durch einen Knick in der Momentenlinie sofort auf die Richtung einer dort wirkenden Einzelkraft, z. B. einer Auflagerkraft geschlossen werden.

Für die Darstellung der Quer- und Normalkräfte gelten die folgenden Regeln:

Positive Querkräfte werden auf der gestrichelten Seite aufgetragen.

Positive Normalkräfte werden auf der gestrichelten Seite aufgetragen.

4.1.7 Der Zusammenhang zwischen Schnittgrößen und Belastung

Um zu allgemeinen Beziehungen zwischen Schnittgrößen und Belastung zu gelangen, schneiden wir einen infinitesimal kleinen Streifen der Länge $\mathrm{d}x$ aus dem Balken heraus. Dadurch haben wir an beiden Schnittufern jeweils drei Schnittgrößen freigelegt. Da sich die Schnittgrößen in Abhängigkeit von x ändern, ist am Schnittufer $x+\mathrm{d}x$ ein differenzieller Zuwachs hinzugekommen.

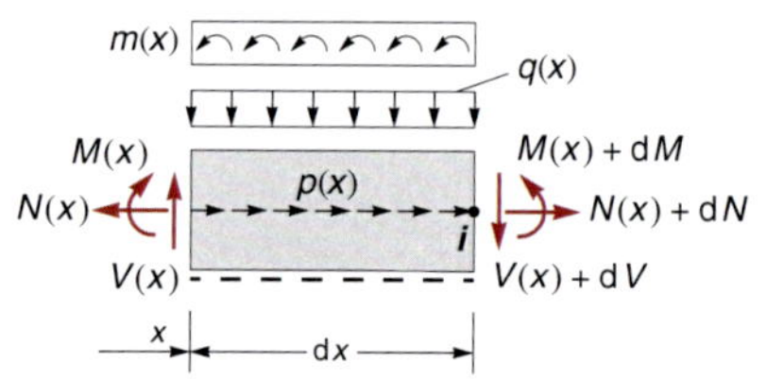

Bild 4.18 Differenzielles Element mit Belastung und Schnittgrößen

Die Gleichgewichtsbedingungen am differenziellen Element lauten:

$$\sum H = 0: \quad -N(x) + N(x) + \mathrm{d}N + p(x)\mathrm{d}x = 0$$
$$\Rightarrow \frac{\mathrm{d}N}{\mathrm{d}x} = N' = -p(x) \qquad (4.1)$$

$$\sum V = 0: \quad -V(x) + V(x) + \mathrm{d}V + q(x)\mathrm{d}x = 0$$
$$\Rightarrow \frac{\mathrm{d}V}{\mathrm{d}x} = V' = -q(x) \qquad (4.2)$$

$\sum M_{(i)} = 0$:

$$-M(x) + M(x) + \mathrm{d}M - V(x)\mathrm{d}x + q(x)\mathrm{d}x\frac{\mathrm{d}x}{2} + m(x)\mathrm{d}x = 0$$

$$\mathrm{d}M - V(x)\mathrm{d}x + q\frac{\mathrm{d}x^2}{2} + m(x)\mathrm{d}x = 0$$

Der Term $q\frac{\mathrm{d}x^2}{2}$ ist ein Produkt zweier differenzieller Größen, man sagt, er ist „von höherer Ordnung klein".

Mathematisch korrekt wäre es, mit der endlichen Größe Δx zu arbeiten und den Grenzübergang $\Delta x \rightarrow 0$ zu bilden. Beim Grenzübergang zu $\mathrm{d}x$ wird dieser Term null.

Nach Division der letzten Gleichung durch $\mathrm{d}x$ ergibt sich somit der Zusammenhang zwischen dem Moment und der Querkraft:

$$\frac{\mathrm{d}M}{\mathrm{d}x} = M' = V(x) - m(x) \tag{4.3}$$

Durch formale Ableitung dieser Gleichung und Einsetzen der Beziehung $V' = -q(x)$ erhalten wir die Differenzialgleichung 2. Ordnung:

$$V' = M'' = -q(x) - m'(x) \tag{4.4}$$

Die differenziellen Beziehungen ermöglichen einerseits, durch Lösung der Differenzialgleichung statische Probleme mathematisch zu behandeln.

Wichtiger hingegen sind die differenziellen Zusammenhänge, um daraus charakteristische Eigenschaften der Zustandslinien zu folgern, da z. B. aus der Belastung auf die qualitativen Verläufe geschlossen werden kann.

Die Folgerungen aus den differenziellen Beziehungen sind in *Tabelle 4.1* zusammengestellt.

Bei stetigem $q(x)$ gilt, dass das Moment dort extremal ist, wo $V = 0$ ist.

Bei $q = 0$ ist die Querkraft extremal, die Momentenfunktion hat einen Wendepunkt.

Aus $V' = -q(x)$ folgt auch die Beziehung:

$$V(x) = -\int_0^x q(\xi)\mathrm{d}\xi + V_0 \tag{4.5}$$

Die Änderung der Querkraftordinaten zwischen zwei Punkten ist gleich dem Flächeninhalt der dazwischen liegenden Lastfunktion.

Analog folgt aus $M' = V(x)$:

$$M(x) = \int_0^x V(\xi)\mathrm{d}\xi + M_0 \tag{4.6}$$

Die Änderung der Momentenordinaten zwischen zwei Punkten ist gleich dem Flächeninhalt der dazwischen liegenden Querkraftfunktion.

Tabelle 4.1 Beziehungen zwischen Belastung und Schnittgrößen

Belastung	$V(x)$	$M(x)$
$q = 0$	0	konstant
	konstant	linear
q = konst.	linear	Parabel 2. Ordnung
q = linear	Parabel 2. Ordnung	Parabel 3. Ordnung
...	...	...
Einzelkraft F	Sprung um F	Knick
Einzelmoment M	unverändert	Sprung um M

4.2 Einteilige Tragwerke

4.2.1 Balken auf zwei Stützen (Einfeldbalken)

Der Balken auf zwei Stützen oder Einfeldbalken ist eines der einfachsten und auch am häufigsten vorkommenden Tragwerke. Die nachfolgend betrachteten Grundlastfälle sind jedoch auch deswegen von besonderer Bedeutung, da sie die Grundlage der Schnittgrößenermittlung für die einzelnen Stäbe komplexerer Stabtragwerke bilden.

4.2.1.1 Einfeldbalken mit konstanter Streckenlast

Der in *Bild 4.19* dargestellte Träger muss zunächst durch einen Schnitt von den Lagern getrennt werden, um die Auflagerkräfte sichtbar zu machen. Diese werden als äußere Kräfte angesetzt, um die Wirkung der abgetrennten Lagerkonstruktion zu ersetzen. Weil sich das freigeschnittene System jedoch nur durch die fehlenden Auflagersymbole vom ungeschnittenen System unterscheidet, werden die Auflagerkräfte direkt in das System mit den

Auflagersymbolen eingezeichnet. Man denkt es sich dabei von der Auflagerkonstruktion freigeschnitten.

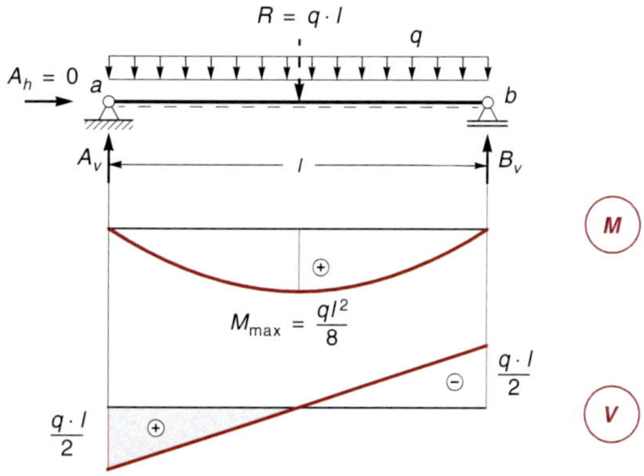

Bild 4.19 Balken mit konstanter Streckenlast

Für die Berechnung der Auflagerkräfte kann die verteilte Belastung q durch eine Resultierende in der Mitte des Trägers ersetzt werden.

Aufgrund der Symmetrie von System und Belastung sind beide vertikalen Auflagerkräfte gleich der halben resultierenden Belastung.

$$A_v = B_v = \frac{q \cdot l}{2}$$

Formal lassen sich die Kräfte durch die Gleichgewichtsbedingung $\sum M = 0$ bezüglich eines Auflagerpunktes berechnen. Zum Beispiel ergibt sich B_v aus:

$$\sum M_{(a)} = 0: \quad -q \cdot l \cdot \frac{l}{2} + B_v \cdot l = 0 \Rightarrow B_v = \frac{q \cdot l}{2}$$

Um die Schnittgrößenverläufe zu ermitteln, schneiden wir den Balken wieder an einer variablen Stelle x, wie in *Bild 4.20* dargestellt ist, und formulieren die Gleichgewichtsbedingungen.

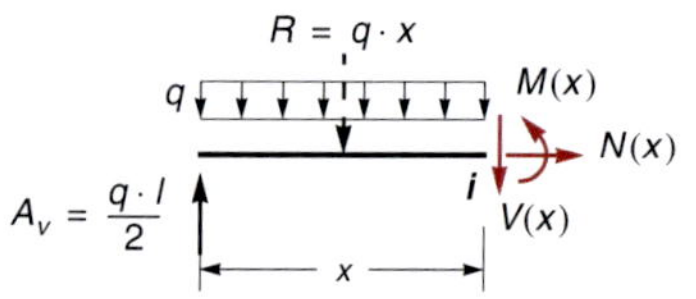

Bild 4.20 Schnitt an variabler Stelle *x*

Innerhalb des Teilsystems kann die verteilte Belastung durch eine Teilresultierende $R = q \cdot x$ ersetzt werden.

Es dürfen niemals Resultierende über Schnittstellen hinweg gebildet werden!

$$\sum H = 0: \quad N(x) = 0$$

$$\sum V = 0: \quad V(x) + q \cdot x - q \cdot l/2 = 0$$

$$\Rightarrow V(x) = q \cdot l/2 - q \cdot x$$

Die Querkraftfunktion verläuft also geradlinig. Dies entspricht den differenziellen Beziehungen in *Tabelle 4.1*.

$$\sum M_{(i)} = 0: \quad -q \cdot l/2 \cdot x + q \cdot x \cdot x/2 + M(x) = 0$$

$$\Rightarrow M(x) = -\frac{q}{2} \cdot x^2 + \frac{ql}{2} \cdot x$$

Auch der quadratische Verlauf der Momentenlinie entspricht aufgrund der differenziellen Beziehungen dem Zusammenhang zwischen Schnittgrößen und Belastung. Ein Vergleich der Funktionen für $M(x)$ und $V(x)$ bestätigt den Zusammenhang, dass die Querkraft die Ableitung der Momentenlinie darstellt.

Um den Maximalwert des Momentes zu berechnen, ermitteln wir die Nullstelle der Ableitung der Momentenfunktion, also der Querkraft, da eine Funktion extremal ist, wenn ihre Ableitung verschwindet. Damit erhalten wir:

$$M' = -q \cdot x + \frac{ql}{2} = 0$$

$$\Rightarrow x_0 = l/2$$

Der Maximalwert des Momentes ergibt sich also in der Balkenmitte. Dies war anschaulich zu erwarten. Das Moment an dieser Stelle folgt durch Einsetzen der Nullstelle in die Funktionsgleichung für $M(x)$.

$$M_{max} = M\left(\frac{l}{2}\right) = -\frac{q}{2} \cdot \left(\frac{l}{2}\right)^2 + \frac{ql}{2} \cdot \frac{l}{2} = -\frac{ql^2}{8} + \frac{ql^2}{4} = \frac{ql^2}{8}$$

Die Zustandslinien sind in *Bild 4.19* dargestellt. In der ermittelten Funktionsgleichung für $M(x)$ ist das Moment für jeden Wert x positiv. Das bedeutet, dass das Moment an der Schnittstelle so wirkt, wie es in *Bild 4.20* angesetzt wurde. Die untere Balkenseite wird demnach gezogen, wie durch Umsetzung des Momentes in ein äquivalentes Kräftepaar, entsprechend *Bild 4.9*, nachvollzogen werden kann.

Diese Vorstellung der mechanischen Wirkung des Momentes ist von großer Bedeutung, da die Momentenlinie grundsätzlich auf der gezogenen Balkenseite aufgetragen wird! In diesem Fall sind die Ordinaten nach unten aufzutragen. Die Momentenlinie kann also schon gezeichnet werden, wenn noch keine Bezugslinie für den Balken festgelegt wurde. Da der Balken in *Bild 4.19* auf der unteren Seite gestrichelt wurde, sind die Momente im gesamten Bereich positiv.

Für das Auftragen der Querkraftlinie muss die Bezugslinie festliegen, da positive Querkräfte auf der gestrichelten Seite aufgetragen werden.

Was hätte sich bezüglich der Darstellung in Bild 4.19 geändert, wenn der Balken nicht unten, sondern oben gestrichelt worden wäre? Da die mechanische Wirkung des Momentes nicht davon abhängen kann, wo der Balken gestrichelt ist, wäre die Momentenlinie ebenfalls nach unten, also auf die gezogene Seite aufzutragen, das Vorzeichen wäre nur negativ gewesen. Anders bei der Querkraftlinie, die genau umgekehrt darzustellen gewesen wäre. Das Vorzeichen wäre jedoch gleich geblieben.

Auf den vorliegenden Einfeldbalken mit konstanter Streckenlast werden nun die differenziellen Beziehungen aus Abschnitt 4.1.7 angewandt, um die Schnittgrößenverläufe aus den Beziehungen Gl. (4.5) und (4.6) zu ermitteln.

Die Querkraftfunktion kann durch Integration der Lastfunktion mit Gl. (4.5) ermittelt werden. Die Querkraft V_0 ist die Integrationskonstante, sie entspricht der Auflagerkraft A_v.

$$A_v = B_v = \frac{q \cdot l}{2}$$

$$q(\xi) = q = \text{konst.} = -V'$$

$$V(x) = -\int_0^x q(\xi)\mathrm{d}\xi + V_0 = \left[-q\xi\right]_0^x + \frac{ql}{2} = -qx + \frac{ql}{2}$$

Entsprechend ergibt sich mit der nun bekannten Querkraft die Funktion des Momentes aus Gl. (4.6). Das Moment M_0 ist gleich null, da links ein gelenkiges Auflager vorliegt.

$$M(x) = -\int_0^x V(\xi)\mathrm{d}\xi + M_0 = \left[-\frac{1}{2}q\xi^2 + \frac{ql}{2}\xi\right]_0^x$$

$$M(x) = -\frac{1}{2}qx^2 + \frac{ql}{2}x$$

Die Funktionsverläufe entsprechen den Beziehungen nach *Tabelle 4.1*:

q = konst. $\Rightarrow$ V = linear $\Rightarrow$ M = quadr. Parabel

Das maximale Moment in Balkenmitte entspricht dem Flächeninhalt der Querkraftfunktion zwischen linkem Auflager und Balkenmitte (grau angelegtes Dreieck).

$$M_{max} = \frac{1}{2} \cdot \frac{ql}{2} \cdot \frac{l}{2} = \frac{ql^2}{8}$$

4

4.2.1.2 Einfeldbalken mit Einzelkraft

Der Träger in *Bild 4.21* wird durch eine vertikale Einzelkraft beansprucht. Die dimensions losen Parameter α und β geben den Abstand des Angriffspunktes der Kraft von den Auflagern, bezogen auf die Stützweite des Balkens, an. Ist $\alpha = 0$ und $\beta = 1$, wirkt die Kraft im linken Auflagerpunkt *a*. Greift die Kraft im Auflagerpunkt *b* an, ist $\alpha = 1$ und $\beta = 0$. Wie leicht nachvollziehbar ist, gilt $\alpha + \beta = 1$.

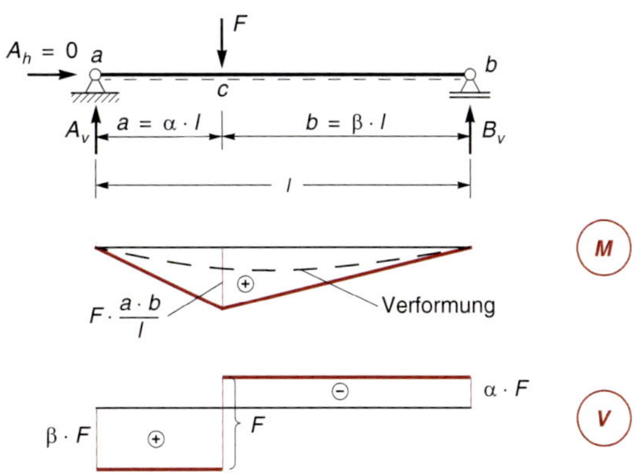

Bild 4.21 Balken auf zwei Stützen mit Einzelkraft

Auflagerkräfte:

Die Auflagerkraft A_h ist gleich null, da keine horizontale Belastung wirkt. Die vertikalen Auflagerkräfte A_v und B_v werden jeweils aus der Bedingung $\sum M = 0$ um die

Auflagerpunkte ermittelt. Die Bedingung $\sum V = 0$ wird als Kontrolle benutzt. Anschaulich ist klar, dass die Reaktionskraft an dem Auflager größer ist, das vom Angriffspunkt der Kraft den geringsten Abstand hat. Die Gleichgewichtsbedingungen lauten:

$$\sum H = 0: \quad A_h = 0$$
$$\sum M_{(a)} = 0: \quad B_v \cdot l - F \cdot \alpha \cdot l = 0 \Rightarrow B_v = \alpha \cdot F$$
$$\sum M_{(b)} = 0: \quad -A_v \cdot l + F \cdot \beta \cdot l = 0 \Rightarrow A_v = \beta \cdot F$$

Kontrolle: $\sum V = 0$?

$$F - \alpha \cdot F - \beta \cdot F = F(1 - \alpha - \beta) = 0$$

Momentenlinie:

An den beiden gelenkigen Auflagern sind die Momente gleich null: $M_a = M_b = 0$. Da keine verteilte Belastung wirkt, verläuft die Momentenlinie abschnittsweise linear. Es wird daher nur die Ordinate unter der Einzellast benötigt, um den Verlauf zu zeichnen.

Wir schneiden den Balken im Punkt c, betrachten das linke Teilsystem und berechnen das Moment mit der Gleichgewichtsbedingung $\sum M_{(c)} = 0$.

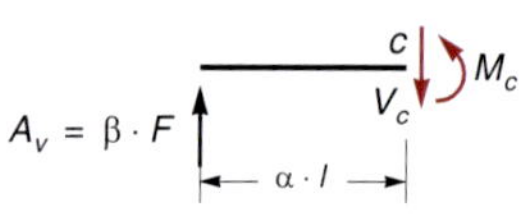

Bild 4.22 Linker abgetrennter Balkenteil

$$\sum M_{(c)} = 0: \quad M_c - \beta \cdot F \cdot \alpha \cdot l = 0$$
$$M_c = \beta \cdot F \cdot \alpha \cdot l = F \cdot \frac{a \cdot b}{l}$$

Das positive Vorzeichen bedeutet, dass M_c so dreht, wie es am Schnittufer in *Bild 4.22* angetragen wurde. Es erzeugt auf der unteren Balkenseite Zug und ist daher nach unten abzutragen.

In *Bild 4.21* ist bei der Darstellung der Momentenlinie die Verformung des Balkens infolge der Einzelkraft qualitativ als gestrichelte Linie eingetragen. Die Krümmung der Biegelinie entspricht der mechanischen Wirkung des Momentes.

Ein charakteristisches Merkmal der Momentenlinie ist der Knick im Angriffspunkt der Einzelkraft. Entsprechend der Darstellung in *Bild 4.17*, muss der Knick in der Momentenlinie so erfolgen, wie es der Verformung eines Gummibandes infolge einer nach unten wirkenden Vertikalkraft entspricht.

Querkraftlinie:

Die Querkräfte sind abschnittsweise konstant ($q = 0$). Sie können durch Schnitte an den Auflagern aus der Bedingung $\sum V = 0$ ermittelt werden, siehe *Bild 4.23*.

Bild 4.23 Elementschnitt am Auflager

Am Auflagerpunkt b ist die Richtung der Querkraft Q_b am Schnitt so angesetzt, dass Gleichgewicht herrscht. Das Vorzeichen ist negativ, weil das Kräftepaar am Element entgegen dem Uhrzeiger dreht (Merkregel).

Nachdem alle Schnittgrößen bekannt sind, führen wir einen Rundschnitt um den Knoten c (*Bild 4.24*) und betrachten das Gleichgewicht.

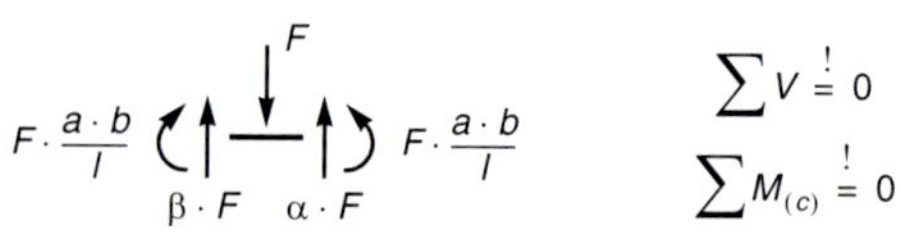

Bild 4.24 Elementschnitt am Kraftangriffspunkt

Der Sonderfall des mittigen Kraftangriffs ist in der obigen Lösung enthalten. Mit $a = b = l/2$, bzw. $\alpha = \beta = 0{,}5$ ergeben sich die Zustandslinien in *Bild 4.25*.

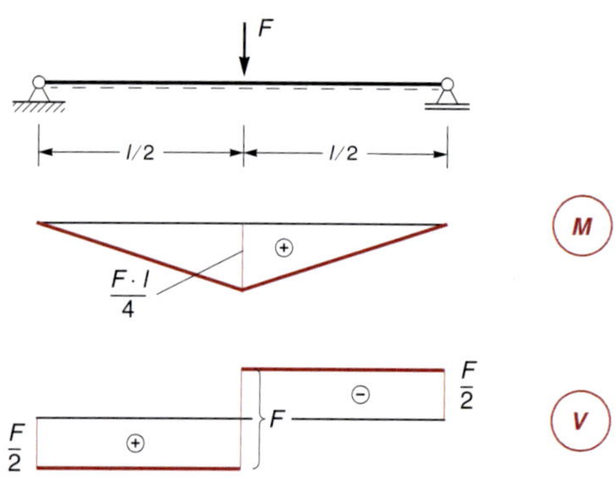

Bild 4.25 Zustandslinien bei mittiger Einzelkraft

4.2.1.3 Einfeldbalken mit Einzelmoment

Das auf dem Träger in *Bild 4.26* im Punkt *c* wirkende Einzelmoment stellt eine Beanspruchung dar, die z. B. die Wirkung eines anderen Bauteils darstellt, das durch einen Schnitt abgetrennt wurde.

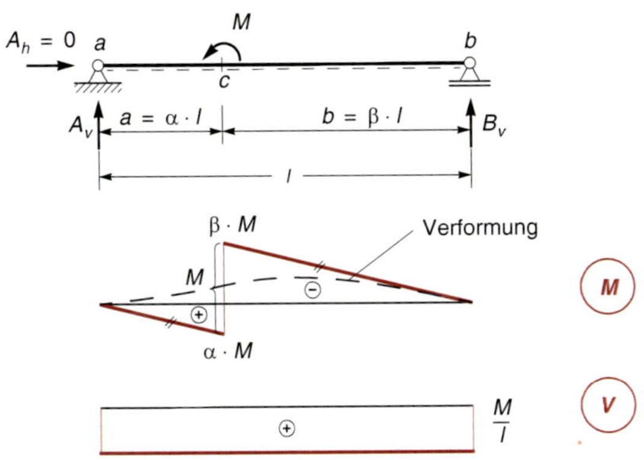

Bild 4.26 Balken auf zwei Stützen mit Einzelmoment

Auflagerkräfte:

$$\sum H = 0:\quad A_h = 0$$

$$\sum M_{(a)} = 0:\quad B_v \cdot l + M = 0 \Rightarrow B_v = -\frac{M}{l}$$

$$\sum M_{(b)} = 0:\quad -A_v \cdot l + M = 0 \Rightarrow A_v = \frac{M}{l}$$

Die Auflagerkraft B_v ergibt sich negativ, sie ist also nach unten gerichtet. Damit bilden die beiden vertikalen Auflagerkräfte ein Kräftepaar, also gegengleiche Kräfte auf parallelen Wirkungslinien. Dieses Kräftepaar entspricht einem Moment, das dem äußeren angreifenden Moment entgegengerichtet ist. Es ist bemerkenswert, dass die Auflagerkräfte vom Angriffsort des äußeren Momentes unabhängig sind. Der Angriffsort ist erst bei der Ermittlung der Momentenlinie relevant.

Momentenlinie:

Weil $q = 0$ ist, ist die Momentenlinie bereichsweise linear. An den gelenkigen Auflagern gilt $M_a = M_b = 0$.

Wir schneiden zunächst links vom Angriffspunkt des Momentes und betrachten das linke Teilsystem in *Bild 4.27*. Das Biegemoment an der Schnittstelle berechnen wir mit der Gleichgewichtsbedingung $\sum M = 0$ bezüglich des Punktes *c*. Wie aus den nachfolgenden Betrachtungen deutlich wird, ergibt sich im Angriffspunkt des äußeren Momentes ein Sprung in der Momentenlinie. Es gibt daher im Punkt *c* zwei Momentenordinaten. Das Moment links vom Angriffspunkt *c* wird daher mit $M_{c,\text{li}}$ bezeichnet.

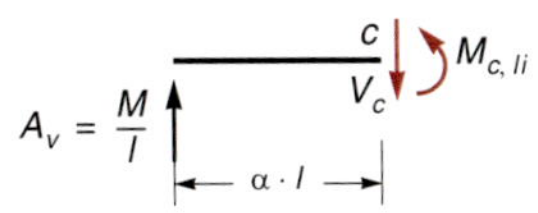

Bild 4.27 Schnitt links von *c*, linkes Teilsystem

$$\sum M_{(c)} = 0:\quad -A_v \cdot \alpha \cdot l + M_{c,\text{li}} = 0$$
$$-\alpha M + M_{c,\text{li}} = 0$$
$$M_{c,\text{li}} = \alpha M$$

Schneiden wir rechts vom Angriffspunkt des Momentes und betrachten wieder das linke Teilsystem, wie in *Bild 4.28*, so unterscheidet sich die Situation von der vorherigen in *Bild 4.27* dadurch, dass sich das angreifende Moment nun mit auf dem betrachteten Teilsystem befindet, also in die Momentensumme mit eingeht:

$$\sum M_{(c)} = 0:\quad -A_v \cdot \alpha \cdot l + M + M_{c,\text{re}} = 0$$
$$-\alpha M + M + M_{c,\text{re}} = 0$$
$$M_{c,\text{re}} = -(1-\alpha)M$$
$$M_{c,\text{re}} = -\beta M$$

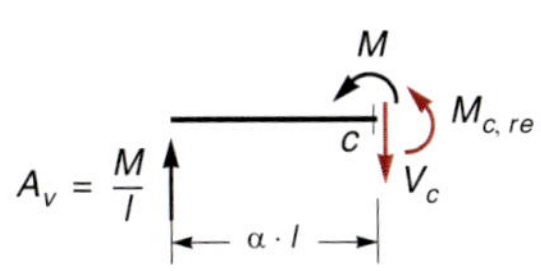

Bild 4.28 Schnitt rechts von *c*, linkes Teilsystem

Dasselbe Ergebnis erhalten wir, wenn wir das rechte Teilsystem betrachten, siehe *Bild 4.29*.

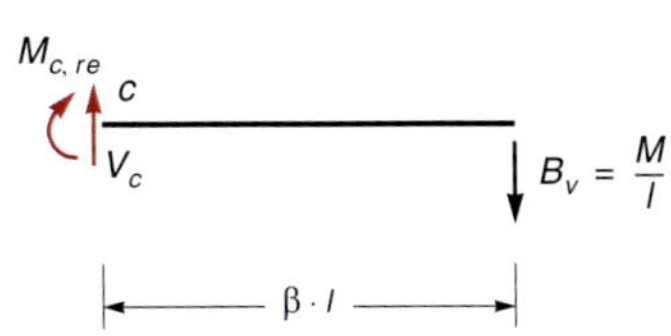

Bild 4.29 Schnitt rechts von *c*, rechtes Teilsystem

$$\sum M_{(c)} = 0: \quad -B_v \cdot \beta \cdot l - M_{c,\,re} = 0$$
$$-\beta M - M_{c,\,re} = 0$$
$$M_{c,\,re} = -\beta M$$

Das negative Vorzeichen für $M_{c,\,re}$ bedeutet, dass das Moment einen anderen Drehsinn hat, als am Schnittufer angesetzt wurde. Es wirkt so, dass die obere Balkenseite gezogen wird.

Querkraftlinie:

Die Querkraft folgt aus der Gleichgewichtsbedingung $\sum V = 0$ durch Freischneiden der Auflagerpunkte in *Bild 4.30.*

Bild 4.30 Elementschnitt am Auflager

Ein Rundschnitt um den Punkt *c* (*Bild 4.31*) zeigt, dass die Gleichgewichtsbedingungen mit den ermittelten Schnittgrößen erfüllt sind.

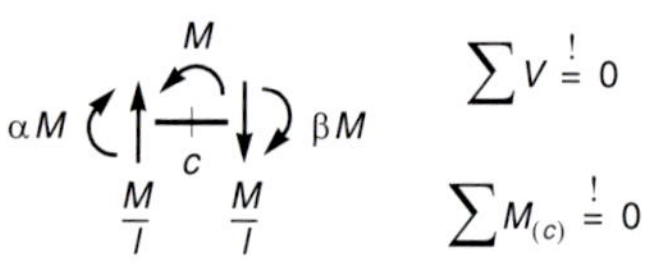

Bild 4.31 Rundschnitt am Angriffspunkt des Momentes

Im Angriffspunkt des äußeren Momentes gibt es in der Momentenlinie einen Sprung um den Betrag des Momentes. Die Querkraftlinie ist konstant, da im gesamten Bereich keine vertikale Belastung wirkt. Aufgrund der konstanten Querkraft sind die Momentenlinien links und rechts vom Angriffspunkt des Einzelmomentes parallel.

Ein anderer Angriffspunkt des Einzelmomentes verändert nur die Stelle, an der der Sprung zwischen den Parallelen stattfindet.

In *Bild 4.32* sind die Momentenlinien und die zugehörigen Verformungen des Balkens infolge unterschiedlicher Angriffspunkte des Einzelmomentes dargestellt.

Die Krümmung des verformten Balkens entspricht der dargestellten Momentenlinie. Links vom Angriffspunkt des äußeren Momentes wird die untere Balkenseite gezogen, rechts davon die obere.

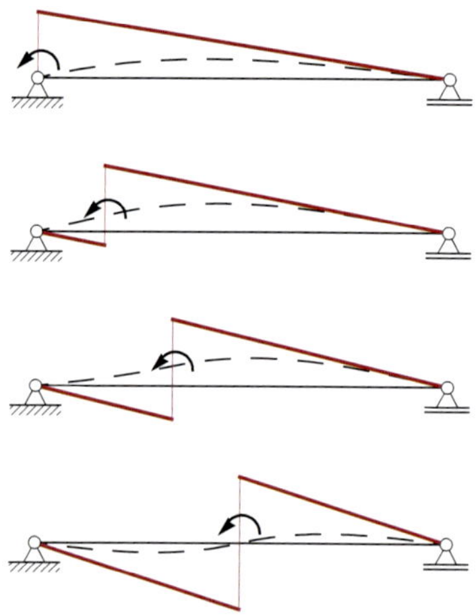

Bild 4.32 Momente und Verformungen infolge unterschiedlicher Momentenangriffspunkte

4.2.1.4 Einfeldbalken mit Dreieckslast

Für die Berechnung der Auflagerkräfte kann die verteilte Last durch eine Resultierende ersetzt werden. Der Betrag der Resultierenden entspricht dem Flächeninhalt der Lastfunktion. Der Angriffspunkt liegt im Schwerpunkt der Lastfläche.

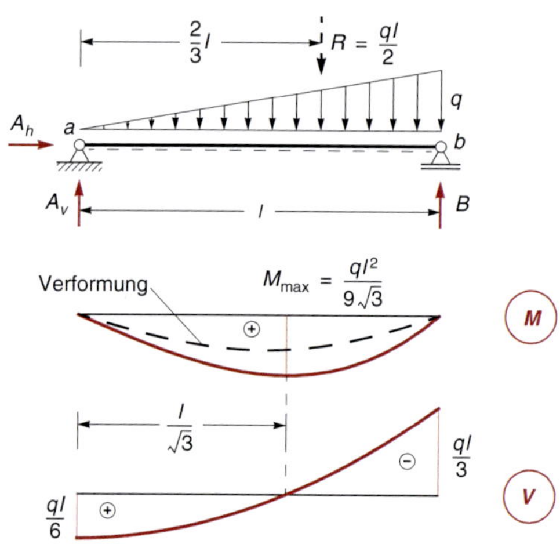

Bild 4.33 Balken auf zwei Stützen mit Dreieckslast

Die Auflagerkräfte ergeben sich aus den Gleichgewichtsbedingungen.

$$\sum H = 0: \quad A_h = 0$$

$$\sum M_{(a)} = 0: \quad B \cdot l - \frac{ql}{2} \cdot \frac{2}{3} l = 0 \Rightarrow B = \frac{ql}{3}$$

$$\sum M_{(b)} = 0: \quad -A_v \cdot l + \frac{ql}{2} \cdot \frac{1}{3} l = 0 \Rightarrow A_v = \frac{ql}{6}$$

Um die Zustandslinien zu ermitteln, schneiden wir den Balken an variabler Stelle x und schreiben die Gleichgewichtsbedingungen für das linke Teilsystem auf.

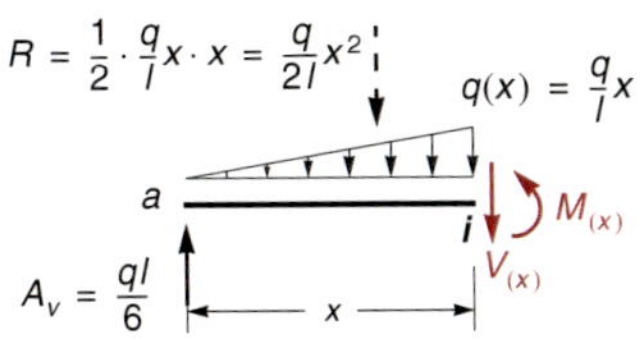

Bild 4.34 Freigeschnittenes Teilsystem

$$\sum V = 0: \quad V(x) + \frac{q}{2l} x^2 - \frac{ql}{6} = 0$$

$$\Rightarrow V(x) = -\frac{q}{2l} x^2 + \frac{ql}{6}$$

$$\sum M_{(i)} = 0: \quad M(x) - \frac{ql}{6} \cdot x + \frac{q}{2l} x^2 \cdot \frac{1}{3} x = 0$$

$$\Rightarrow M(x) = -\frac{q}{6l} x^3 + \frac{ql}{6} x$$

Berechnung der Nullstelle der Querkraftfunktion:

$$V(x) = -\frac{q}{2l} x^2 + \frac{ql}{6} = 0$$

$$x_0^2 - \frac{l^2}{3} = 0$$

$$x_0 = \pm\sqrt{\frac{l^2}{3}} = \pm\frac{l}{\sqrt{3}}$$

Das negative Ergebnis ist ohne Bedeutung, da sich die Stelle nicht innerhalb des Balkens befindet. Das maximale Moment folgt an der Stelle x_0:

$$M_{max} = M(x_0) = M\left(\frac{l}{\sqrt{3}}\right) = -\frac{q}{6l}\left(\frac{l}{\sqrt{3}}\right)^3 + \frac{ql}{6}\frac{l}{\sqrt{3}}$$

$$= -\frac{ql^2}{18\sqrt{3}} + \frac{ql^2}{6\sqrt{3}} = \frac{ql^2}{9\sqrt{3}}$$

Die Zustandslinien sind in *Bild 4.33* dargestellt. Die Verläufe der Schnittgrößen $V(x)$ und $M(x)$ ergaben sich durch die Anwendung des Schnittprinzips aus den Gleichgewichtsbedingungen. Da eine lineare Streckenlast vorliegt, ist der Querkraftverlauf quadratisch und der Momentenverlauf kubisch.

Mit den Nullstellen an den Auflagerpunkten und dem Maximalwert am Querkraftnulldurchgang kann die Momentenlinie qualitativ gezeichnet werden.

Bei der Zeichnung des Querkraftverlaufes ist zu beachten, dass links eine horizontale Tangente vorliegt, da die Ordinate der Lastfunktion dort gleich null ist ($V'(x) = -q(x)$). Die Streckenlastfunktion gibt also die Größe der Steigung der Querkraft an. Das bedeutet, dass die Parabel von links nach rechts immer steiler wird, wodurch sich der Krümmungssinn der Parabel von selbst ergibt.

4

4.2.2 Superposition von Lastfällen

Aufgrund des linearen Zusammenhangs zwischen der Belastung und den Schnittgrößen ($M'' = -q(x)$) gilt das Superpositionsgesetz:

Die Lösung für eine Summe von Belastungen ergibt sich aus der Summe der Lösungen für die einzelnen Belastungen.

Diese Aussage gestattet es, die Gesamtlösung mithilfe bekannter Lösungen für einzelne Belastungen zusammenzusetzen. Betrachten wir das Beispiel in *Bild 4.35*. Der Balken ist durch eine konstante Streckenlast sowie durch ein angreifendes Einzelmoment am linken Auflager belastet. Die Lösung für die einzelnen Beanspruchungen ist bekannt.

Die Momentenlinie infolge des Einzelmomentes verläuft geradlinig als Sonderfall der Lösung in *Bild 4.26* für $a = 0$. Die konstante Streckenlast ergibt den parabolischen Momentenverlauf mit dem Parabelstich $q \cdot l^2/8$.

Die Momentenlinie für die Gesamtbeanspruchung erhält man durch Addition der Momentenordinaten in jedem Punkt des Balkens. Beispielsweise ergibt sich die Ordinate in der Mitte des Balkens mit $90 - 60 = 30$ kNm.

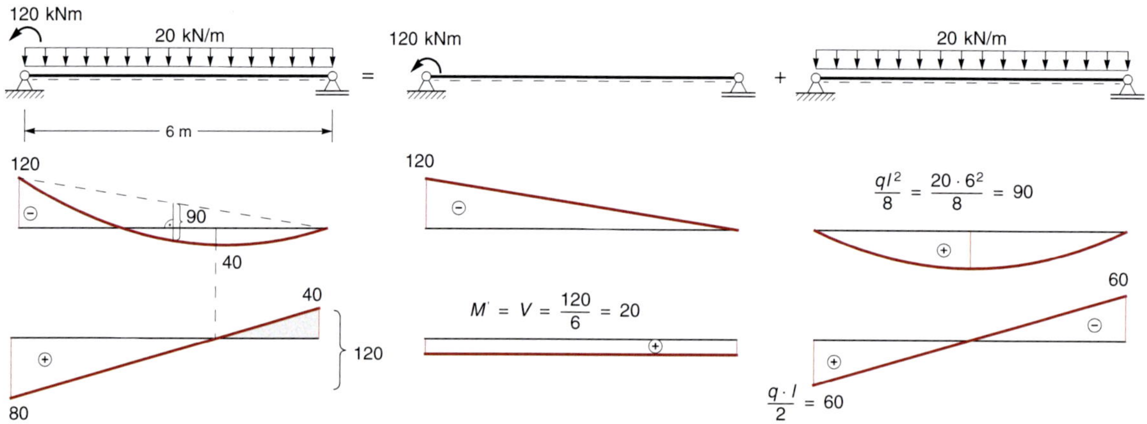

Bild 4.35 Superposition zweier Lastfälle

Wie leicht nachvollziehbar ist, lässt sich die Momentenlinie zeichnen, indem die Parabelordinaten infolge der Streckenlast von der Verbindungslinie der Stabendmomente senkrecht zur Balkenachse abgetragen werden. In diesem Fall entspricht die Verbindungslinie dem geradlinigen Verlauf der Momentenlinie infolge des angreifenden Einzelmomentes am linken Auflager. Man sagt, dass die $q \cdot l^2/8$-Parabel „eingehängt" wird. Da alle Funktionswerte der Momente senkrecht zur Balkenachse aufgetragen werden, muss selbstverständlich auch der Parabelstich $q \cdot l^2/8$ senkrecht zur Balkenachse aufgetragen werden und **nicht** etwa senkrecht zur Verbindungslinie der Stabendmomente!

Der $q \cdot l^2/8$-Wert, der in der Mitte des Balkens eingehängt wird, hat jedoch keinerlei mechanische Bedeutung hinsichtlich der Gesamtlösung, sondern dient nur der zeichnerischen Darstellung der Momentenlinie. Wie aus der Momentenlinie in *Bild 4.35* ersichtlich ist, existiert ein lokales Maximum des Momentes rechts von der Mitte des Balkens. Dies kann ermittelt werden, wenn die Querkräfte bekannt sind.

Da beide Querkraftlinien linear verlaufen, ist auch ihre Summe wieder linear. Es reichen daher zur Zeichnung die beiden Querkräfte an den Endpunkten des Balkens. Links ergibt sich $20 + 60 = 80$ kN, rechts $20 - 60 = -40$ kN.

Mit den bekannten Querkräften können durch Freischneiden der Auflagerpunkte die Auflagerkräfte aus der Bedingung $\sum V = 0$ berechnet werden.

Das Moment ist an der Querkraftnullstelle maximal. Aus der differenziellen Beziehung $V' = -q(x)$ folgt:

$$V = -qx + V_0 = 0 \Rightarrow x_0 = \frac{V_0}{q} = \frac{80}{20} = 4 \text{ m}$$

Die Differenz zwischen dem Moment rechts und dem maximalen Moment ist gleich dem Flächeninhalt der Querkraftfunktion zwischen diesen Punkten, dies ist die grau angelegte Dreiecksfläche in *Bild 4.35.*

$$M_{max} = \frac{1}{2} \cdot 40 \cdot 2 = 40 \text{ kNm}$$

4.2.3 Ermittlung der Querkraft aus bekannter Momentenlinie

Da die Querkräfte für viele Belastungsfälle am beidseitig gelenkigen Einfeldbalken bekannt bzw. tabelliert sind, können die Querkräfte für einen beliebigen Momentenverlauf ermittelt werden, indem die Querkraft um den Anteil aus den Momenten an den Enden des Stababschnittes ergänzt wird.

Wir betrachten einen beliebigen, aus einem Tragwerk herausgeschnittenen Teil eines Balkens. Auf diesem Teil des Balkens wirkt die gegebene Belastung, die in *Bild 4.36* durch eine Streckenlast $q(x)$ repräsentiert wird. Es können aber auch beliebige andere Belastungen wirken. An den Enden des Balkenabschnittes wirken Momente und Querkräfte, die durch das Herausschneiden freigelegt wurden. Normalkräfte sind hier ohne Bedeutung und darum nicht dargestellt.

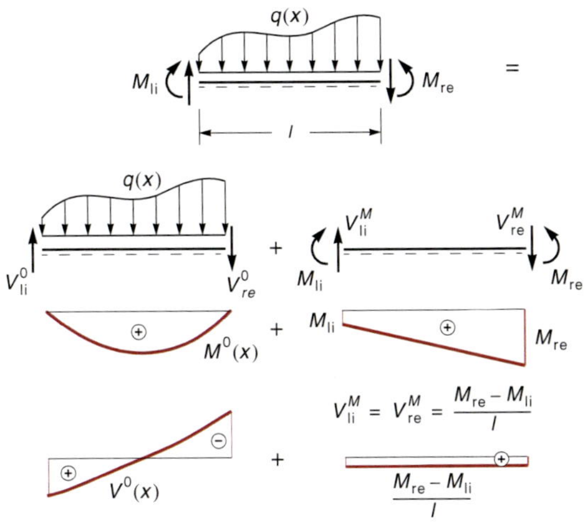

Bild 4.36 Querkraftermittlung bei bekannter M-Linie

Es wird zunächst nur die Beanspruchung des Balkens ohne Berücksichtigung der Momente an den Balkenenden betrachtet. Die Querkraft infolge dieser Teilbeanspruchung wird mit $V^0(x)$ bezeichnet und entspricht der Lösung des beidseitig gelenkigen Balkens.

Aus der Beanspruchung infolge der Momente folgt eine konstante Querkraft aus der Steigung des Momentenverlaufs. Die gesamte Querkraft ist die Summe beider Anteile.

$$V(x) = V^0(x) + \frac{M_{re} - M_{li}}{l}$$

Für den sehr häufigen Fall der konstanten Streckenlast $q = $ konst. ist die Lösung in *Bild 4.37* angegeben.

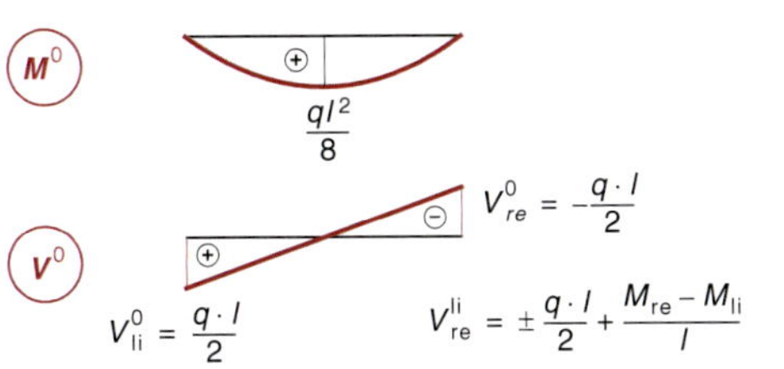

Bild 4.37 Ermittlung der Querkraft V^0 bei konstanter Streckenlast

4.2.4 Ermittlung des maximalen Momentes bei konstanter Streckenlast

Der Zusamenhang zwischen dem Moment und der Querkraft lautet nach Abschnitt 4.1.7:

$$M'(x) = V(x)$$

Daraus folgt, dass das Moment dort extremal ist, wo die Querkraft gleich null ist. Für eine beliebige Lastfunktion muss diese Nullstelle berechnet werden. Das extremale Moment folgt dann z. B. durch einen Schnitt an dieser Stelle mithilfe der Gleichgewichtsbedingungen für ein abgetrenntes Teilsystem.

Im Falle einer konstanten Streckenlast lässt sich eine allgemeine Beziehung herleiten, die die Berechnung sehr vereinfacht. Um diese Beziehung herzuleiten, betrachten wir den in *Bild 4.38* dargestellten herausgeschnittenen Abschnitt eines Balkens. An der linken Schnittstelle wirkt eine Querkraft V_{li} und ein Moment M_{li}. An der rechten Schnittstelle ist $V = 0$ und das Moment maximal.

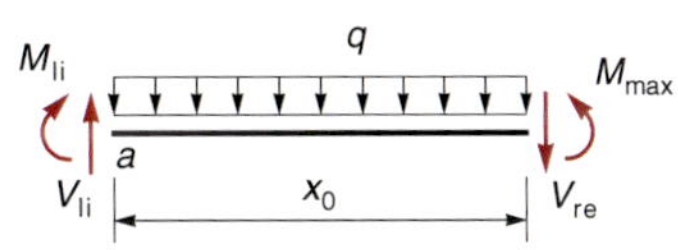

Bild 4.38 Ermittlung von M_{max} bei konstanter Streckenlast

Die Ermittlung der Querkraftnullstelle erfolgt durch die Gleichgewichtsbedingung $\sum V = 0$.

$$-V_{li} + q \cdot x_0 = 0 \Rightarrow x_0 = \frac{V_{li}}{q}$$

Das maximale Moment ergibt sich durch die Gleichgewichtsbedingung $\sum M_{(a)} = 0$.

$$-M_{li} + M_{max} - q \cdot \frac{x_0^2}{2} = 0 \Rightarrow M_{max} = M_{li} + \frac{q}{2} \cdot x_0^2$$

Mit $x_0 = \dfrac{V_{li}}{q}$ folgt

$$M_{max} = M_{li} + \frac{q}{2} \cdot \left(\frac{V_{li}}{q}\right)^2$$

$$M_{max} = M_{li} + \frac{V_{li}^2}{2q}$$

Beispiel 4.2

Für den dargestellten Einfeldbalken mit Teilstreckenlast und Einzelkraft sind die Zustandslinien zu berechnen.

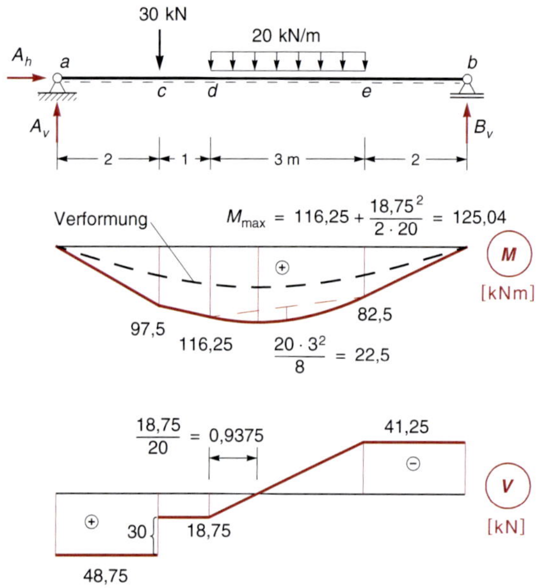

Bild 4.39 Einfeldbalken mit Belastung

Auflagerkräfte:

$$\sum H = 0 \Rightarrow A_h = 0$$

$$\sum M_{(a)} = 0: \quad -30 \cdot 2 - 20 \cdot 3 \cdot 4{,}5 + B_v \cdot 8 = 0$$

$$\Rightarrow B_v = 41{,}25 \text{ kN}$$

$$\sum M_{(b)} = 0: \quad 20 \cdot 3 \cdot 3{,}5 + 30 \cdot 6 - A_v \cdot 8 = 0$$

$$\Rightarrow A_v = 48{,}75 \text{ kN}$$

Kontrolle $\sum V = 0$?: $20 \cdot 3 + 30 - 41{,}25 - 48{,}75 = 0$

Zustandslinien:

In den Bereichen $a - c$, $c - d$ und $e - b$ ist der Verlauf des Momentes geradlinig, da keine verteilte Belastung vorliegt, der Verlauf der Querkraft ist abschnittsweise konstant.

Im Bereich $d - e$ wirkt eine konstante Streckenlast, der Momentenverlauf ist daher parabolisch, der Querkraftverlauf linear.

Die Berechnung der Momentenordinaten erfolgt durch die Gleichgewichtsbedingung $\sum M = 0$ an einem der nach dem Schnitt entstandenen Teilsysteme. Diese Berechnung ist in den Bildern *4.40* bis *4.42* angegeben. Wird als Bezugspunkt für die Momentensumme die Schnittstelle gewählt, ist es nicht erforderlich, die Querkraft zu kennen, da diese in die Berechnung nicht eingeht.

Sind die Ordinaten der Momentenlinie in den Punkten *c*, *d* und *e* bekannt, kann der geradlinige Verlauf in den äußeren Bereichen gezeichnet werden. Der parabolische Verlauf im Bereich $d - e$ lässt sich nun qualitativ ergänzen. In den Punkten *d* und *e* darf die Momentenlinie keinen Knick haben, da keine Einzelkraft angreift. Daraus folgt, dass die Parabel tangential in die anschließenden Geraden einmünden muss. Als zusätzliche Hilfe für das Zeichnen der Parabel kann die $ql^2/8$ - Ordinate in diesem Bereich eingehängt werden.

Das Auftragen der Ordinaten erfolgt wieder nach der mechanischen Wirkung des Momentes, also auf der Seite, auf der es Zug erzeugt. Wirken an dem abgetrennten Teilsystem nur wenige Kräfte, wie in diesem Beispiel, so lässt sich oft anschaulich erkennen, welchen Drehsinn das Schnittmoment haben muss, damit $\sum M = 0$ ist. Ist dies nicht offensichtlich, wird ein Drehsinn vorgegeben und dieser geht dann mit dem entsprechenden Vorzeichen in die Momentengleichgewichtsbedingung ein. Das Auflösen der Gleichung ergibt dann formal ein Vorzeichen. Ist es positiv, so wirkt das Moment im vorgegebenen Drehsinn, ist es negativ, so dreht das Moment entgegen.

Die Berechnung der Querkräfte erfolgt durch die Gleichgewichtsbedingung $\sum V = 0$, siehe *Bilder 4.40* bis *4.42*. Im Angriffspunkt der Einzelkraft springt die Querkraftlinie um den Betrag der angreifenden Kraft und zwar entgegen ihrer Richtung, wenn man von links nach rechts fortschreitet.

- Bereich $a - c$

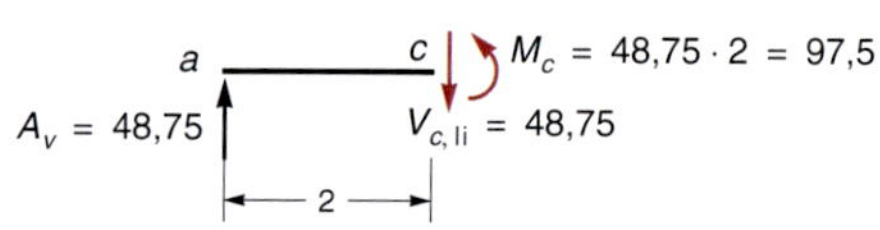

Bild 4.40 Freigeschnittener Bereich $a - c$

- Bereich $c - d$

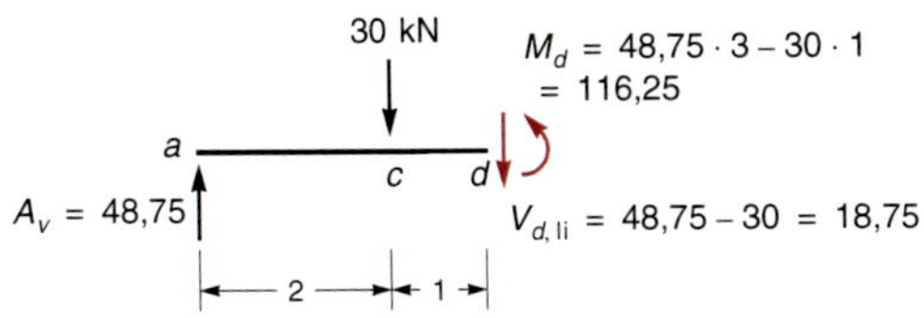

Bild 4.41 Freigeschnittener Bereich $a - d$

- Bereich $d - e$

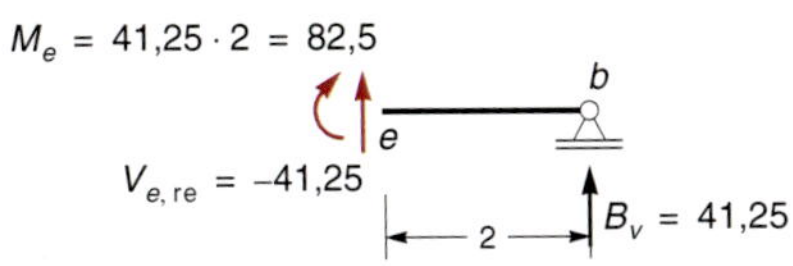

Bild 4.42 Freigeschnittener Bereich $e - b$

Beispiel 4.3

Für den dargestellten Einfeldbalken mit geneigtem einwertigen Auflager sind die Zustandslinien infolge der angegebenen Belastung zu berechnen.

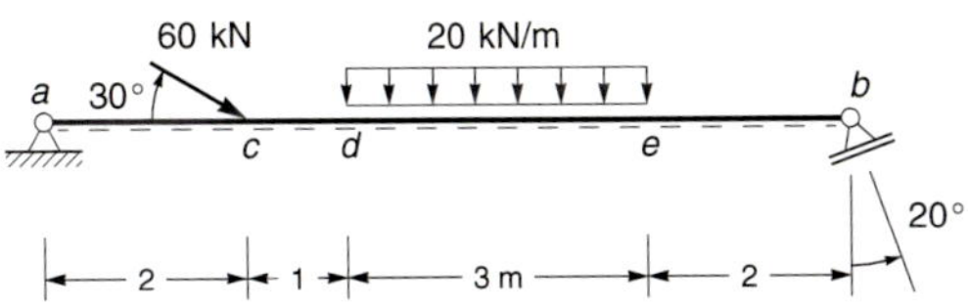

Bild 4.43 Einfeldbalken mit Belastung

Das in *Bild 4.43* dargestellte System unterscheidet sich von dem in *Bild 4.39* des vorherigen Beispiels durch die Neigung des einwertigen Auflagers. Weiterhin hat die schräg angreifende Einzelkraft eine Komponente in Richtung der Stabachse. Die im Auflagerpunkt b wirkende Auflagerkraft sowie die angreifende Einzelkraft werden zunächst in Komponenten in Richtung der Stabachse und senkrecht dazu zerlegt, wie in *Bild 4.44* dargestellt ist.

Die Zerlegung der angreifenden Einzelkraft führt auf:

$$F_h = 60 \cdot \cos 30^\circ = 51{,}96 \text{ kN}$$

$$F_v = 60 \cdot \sin 30^\circ = 30 \text{ kN}$$

Die resultierende Auflagerkraft B wirkt senkrecht zur möglichen Verschiebungsrichtung des einwertigen Auflagers. Darum liegen die Komponenten B_h und B_v im Verhältnis zueinander fest und sind nicht unabhängig wie die Komponenten der Auflagerkraft A, da diese eine beliebige Richtung haben kann.

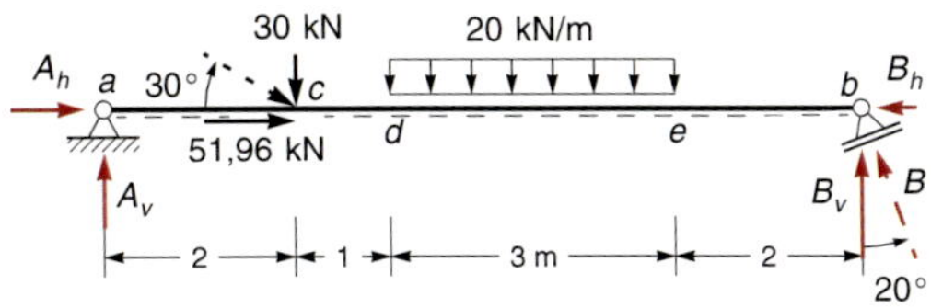

Bild 4.44 Einfeldbalken mit zerlegten Kräften

Ein Vergleich der wirkenden Kräfte in *Bild 4.44* mit denen in *Bild 4.39* zeigt, dass die vertikalen Kräfte völlig gleich sind. Weil die horizontalen Kräfte nicht in die Momentensumme bezüglich der Auflagerpunkte eingehen, sind sie für die Berechnung der vertikalen Auflagerkräfte ohne Bedeutung. Deshalb ergeben sich die gleichen vertikalen Auflagerkräfte wie in Beispiel 4.2.

Auch die Momentenlinie ist gleich, weil die Wirkungslinien aller horizontalen Kräfte mit der Stabachse zusammenfallen und daher auf die Schnittmomente keinen Einfluss haben.

Im Gegensatz zu Beispiel 4.2 ergeben sich nun jedoch Normalkräfte. Um sie zu ermitteln, werden die horizontalen Auflagerkräfte benötigt. Da zunächst sowohl A_h als auch B_h unbekannt sind, können sie nicht aus der Bedingung $\sum H = 0$ direkt ermittelt werden. Da jedoch B_v bekannt ist und die Richtung der resultierenden Auflagerkraft B festliegt, folgt aus B_v unmittelbar die Komponente B_h:

$$\frac{B_h}{B_v} = \tan 20^\circ \Rightarrow B_h = B_v \cdot \tan 20^\circ$$

$$= 41{,}25 \cdot \tan 20^\circ = 15{,}01 \text{ kN}$$

Die Auflagerkraft A_h kann nun aus Bedingung $\sum H = 0$ berechnet werden:

$$A_h + 51{,}96 - 15{,}01 = 0 \Rightarrow A_h = -36{,}95 \text{ kN}$$

Das negative Vorzeichen bedeutet, dass die Kraft entgegen der angesetzten Richtung wirkt, also nach links.

Die Normalkräfte folgen aus der Gleichgewichtsbedingung $\sum H = 0$ an den freigeschnittenen Auflagerpunkten. Die Normalkraft ist abschnittsweise konstant, im Angriffspunkt der Einzelkraft springt die Funktion um den Betrag der angreifenden Horizontalkraft. Die Schnittbilder und der Verlauf der Normalkraft sind in *Bild 4.45* dargestellt.

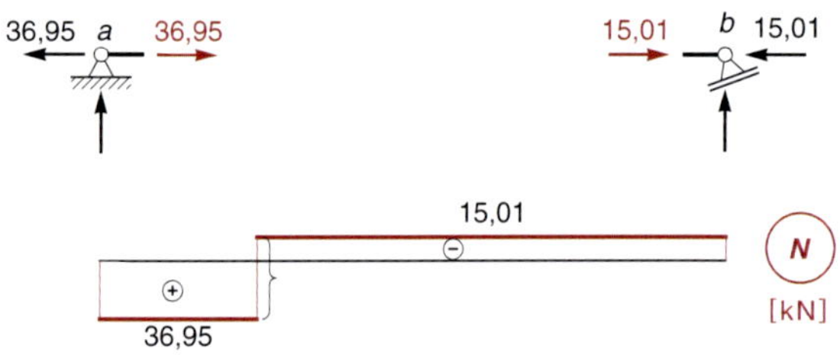

Bild 4.45 Freigeschnittene Auflager und Normalkraftverlauf

Beispiel 4.4

Für den dargestellten geneigten Einfeldträger in *Bild 4.46* sind die Auflagerkräfte sowie die Zustandslinien infolge der angegebenen Belastung zu ermitteln.

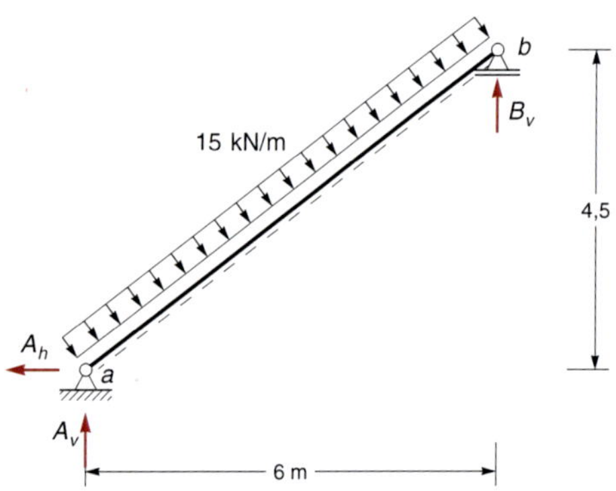

Bild 4.46 Geneigter Balken mit konstanter Streckenlast

Auflagerkräfte:

Für die Ermittlung der Auflagerkräfte ist es vorteilhaft, die senkrecht zur Stabachse wirkende Streckenlast nach Abschnitt 3.7, *Bild 3.33* durch zwei Streckenlasten in horizontaler und vertikaler Richtung mit der gleichen Ordinate zu ersetzen, wie in *Bild 4.47* dargestellt ist.

A_h ergibt sich unmittelbar aus der Bedingung $\sum H = 0$. Die Auflagerkraft B_v wird aus der Momentensumme bezüglich des Auflagerpunktes *a* ermittelt. Ist B_v bekannt, kann A_v am einfachsten aus der Bedingung $\sum V = 0$ berechnet werden. Bei den Kräftegleichgewichtsbedingungen ist es einfacher, mit den horizontal und vertikal wirkenden Streckenlasten zu arbeiten, bei der Momentensumme ist die senkrecht zur Stabachse wirkende Streckenlast vorteilhafter. Die Stablänge ergibt sich nach dem Satz des Pythagoras.

$$l = \sqrt{6^2 + 4{,}5^2} = 7{,}5\text{ m}$$

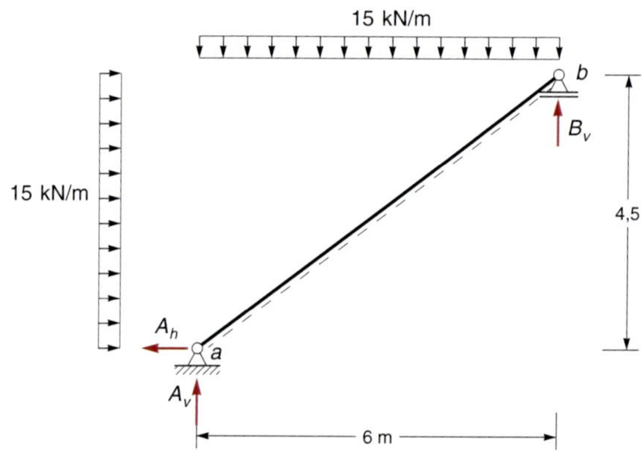

Bild 4.47 Geneigter Balken mit gleichwertiger Belastung

$$\sum H = 0: \quad 15 \cdot 4{,}5 - A_h = 0 \Rightarrow A_h = 67{,}5\text{ kN}$$

$$\sum M_{(a)} = 0: \quad -15 \cdot 7{,}5^2/2 + B_v \cdot 6 = 0$$

$$\Rightarrow B_v = 70{,}3125\text{ kN}$$

$$\sum V = 0: \quad 15 \cdot 6 - 70{,}3125 - A_v = 0$$

$$\Rightarrow A_v = 19{,}6875\text{ kN}$$

Als Kontrolle bilden wir die Momentensumme um den Auflagerpunkt *b*. Dabei ist die horizontale Auflagerkraft zu berücksichtigen.

Kontrolle: $\sum M_{(b)} = 0\,?$

$$-19{,}6875 \cdot 6 - 67{,}5 \cdot 4{,}5 + 15 \cdot 7{,}5^2/2 = 0$$

Für die Momenten- und Querkraftlinie werden die Auflagerkräfte nicht benötigt. Drehen wir den Stab so, dass er horizontal liegt, dann ergibt sich *Bild 4.48*.

Am Auflager *a* ist die resultierende Auflagerkraft in Richtung der Stabachse und senkrecht dazu zerlegt. Am Auflager *b* ist die Zerlegung entsprechend durchgeführt, wobei die Komponenten jedoch im Verhältnis zueinander festliegen, weil die Richtung der resultierende Auflagerkraft B festliegt. Sie muss senkrecht zur Verschiebungsmöglichkeit des einwertigen Auflagers sein. Siehe hierzu auch Beispiel 4.3.

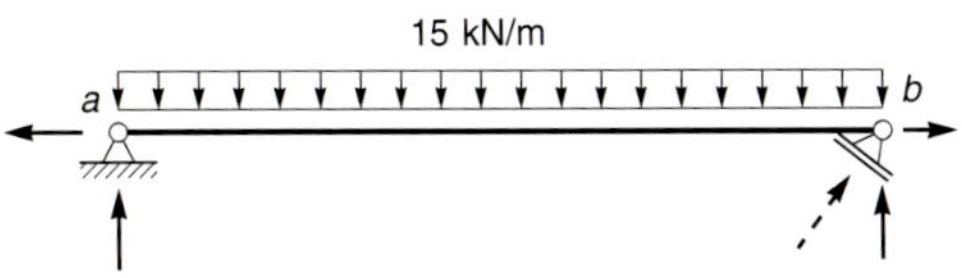

Bild 4.48 Gedrehter Stab

Die in Richtung der Stabachse wirkenden Kräfte haben bezüglich der Stabachse keinen Hebelarm und sind deshalb für die Schnittmomente ohne Bedeutung.

Der Stab in *Bild 4.48* entspricht daher dem einfachen Balken auf zwei Stützen mit konstanter Streckenlast mit der entsprechenden Momenten- und Querkraftlinie in *Bild 4.49*.

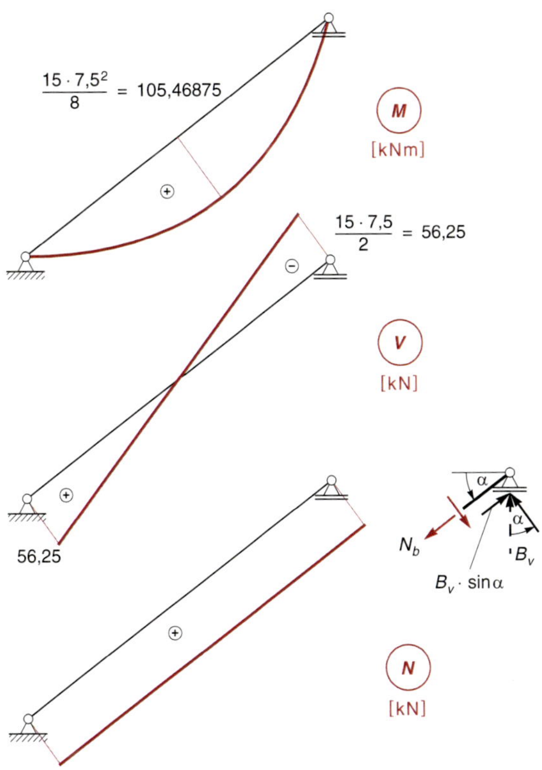

Bild 4.49 Zustandslinien des geneigten Trägers

Da die Streckenlast senkrecht zur Stabachse wirkt, ist die Normalkraft konstant. Sie folgt aus dem Kräftegleichgewicht in Richtung der Stabachse, siehe *Bild 4.49*.

$$\sum F_{||} = 0: \quad -N_b + B_v \cdot \sin\alpha = 0$$

$$\Rightarrow N_b = B_v \cdot \sin\alpha = 70{,}3125 \cdot \frac{4{,}5}{7{,}5}$$

$$= 42{,}1875 \text{ kN}$$

Alternativ kann die Normalkraft auch aus der Auflagerkraft B_v und der bekannten Querkraft V_b berechnet werden.

Die Auflagerkraft B_v ist die Resultierende aus Normal- und Querkraft.

$$B_v^2 = V_b^2 + N_b^2$$

Auflösen der Gleichung nach N_b ergibt

$$N_b = \sqrt{B_v^2 - V_b^2} = \sqrt{70{,}3125^2 - 56{,}25^2} = 42{,}1875$$

Allerdings erhält man bei dieser Berechnung nur den Betrag der Normalkraft. Das Vorzeichen ist anschaulich festzustellen.

4.2.5 Kragträger

Ein Kragträger ist ein Balken, der an einem Endpunkt dreiwertig gelagert ist.

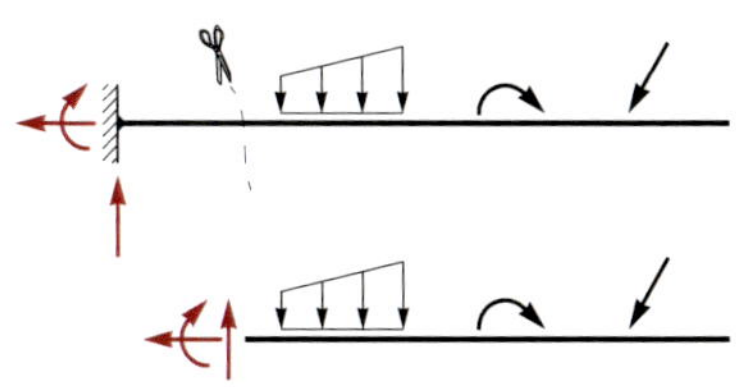

Bild 4.50 Kragträger mit allgemeiner Belastung

Schneiden wir den Balken und betrachten das Teilsystem, das das dreiwertige Auflager nicht enthält *(Bild 4.50)*, so können alle Schnittgrößen sofort berechnet werden, da keine Unbekannten an diesem Teilsystem wirken.

Die Auflagerkräfte und das Auflagermoment entsprechen den Schnittgrößen am rechten Schnittufer für einen Schnitt direkt an der Einspannung.

4.2.5.1 Kragträger mit Einzelkraft

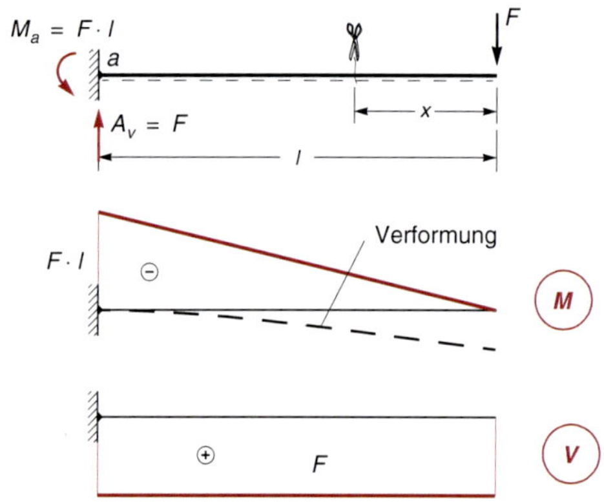

Bild 4.51 Zustandslinien des Kragträgers

Wir schneiden den Balken an einer variablen Stelle x vom rechten Balkenrand gemessen und betrachten das rechte Teilsystem, da dort keine Auflagergrößen wirken.

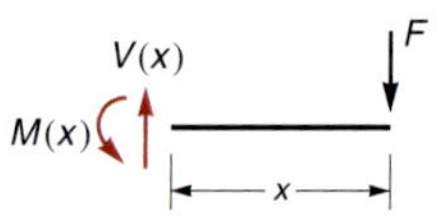

Bild 4.52 Abgetrenntes Teilsystem

Die zu ermittelnden Schnittgrößen können hier anschaulich gleich so angesetzt werden, wie es das Gleichgewicht erfordert. Die Querkraft muss der Kraft F entgegenwirken, also nach oben zeigen. Sie ist positiv, weil das Kräftepaar aus V und F im Uhrzeigersinn dreht (Merkregel). Das Moment $M(x)$ muss dem Kräftepaar entgegendrehen, damit $\sum M = 0$ ist. Es dreht also so, wie es angesetzt wurde, die obere Balkenseite wird gezogen. Die Momentenlinie liegt deshalb im gesamten Bereich auf der oberen Seite.

Die mechanische Wirkung des Momentes wird auch im Zusammenhang mit der Verformung deutlich, die in *Bild 4.51* mit der Momentenlinie qualitativ angegeben ist. Weil im gesamten Bereich die obere Balkenseite gezogen wird, ist auch die Krümmung im gesamten Träger gleich. Im Einspannpunkt ist keine Drehung möglich, sodass die Balkenachse dort tangential einmündet. Daraus folgt zwangsläufig eine Durchbiegung nach unten, was auch anschaulich infolge der Belastung zu erwarten ist.

Die Schnittgrößen an der Stelle lauten:

$$V(x) = \text{konst.} = F$$
$$M(x) = F \cdot x$$

Setzen wir $x = l$, so entsprechen die Schnittgrößen den Auflagergrößen im Punkt *a*. Das Festlegen der *x*-Koordinate vom rechten Balkenrand entspricht einer Strichelung der oberen Balkenseite. Es ist jedoch üblich, die Strichelung auf die untere Seite zu legen. Dann liegt die Momentenlinie nicht auf der gestrichelten Seite und das Vorzeichen der Momente ist negativ. Das Querkraftvorzeichen ist von der Strichelung unabhängig.

4.2.5.2 Kragträger mit konstanter Streckenlast

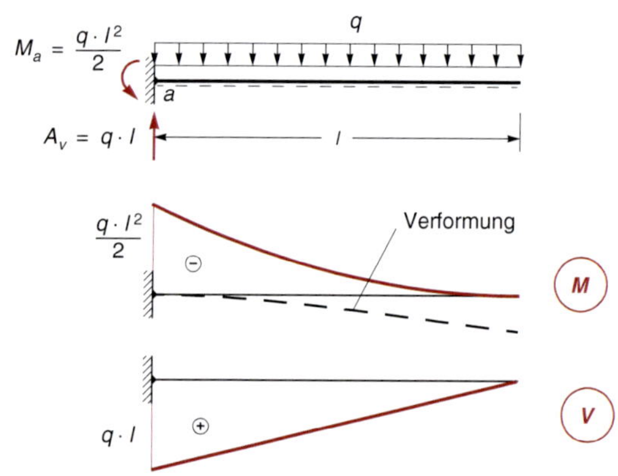

Bild 4.53 Kragträger mit Zustandslinien

Wieder schneiden wir den Balken an einer variablen Stelle x und betrachten das rechte Teilsystem in *Bild 4.54*.

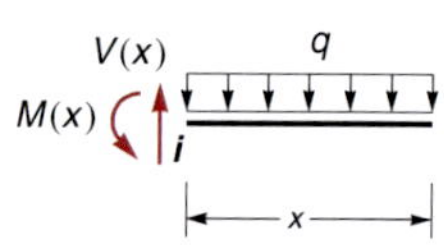

Bild 4.54 Abgetrenntes Teilsystem

Die Schnittgrößen an der Stelle x ergeben sich aus den Gleichgewichtsbedingungen.

$$\sum V = 0: \quad -V(x) + q \cdot x = 0 \Rightarrow V(x) = q \cdot x$$
$$\sum M_{(i)} = 0: \quad M(x) - q \cdot x^2/2 = 0 \Rightarrow M(x) = q \cdot x^2/2$$

Wiederum entsprechen die Auflagergrößen im Punkt *a* den Schnittgrößen an der Stelle $x = l$.

Die Momentenlinie ist nach oben aufzutragen, da das Moment oben Zug erzeugt. Bei einer Strichelung der unteren Balkenseite ist das Vorzeichen negativ. Ein charakteristisches Merkmal der Momentenlinie ist die horizontale Tangente am rechten Balkenrand, da dort $V = 0$ ist.

Beispiel 4.5

Für den in *Bild 4.55* dargestellten Kragträger sind die Zustandslinien infolge der angegebenen Belastung zu ermitteln.

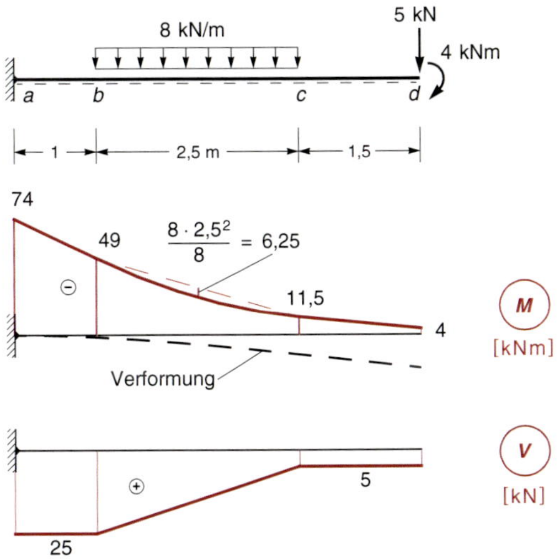

Bild 4.55 Kragträger mit Zustandslinien

Die Berechnung der Zustandslinien kann durch sukzessives Freischneiden ausgehend vom rechten Trägerende erfolgen, wie in *Bild 4.56* dargestellt ist.

Die am rechten Teilsystem ermittelten Schnittgrößen werden als bekannte Größen am nächsten Teilsystem in umgekehrter Richtung angesetzt. Am letzten Teilsystem *a – b* folgen aus der Berechnung die Auflagergrößen im Punkt *a*.

Die Momentenlinie ist nach oben aufzutragen, da im gesamten Bereich die obere Seite gezogen wird. In den äußeren Bereichen ist M linear und V konstant ($q = 0$). Im mittleren Bereich verläuft M parabolisch und V linear ($q =$ konst.). Der parabolische Momentenverlauf im mittleren Bereich muss tangential in die angrenzenden Geraden einmünden, da keine Einzelkräfte wirken.

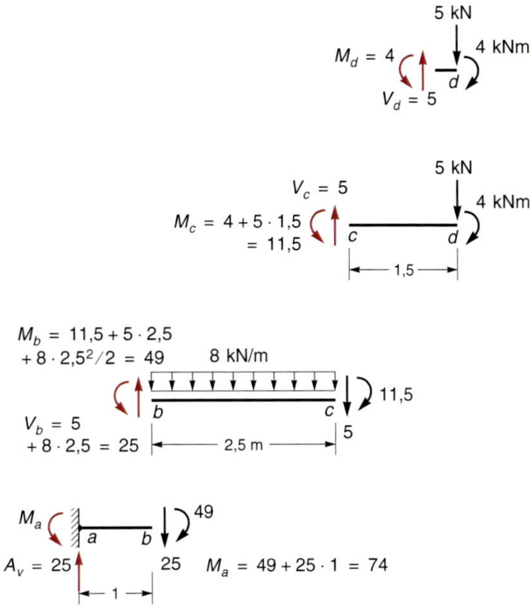

Bild 4.56 Geschnittener Kragträger

Alternativ können die Auflagergrößen auch durch die Gleichgewichtsbedingungen am Gesamtsystem ermittelt werden. Sie entsprechen den Schnittgrößen im Punkt *a*. Die Schnittgrößen im Punkt *b* ergeben sich dann einfacher durch Betrachtung des linken Teilsystems. Die Berechnung zeigt *Bild 4.57*.

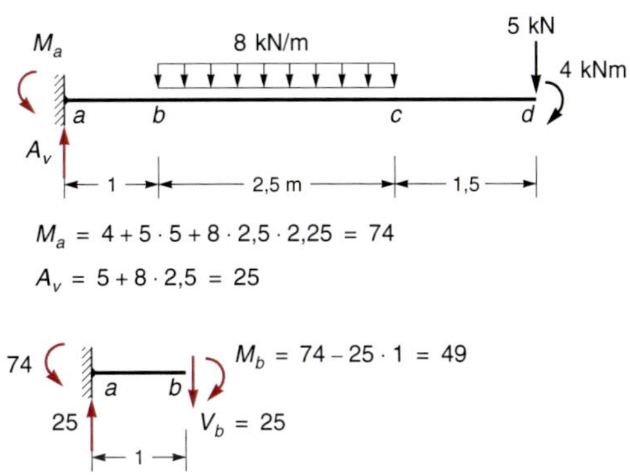

Bild 4.57 Ermittlung der Auflagergrößen am Gesamtsystem

4

4.2.6 Einfeldbalken mit Kragarm

Der in Abschnitt 4.2.1 bisher betrachtete Balken auf zwei Stützen war an den Endpunkten gelagert. Geht der Balken über ein Auflager hinaus, wie in *Bild 4.58* dargestellt, so wird dieser Bereich, der sich nicht zwischen den Auflagerpunkten befindet, *Kragarm* genannt. Den Bereich zwischen den Auflagern bezeichnet man als *Feld*, daher auch der Begriff *Einfeldträger*. Selbstverständlich könnte der Balken auch auf beiden Seiten auskragen, d. h. über das Auflager hinausgehen.

Die Berechnung eines Einfeldträgers mit Kragarm unterscheidet sich grundsätzlich nicht von der Berechnung der bisher betrachteten Systeme.

Betrachten wir den durch einen Schnitt abgetrennten Kragarmbereich in *Bild 4.58*, so werden an der Schnittstelle drei unbekannte Schnittgrößen freigelegt und das Teilsystem entspricht genau dem Kragträger in *Bild 4.50*. Die Schnittgrößen im Bereich des Kragarms können ermittelt werden, ohne dass vorher die Auflagerkräfte berechnet werden müssen.

Sind die Schnittgrößen im Anfangspunkt des Kragarms bekannt, so können sie als Belastung für das linke Teilsystem angesetzt werden, das nun als Balken auf zwei Stützen mit zusätzlicher Belastung am rechten Auflagerpunkt berechnet werden kann.

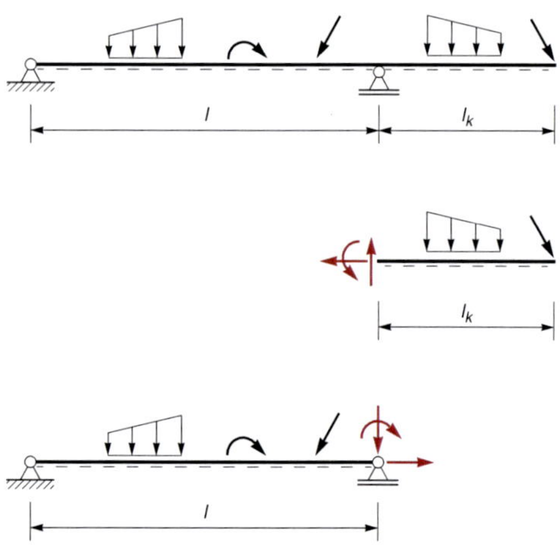

Bild 4.58 Einfeldbalken mit Kragarm

Beispiel 4.6

Für den in *Bild 4.59* dargestellten Einfeldträger mit Kragarm sind die Zustandslinien infolge der konstanten Streckenlast zu ermitteln.

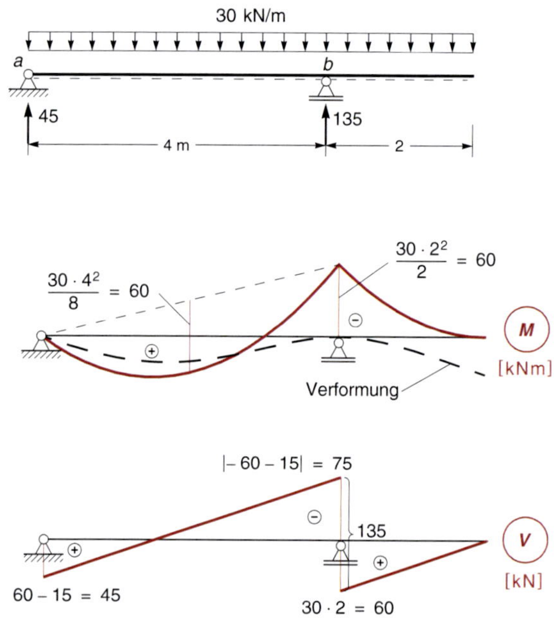

$$V^{a}_{b,\,li} = \pm\frac{30 \cdot 4}{2} + \frac{-60-0}{4} = \pm 60 - 15$$

Bild 4.59 Auskragender Einfeldbalken

Im Bereich des Kragarms kann die Momenten- und Querkraftlinie sofort angegeben werden. Wird der Kragarm abgetrennt, so entspricht das Schnittbild genau dem des Kragträgers aus Abschnitt 4.2.5.2. Der Verlauf des Momentes ist parabolisch, am freien Ende muss eine horizontale Tangente vorliegen, siehe *Bild 4.59*.

Im Bereich zwischen den Auflagern kann der Momentenverlauf qualitativ gezeichnet werden. Das Moment im Punkt *b* ist aus der Lösung des Kragarmbereichs bekannt. Die obere Balkenseite wird gezogen, also ist das Moment nach oben abzutragen. Es kann nun von der Verbindungslinie der Stabendmomente die $q \cdot l^2/8$ - Parabel eingehängt werden.

Die Querkräfte ergeben sich im linken Bereich aus der Beziehung:

$$V = V^0 + \frac{M_{re} - M_{li}}{l}$$

Die Auflagerkräfte entsprechen den Sprüngen der Querkraftfunktion.

Beispiel 4.7

Für den dargestellten Einfeldträger mit Kragarm sind die Zustandslinien zu ermitteln.

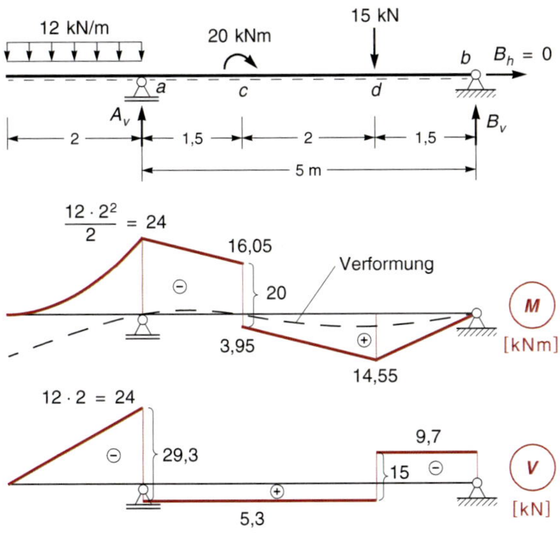

Bild 4.60 Einfeldträger mit Kragarm

Auflagerkräfte:

$$\sum H = 0: \quad \Rightarrow B_h = 0$$

$$\sum M_{(a)} = 0: \quad 12 \cdot 2^2/2 - 20 - 15 \cdot 3{,}5 + B_v \cdot 5 = 0$$

$$\Rightarrow B_v = 9{,}7 \text{ kN}$$

$$\sum M_{(b)} = 0: \quad 12 \cdot 2 \cdot 6 - 20 + 15 \cdot 1{,}5 - A_v \cdot 5 = 0$$

$$\Rightarrow A_v = 29{,}3 \text{ kN}$$

Kontrolle $\sum V = 0$?: $12 \cdot 2 + 15 - 9{,}7 - 29{,}3 = 0$

Zustandslinien:

Im Kragarmbereich kann der Verlauf der Schnittgrößen sofort angegeben werden. Der Momentenverlauf ist parabolisch, am freien Rand liegt eine horizontale Tangente vor, im gesamten Bereich liegt die gezogene Seite oben.

Der Querkraftverlauf ist geradlinig, am freien Rand ist die Querkraft gleich null. Im Gegensatz zum vorherigen Beispiel ist das Vorzeichen der Querkraft negativ.

Die Schnittgrößen zwischen den Auflagerpunkten *a* und *b* können an den Teilsystemen in *Bild 4.61* berechnet werden. Die Momentenlinie verläuft abschnittsweise geradlinig. Es werden das Moment im Punkt *d* sowie die Momente links und rechts von *c* benötigt.

Die Berechnung erfolgt in *Bild 4.61* am rechten Teilsystem sowie durch das Momentengleichgewicht am freigeschnittenen Punkt *c*. Rechts von *c* erzeugt das Moment auf der unteren Balkenseite Zug, links davon ist auf der oberen Balkenseite Zug. Diese Wirkung ist aus dem Drehsinn der Momente am Schnittufer erkennbar. Entsprechend erfolgt das Auftragen der Momentenlinie auf der gezogenen Balkenseite.

Die qualitativ gestrichelt eingetragene Biegelinie des Balkens ist mit der mechanischen Wirkung des Momentes in Übereinstimmung. Im Angriffspunkt des äußeren Momentes wechselt, der Momentenlinie entsprechend, die Krümmung des gebogenen Stabes.

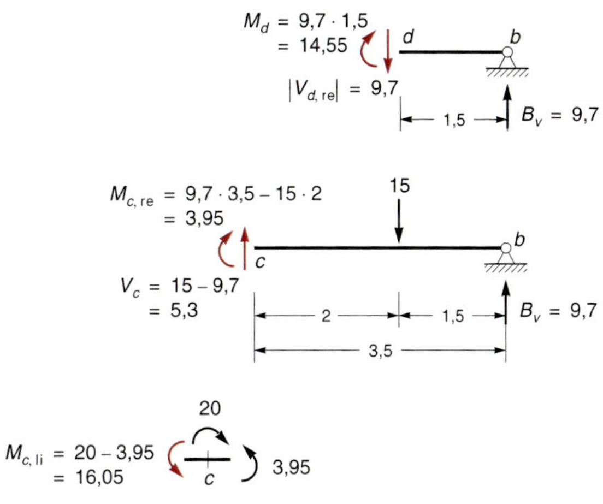

Bild 4.61 Teilsysteme

Die Querkraft verläuft zwischen den Auflagerpunkten abschnittsweise konstant. Die Werte ergeben sich an den Teilsystemen in *Bild 4.61*. Das in *c* angreifende Moment hat auf die Querkraft keinen Einfluss, da es nicht in die vertikale Kräftesumme eingeht.

4.2.7 Verzweigte Systeme

Ein statisches System, das eine einzelne Scheibe darstellt, kann aus mehreren Stäben bestehen, die biegesteif miteinander verbunden sind. Die einzelnen Stäbe können dabei in einem beliebigen Winkel aufeinandertreffen. *Bild 4.62* zeigt einige Beispiele möglicher Tragwerksformen.

Wir müssen jedoch voraussetzen, dass die Scheibe so ausgebildet ist, dass keine geschlossenen Tragwerksteile vorhanden sind. Das untere System in *Bild 4.62* ist dreiwertig, also statisch bestimmt gelagert, die Auflagerkräfte können daher ohne weiteres berechnet werden. Bei einer Schnittführung, die das System in zwei Teile zerlegt, werden jedoch immer zwei Stäbe geschnitten. Da in jedem geschnittenen Stab drei Schnittgrößen freigelegt werden, sind an einem Teilsystem sechs Unbekannte vorhanden, die mithilfe der drei Gleichgewichtsbedingungen nicht berechnet werden können. Solch ein System ist *innerlich statisch unbestimmt*.

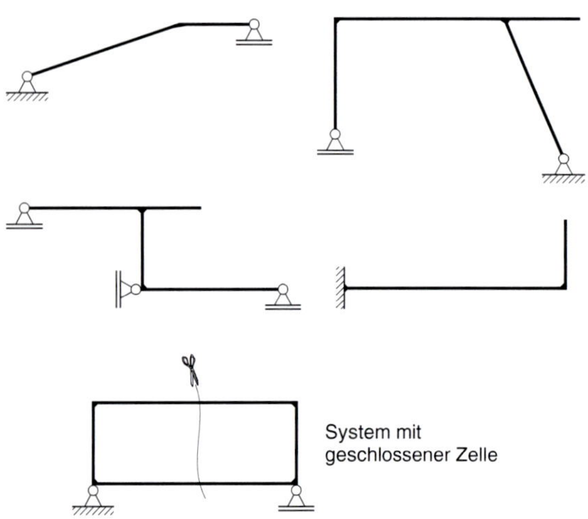

Bild 4.62 Beispiele für Einzelscheiben mit Verzweigungen

Die Vorgehensweise für die Ermittlung der Schnittgrößen ist grundsätzlich die gleiche wie bei den bisher behandelten Systemen. Das System wird durch einen Schnitt in zwei Teile zerlegt. Die dabei freigelegten Schnittgrößen werden an einem der entstandenen Teilsysteme durch Formulierung der Gleichgewichtsbedingungen ermittelt. Dabei müssen alle äußeren Kräfte, die in die Gleichgewichtsbedingungen eingehen, bekannt sein. In der Regel sind daher die Auflagerkräfte vorher zu ermitteln. Durch Anwendung der Bedingung $\sum M = 0$ bezüglich des Schnittpunktes lassen sich die Momente ermitteln, ohne dass die Quer- und Normalkräfte bekannt sein müssen. Die Momente sind an so vielen Punkten des Systems zu ermitteln, dass die Verläufe gezeichnet werden können. Dies sind einerseits Punkte, in denen mehrere Stäbe zusammentreffen, andererseits Angriffspunkte von Einzelkräften und Einzelmomenten sowie Anfangs- und Endpunkte von Streckenlasten.

Sind die Momente berechnet, so lassen sich die Querkräfte in einer Nachlaufrechnung aus der bekannten Momentenlinie durch die Gleichung

$$V = V^0 + \frac{M_{re} - M_{li}}{l} \quad \text{ermitteln.}$$

Die Normalkräfte ergeben sich dann mit den bekannten Querkräften durch die Kräftegleichgewichtsbedingungen an den freigeschnittenen Knoten des Systems. Ein Knoten ist ein Punkt des Systems, in dem Stäbe miteinander verbunden sind.

Die Schnittkräfte *V* und *N* können jedoch auch vielfach direkt durch Kräftegleichgewicht am freigeschnittenen Teilsystem ermittelt werden.

Beispiel 4.8

Für den in *Bild 4.63* dargestellten zweifach geknickten Träger sind die Zustandslinien zu ermitteln.

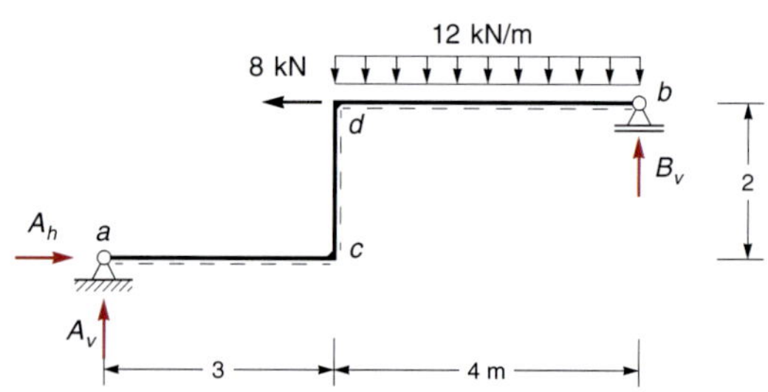

Bild 4.63 Zweifach geknickter Träger

Auflagerkräfte:

$$\sum H = 0: \quad A_h - 8 = 0 \Rightarrow A_h = 8 \text{ kN}$$

$$\sum M_{(a)} = 0: \quad -12 \cdot 4 \cdot 5 + 8 \cdot 2 + B_v \cdot 7 = 0$$

$$\Rightarrow B_v = 32 \text{ kN}$$

$$\sum M_{(b)} = 0: \quad 12 \cdot 4^2/2 + 8 \cdot 2 - A_v \cdot 7 = 0$$

$$\Rightarrow A_v = 16 \text{ kN}$$

Es ist darauf zu achten, dass in die Gleichgewichtsbedingung $\sum M_{(b)} = 0$ die Auflagerkraft A_h eingeht, da sie, im Gegensatz zu den vorherigen Beispielen, einen Hebelarm bezüglich des Punktes *b* hat.

Kontrolle: $\sum V = 0$? $12 \cdot 4 - 32 - 16 = 0$

Schnittgrößen:

- Schnitt in *c*, linkes Teilsystem:

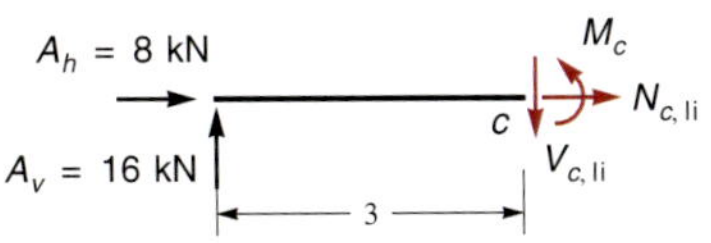

Bild 4.64 Freigeschnittenes Teilsystem *a* – *c*

$$\sum M_{(c)} = 0: \quad M_c - 16 \cdot 3 = 0 \Rightarrow M_c = 48 \text{ kNm}$$

$$\sum V = 0: \quad V_{c,\text{li}} - 16 = 0 \Rightarrow V_{c,\text{li}} = 16 \text{ kN}$$

$$\sum H = 0: \quad N_{c,\text{li}} + 8 = 0 \Rightarrow N_{c,\text{li}} = -8 \text{ kN}$$

- Schnitt in *d*, linkes Teilsystem:

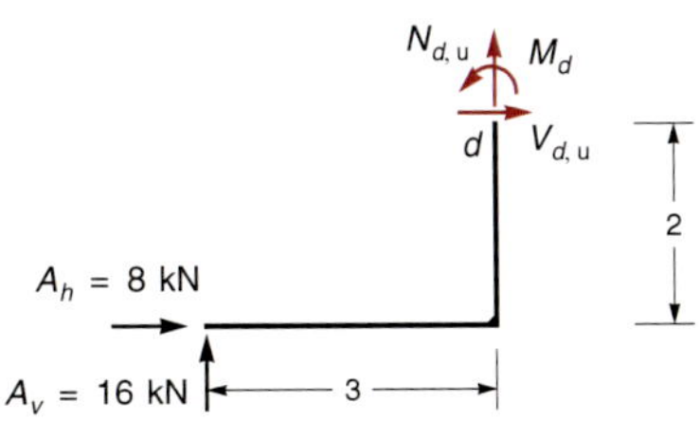

Bild 4.65 Freigeschnittenes Teilsystem *a* – *c* – *d*

$$\sum M_{(c)} = 0: \quad M_d - 16 \cdot 3 + 8 \cdot 2 = 0 \Rightarrow M_d = 32 \text{ kNm}$$

$$\sum V = 0: \quad V_{d,\text{u}} + 8 = 0 \Rightarrow V_{d,\text{u}} = -8 \text{ kN}$$

$$\sum H = 0: \quad -N_{d,\text{u}} - 16 = 0 \Rightarrow N_{d,\text{u}} = -16 \text{ kN}$$

Mit den beiden Momentenordinaten in den Punkten *c* und *d* kann die gesamte Momentenlinie gezeichnet werden. In den Bereichen *a* – *c* und *c* – *d* ist der Verlauf linear, da keine Streckenlast vorliegt. Der parabolische Verlauf im Bereich *d* – *b* kann durch Einhängen der $q \cdot l^2/8$-Parabel qualitativ gezeichnet werden.

Das maximale Moment im Bereich *d* – *b* ergibt sich aus

$$M_{\max} = M_{\text{li}} + \frac{V_{\text{li}}^2}{2q} = 32 + \frac{16^2}{2 \cdot 12} = 42{,}67 \text{ kNm} \text{ an der}$$

$$\text{Stelle } x_0 = \frac{V_{\text{li}}}{q} = \frac{16}{12} = 1{,}333 \text{ m, rechts von Punkt } d.$$

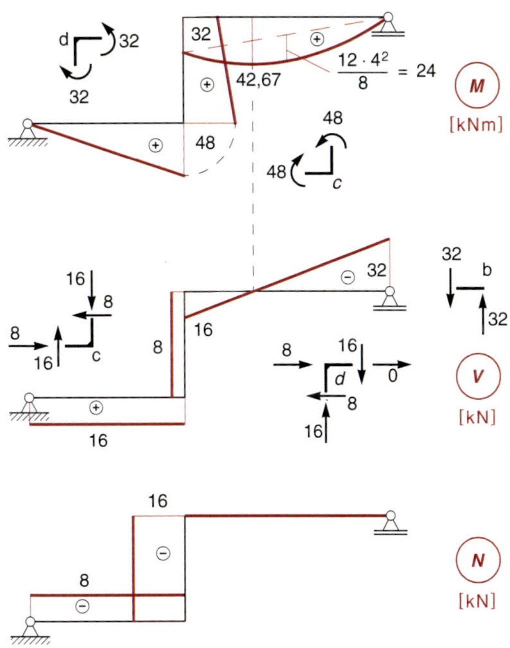

Bild 4.66 Zustandslinien für Beispiel 4.8

Beispiel 4.9

Für den in *Bild 4.67* dargestellten verzweigten Träger sind die Zustandslinien zu ermitteln.

Auflagerkräfte:

Um die Schnittgrößenverläufe zu ermitteln, wird bei dieser Aufgabenstellung nur die horizontale Auflagerkraft benötigt. Sie folgt unmittelbar aus der Bedingung $\sum H = 0$ zu 40 kN nach links.

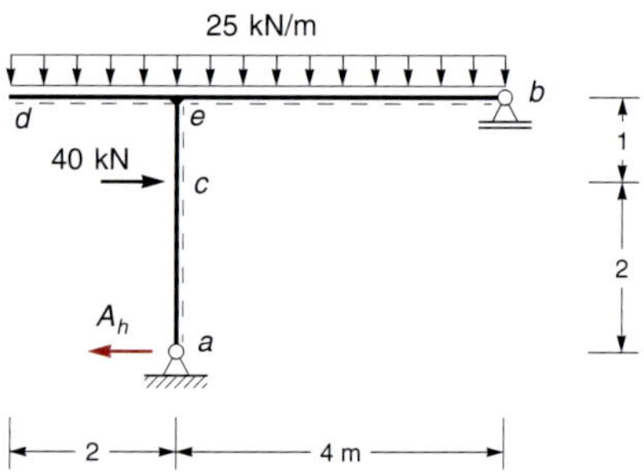

Bild 4.67 System und Belastung des verzweigten Trägers

Momentenlinie:

- Bereich $d-e$

Im Kragarmbereich kann der Momentenverlauf sofort gezeichnet werden. Der Verlauf ist parabolisch, da eine konstante Streckenlast wirkt. Am freien Rand hat die Parabel eine horizontale Tangente ($M' = V = 0$). Im gesamten Bereich ist oben Zug, das Moment in *e* beträgt 50 kNm (*Bild 4.68a*).

- Bereich $a-c$

Der Verlauf ist linear, am gelenkigen Lager ist $M = 0$, das Moment von 80 kNm in *c* (rechts Zug) ergibt sich aus der horizontalen Auflagerkraft (*Bild 4.68b*).

- Bereich $c-e$

Der Momentenverlauf ist konstant gleich 80 kNm, da die Querkraft oberhalb des Punktes *c* gleich null ist.

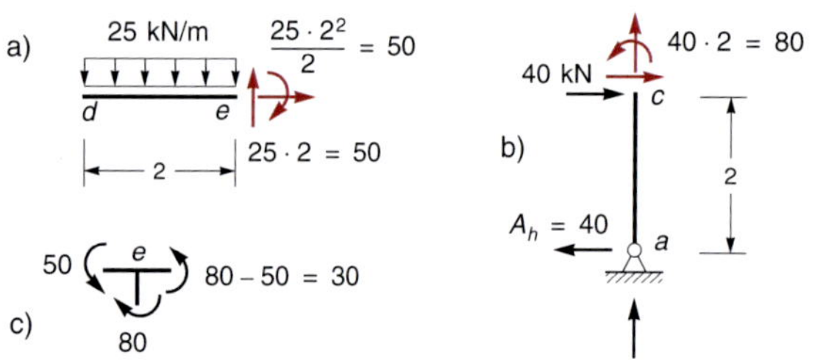

Bild 4.68 freigeschnittene Teilsysteme

- Bereich $e-b$

Das Moment rechts von *e* wird durch einen Rundschnitt um den Knoten aus der Bedingung $\sum M = 0$ ermittelt (*Bild 4.68c*). Die schon bekannten Momente werden entsprechend ihrer Wirkung am Schnittufer angetragen. Daraus folgt das Moment mit 30 kNm (unten Zug). Am Auflager *b* ist $M = 0$, die $ql^2/8$-Parabel wird von der gestrichelten Linie eingehängt.

Querkraftlinie:

- Bereich $d-e$

Der Verlauf ist linear ($q = \text{konst.}$), am freien Rand ist $V = 0$, in Punkt *e* ergibt sich $V = -50$ kN aus der Bedingung $\sum V = 0$ am Teilsystem in *Bild 4.68a*. Die Pfeilrichtung wird so angesetzt, dass Gleichgewicht herrscht. Da die Kraft am positiven Schnittufer nach oben zeigt, ist sie negativ.

- Bereich $a-c$

Der konstante Wert von 40 kN folgt aus der Bedingung $\sum H = 0$ am freigeschnittenen Auflager *a*.

- Bereich $c-e$

Aus der Bedingung $\sum H = 0$ am Teilsystem in *Bild 4.68b* folgt, dass die Querkraft gleich null ist.

- Bereich $e-b$

Die Berechnung erfolgt mit der Beziehung:

$$V = V^0 + \frac{M_{\text{re}} - M_{\text{li}}}{l}$$

$$V = \pm\frac{25 \cdot 4}{2} + \frac{0-30}{4} = \pm 50 - 7{,}5$$

$$V_{e,\,\text{re}} = 50 - 7{,}5 = 42{,}5 \text{ kN}$$

$$V_b = -50 - 7{,}5 = -57{,}5 \text{ kN}$$

Normalkraftlinie und vertikale Auflagerkräfte:

Die Normalkräfte in den beiden horizontalen Stäben sind gleich null, da keine horizontalen Kräfte wirken. Im vertikalen Stab folgt die Normalkraft aus der Gleichgewichtsbedingung $\sum V = 0$ am freigeschnittenen Knoten *e* mit den bekannten Querkräften. Die vertikalen Auflagerkräfte ergeben sich aus den bekannten Schnittkräften an den freigeschnittenen Auflagerpunkten.

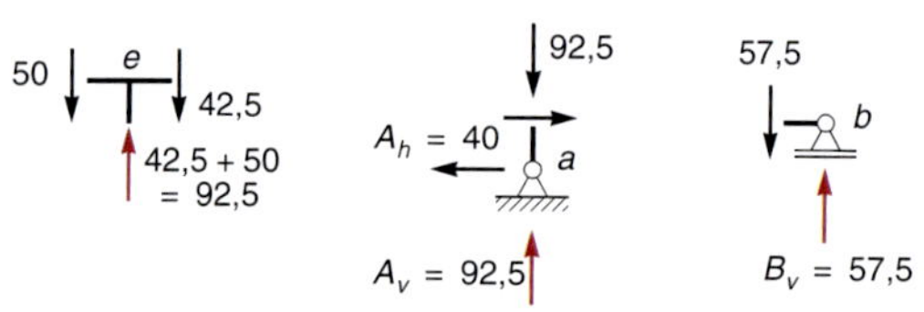

Bild 4.69 Freigeschnittene Knoten

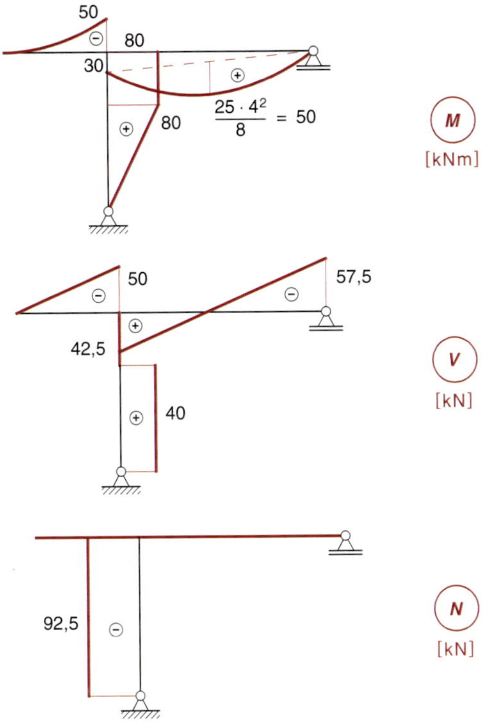

Bild 4.70 Zustandslinien

Beispiel 4.10

Für den dargestellten geknickten Träger sind die Zustandslinien infolge der angegebenen Belastung zu ermitteln.

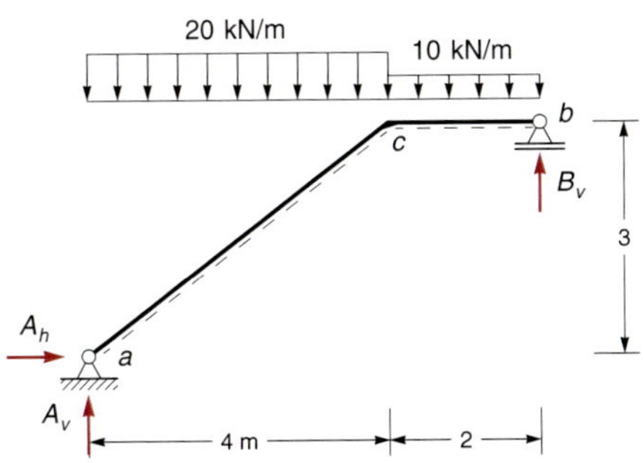

Bild 4.71 System und Belastung des geknickten Trägers

Auflagerkräfte:

$$\sum H = 0 \Rightarrow A_h = 0$$

$$\sum M_{(a)} = 0: \quad -20 \cdot 4^2/2 - 10 \cdot 2 \cdot 5 + B_v \cdot 6 = 0$$

$$\Rightarrow B_v = 43{,}33 \text{ kN}$$

$$\sum M_{(b)} = 0: \quad 20 \cdot 4 \cdot 4 + 10 \cdot 2^2/2 - A_v \cdot 6 = 0$$

$$\Rightarrow A_v = 56{,}67 \text{ kN}$$

Kontrolle: $\sum V = 0\,?\ 20 \cdot 4 + 10 \cdot 2 - 56{,}67 - 43{,}33 = 0$

Momentenlinie:

Es erfolgt zunächst die Berechnung des Momentes im Punkt *c*.

- Schnitt in *c*, rechtes Teilsystem:

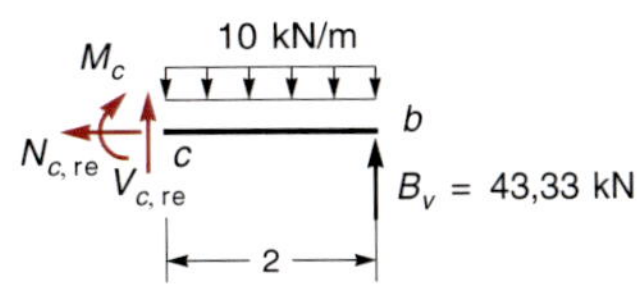

Bild 4.72 Freigeschnittes Teilsystem *c* – *b*

$$\sum M_{(c)} = 0: \quad -M_c - 10 \cdot 2^2/2 + 43{,}33 \cdot 2 = 0$$

$$\Rightarrow M_c = 66{,}67 \text{ kNm}$$

Damit kann die Momentenlinie gezeichnet werden. Die Ordinate im Punkt *c* wird auf die gezogene Balkenseite aufgetragen und zwar jeweils senkrecht zu beiden Stabachsen. Der Verlauf in beiden Stäben ist parabolisch und kann qualitativ gezeichnet werden, indem jeweils die $q \cdot l^2/8$-Parabel eingehängt wird. Wie nachfolgend gezeigt wird, kann der Parabelstich im Bereich *a* – *c* mit der Projektionslänge des Stabes ermittelt werden.

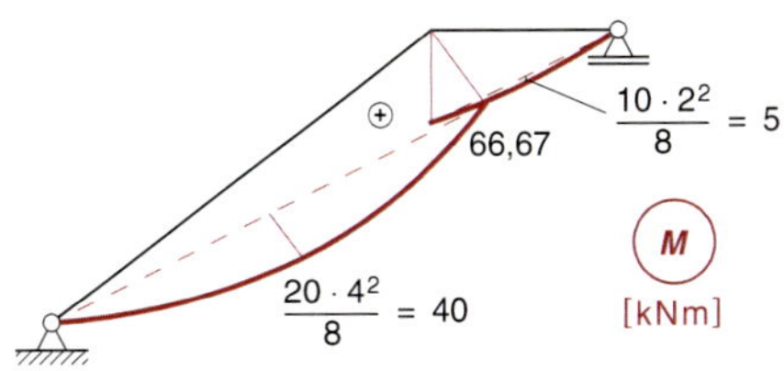

Bild 4.73 Momentenlinie des geknickten Trägers

Die Streckenlast im Bereich *a* – *c* wirkt nicht senkrecht zur Balkenachse. Es ist zweckmäßig, die Belastung in ihre Anteile senkrecht und parallel zur Stabachse zu zerlegen. Da die kräftegeometrischen Zusammenhänge für Einzelkräfte gelten, muss die Zerlegung für Kräfte durchgeführt werden.

Wir betrachten dazu allgemein den unter einem Winkel α geneigten Balken der Länge *l* mit einer senkrecht wirkenden, konstanten Streckenlast der Größe *q* in *Bild 4.74*.

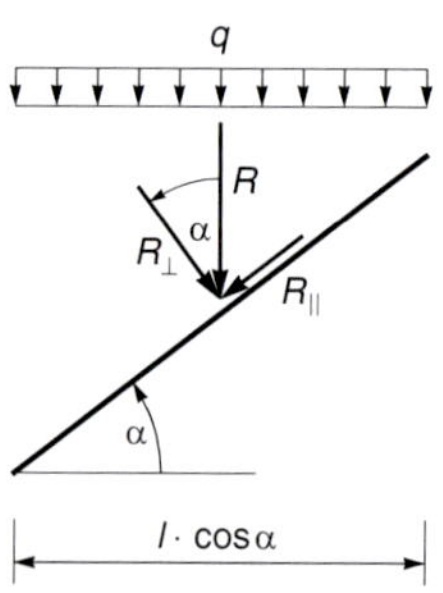

Bild 4.74 Zerlegung der Streckenlast

Die senkrecht wirkende Resultierende ergibt sich zu $R = q \cdot l \cdot \cos\alpha$.

Die Zerlegung erfolgt nach der Parallelogrammkonstruktion in zwei Richtungen, nämlich in Richtung der Balkenachse und senkrecht dazu:

$$R_\perp = R \cdot \cos\alpha = q \cdot l \cdot \cos^2\alpha$$

$$R_{||} = R \cdot \sin\alpha = q \cdot l \cdot \sin\alpha \cdot \cos\alpha$$

Diese beiden Kräfte werden nun wiederum auf die Länge des Balkens verteilt und ergeben zwei Streckenlasten, die in Richtung der Balkenachse und senkrecht dazu wirken.

$$q_\perp = \frac{R_\perp}{l} = q \cdot \cos^2\alpha$$

$$q_{||} = \frac{R_{||}}{l} = q \cdot \sin\alpha \cdot \cos\alpha$$

Unter der Annahme, dass die Momente an den Stabenden gleich null sind, erhält man das Moment in der Mitte des Balkens aus der Streckenlast $q_\perp$, da $q_{||}$ keinen Hebelarm bezüglich der Balkenachse hat (*Bild 4.75*).

$$M = q_\perp \cdot l^2/8 = q \cdot \cos^2\alpha \cdot l^2/8 = \frac{q \cdot (l \cdot \cos\alpha)^2}{8}$$

Das Moment kann also unmittelbar aus der Projektion der Stablänge berechnet werden.

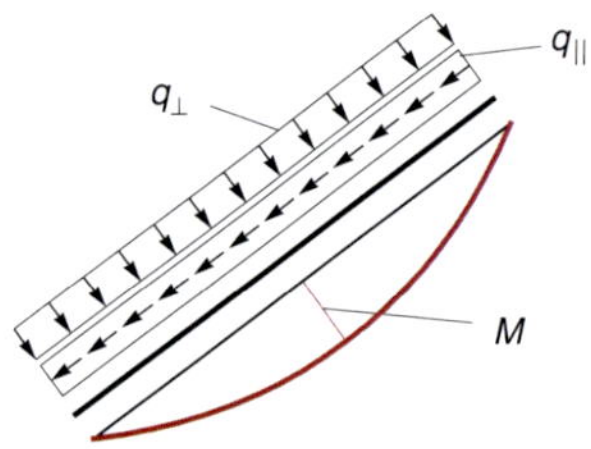

Bild 4.75 Berechnung des Momentes aus $q_\perp$

Querkräfte:

Die Berechnung erfolgt mit der Beziehung:

$$V = V^0 + \frac{M_{re} - M_{li}}{l}$$

- Punkt *a:*

$$V = 20 \cdot 0{,}8^2 \cdot 5/2 + \frac{66{,}67 - 0}{5} = 32 + 13{,}33 = 45{,}33 \text{ kN}$$

- Punkt *c*, links:

$$V = -32 + 13{,}33 = -18{,}67 \text{ kN}$$

- Punkt *c*, rechts:

$$V = 10 \cdot 2/2 + \frac{0 - 66{,}67}{2} = 10 - 33{,}33 = -23{,}33 \text{ kN}$$

- Punkt *b*:

$$V = -10 - 33{,}33 = -43{,}33 \text{ kN}$$

Normalkräfte:

Die Normalkräfte lassen sich am freigeschnittenen Teilsystem oder Knoten durch die Gleichgewichtsbedingung $\sum F = 0$ in Richtung der Stabachse ermitteln.

Aus der Gleichgewichtsbedingung $\sum F = 0$ senkrecht zur Stabachse kann analog die Querkraft berechnet werden. Diese Berechnung erfolgt hier, um die Zusammenhänge zu verdeutlichen. Die schon zuvor durchgeführte Querkraftberechnung ist jedoch zu bevorzugen, da sie einfacher ist.

- Auflagerpunkt *a:*

Um die Schnittkräfte *N* und *V* zu ermitteln, erfolgt eine Zerlegung der vertikalen Auflagerkraft in Richtung der Stabachse und senkrecht dazu.

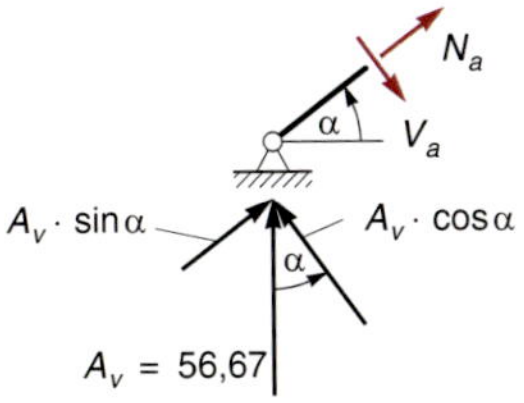

Bild 4.76 Freigeschnittener Auflagerpunkt *a*

$$\sum F_{\perp} = 0: \quad V_a - A_v \cdot \cos\alpha = 0$$

$$\Rightarrow V_a = A_v \cdot \cos\alpha = 56{,}67 \cdot 0{,}8 = 45{,}33 \text{ kN}$$

$$\sum F_{\parallel} = 0: \quad N_a + A_v \cdot \sin\alpha = 0$$

$$\Rightarrow N_a = -A_v \cdot \sin\alpha = -56{,}67 \cdot 0{,}6 = -34{,}0 \text{ kN}$$

- Punkt *c*:

Für die Betrachtung des Kräftegleichgewichts im Punkt *c* wird zunächst die Querkraft rechts des Knotens ermittelt.

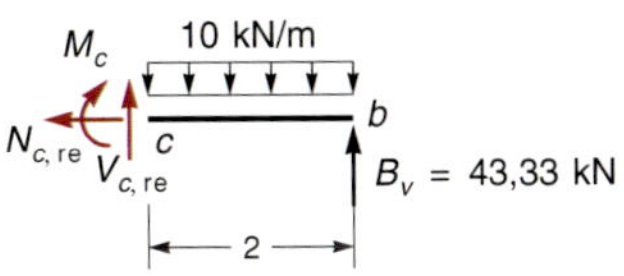

Bild 4.77 Freigeschnittenes Teilsystem *c – b*

$$\sum V = 0: \quad -V_{c,\text{re}} + 10 \cdot 2 - 43{,}33 = 0$$

$$\Rightarrow V_{c,\text{re}} = -23{,}33 \text{ kN}$$

Aus der Bedingung $\sum H = 0$ am Teilsystem *c – b* folgt, dass $N_{c,\text{re}} = 0$ ist, da keine horizontale Belastung wirkt. Aus den nun bekannten Schnittkräften $N_{c,\text{re}}$ und $V_{c,\text{re}}$ werden, wie in *Bild 4.78* dargestellt, die Schnittkräfte links vom Punkt *c* ermittelt. Am freigeschnittenen Knoten *c* in *Bild 4.78* sind die Momente nicht dargestellt.

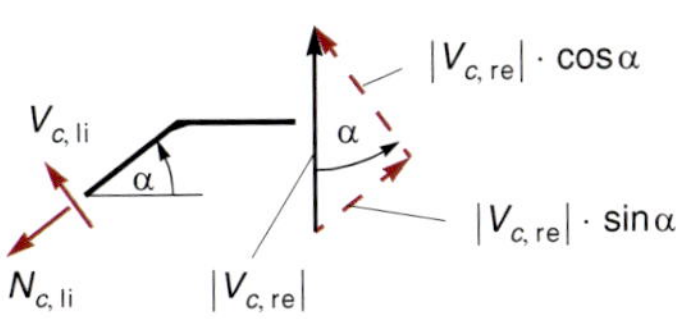

Bild 4.78 Freigeschnittener Knoten *c*

$$\sum F_{\perp} = 0: \quad -V_{c,\text{li}} - |V_{c,\text{re}}| \cdot \cos\alpha = 0$$

$$\Rightarrow V_{c,\text{li}} = -|V_{c,\text{re}}| \cdot \cos\alpha = -23{,}33 \cdot 0{,}8 = -18{,}67 \text{ kN}$$

$$\sum F_{\parallel} = 0: \quad -N_{c,\text{li}} + |V_{c,\text{re}}| \cdot \sin\alpha = 0$$

$$\Rightarrow N_{c,\text{li}} = |V_{c,\text{re}}| \cdot \sin\alpha = 23{,}33 \cdot 0{,}6 = 14{,}0 \text{ kN}$$

- Kontrolle:

Zur Kontrolle betrachten wir das Kräftegleichgewicht in Richtung der Stabachse in *Bild 4.79*. Die Normalkräfte an den Stabenden unterscheiden sich um die Resultierende der Streckenlastkomponente in Richtung der Stabachse.

$$N_{c,\text{li}} = N_a + q_{\parallel} \cdot l = -34{,}0 + 20 \cdot 0{,}6 \cdot 0{,}8 \cdot 5 = 14{,}0 \text{ kN!}$$

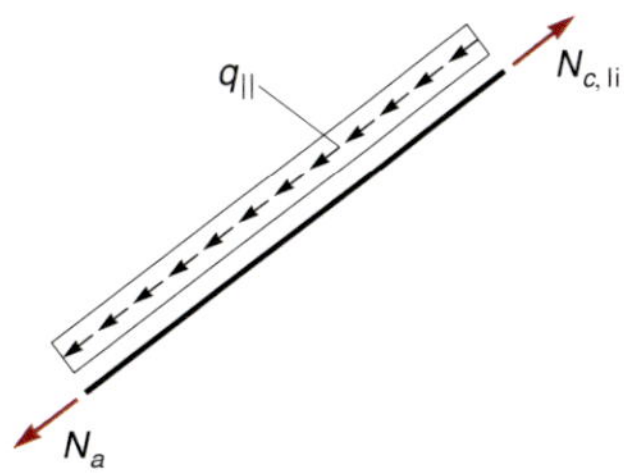

Bild 4.79 $N_{c,\text{li}}$ aus Gleichgewicht in Richtung der Stabachse

Der Querkraft- und der Normalkraftverlauf ist in *Bild 4.80* dargestellt.

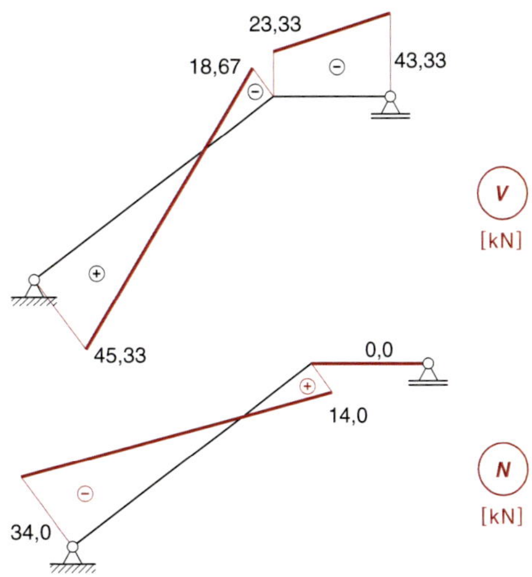

Bild 4.80 Normalkraftverlauf des geknickten Trägers

4.2.8 Systeme mit gekrümmter Stabachse

Bei der Herleitung der differenziellen Beziehungen zwischen den Schnittgrößen und der Belastung in Abschnitt 4.1.7 wurde vorausgesetzt, dass die Stabachse gerade ist. Bei einer gekrümmten Stabachse sind diese Beziehungen demnach nicht gültig! So kann z. B. in einem Bereich ohne verteilte Belastung nicht mehr auf einen geradlinigen Verlauf des Momentes geschlossen werden.

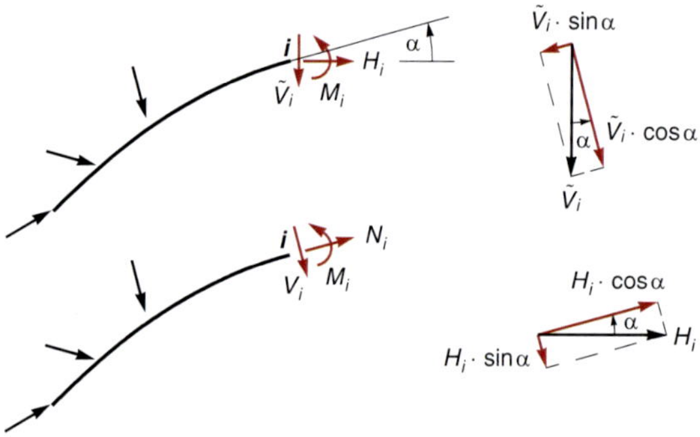

Bild 4.81 Schnittgrößenermittlung bei gekrümmter Stabachse

Die Ermittlung der Schnittgrößen erfolgt durch die Anwendung der Gleichgewichtsbedingungen für das abgetrennte Teilsystem. Das an der Schnittstelle wirkende Moment M_i berechnen wir aus der Bedingung $\sum M_{(i)} = 0$. Die resultierende Schnittkraft an der Stelle *i* wird zunächst zweckmäßigerweise bezüglich ihrer Zerlegung in horizontaler und vertikaler Richtung ermittelt. Die Komponenten H_i und $\tilde{V}_i$ ergeben sich aus den Gleichgewichtsbedingungen $\sum H = 0$ und $\sum V = 0$.

Die Schnittkräfte N_i und V_i folgen aus der Zerlegung der Kraftresultierenden in Richtung der Tangente an die Stabachse und senkrecht dazu.

Mit den Kräfteparallelogrammen in *Bild 4.81* ergibt sich:

$$\begin{aligned} N_i &= H_i \cdot \cos\alpha - \tilde{V}_i \cdot \sin\alpha \\ V_i &= H_i \cdot \sin\alpha + \tilde{V}_i \cdot \cos\alpha \end{aligned} \qquad (4.7)$$

Diese Beziehungen lassen sich übersichtlicher in Matrizendarstellung anschreiben.

$$\begin{bmatrix} N_i \\ V_i \end{bmatrix} = \begin{bmatrix} \cos\alpha & -\sin\alpha \\ \sin\alpha & \cos\alpha \end{bmatrix} \begin{bmatrix} H_i \\ \tilde{V}_i \end{bmatrix}$$

Die Matrix mit den Winkelfunktionen beschreibt die Transformation zwischen den globalen und den lokalen Größen.

Beispiel 4.11

Der in *Bild 4.82* dargestellte Träger in Form eines Viertelkreises ist für die angegebene Streckenlast zu berechnen.

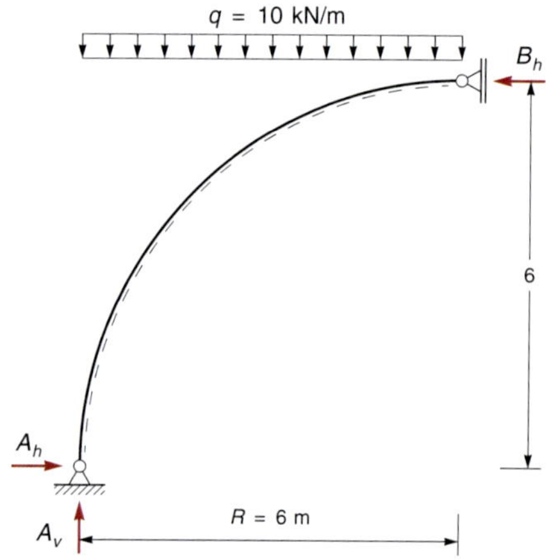

Bild 4.82 Viertelkreisförmiger Träger

Auflagerkräfte:

Die Berechnung der Auflagerkräfte bietet keine Besonderheiten. Die vertikale Auflagerkraft ergibt sich sofort aus der Bedingung $\sum V = 0$. Aus der Bedingung $\sum M_{(a)} = 0$ folgt die Auflagerkraft B_h und aus der Bedingung $\sum H = 0$ die Auflagerkraft A_h.

$$\sum V = 0: \quad q \cdot R - A_v = 0$$

$$\Rightarrow A_v = q \cdot R = 10 \cdot 6 = 60 \text{ kN}$$

$$\sum M_{(a)} = 0: \quad B_h \cdot R - q \cdot R^2/2 = 0$$

$$\Rightarrow B_h = q \cdot R/2 = 10 \cdot 6/2 = 30 \text{ kN}$$

$$\sum H = 0: \quad \cdot A_h - B_h = 0 \Rightarrow A_h = 30 \text{ kN}$$

Zustandslinien:

Für die Ermittlung der Schnittgrößen schneiden wir das System und betrachten den linken Teil. Die Schnittgrößen werden in Abhängigkeit von dem in *Bild 4.83* angegebenen Winkel φ aufgestellt.

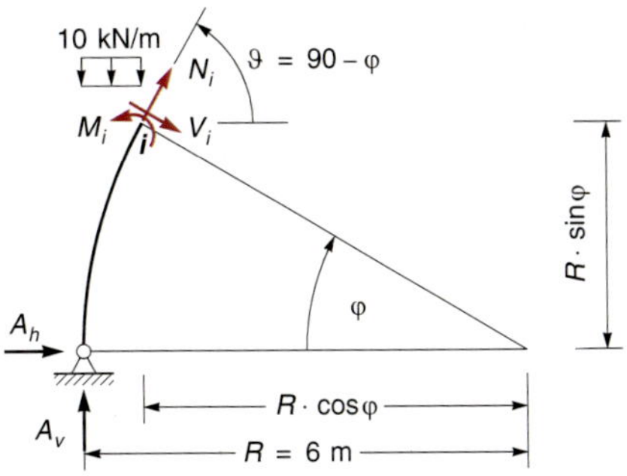

Bild 4.83 Abgetrenntes Teilsystem

Das Moment erhalten wir aus der Momentengleichgewichtsbedingung bezüglich der Schnittstelle *i*.

$$\sum M_{(i)} = 0:\; M_i + A_h \cdot R \cdot \sin\varphi - A_v \cdot R \cdot (1-\cos\varphi) + 10 \cdot R^2 \cdot (1-\cos\varphi)^2/2 = 0$$

$$\Rightarrow M_i = A_v \cdot R \cdot (1-\cos\varphi) - A_h \cdot R \cdot \sin\varphi - 10 \cdot R^2 \cdot (1-\cos\varphi)^2/2$$

$$= 60 \cdot 6 \cdot (1-\cos\varphi) - 30 \cdot 6 \cdot \sin\varphi - 10 \cdot 6^2 \cdot (1-\cos\varphi)^2/2$$

$$= 360(1-\cos\varphi) - 180\sin\varphi - 180(1-\cos\varphi)^2$$

$$= 180(-\sin\varphi - \cos^2\varphi + 1)$$

$$= 180(\sin^2\varphi - \sin\varphi)$$

Die horizontale und vertikale Schnittkraftkomponente ergibt sich aus den Gleichgewichtsbedingungen $\sum H = 0$ und $\sum V = 0$:

$$H_i = -30$$

$$\tilde{V}_i = 60 - 10 \cdot 6 \cdot (1-\cos\varphi) = 60\cos\varphi$$

Bei der Transformation der Kräfte ist zu beachten, dass der Winkel α in *Bild 4.81* in diesem Beispiel $90° - \varphi$ beträgt.

Aufgrund der Beziehungen $\sin(90° - \varphi) = \cos\varphi$ und $\cos(90° - \varphi) = \sin\varphi$ lautet die Transformationsbeziehung:

$$N_i = H_i \cdot \sin\varphi - \tilde{V}_i \cdot \cos\varphi$$

$$V_i = H_i \cdot \cos\varphi + \tilde{V}_i \cdot \sin\varphi$$

$$N_i = -30 \cdot \sin\varphi - 60 \cdot \cos^2\varphi$$

$$V_i = -30 \cdot \cos\varphi + 60 \cdot \cos\varphi \sin\varphi$$

Damit können die Schnittgrößen für beliebige Winkel φ ermittelt werden. Sie sind in den Zustandslinien in 15°-Intervallen angegeben. Die Zustandslinien sind in *Bild 4.84* dargestellt, die Ordinaten sind senkrecht zur Stabachse abgetragen.

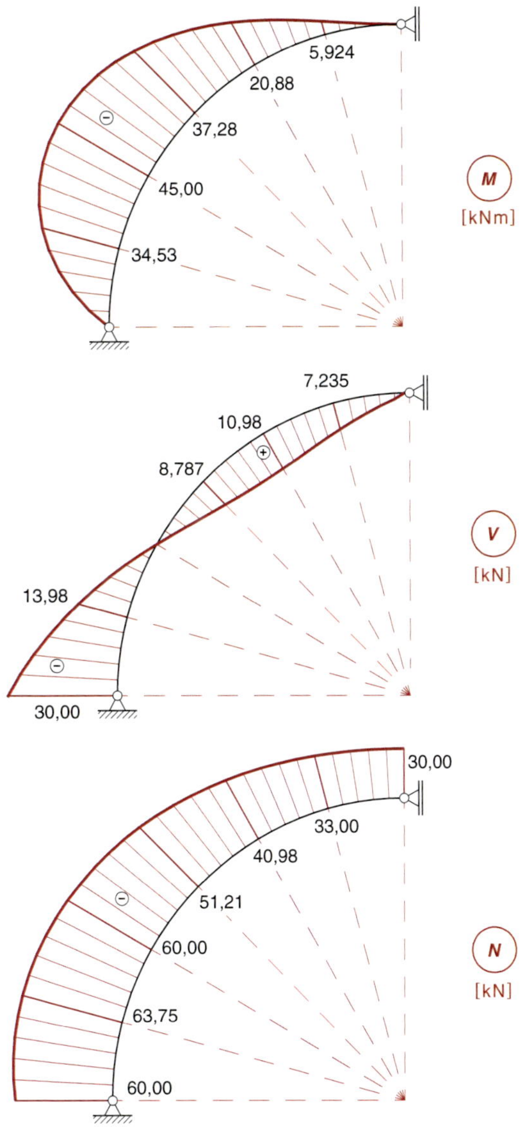

Bild 4.84 Zustandslinien des Viertelkreisträgers

4.3 Mehrteilige Tragwerke

4.3.1 Einführung

Mehrteilige Tragwerke werden auch als Scheibenverbände bezeichnet. Unter einer *Scheibe* versteht man in diesem Zusammenhang ein ebenes Teilsystem, das als starrer Körper betrachtet werden kann, also in sich kinematisch unverschieblich ist. Die in *Bild 4.85* dargestellten Teilsysteme sind in sich unverschieblich und verhalten sich wie ein starrer Gesamtkörper. Auch der Rahmen mit Zugband kann als *Gelenkdreieck* aufgefasst werden.

Bild 4.85 Unverschiebliche Teilsysteme

Gegenbeispiele sind in *Bild 4.86* dargestellt. Mögliche Relativbewegungen der in sich verschieblichen Strukturen sind farbig dargestellt.

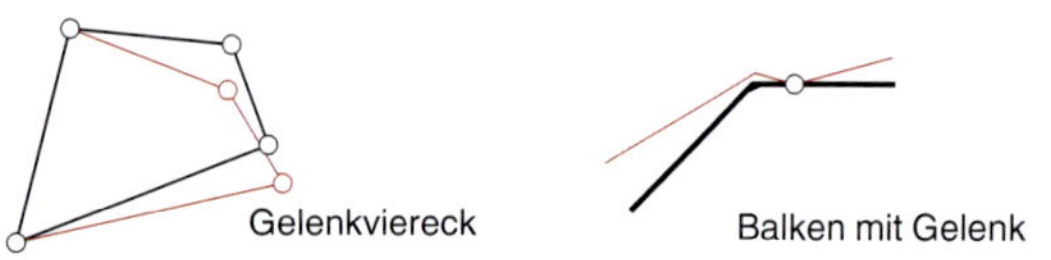

Bild 4.86 In sich verschiebliche Teilsysteme

Der in *Bild 4.87* dargestellte Verband aus drei Scheiben ist in sich verschieblich und bildet keinen starren Gesamtkörper. Selbstverständlich stellen die dargestellten Scheiben keine realen Tragwerkselemente dar, sondern repräsentieren nur in allgemeiner Form in sich starre Tragwerksteile, deren Form zunächst ohne Bedeutung ist.

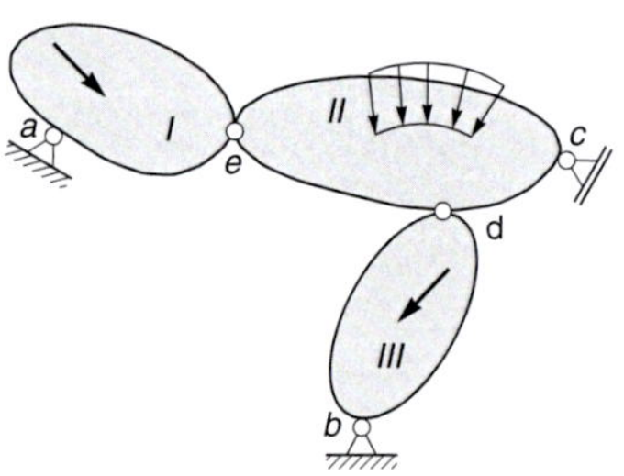

Bild 4.87 Beispiel für einen Scheibenverband

Die drei Scheiben sind durch Momentengelenke miteinander verbunden und können sich in den Gelenken relativ zueinander verdrehen. Aus diesem Grund werden in diesen Punkten keine Momente, sondern nur Kräfte übertragen.

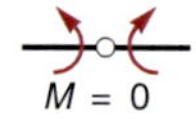

Bild 4.88 Momentengelenk

Durch die beiden zweiwertigen Auflager in den Punkten *a* und *b* sowie das einwertige Lager in *c* ergeben sich insgesamt fünf unbekannte Auflagerkräfte. Für einen Körper stehen in der Ebene jedoch nur drei Gleichgewichtsbedingungen zur Verfügung.

4.3.2 Schnittprinzip

Um den Scheibenverband einer Berechnung zugänglich zu machen, gehen wir systematisch vor und schneiden jede einzelne Scheibe frei. Durch die Schnitte werden die in *Bild 4.89* dargestellten Auflager- und Zwischenreaktionen freigelegt. Als *Zwischenreaktionen* werden die Kraftgrößen bezeichnet, die als innere Größen an den Kopplungsstellen der Scheiben wirken. In diesem Beispiel bestehen die Zwischenreaktionen aus je zwei Gelenkkräften, die nach dem Reaktionsaxiom entgegengerichtet gleich sind.

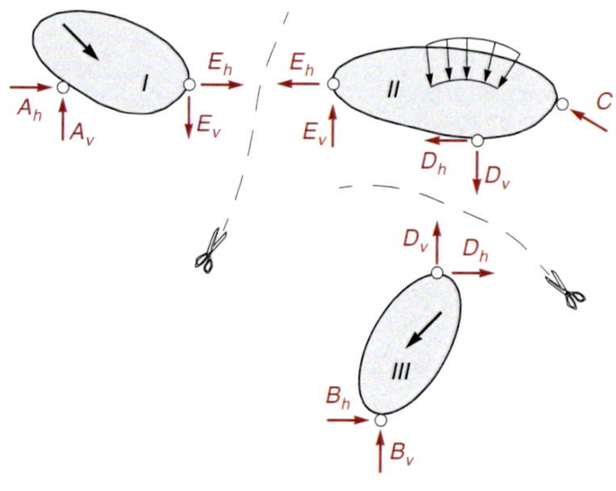

Bild 4.89 Geschnittener Scheibenverband

Insgesamt sind neun unbekannte Reaktionen, nämlich fünf Auflager- und vier *Gelenkkräfte* vorhanden. Für jede der drei Scheiben stehen drei Gleichgewichtsbedingungen zur Verfügung. Dies ergibt neun Gleichungen, mit denen die unbekannten Reaktionen berechnet werden können. Das bedeutet, dass dieser Scheibenverband statisch bestimmt ist.

Durch das beschriebene systematische und schematische Vorgehen wäre ein Gleichungssystem mit neun Unbekannten zu lösen.

In der Regel lassen sich die Gleichungen jedoch anschaulich weitgehend entkoppeln, wenn bei der Berechnung die Struktur des speziellen Scheibenverbandes berücksichtigt wird und die Gleichgewichtsbedingungen mit dem Ziel formuliert werden, dass möglichst wenig Unbekannte eingehen. Wie schon bei den vorherigen Beispielen deutlich wurde, gelingt dies insbesondere durch die Wahl günstiger Bezugspunkte für die Gleichgewichtsbedingung $\sum M = 0$. Das Ziel ist wiederum, idealerweise eine Gleichung für eine Unbekannte zu formulieren.

Dieses Vorgehen wird an den im Folgenden behandelten speziellen Formen von Scheibenverbänden erläutert.

4.3.3 Der Gerberträger[1]

Ein *Gerberträger* oder *Gelenkträger* ist ein über mehrere Felder verlaufendes System aus durch Gelenke verbundenen Trägern. Als Feld wird in diesem Zusammenhang der Bereich zwischen den Auflagern bezeichnet. Je nach Gelenkanordnung ergeben sich unterschiedliche Varianten.

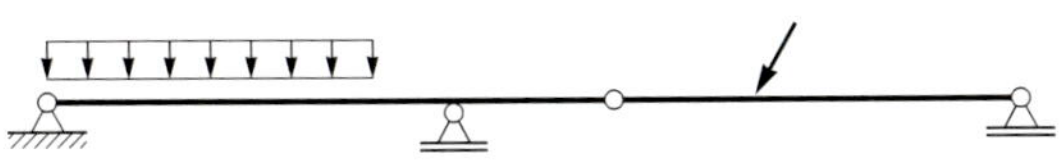

Bild 4.90 Gerberträger über zwei Felder

Formal ist das in *Bild 4.90* dargestellte System ein Verband aus zwei Scheiben, die durch ein Momentengelenk verbunden sind. Gehen wir schematisch vor und trennen beide Scheiben mit einen Schnitt durch das Gelenk, so werden zusätzlich zu den unbekannten vier Auflagerkräften zwei weitere unbekannte Zwischenreaktionen freigelegt. Es sind also sechs Unbekannte vorhanden.

1 Heinrich Gerber (1832 - 1912), deutscher Brückenbauingenieur

Dem gebenüber stehen drei Gleichgewichtsbedingungen je Scheibe, also insgesamt sechs Gleichungen zur Verfügung.

Die Bilanz zwischen Unbekannten und Gleichungen ist ausgewogen, d. h., das System ist statisch bestimmt.

Eine einfachere Möglichkeit der Berechnung ergibt sich jedoch, wenn die durch den Schnitt durch das Gelenk freigelegten Gelenkkräfte nicht in die Berechnung eingehen. Das gelingt, indem wir zunächst drei Gleichgewichtsbedingungen für das Gesamtsystem aufstellen. Es fehlt dann noch eine Gleichung, um die vier unbekannten Auflagerreaktionen zu ermitteln.

Die vierte Gleichung erhalten wir aus der Gleichgewichtsbedingung $\sum M = 0$ bezüglich des Gelenkpunktes für eines der durch den Schnitt entstandenen Teilsysteme. Da die Gelenkkräfte durch den Gelenkpunkt gehen, gehen sie nicht als zusätzliche Unbekannte in die vierte Gleichung ein. Diese vierte Gleichung wird auch als Zwischen- oder Nebenbedingung bezeichnet.

Eine Entkopplung der vier Gleichungen wird darüber hinaus möglich, wenn bei der Berechnung eine bestimmte Reihenfolge bei der Betrachtung der Teilsysteme beachtet wird.

Diese Reihenfolge folgt aus der Überlegung, wie das gesamte Tragwerk aufgebaut wird. Wir erkennen in *Bild 4.91*, dass nur das linke Teilsystem für sich stehen kann, da es einen Einfeldbalken mit Kragarm darstellt. Der rechte Träger besitzt selbst nur ein einwertiges Lager, er ist also darauf angewiesen, sich am linken Ende auf der Kragarmspitze des linken Träger abzustützen. Da der linke Träger unverschieblich ist, bildet der Gelenkpunkt für den rechten Träger ein zweiwertiges Auflager. Daher kann der rechte Träger für sich betrachtet werden, weil eine Belastung links vom Gelenk keine Wirkung auf ihn hat.

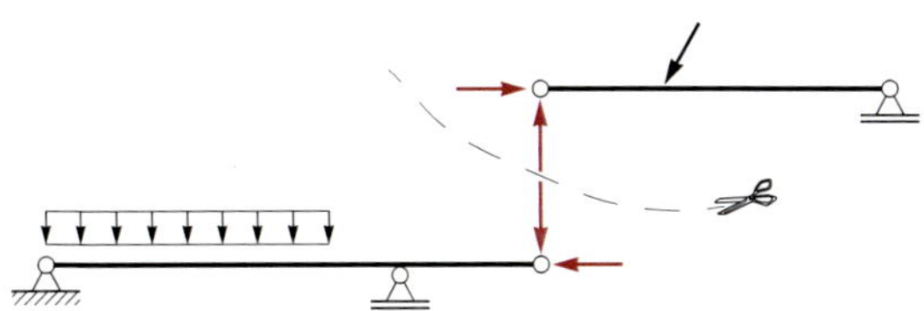

Bild 4.91 Zerlegung des Gerberträgers

Der linke Träger muss im Gelenkpunkt mit den dargestellten Kräften nach oben und nach rechts auf den rechten Träger einwirken, um ihn im Gleichgewicht zu halten. Dies sind die Stützkräfte, die sonst von einem Fundamentkörper ausgeübt werden. Andererseits belastet der rechte den linken Träger mit den beiden dargestellten Kräften nach unten und nach links.

Der rechte Träger kann also zunächst als Einfeldbalken berechnet werden, dann sind die drei unbekannten Reaktionskräfte bekannt. Die beiden linken Reaktionskräfte werden danach als bekannte Aktionskräfte auf den linken Teil aufgebracht, womit auch dieser berechnet werden kann.

Die dargestellte Vorgehensweise wird nun anhand der folgenden Beispiele konkret durchgeführt.

Beispiel 4.12

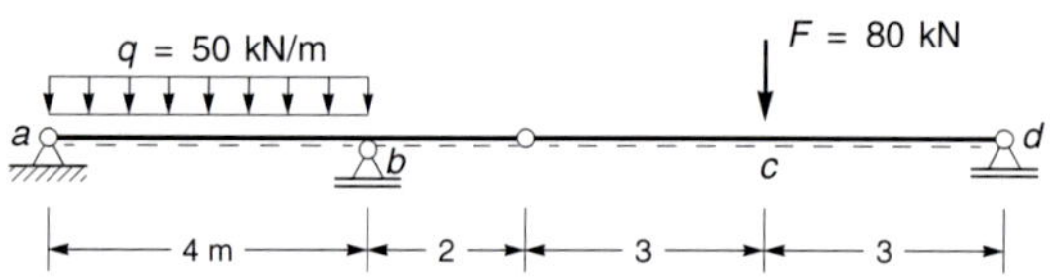

Bild 4.92 Gerberträger des Beispiels 4.12

Die Berechnung des Gerberträgers erfolgt entgegen der Reihenfolge des Aufbaus. Der rechte Träger wird demnach zuerst berechnet. Da die Kraft mittig angreift, sind beide Reaktionskräfte gleich $F/2$. Die horizontale Gelenkkraft ist gleich null, da keine horizontale Belastung wirkt und das rechte Auflager nur Vertikalkräfte aufnimmt.

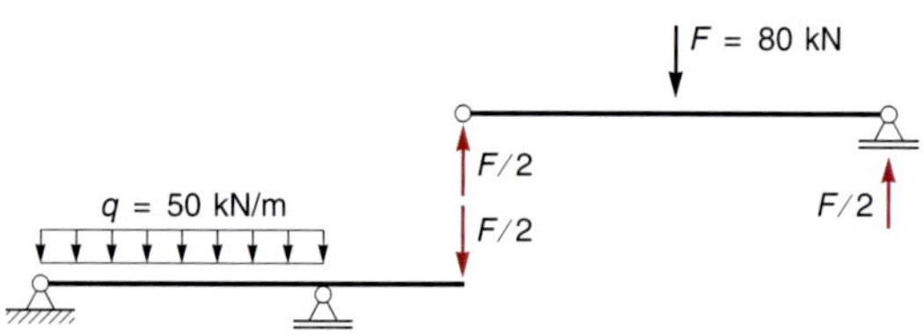

Bild 4.93 Zerlegter Gelenkträger

Momentenlinie:

Die Momentenlinie am rechten Teilsystem ergibt sich als Grundlastfall am Balken auf zwei Stützen mit mittiger Einzelkraft mit der Ordinate $M_{max} = F \cdot l/4$ im Angriffspunkt der Kraft.

Die Reaktionskraft $F/2$ wirkt als Aktionskraft auf das linke Teilsystem. Die Momentenordinate am mittleren Auflager lässt sich durch Freischneiden des Kragarms nach *Bild 4.94* (rechts) berechnen. Der Momentenverlauf kann nun im linken Bereich durch Einhängen der $ql^2/8$ - Parabel gezeichnet werden, siehe *Bild 4.95*.

$$\frac{ql^2}{8} = \frac{50 \cdot 4^2}{8} = 100 \text{ kNm}$$

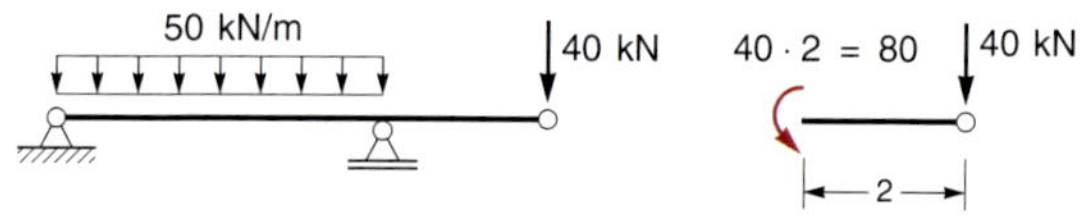

Bild 4.94 Linkes Teilsystem mit freigeschnittenem Kragarm

Die Ordinate der Momentenlinie am mittleren Auflager kann auch einfach geometrisch ermittelt werden, da die Momentenlinie geradlinig ohne Knick durch das Gelenk verlaufen muss.

Querkraftlinie:

Die Querkräfte ergeben sich als Nachlaufrechnung aus der Beziehung:

$$V = V^0 + \frac{M_{re} - M_{li}}{l}$$

- Bereich *a – b:*

$$V = \pm\frac{50 \cdot 4}{2} + \frac{-80-0}{4} = \pm 100 - 20$$

$$V_{li} = 100 - 20 = 80 \text{ kN}$$

$$V_{re} = -100 - 20 = -120 \text{ kN}$$

- Bereich *b – c:*

$$V_{li} = V_{re} = \frac{120-(-80)}{5} = 40 \text{ kN}$$

- Bereich *c – d:*

$$V_{li} = V_{re} = \frac{0-120}{3} = -40 \text{ kN}$$

Auflagerkräfte:

Die Auflagerkräfte lassen sich aus der Querkraftlinie durch Elementschnitte an den Auflagern aus der Bedingung $\sum V = 0$ berechnen. Sie entsprechen den Sprüngen der Querkraftfunktion.

Zur Kontrolle überprüfen wir, ob die vertikale Kräftesumme am Gesamtsystem gleich null ist.

$$\sum V = 50 \cdot 4 + 80 - 80 - 160 - 40 = 0 \; !$$

Das maximale Moment im linken Feld beträgt:

$$M_{\text{max}} = M_{\text{li}} + \frac{V_{\text{li}}^2}{2q} = 0 + \frac{80^2}{2 \cdot 50} = 64 \text{ kNm an der Stelle}$$

$$x_0 = \frac{V_{\text{li}}}{q} = \frac{80}{50} = 1{,}60 \text{ m}$$

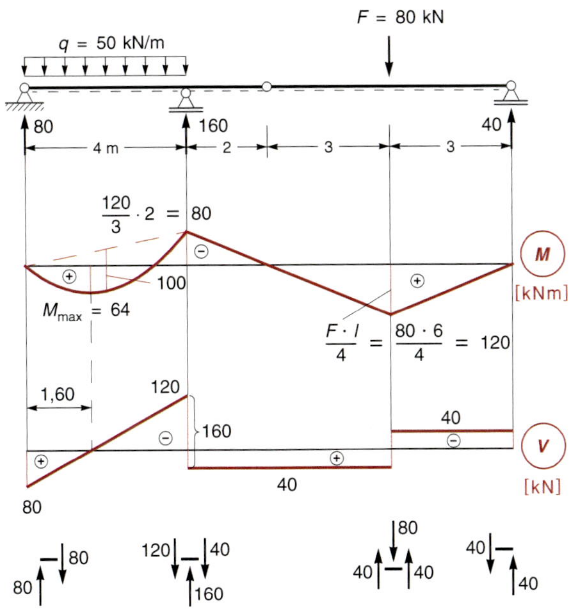

Bild 4.95 Zustandslinien des Gerberträgers

Beispiel 4.13

Für den in *Bild 4.96* dargestellten Gelenkträger sind die Zustandslinien infolge der angegebenen Belastung zu ermitteln.

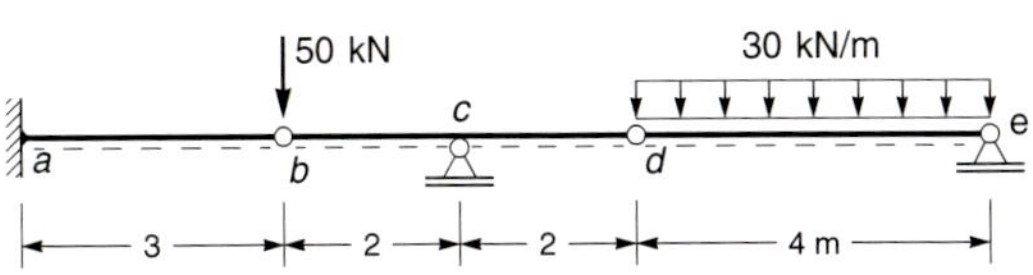

Bild 4.96 Gelenkträger mit Belastung

Der Gelenkträger besteht aus drei Scheiben. Die linke Scheibe ist ein Kragträger und durch die dreiwertige Lagerung unverschieblich. Er wird zuerst eingebaut. Als nächstes wird der mittlere Träger eingebaut, er ist zweiwertig im Punkt b an den Kragträger angeschlossen und im Punkt c einwertig gelagert. Damit ist der Punkt d fest und bildet ein zweiwertiges Lager für den rechten Träger, der mit dem einwertigen Lager in e einen Einfeldbalken bildet.

Die Berechnung erfolgt entgegen der Reihenfolge des Aufbaus, also von rechts nach links. *Bild 4.97* zeigt das freigeschnittene System. Die Schnittführung durch das Gelenk b erfolgt rechts neben der angreifenden Kraft. Da die Querkraft im Angriffspunkt einer Einzelkraft springt, gibt es im Punkt b zwei unterschiedliche Gelenkkräfte, die sich um den Betrag der angreifenden Kraft unterscheiden.

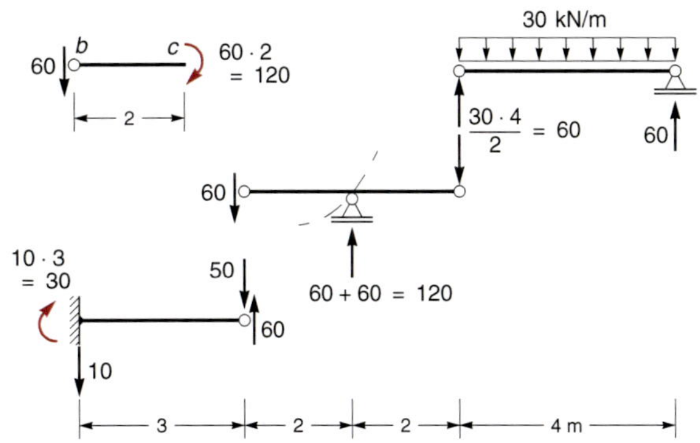

Bild 4.97 Geschnittener Gelenkträger

Die Gelenkkraft im Punkt d entspricht der Auflagerkraft des Einfeldbalkens $d - e$. Sie ist gleich der Hälfte der Streckenlastresultierenden. Die Gelenkkraft unmittelbar rechts vom Punkt b lässt sich aus der Gleichgewichtsbedingung $\sum M = 0$ bezüglich des Auflagerpunktes c berechnen.

Am abgetrennten Teilsystem $b - c$ folgt mit dieser Kraft von 60 kN ein Moment im Punkt c von 120 kNm. Es wird entsprechend der mechanischen Wirkung nach oben abgetragen.

Am Kragträger kann die Gelenkkraft mit der äußeren Kraft zusammengefasst werden, sodass eine Resultierende von 10 kN nach oben verbleibt, aus der im Einspannpunkt ein Moment von 30 kNm folgt, das auf der unteren Balkenseite Zug erzeugt.

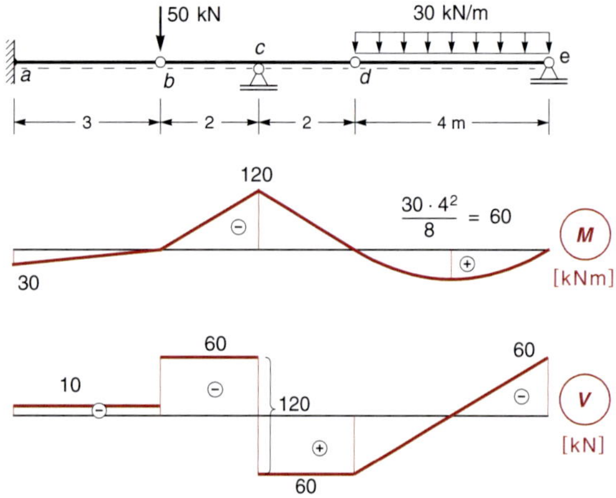

Bild 4.98 Zustandslinien des Beispiels 4.13

Damit können die Zustandslinien M und V gezeichnet werden. Im Punkt d darf die Momentenlinie keinen Knick haben, weil keine Einzelkraft wirkt. Die Gerade des Bereiches $c - d$ muss also tangential in die Parabel des rechten Trägers einmünden.

Beispiel 4.14

Für den in *Bild 4.99* dargestellten Gelenkträger sind die Zustandslinien infolge der angegebenen Belastung zu ermitteln.

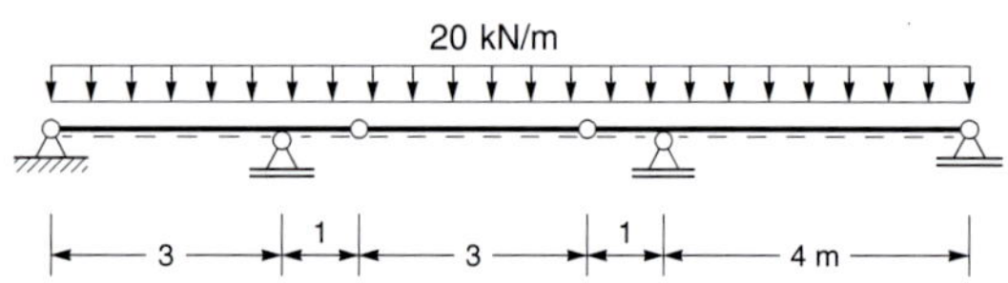

Bild 4.99 Gelenkträger

Die Berechnung der Auflagerkräfte ist zur Ermittlung der Zustandslinien nicht erforderlich. Sie ergeben sich später aus der bekannten Querkraftlinie.

Momentenlinie:

Die Berechnung erfolgt entgegen der Reihenfolge des Aufbaus. Die beiden äußeren Träger sind Einfeldbalken mit Kragarm. Sie müssen schon vorhanden sein, damit der mittlere Träger eingehängt werden kann. Dieser wird zuletzt eingebaut und daher zuerst berechnet. Es handelt sich um einen beidseitig gelenkigen Balken mit konstanter Streckenlast. Der Verlauf der Momentenlinie ist parabolisch, das Moment in der Mitte beträgt:

$$\frac{ql^2}{8} = \frac{20 \cdot 3^2}{8} = 22{,}5 \text{ kNm}$$

Da im mittleren Bereich zwischen den Auflagern die Streckenlast konstant ist und keine weitere Belastung wirkt, ist die Momentenfunktion eine stetige Parabel. Der Parabelstich von der Verbindungslinie der Stabendmomente (hier: eine horizontale Linie) beträgt:

$$\frac{ql^2}{8} = \frac{20 \cdot 5^2}{8} = 62{,}5 \text{ kNm}$$

Damit ergeben sich die Momente an den inneren Auflagern als Differenz der $ql^2/8$-Ordinaten. In den beiden äußeren Bereichen kann nun jeweils die $ql^2/8$-Parabel eingehängt werden, um den Verlauf qualitativ zu zeichnen. Die Extremwerte werden berechnet, wenn die Querkräfte bekannt sind.

Querkraftlinie:

Die Querkräfte können wieder aus der bekannten Momentenlinie ermittelt werden:

$$V = V^0 + \frac{M_{re} - M_{li}}{l}$$

- linker Bereich

$$V = \pm\frac{20 \cdot 3}{2} + \frac{-40 - 0}{3} = \pm 30 - 13{,}33$$

$$V_{li} = 30 - 13{,}33 = 16{,}67 \text{ kN}$$

$$V_{re} = -30 - 13{,}33 = -43{,}33 \text{ kN}$$

- mittlerer Bereich

$$V = \pm\frac{20 \cdot 5}{2} + \frac{0 - 0}{5} = \pm 50$$

$$V_{li} = 50 \text{ kN}$$

$$V_{re} = -50 \text{ kN}$$

- rechter Bereich

$$V = \pm\frac{20\cdot 4}{2} + \frac{0-(-40)}{4} = \pm 40 + 10$$

$$V_{li} = 40 + 10 = 50 \text{ kN}$$

$$V_{re} = -40 + 10 = -30 \text{ kN}$$

Die Zustandslinien sind in *Bild 4.100* dargestellt.

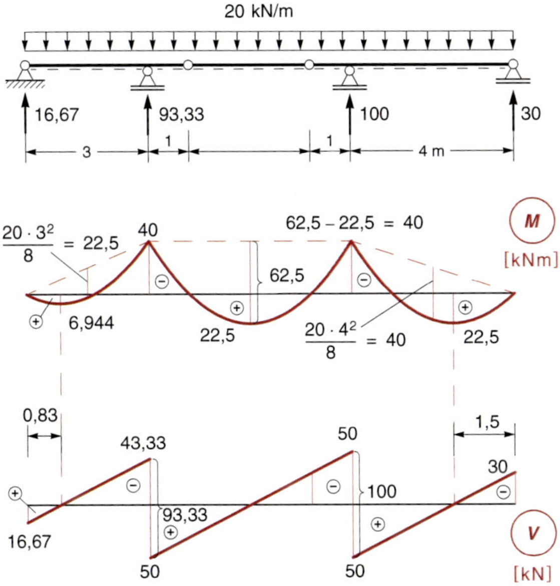

Bild 4.100 Zustandslinien des Gelenkträgers

Auflagerkräfte:

Die Auflagerkräfte entsprechen den Sprüngen der Querkraftlinie an den Auflagern. Ihre Richtung folgt aus der Richtung des Sprungs. Geht man von links nach rechts über die Sprungstelle hinweg, so verläuft der Sprung entgegen der Richtung der angreifenden Kraft.

Betrachten wir beispielsweise das linke der inneren Auflager, so verläuft der Sprung von oben nach unten. Daraus folgt, dass die Auflagerkraft entgegen wirkt, also nach oben. Eine andere Möglichkeit, die Kraftrichtung zu ermitteln, ist der Knick in der Momentenlinie.

Das maximale Moment im linken Feld beträgt:

$$M_{max} = M_{li} + \frac{V_{li}^2}{2q} = 0 + \frac{16{,}67^2}{2\cdot 20} = 6{,}944 \text{ kNm}$$

an der Stelle

$$x_0 = \frac{V_{li}}{q} = \frac{16{,}67}{20} = 0{,}83 \text{ m}$$

Das maximale Moment im rechten Feld beträgt:

$$M_{max} = M_{re} + \frac{V_{re}^2}{2q} = 0 + \frac{30^2}{2\cdot 20} = 22{,}5 \text{ kNm}$$

an der Stelle

$$x_0 = \frac{V_{re}}{q} = \frac{30}{20} = 1{,}5 \text{ m}$$

4

4.3.4 Dreigelenktragwerke

Ein *Dreigelenktragwerk* ist ein Verband aus zwei Scheiben, die jeweils zweiwertig gelagert sind und durch einen zweiwertigen Anschluss, in der Regel durch ein *Momentengelenk*, miteinander gekoppelt sind. *Bild 4.101* zeigt einige mögliche Tragwerksvarianten.

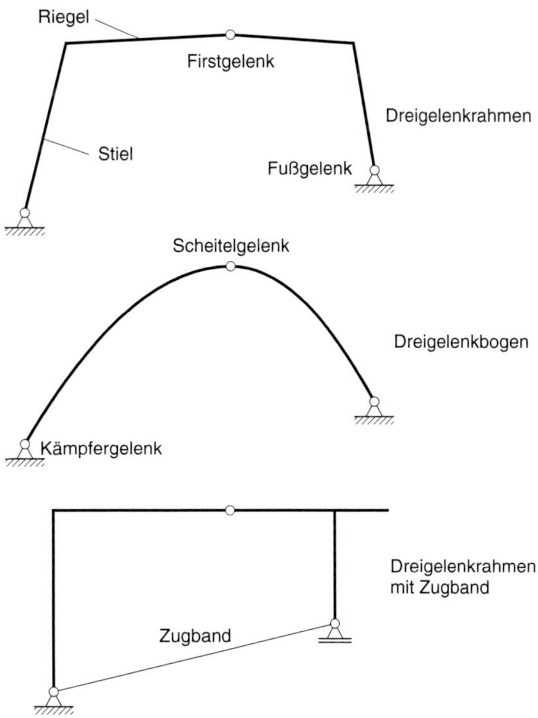

Bild 4.101 Dreigelenktragwerke

Je nach Form der Scheiben unterscheidet man *Dreigelenkrahmen* und *Dreigelenkbögen*. Für die nachfolgenden Betrachtungen zur Berechnung dieser Tragwerke ist die Form der Scheibe ohne Bedeutung. Unterschiede ergeben sich erst bei der Berechnung der Schnittgrößen.

Da an den Auflagern jeweils zwei Kräfte unbekannt sind, ergeben sich am Gesamtsystem vier Unbekannte, die mit den drei Gleichgewichtsbedingungen nicht ermittelt werden können.

Wir führen daher einen Schnitt durch das Gelenk, wobei zwei Zwischenreaktionen, die *Gelenkkräfte*, freigelegt werden. An beiden entstandenen Teilsystemen wirken nun insgesamt sechs unbekannte Kräfte, wie in *Bild 4.102* dargestellt ist.

Die Anwendung der drei Gleichgewichtsbedingungen auf jedes der beiden Teilsysteme führt auf sechs Gleichungen für die sechs unbekannten Kräfte. Dieses schematische Vorgehen erfordert also das Lösen eines Gleichungssystems mit sechs Unbekannten.

Ziel ist nun, die Gleichungen durch geschickte Anwendung der Gleichgewichtsbedingungen zu entkoppeln. Dies gelingt durch die Wahl geeigneter Bezugspunkte bei der Bedingung $\sum M = 0$.

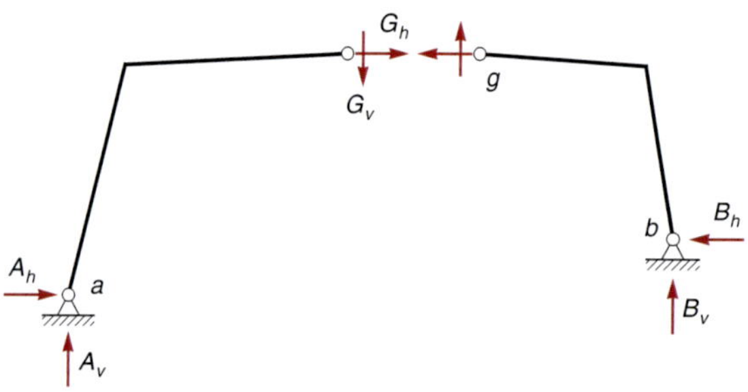

Bild 4.102 Teilsysteme eines Dreigelenktragwerks

Wählen wir zunächst einen der Auflagerpunkte als Momentenbezugspunkt, z. B. den Punkt *a*, so ergibt sich aus der Bedingung $\sum M_{(a)} = 0$ eine Gleichung für die beiden Unbekannten B_v und B_h. Betrachten wir nun das rechte Teilsystem, so wirken an diesem wiederum dieselben Unbekannten. Die durch den Schnitt freigelegten Gelenkkräfte G_v und G_h gehen dann nicht ein, wenn der Gelenkpunkt *g* als Bezugspunkt für die Bedingung $\sum M = 0$ am rechten Teilsystem gewählt wird. Daraus folgt die zweite Gleichung für dieselben Unbekannten.

Liegen die beiden zweiwertigen Auflager auf derselben Höhe, so sind die Gleichungen völlig entkoppelt, da die horizontale Auflagerkraft nicht in die Gleichgewichtsbedingung $\sum M_{(a)} = 0$ am Gesamtsystem eingeht.

Sind die Auflagerreaktionen bekannt, können die Schnittgrößen berechnet werden.

4.3.4.1 Dreigelenkrahmen

Bei einem *Dreigelenkrahmen* bestehen die beiden Scheiben des Tragwerks aus geraden Stäbe, die in den Eckpunkten biegesteif miteinander verbunden sind.

Wir betrachten zunächst den einfachen Dreigelenkrahmen in *Bild 4.103*. Da beide Auflagerpunkte auf gleicher Höhe liegen, können die vertikalen Auflagerkräfte sofort aus einer Gleichung ermittelt werden.

In die Gleichgewichtsbedingung $\sum M_{(a)} = 0$ für das Gesamtsystem geht neben der Streckenlast nur die unbekannte Auflagerkraft B_v ein.

$$\sum M_{(a)} = 0: \quad B_v \cdot l - \frac{q \cdot l^2}{2} = 0 \Rightarrow B_v = \frac{q \cdot l}{2}$$

Die Bedingung $\sum V = 0$ ergibt $A_v = \frac{q \cdot l}{2}$.

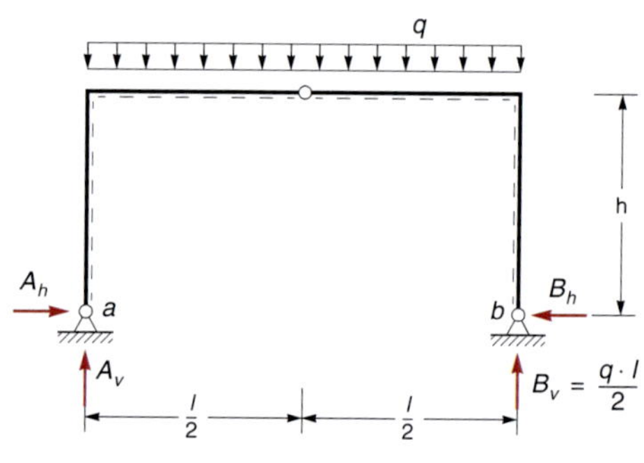

Bild 4.103 Dreigelenkrahmen mit konstanter Streckenlast

Die horizontalen Auflagerkräfte folgen aus einem Schnitt durch das Gelenk und der Betrachtung eines der beiden Teilsysteme. Das freigeschnittene rechte Teilsystem ist in *Bild 4.104* dargestellt.

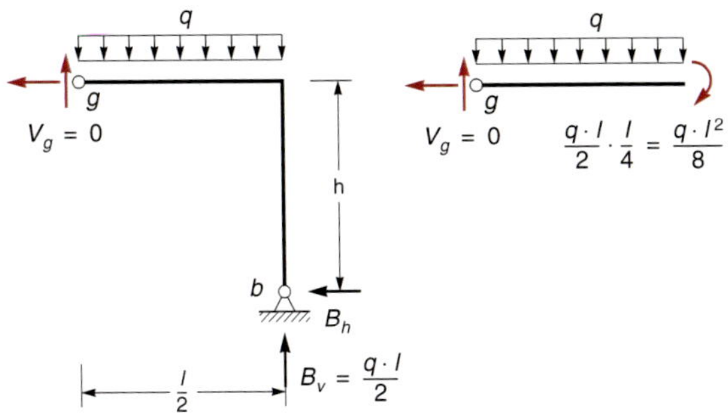

Bild 4.104 Rechtes Teilsystem

$$\sum M_{(g)}^{\text{TS, re}} = 0: \quad \frac{q \cdot l}{2} \cdot \frac{l}{2} - \frac{q \cdot l}{2} \cdot \frac{l}{4} - B_h \cdot h = 0$$

$$\Rightarrow B_h = \frac{q \cdot l^2}{8 \cdot h} = A_h$$

Aus der Bedingung $\sum V = 0$ folgt an diesem Teilsystem auch, dass die Querkraft im Gelenk gleich null ist. Mit der bekannten Querkraft kann das Moment in der Rahmenecke sofort berechnet werden, siehe *Bild 4.104*, rechts. Es beträgt $q \cdot l^2/8$ und erzeugt auf der äußeren Seite Zug. Dasselbe Moment ergibt sich durch Freischneiden des Stiels aus der horizontalen Auflagerkraft am Hebelarm *h*.

Wie aus der Momentenlinie in *Bild 4.105a* deutlich wird, entspricht der Betrag des Eckmomentes dem Stich der Parabel, die von der Verbindungslinie der Stabendmomente eingehängt wird. Beide horizontalen Auflagerkräfte müssen entgegengerichtet gleich sein, weil keine äußere Horizontalbelastung wirkt. Da die Stiele gleich lang sind, sind es auch die sich daraus ergebenden Eckmomente. Der einzuhängende Parabelstich beträgt immer $q \cdot l^2/8$. Darum kann das Eckmoment unmittelbar aus der Bedingung berechnet werden, dass das Moment im *Riegelgelenk* gleich null ist.

Die $q \cdot l^2/8$ -Parabel ist also vertikal so zu verschieben, dass sie durch den Gelenkpunkt verläuft. Die Größe des Eckmoments und damit auch der horizontalen Auflagerkraft ist durch die Lage des Gelenkes bestimmt.

Je weiter das Gelenk von der Mitte des Riegels entfernt ist, desto kleiner wird das Moment in der Rahmenecke. Im Grenzfall der Lage des Gelenkpunktes in der Ecke ist das Moment gleich null. Der Dreigelenkrahmen trägt im Riegel wie ein Einfeldbalken, da der rechte Stiel ein Pendelstab ist und somit wie ein einwertiges Auflager wirkt. *Bild 4.105a-c* zeigt den Einfluss der Lage des Gelenkes auf die Momentenlinie. In *Bild 4.105d* ist der Pendelstab durch ein einwertiges Auflager am rechten Stiel ersetzt. Das System ist dem aus *Bild 4.105c* völlig gleichwertig, weil die Querkraft im Stiel gleich null ist. Es handelt sich bei diesen Systemen nicht um Rahmentragwerke im engeren Sinne, sie wirken wie geknickte Einfeldbalken.

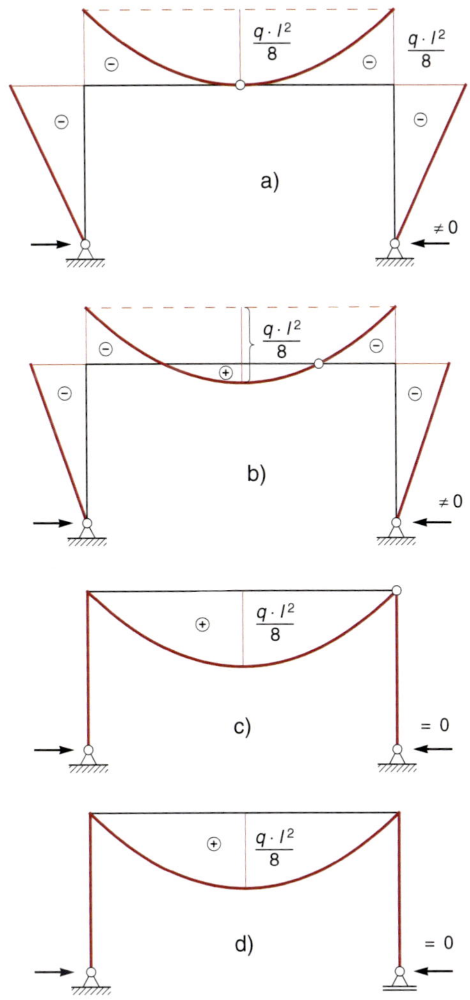

Bild 4.105 Momentenlinien des Dreigelenkrahmens

Die Verformungen sind für die unterschiedlichen Systeme in *Bild 4.106* qualitativ dargestellt, um einen Eindruck vom unterschiedlichen Tragverhalten zu vermitteln.

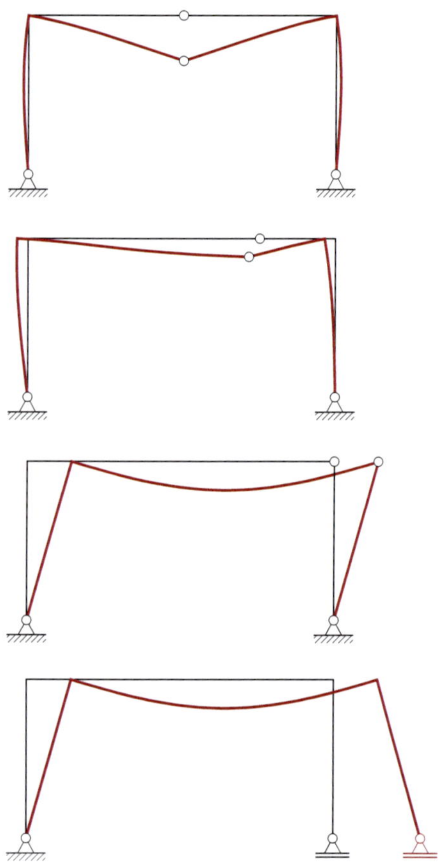

Bild 4.106 Verformungen bei unterschiedlichen Systemen

Bei den beiden unteren Systemen treten große horizontale Verschiebungen auf, denn es wirken in den Stielen keine horizontalen Kräfte, die die Stäbe so verbiegen, dass außen Zug wirkt. Diese bei den oberen Systemen vorhandenen horizontalen Kräfte bewirken, dass sich die Stiele und die Endbereiche des Riegels nach außen krümmen.

Die zum ursprünglichen System mit der mittigen Lage des Gelenkpunkts gehörenden Zustandslinien V und N sind in *Bild 4.107* dargestellt.

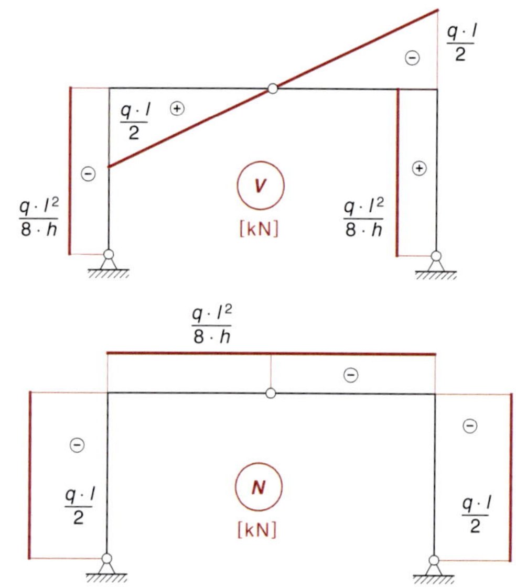

Bild 4.107 Querkraft- und Normalkraftlinien

Beispiel 4.15

Für den dargestellten Dreigelenkrahmen sind die Zustandslinien infolge der angegebenen Einzelkraft zu ermitteln.

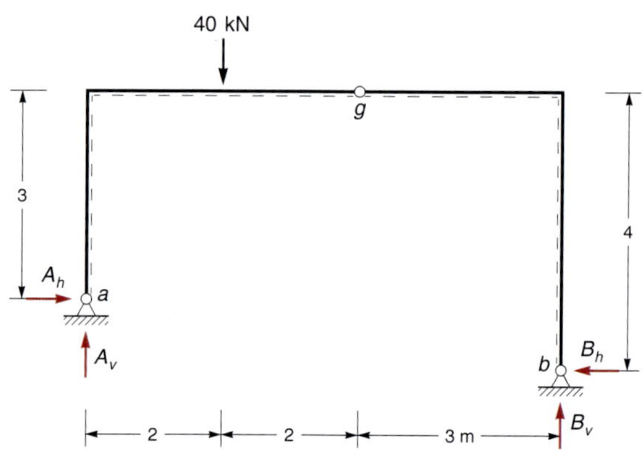

Bild 4.108 System und Belastung des Dreigelenkrahmens

Da bei diesem Rahmen die rechte Scheibe unbelastet ist, können die Gleichungen zur Berechnung der Auflagerkräfte völlig entkoppelt werden.

Wir führen zuerst einen Schnitt durch das Gelenk und betrachten das rechte Teilsystem. An diesem Teilsystem wirken außer den freigeschnittenen Gelenkkräften nur die beiden unbekannten Auflagerkräfte im Punkt *b*. Die Wirkungslinie der resultierenden Auflagerkraft muss durch den Gelenkpunkt verlaufen, damit das Moment bezüglich *g* gleich null ist. Daraus ergibt sich geometrisch das Verhältnis der beiden Komponenten B_h und B_v. Formal erhalten wir die Beziehung aus der Bedingung:

$$\sum M_{(g)}^{\text{TS, re}} = 0: \quad B_h \cdot 4 - B_v \cdot 3 = 0 \Rightarrow B_h = \frac{3}{4} B_v$$

Die geometrische Bedingung gilt selbstverständlich nur, wenn die Scheibe unbelastet ist. Wäre die Teilscheibe belastet, so ginge diese Belastung in die Gleichgewichtsbedingung mit ein und es ließe sich keine so einfache Beziehung zwischen den Komponenten angeben.

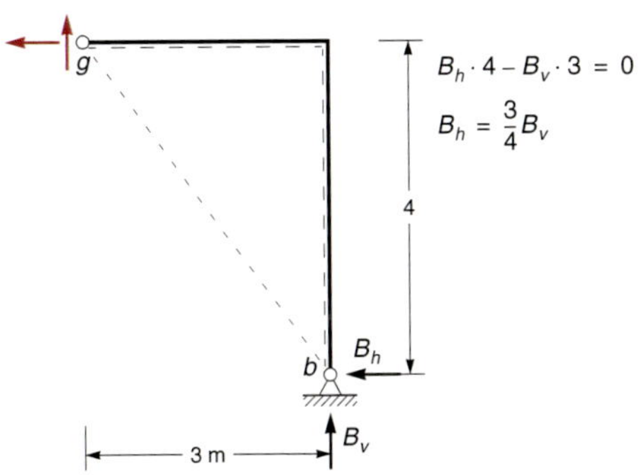

Bild 4.109 Rechte Teilscheibe des Dreigelenkrahmens

In der Gleichgewichtsbedingung $\sum M = 0$ bezüglich des Auflagerpunktes *a* am Gesamtsystem kann nun die Auflagerkraft B_h durch B_v ersetzt werden und es entsteht eine Gleichung für die Unbekannte B_v.

$$\sum M_{(a)} = 0: \quad B_v \cdot 7 - \overbrace{\frac{3}{4} \cdot B_v}^{B_h} \cdot 1 - 40 \cdot 2 = 0$$

$$\Rightarrow B_v = 12{,}8 \text{ kN} \Rightarrow B_h = \frac{3}{4} \cdot 12{,}8 = 9{,}60 \text{ kN}$$

$$\sum H = 0 \Rightarrow A_h = B_h = 9{,}60 \text{ kN}$$

$$\sum M_{(b)} = 0: \quad -A_v \cdot 7 - 9{,}60 \cdot 1 + 40 \cdot 5 = 0$$

$$\Rightarrow A_v = 27{,}2 \text{ kN}$$

Kontrolle: $\sum V = 0: \quad 40 - 27{,}2 - 12{,}8 = 0$

Momentenlinie:

Die Eckmomente ergeben sich direkt aus den horizontalen Auflagerkräften. Die Momente sind in *Bild 4.110* so angetragen, dass Gleichgewicht herrscht, da der erforderliche Drehsinn offensichtlich ist. Die Schnittkräfte *V* und *N* sind in positiver Richtung angetragen.

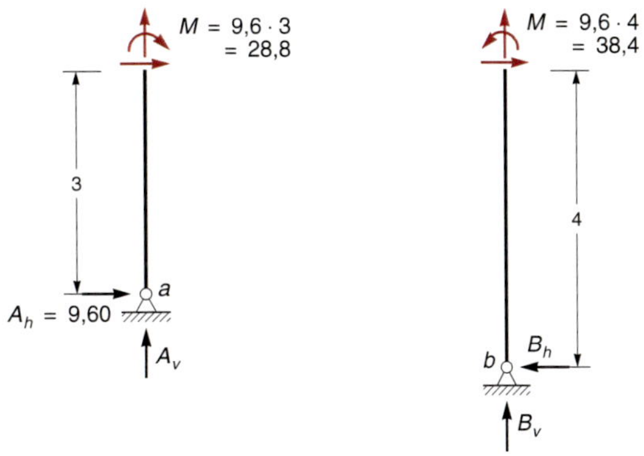

Bild 4.110 Abgetrennte Stiele des Dreigelenkrahmens

Die Verläufe sind in allen Stäben linear, da $q = 0$ ist. Die Ordinate unter der Einzellast ergibt sich rein geometrisch, da die Momentenlinie ohne Knick linear durch das Gelenk verlaufen muss.

Die qualitative Darstellung der Verformung in *Bild 4.111* veranschaulicht den Zusammenhang zwischen den Stabkrümmungen und den Biegemomenten.

Querkraftlinie:

Die Querkräfte werden in einer Nachlaufrechnung aus der bekannten Momentenlinie ermittelt ($M' = V$). Der Verlauf ist bereichsweise konstant, da keine verteilte Belastung vorliegt ($q = 0$). Alternativ sind die Querkräfte auch durch Anwendung des Schnittprinzips zu berechnen. In den Stielen entsprechen sie den horizontalen Auflagerkräften, wie aus den Schnittführungen in *Bild 4.110* unmittelbar erkennbar ist.

Normalkraftlinie:

Die Berechnung erfolgt mit den bekannten Querkräften durch Formulierung der Gleichgewichtsbedingungen $\sum H = 0$, $\sum V = 0$ an den durch Rundschnitte freigelegten Knoten.

Die Zustandslinien sind in *Bild 4.111* dargestellt.

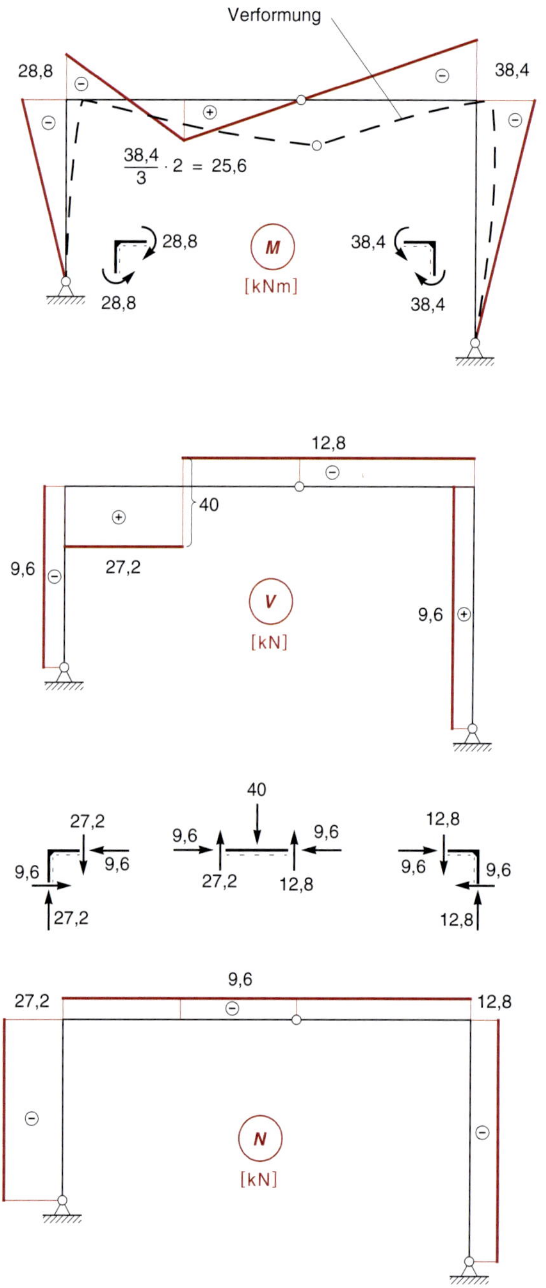

Bild 4.111 Zustandslinien des Dreigelenkrahmens

Beispiel 4.16

Für den in *Bild 4.112* dargestellten Dreigelenkrahmen sind die Zustandslinien infolge der angegebenen Belastung zu ermitteln.

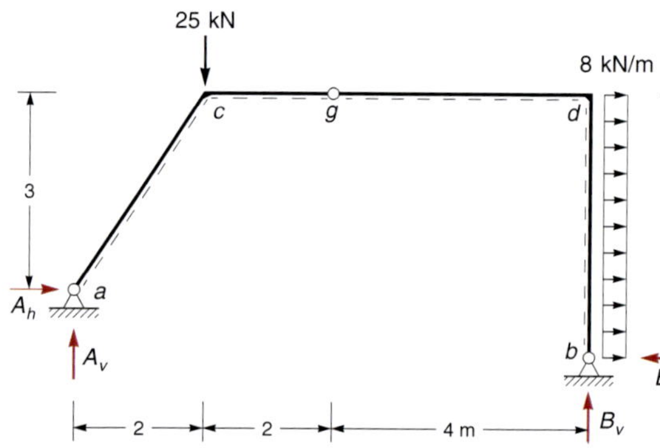

Bild 4.112 System und Belastung des Dreigelenkrahmens

Auflagerkräfte:

Wir bilden zunächst die Momentengleichgewichtsbedingung bezüglich des Auflagerpunktes a und erhalten eine Gleichung für die Unbekannten B_v und B_h. Die zweite Gleichung für diese Unbekannten ergibt sich aus der Bedingung $\sum M = 0$ bezüglich des Gelenkpunktes für das freigeschnittene rechte Teilsystem.

$$\sum M_{(a)} = 0: \quad B_v \cdot 8 - B_h \cdot 1 - 25 \cdot 2 - 8 \cdot 4 \cdot 1 = 0$$

$$\sum M_{(g)}^{\text{TS, re}} = 0: \quad B_v \cdot 4 - B_h \cdot 4 + 8 \cdot 4^2/2 = 0$$

Durch Lösung des Gleichungssystems folgen die beiden gesuchten Auflagerkräfte B_v und B_h.

$$\begin{bmatrix} 8 & -1 \\ 4 & -4 \end{bmatrix} \begin{bmatrix} B_v \\ B_h \end{bmatrix} = \begin{bmatrix} 82 \\ -64 \end{bmatrix} \Rightarrow \begin{bmatrix} B_v \\ B_h \end{bmatrix} = \begin{bmatrix} 14 \text{ kN} \\ 30 \text{ kN} \end{bmatrix}$$

Die beiden Auflagerkräfte im Punkt a erhalten wir am einfachsten durch die Kräftegleichgewichtsbedingungen $\sum H = 0$ und $\sum V = 0$ am Gesamtsystem.

$$\sum H = 0: \quad A_h + 8 \cdot 4 - 30 = 0 \Rightarrow A_h = 30 - 32 = -2 \text{ kN}$$

$$\sum V = 0: \quad -A_v + 25 - 14 = 0 \Rightarrow A_v = 11 \text{ kN}$$

Die horizontale Auflagerkraft A_h ergibt sich negativ, sie wirkt also nach links. Zur Kontrolle bilden wir die Momentensumme um den Auflagerpunkt b am Gesamtsystem.

$$\sum M_{(b)} = -11 \cdot 8 + 2 \cdot 1 + 25 \cdot 6 - 8 \cdot 4^2/2 = 0\,!$$

Momentenlinie:

- Riegel (Bereich $c - d$)

Es ist bei diesem Beispiel vorteilhaft, die Querkraft im Gelenk zu ermitteln. Sie ergibt sich am rechten Teilsystem aus der Bedingung $\sum V = 0$. Damit kann der Momentenverlauf im Riegel ermittelt werden.

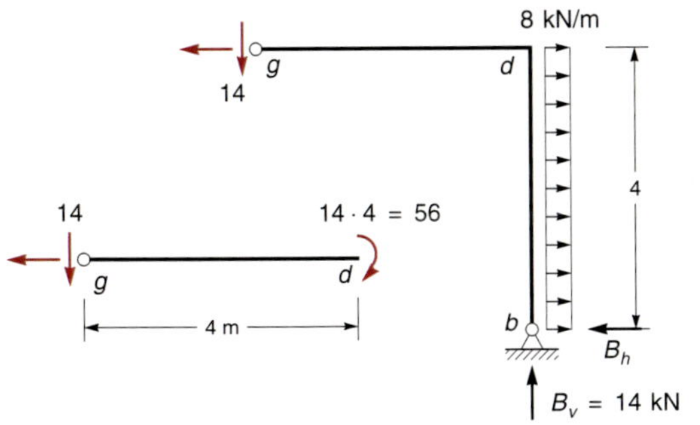

Bild 4.113 Abgetrennte Teilsysteme

Da im Riegel keine Belastung wirkt, ist der Verlauf linear. Das Moment im Punkt d folgt aus dem Momentengleichgewicht am abgetrennten Riegelbereich $g - d$, siehe *Bild 4.113*. Der Drehsinn ist so, dass oben Zug erzeugt wird. Die Ordinate ist also nach oben aufzutragen.

Das Moment im Punkt c kann z. B. aus dem Strahlensatz ermittelt werden, da die Gerade keinen Knick haben darf. Die Momentenordinate liegt daher auf der unteren Seite, also ist in der linken Rahmenecke innen Zug.

- Linker Stiel (Bereich $a - c$)

Der Verlauf ist linear, die obere Ordinate kann aus der Bedingung $\sum M = 0$ am freigeschnittenen Knoten c ermittelt werden.

- Rechter Stiel (Bereich $b - d$)

Die obere Ordinate folgt aus der Bedingung $\sum M = 0$ am freigeschnittenen Knoten d. Der parabolische Verlauf aufgrund der konstanten Streckenlast kann durch Einhängen der $ql^2/8$-Parabel qualitativ gezeichnet werden.

Querkraftlinie:

Die konstante Querkraft im Riegel wurde bereits ermittelt. Im linken Stiel ist die Querkraft ebenfalls konstant. Sie kann aus der Steigung der Momentenlinie berechnet werden. Das Vorzeichen ist positiv, weil das Moment von links nach rechts, bezogen auf die gestrichelte Seite, größer wird.

Im rechten Stiel ergibt sich die Querkraft aus der Beziehung:

$$V = V^0 + \frac{M_{\text{re}} - M_{\text{li}}}{l} = \mp \frac{8 \cdot 4}{2} + \frac{0 - (-56)}{4} = \mp 16 + 14$$

Damit erhalten wir:

$$V_d = -16 + 14 = -2 \text{ kN}$$

$$V_b = 30 \text{ kN}$$

Die Querkraft in b muss selbstverständlich gleich der Auflagerkraft B_h sein. Bei der Anwendung der Beziehung zur Berechnung der Querkräfte ist der Anteil V^0 aus der Streckenlast mit umgekehrten Vorzeichen eingesetzt worden, weil die Streckenlast, von der gestrichelten Seite aus gesehen, nach oben wirkt.

Normalkraftlinie:

Durch einen Rundschnitt um den Koten d ergeben sich die Normalkräfte im Riegel und im rechten Stiel aus dem Kräftegleichgewicht.

Um die Normalkraft im geneigten Stiel zu ermitteln, wird der Auflagerpunkt a freigeschnitten. Die beiden Auflagerkräfte werden in Richtung der Stabachse und senkrecht zur Stabachse zerlegt. Die Normalkraft folgt aus dem Kräftegleichgewicht in Richtung der Stabachse.

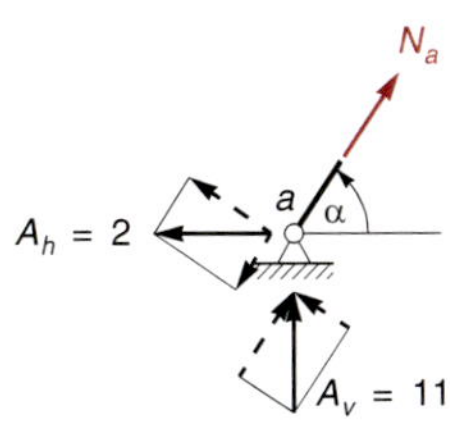

Bild 4.114 Freigeschnittener Auflagerpunkt a

$$\overset{+\nearrow}{\sum} F = 0{:}\quad N_a + A_v \cdot \sin\alpha - A_h \cdot \cos\alpha = 0$$

$$N_a = A_h \cdot \cos\alpha - A_v \cdot \sin\alpha = 2 \cdot \frac{2}{\sqrt{13}} - 11 \cdot \frac{3}{\sqrt{13}}$$

$$N_a = -8{,}043 \text{ kN}$$

4

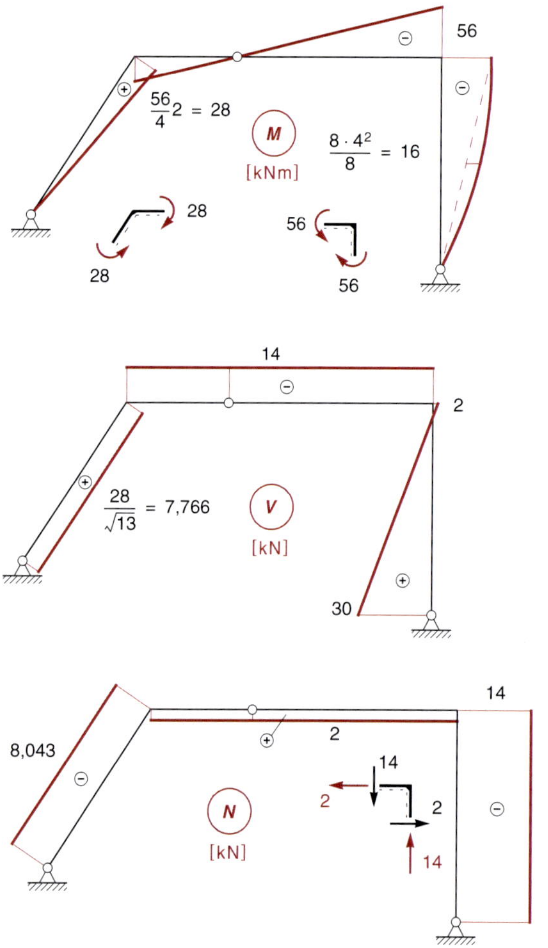

Bild 4.115 Zustandslinien des Dreigelenkrahmens

4.3.4.2 Dreigelenkbögen

Die Berechnung der Auflagerkräfte ist von der Form der Scheiben unabhängig, da in die Berechnung nur die Lage der drei Gelenke eingeht. Der Unterschied zwischen Dreigelenkrahmen und Dreigelenkbogen kommt erst bei der Ermittlung der Schnittgrößen zum Tragen. Die Schnittgrößenermittlung für Tragwerke mit gekrümmter Stabachse wurde bereits in Abschnitt 4.2.8 erläutert. Die Transformationsbeziehung zur Ermittlung der Schnittkräfte ist die Gl. (4.7).

$$N_i = H_i \cdot \cos\alpha - \tilde{V}_i \cdot \sin\alpha$$

$$V_i = H_i \cdot \sin\alpha + \tilde{V}_i \cdot \cos\alpha$$

Für diese Beziehung wird der Neigungswinkel der Tangente an die Stabachse benötigt.

Der Tangens des Neigungswinkels ist die Ableitung der Funktion, die die Form der Stabachse beschreibt.

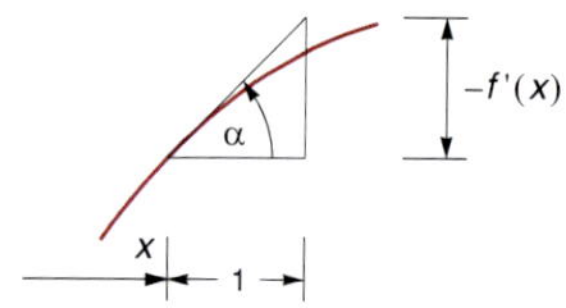

Bild 4.116 Stabachse des Bogens mit Tangente

Nach *Bild 4.116* ergeben sich die Winkelfunktionen aus der Ableitung wie folgt.

$$\sin\alpha = \frac{-f'}{\sqrt{1+f'^2}} \qquad \cos\alpha = \frac{1}{\sqrt{1+f'^2}}$$

Das Minuszeichen für $f'(x)$ folgt daraus, dass die z-Koordinate nach unten positiv ist und in der Abbildung der Zuwachs nach oben, also entgegengerichtet ist.

Beispiel 4.17

Für den in *Bild 4.117* dargestellten Dreigelenkbogen sind die Zustandslinien zu berechnen. Die Form des Bogens ist eine quadratische Parabel.

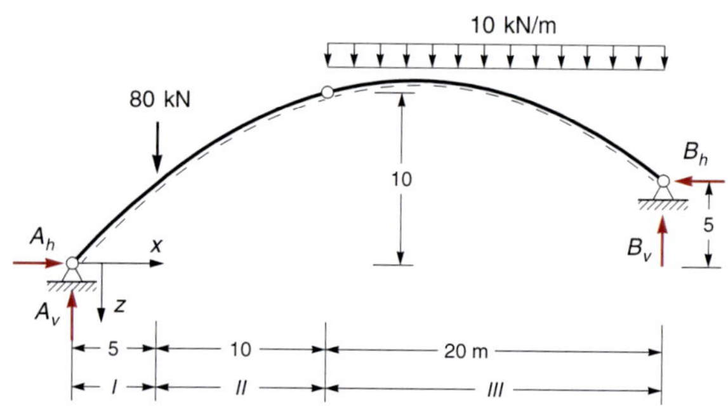

Bild 4.117 Dreigelenkbogen

Bei der nachfolgend dokumentierten Berechnung wurden die End- und Zwischenergebnisse aus Gründen der Übersichtlichkeit gerundet. Die Berechnung wurde jedoch mit mehr als den angegebenen Stellen durchgeführt.

Auflagerkräfte:

$\sum M_{(a)} = 0: \quad B_v \cdot 35 + B_h \cdot 5 - 10 \cdot 20 \cdot 25 - 80 \cdot 5 = 0$

$\sum M_{(g)}^{\text{TS, re}} = 0: \; B_v \cdot 20 - B_h \cdot 5 - 10 \cdot 20^2/2 = 0$

$$\begin{bmatrix} 35 & 5 \\ 20 & -5 \end{bmatrix} \begin{bmatrix} B_v \\ B_h \end{bmatrix} = \begin{bmatrix} 5400 \\ 2000 \end{bmatrix} \Rightarrow \begin{bmatrix} B_v \\ B_h \end{bmatrix} = \frac{1}{11} \begin{bmatrix} 1480 \\ 1520 \end{bmatrix} = \begin{bmatrix} 134{,}55 \\ 138{,}18 \end{bmatrix}$$

$\sum H = 0: \; A_h - B_h = 0 \Rightarrow A_h = 138{,}18 \text{ kN}$

$\sum V = 0: \; -A_v + 80 + 10 \cdot 20 - 134{,}55 = 0$

$\Rightarrow A_v = 145{,}46 \text{ kN}$

Zustandslinien:

Die Stabachse des Bogens folgt der Gleichung einer quadratischen Parabel. Diese ist durch die drei Gelenkpunkte eindeutig bestimmt.

Die allgemeine Form einer quadratischen Parabel lautet:

$$z = a_0 + a_1 \cdot x + a_2 \cdot x^2$$

Durch Einsetzen der Koordinaten der drei Gelenkpunkte ergeben sich drei Bestimmungsgleichungen für die Parameter a_i.

$$z(0) = 0 \Rightarrow a_0 = 0$$

$$z(15) = a_1 \cdot 15 + a_2 \cdot 15^2 = -10$$

$$z(35) = a_1 \cdot 35 + a_2 \cdot 35^2 = -5$$

$$\begin{bmatrix} 15 & 15^2 \\ 35 & 35^2 \end{bmatrix} \begin{bmatrix} a_1 \\ a_2 \end{bmatrix} = \begin{bmatrix} -10 \\ -5 \end{bmatrix}$$

$$\Rightarrow \begin{bmatrix} a_1 \\ a_2 \end{bmatrix} = \frac{1}{420} \begin{bmatrix} -445 \\ 11 \end{bmatrix} = \begin{bmatrix} -1{,}059500 \\ 0{,}026191 \end{bmatrix}$$

$$z = -\frac{89}{84} \cdot x + \frac{11}{420} \cdot x^2$$

$$z = -1{,}0595 \cdot x + 0{,}026191 \cdot x^2$$

Für die Berechnung der Winkelfunktionen wird die Ableitung benötigt.

$$z' = -\frac{89}{84} + \frac{11}{210} \cdot x = 0{,}052381 \cdot x - 1{,}0595$$

Der gesamte Bogenbereich ist in drei Abschnitte aufzuteilen, weil im Angriffspunkt der Einzelkraft sowie am Beginn der Streckenlast Unstetigkeitsstellen vorliegen.

Es werden zunächst nur die Schnittkräfte $H(x)$ und $\tilde{V}(x)$ ermittelt. Die Transformation der Kräfte in Richtung der Stabachse und senkrecht dazu erfolgt später.

Bereich *I*

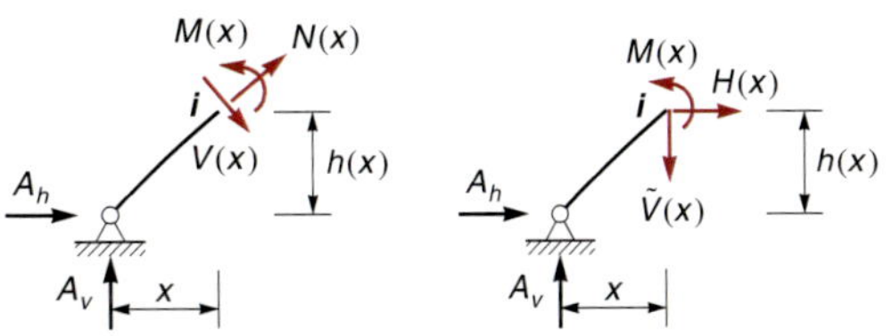

Bild 4.118 Schnittbild für Bereich *I*

Das Moment ergibt sich aus der Gleichgewichtsbedingung $\sum M_{(i)} = 0$. Es gehen nur die beiden Auflagerkräfte ein.

$$M(x) = A_v \cdot x - A_h \cdot h(x)$$

Der Abstand $h(x)$ entspricht der negativen z-Koordinate.

$$M(x) = A_v \cdot x - A_h \cdot \left(\frac{89}{84} \cdot x - \frac{11}{420} \cdot x^2\right)$$

$$= \left(A_v - \frac{89}{84} A_h\right) x + A_h \cdot \frac{11}{420} \cdot x^2$$

$$= -0{,}95238 x + 3{,}6191 x^2$$

Die horizontale und vertikale Schnittkraft sind konstant.

$$\tilde{V}(x) = A_v = 145{,}46$$

$$H(x) = -A_h = -138{,}18$$

Bereich *II*

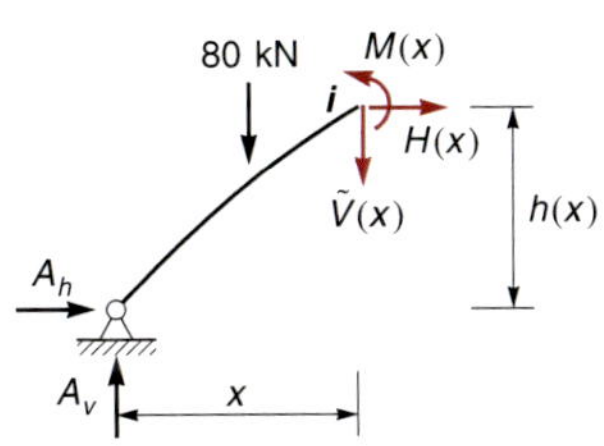

Bild 4.119 Schnittbild für Bereich *II*

Die Berechnung erfolgt analog zu Bereich *I*, wobei die auf dem Teilsystem vorhandene Einzelkraft zusätzlich zu berücksichtigen ist.

$$M(x) = A_v \cdot x - A_h \cdot h(x) - 80 \cdot (x-5)$$

Mit $h(x) = -z(x)$ und Einsetzen der Werte der Auflagerkräfte folgt die Beziehung für $M(x)$.

$$M(x) = A_v \cdot x - A_h \cdot \left(\frac{89}{84} \cdot x - \frac{11}{420} \cdot x^2\right) - 80 \cdot (x-5)$$

$$= -80{,}952x + 3{,}6191x^2 + 400$$

$$\tilde{V}(x) = A_v - 80 = 145{,}46 - 80 = 65{,}455$$

$$H(x) = -A_h = -138{,}18$$

Bereich *III*

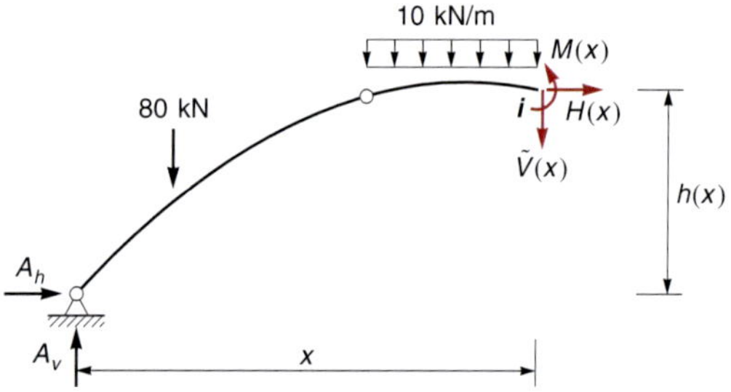

Bild 4.120 Schnittbild für Bereich *III*

In diesem Bereich ist ein Anteil der Streckenlast bei der Schnittgrößenermittlung zu berücksichtigen.

$$M(x) = A_v \cdot x - A_h \cdot h(x) - 80 \cdot (x-5) - 10 \cdot (x-15)^2/2$$

$$= A_v \cdot x - A_h \cdot \left(\frac{89}{84} \cdot x - \frac{11}{420} \cdot x^2\right) - 5x^2 + 70x - 725$$

$$= \left(A_v - \frac{89}{84}A_h\right)x + A_h \cdot \frac{11}{420} \cdot x^2 - 5x^2 + 70x - 725$$

$$= -1{,}3809x^2 + 69{,}048x - 725$$

$$\tilde{V}(x) = A_v - 80 - 10 \cdot (x-15) = -10x + 215{,}46$$

$$H(x) = -A_h = -138{,}18$$

Die Schnittgrößen werden nun im horizontalen Abstand von 2,5 m ausgewertet. Für die Transformation der globalen Schnittkräfte in die lokalen Schnittkräfte werden die folgenden Beziehungen benötigt.

$$N_i = H_i \cdot \cos\alpha - \tilde{V}_i \cdot \sin\alpha$$

$$V_i = H_i \cdot \sin\alpha + \tilde{V}_i \cdot \cos\alpha$$

$$\sin\alpha = \frac{z'}{\sqrt{1+z'^2}}$$

$$\cos\alpha = \frac{1}{\sqrt{1+z'^2}}$$

$$z' = -\frac{89}{84} + \frac{11}{210} \cdot x = 0{,}052381 \cdot x - 1{,}0595$$

Die Schnittgrößen des Bogens sind in *Tabelle 4.2* angegeben. Für die Nachvollziehbarkeit der Berechnung sind neben z' auch die Winkelfunktionen zur Ermittlung der Quer- und Normalkräfte angegeben.

Die Schnittgrößenverläufe zeigt *Bild 4.121*.

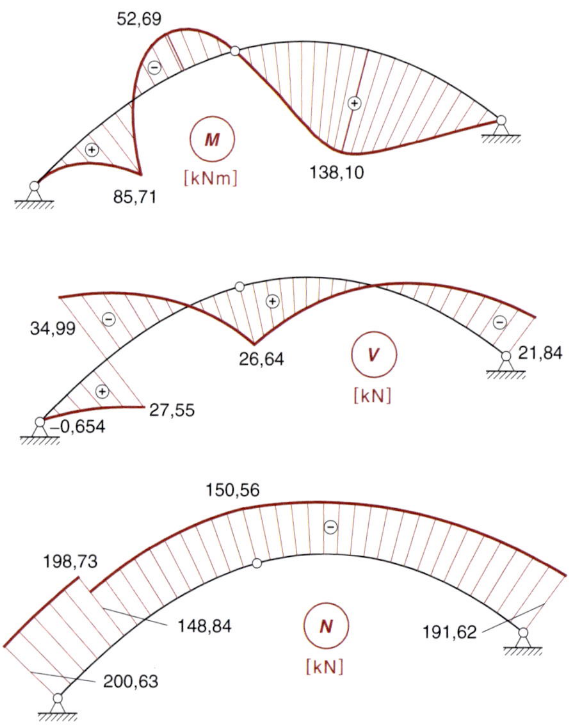

Bild 4.121 Zustandslinien des Dreigelenkbogens

Exemplarisch wird die Berechnung der Schnittgrößen für die Stelle $x = 20$ m ausführlich angegeben.

$$M(x) = -1{,}3809x^2 + 69{,}048x - 725$$

$$M(20) = -1{,}3809 \cdot 20^2 + 69{,}048 \cdot 20 - 725 = 103{,}57$$

$$\tilde{V}(x) = -10x + 215{,}46$$

$$\tilde{V}(20) = -10 \cdot 20 + 215{,}46 = 15{,}455$$

$$H(20) = -138{,}18$$

$$\begin{aligned} z' &= 0{,}05238095 \cdot x - 1{,}059524 \\ &= 0{,}05238095 \cdot 20 - 1{,}059524 \\ &= -0{,}011905 \end{aligned}$$

$$\sin\alpha = \frac{-z'}{\sqrt{1+z'^2}} = \frac{-(-0{,}011905)}{\sqrt{1+0{,}011905^2}} = 0{,}011904$$

$$\cos\alpha = \frac{1}{\sqrt{1+z'^2}} = \frac{1}{\sqrt{1+0{,}011905^2}} = 0{,}99993$$

$$N_i = H_i \cdot \cos\alpha - \tilde{V}_i \cdot \sin\alpha$$

$$V_i = H_i \cdot \sin\alpha + \tilde{V}_i \cdot \cos\alpha$$

$$N_i = H_i \cdot \cos\alpha - \tilde{V}_i \cdot \sin\alpha$$

$$N_i = -138{,}18 \cdot 0{,}99993 - 15{,}455 \cdot 0{,}011905 = -138{,}36$$

$$V_i = H_i \cdot \sin\alpha + \tilde{V}_i \cdot \cos\alpha$$

$$V_i = -138{,}18 \cdot 0{,}011904 + 15{,}455 \cdot 0{,}99993 = 13{,}809$$

In den Bereichen *II* und *III* hat das Moment lokale Extremwerte, sie ergeben sich an den Nullstellen der Ableitung der Momentenfunktionen.

Bereich *II*

$$M'(x) = -80{,}952 + 7{,}2381x = 0$$

$$\Rightarrow x_0 = \frac{80{,}952}{7{,}2381} = 11{,}184$$

$$\begin{aligned} M(x_0) &= -80{,}952 \cdot 11{,}184 + 3{,}6191 \cdot 11{,}184^2 + 400 \\ &= -52{,}69 \end{aligned}$$

Bereich *III*

$$M'(x) = -2{,}7619x + 69{,}048 = 0$$

$$\Rightarrow x_0 = \frac{69{,}048}{2{,}7619} = 25$$

$$\begin{aligned} M(x_0) &= -1{,}3809 \cdot 25^2 + 69{,}048 \cdot 25 - 725 \\ &= 138{,}10 \end{aligned}$$

Tabelle 4.2 Schnittgrößen des Dreigelenkbogens

x [m]	*M* [kNm]	*H* [kN]	$\tilde{V}$ [kN]	*z'*	sin α	cos α	*V* [kN]	*N* [kN]
0,0	0,00	–138,18	145,45	–1,0595	0,72724	0,68638	–0,65	–200,63
2,5	20,24	–138,18	145,45	–0,92857	0,68045	0,73279	12,56	–200,23
5,0	85,71	–138,18	145,45	–0,79761	0,62356	0,78178	27,55	–198,73
		–138,18	65,45				–34,99	–200,23
7,5	–3,57	–138,18	65,45	–0,66667	0,55470	0,83205	–22,19	–151,28
10,0	–47,62	–138,18	65,45	–0,53571	0,47222	0,88148	–7,56	–152,71
12,5	–46,43	–138,18	65,45	–0,40476	0,37519	0,92695	8,83	–152,65
15,0	0,00	–138,18	65,45	–0,27381	0,26409	0,96450	26,64	–150,56
17,5	60,42	–138,18	40,45	–0,14286	0,14142	0,98995	20,51	–142,51
20,0	103,57	–138,18	15,45	–0,01191	0,01190	0,99993	13,81	–138,36
22,5	129,46	–138,18	–9,55	0,11905	–0,11821	0,99299	6,86	–138,34
25,0	138,10	–138,18	–34,55	0,25000	–0,24254	0,97014	0,00	–142,43
27,5	129,46	–138,18	–59,55	0,38095	–0,35600	0,93449	–6,45	–150,33
30,0	103,57	–138,18	–84,55	0,51190	–0,45567	0,89015	–12,29	–161,53
32,5	60,42	–138,18	–109,55	0,64286	–0,54076	0,84118	–17,42	–175,47
35,0	0,00	–138,18	–134,55	0,77381	–0,61198	0,79087	–21,84	–191,62

4.3.5 Anschlüsse von Tragwerksteilen

Neben dem bereits bekannten Momentengelenk, können Tragwerksteile auch durch andere Anschlüsse verbunden sein. Charakteristisch für die Anschlüsse in *Bild 4.122* ist, dass eine Schnittgröße gleich null ist. Theoretisch sind auch Anschlüsse denkbar, bei denen zwei Schnittgrößen gleich null sind, sie haben aber keine praktische Relevanz und werden nicht weiter betrachtet. Die Kraftgrößen (Kräfte oder Momente), die in einem Anschluss übertragen werden können oder gleich null sind, stehen immer im Zusammenhang mit einer zugehörigen Weggröße (Verschiebung oder Drehung). Ist eine Bewegung unbehindert möglich, ist die dazu gehörige Kraftgröße gleich null. Andererseits kann eine Kraftgröße übertragen werden, wenn die dazu gehörige Bewegung nicht möglich ist.

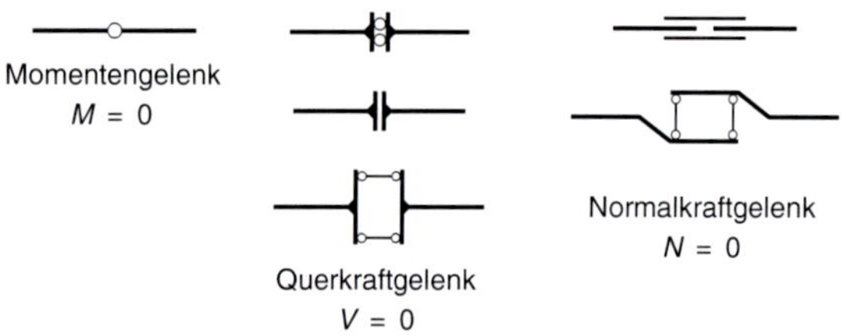

Bild 4.122 Anschlussformen von Tragwerkteilen

- Momentengelenk

Bei einem Momentengelenk ist das Moment gleich null und die Stäbe können sich im Gelenk relativ zu einander drehen. Diese Relativdrehung wird als *Knick* bezeichnet. Die Verschiebungen sind im Gelenkpunkt gleich (keine Relativverschiebung), daher werden zwei Kräfte im Gelenk übertragen.

- Querkraftgelenk

In einem Querkraftgelenk können sich die beiden Stäbe senkrecht zur Stabachse unabhängig voneinander verschieben, die Querkraft kann nicht übertragen werden und ist gleich null. Die Relativbewegung senkrecht zur Stabachse wird als *Klaffung* bezeichnet. Da im Querkraftgelenk sowohl die Verschiebung in Richtung der Stabachse als auch die Drehung beider Stäbe gleich ist, kann eine Normalkraft und ein Moment übertragen werden.

- Normalkraftgelenk

Ein Normalkraftgelenk entspricht einem um 90° gedrehten Querkraftgelenk.

Eine Querkraft und ein Moment können übertragen werden, da die Verschiebung senkrecht zur Stabachse und die Drehung beider Stäbe gleich ist. Die Normalkraft ist gleich null, da beide Stäbe sich in Richtung ihrer Achse relativ zu einander verschieben können. Diese Relativverschiebung nennt man *Spreizung*.

Beispiel 4.18

Für den dargestellten Träger mit Querkraftgelenk sind die Zustandslinien zu ermitteln.

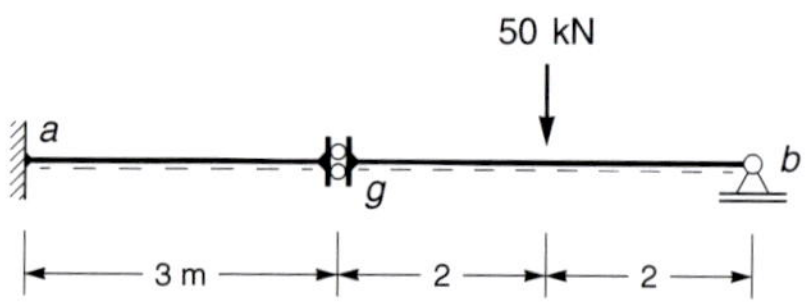

Bild 4.123 Träger mit Querkraftgelenk

Aufgrund des dreiwertigen Auflagers im Punkt *a* und des einwertigen Lagers im Punkt *b* gibt es am Gesamtsystem vier unbekannte Reaktionen. Dem gegenüber stehen drei Gleichgewichtsbedingungen. Eine vierte Gleichung ergibt sich aus der Bedingung, dass die Querkraft im Gelenkpunkt gleich null sein muss.

Zerlegt man das Tragwerk mit einem Schnitt durch das Gelenk in zwei Teile, so werden durch den Schnitt zwei unbekannte Zwischenreaktionen freigelegt, sodass insgesamt sechs Unbekannte vorhanden sind. Da für jedes Teilsystem drei Gleichgewichtsbedingungen zur Verfügung stehen, ist die Bilanz ausgeglichen, das System ist statisch bestimmt.

Das Ziel ist wiederum, zusätzlich zu den drei Gleichgewichtsbedingungen am Gesamtsystem eine vierte Gleichung an einem Teilsystem so aufzustellen, dass die unbekannten Zwischenreaktionen im Gelenk nicht in die Gleichung eingehen.

Aus der Bedingung $\sum H = 0$ am Gesamtsystem folgt unmittelbar $A_h = 0$, da keine weiteren Horizontalkräfte wirken.

Eine weitere, völlige Entkopplung der Gleichungen erhalten wir, wenn wir das mit einem Schnitt durch das

Gelenk abgetrennte rechte Teilsystem betrachten. Dieses Vorgehen entspricht einer Berechnung entgegen der Reihenfolge des Aufbaus, da von den beiden Teilsystemen nur der linke Kragträger für sich stehen kann und daher zuerst eingebaut werden muss.

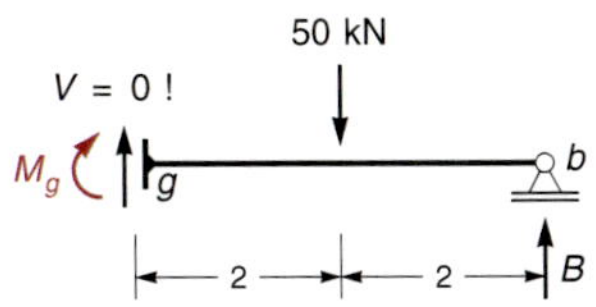

Bild 4.124 Schnitt durch Querkraftgelenk, rechtes Teilsystem

Da im Querkraftgelenk $V = 0$ ist, werden nur ein Moment und eine Normalkraft freigelegt. Die Normalkraft ist jedoch gleich null, wie wir schon vorab festgestellt haben.

Formulieren wir nun an diesem Teilsystem die Gleichgewichtsbedingung $\sum M = 0$, so geht die Unbekannte M_g in die Gleichung ein. Eine Gleichung, in die keine neue Unbekannte eingeht, ist die Gleichgewichtsbedingung $\sum V = 0$, weil die Querkraft im Gelenkpunkt gleich null ist. Damit ergibt sich:

$$\sum V = 0: \quad 50 - B = 0 \Rightarrow B = 50 \text{ kN}$$

Die Auflagerkraft B bildet mit der äußeren Kraft von 50 kN ein Kräftepaar mit dem Abstand 2 m, das im Gegenuhrzeigersinn dreht. Das Schnittmoment links vom Angriffspunkt der Kraft muss daher mit $50 \cdot 2 = 100$ kNm entgegendrehen, es erzeugt auf der unteren Balkenseite Zug (siehe *Bild 4.124*).

Im Bereich zwischen dem Auflagerpunkt a und der Einzelkraft wirkt keine Belastung. Darum ist im gesamten Bereich $V = 0$ und der Momentenverlauf konstant, wie in *Bild 4.126* dargestellt ist.

Die Auflagerreaktionen erhalten wir durch einen Schnitt um den Auflagerpunkt a aus den Bedingungen $\sum V = 0$ und $\sum M = 0$.

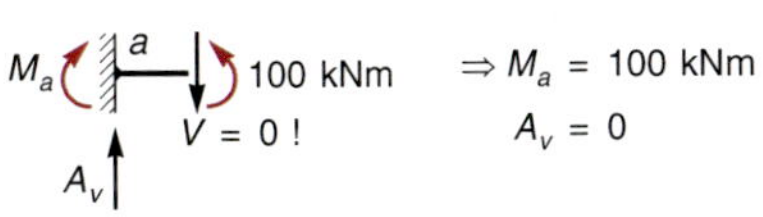

Bild 4.125 Elementschnitt im Auflagerpunkt *a*

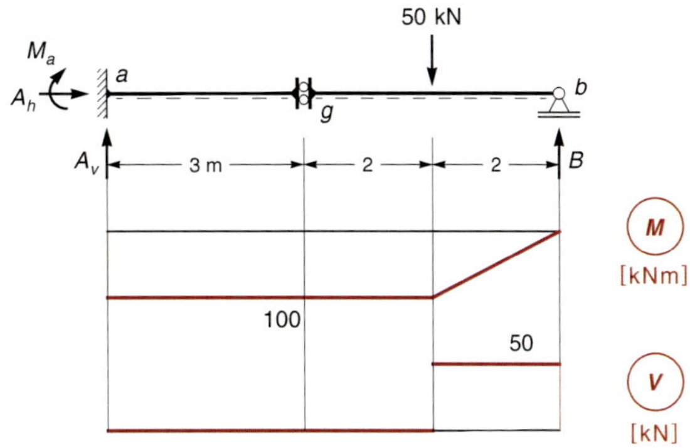

Bild 4.126 Zustandslinien

4.4 Stützlinien

Bei der Ermittlung von Auflagerkräften und Auflagermomenten gehen in die Berechnung nur die auf einer Scheibe wirkenden Kräfte ein, die Form der Scheibe ist ohne Bedeutung. Erst bei der Schnittgrößenermittlung ist die Geometrie einer Scheibe relevant, da die Lage der Schnittstelle die Abstände der Kräfte bei der Anwendung der Momentengleichgewichtsbedingung festlegt.

Eine besonders günstige Tragwirkung ergibt sich bei statischen Systemen dann, wenn die Belastung nur durch Normalkräfte, also ohne Biegemomente abgetragen wird.

Eine Tragwerksform, bei der für eine bestimmte Belastung keine Biegemomente auftreten, heißt *Stützlinie*.

4.4.1 Stützlinien für Einzelkräfte

Bei der zeichnerischen Reduktion des allgemeinen ebenen Kräftesystems mithilfe des Seilecks in Abschnitt 3.1.2 konnte die Konstruktion als Gelenkkette interpretiert werden. Bei diesem aus beidseitig gelenkig angeschlossenen Stäben bestehenden Stabpolygon treten nur Normalkräfte auf. Die Gelenkkette stellt damit also die Stützlinie für das aus Einzelkräften bestehende Kräftesystem dar. In *Bild 3.4a* ergaben sich die Auflagerpunkte aus der Neigung und der Lage der äußeren Stäbe. Bei einer anderen Wahl des Pols in der Konstruktion des Seilecks hätte sich eine andere Lösung ergeben.

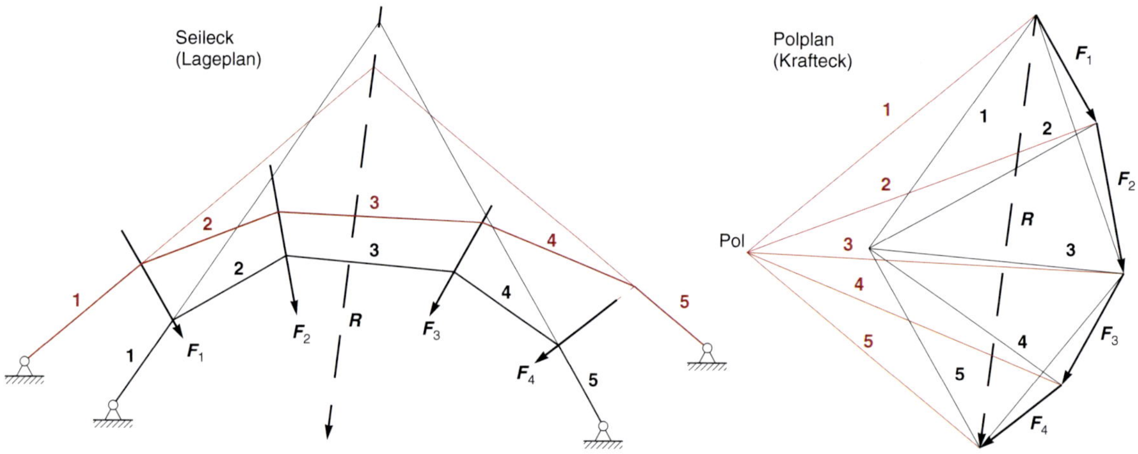

Bild 4.127 Konstruktion der Stützlinie für Einzelkräfte

In der Regel ist jedoch die Lage der Auflagerpunkte vorgegeben und die Aufgabenstellung ist nun, die Form des Tragwerks zwischen diesen Punkten so zu finden, dass die vorhandene Belastung keine Biegemomente erzeugt.

Betrachten wir noch einmal das Kräftesystem aus Abschnitt 3.1.2, *Bild 3.3*. Wir gehen davon aus, dass die Lage der Resultierenden ermittelt wurde. Die äußeren Stabkräfte müssen sich mit der Resultierenden in einem Punkt schneiden. Da die Auflagerpunkte vorgegeben sind, müssen die äußeren Seilstrahlen durch diese Punkte verlaufen. Damit kann eine Größe in der Konstruktion noch frei festgelegt werden. Legen wir z. B. die Neigung des linken äußeren Seilstrahls 1 fest, so ist auch der rechte äußere Seilstrahl 5 festgelegt, da er durch den Schnittpunkt des Seilstrahls 1 mit der Resultierenden einerseits und dem rechten Auflagerpunkt andererseits verlaufen muss.

Bild 4.127 zeigt zwei Stützlinienkonstruktionen für verschiedene vorgegebene Auflagerpunkte. Die Neigung der äußeren Stäbe ist ebenfalls durch unterschiedliche Schnittpunkte mit der Wirkungslinie der Resultierenden variiert.

Ist neben den beiden Auflagerpunkten ein weiterer Punkt des Tragwerks vorgegeben, so ist die zeichnerische Lösung nicht mehr so einfach zu finden.

Dies ist z. B. bei einem Dreigelenktragwerk der Fall, wo der dritte Punkt durch das Gelenk zwischen den beiden Scheiben festgelegt ist. In diesem Fall ermittelt man zunächst die Auflagerkräfte, wodurch die Neigung der äußeren Polstrahlen und damit die Lage des Pols festgelegt ist.

Wir betrachten noch den Sonderfall äquidistant verteilter vertikaler Einzelkräfte gleicher Größe.

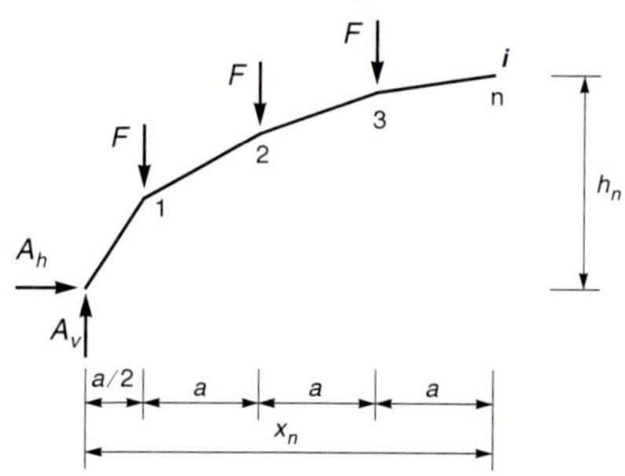

Bild 4.128 Stützlinie bei äquidistanten vertikalen Einzelkräften

$$\sum M_{(i)} = 0:$$

$$-A_v \cdot x_n + A_h \cdot h_n + F \cdot a \cdot (1 + 2 + \ldots + (n-1)) = 0$$

$$h_n = \frac{A_v}{A_h} \cdot x_n - \frac{F \cdot a}{A_h}(1 + 2 + \ldots + (n-1))$$

Mit $1 + 2 + \ldots + (n-1) = \dfrac{n(n-1)}{2}$ folgt:

$$h_n = \frac{A_v}{A_h} \cdot x_n - \frac{F \cdot a}{2A_h} n(n-1) \qquad (4.8)$$

$$\Delta h = h_n - h_{n-1}$$

$$= \frac{A_v}{A_h} \cdot x_n - \frac{F \cdot a}{2A_h} n(n-1)$$

$$-\left(\frac{A_v}{A_h} \cdot x_{n-1} - \frac{F \cdot a}{2A_h}(n-1)(n-2)\right)$$

$$= \frac{A_v}{A_h} \cdot (x_n - x_{n-1}) - \frac{F \cdot a}{2A_h}(n(n-1) - (n-1)(n-2))$$

$$= \frac{A_v}{A_h} \cdot a - \frac{F \cdot a}{A_h}(n-1)$$

Die Steigung eines Geradenabschnittes des Polygonzuges ergibt sich aus:

$$\frac{\Delta h}{a} = \frac{A_v}{A_h} - \frac{F}{A_h}(n-1) \tag{4.9}$$

4.4.2 Stützlinien für verteilte Kräfte

Die Stützlinienermittlung für verteilte Kräfte folgt aus der Bedingung, dass das Biegemoment in jedem Punkt des Systems gleich null sein muss. Wir betrachten den abgetrennten Tragwerksteil in *Bild 4.129* und setzen eine vertikal wirkende, konstante Streckenlast voraus.

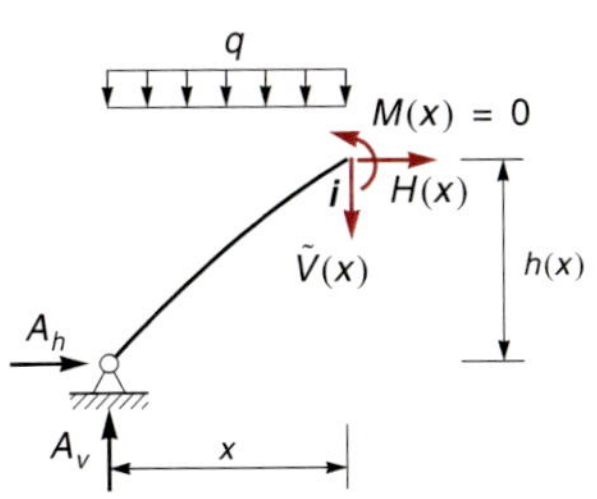

Bild 4.129 Tragwerksabschnitt mit konstanter Streckenlast

Die Gleichgewichtsbedingung $\sum M_{(i)} = 0$ liefert die Bestimmungsgleichung für den Funktionsverlauf der Stabachse.

$$\sum M_{(i)} = 0: \quad -A_v \cdot x + A_h \cdot h(x) + q \cdot x^2/2 = 0$$

$$h(x) = \frac{A_v \cdot x - q \cdot x^2/2}{A_h}$$

$$h(x) = \frac{A_v}{A_h} \cdot x - \frac{q}{2A_h} \cdot x^2 \tag{4.10}$$

Als Ableitung, also Neigung der Stabachse, folgt:

$$h'(x) = \frac{A_v}{A_h} - \frac{q}{A_h} \cdot x$$

Die *Form der Stützlinie* für eine konstante, vertikal wirkende Streckenlast ist also eine quadratische Parabel. Das Verhältnis der Auflagerkräfte A_v/A_h bestimmt dabei die Neigung der Stabachse im Auflagerpunkt.

Nach *Bild 4.129* ergeben sich die Schnittkräfte $H(x)$ und $\tilde{V}(x)$ aus den Gleichgewichtsbedingungen $\sum H = 0$ und $\sum V = 0$:

$$\sum H = 0: \qquad \Rightarrow H(x) = -A_h$$

$$\sum V = 0: \qquad \tilde{V}(x) + q \cdot x - A_v = 0$$

$$\Rightarrow \tilde{V}(x) = A_v - q \cdot x$$

$$h'(x) = \frac{A_v}{A_h} - \frac{q}{A_h} \cdot x = \frac{1}{A_h}(A_v - q \cdot x) = \frac{\tilde{V}(x)}{A_h} = -\frac{\tilde{V}(x)}{H(x)}$$

Aus dieser Beziehung folgt, dass die resultierende Schnittkraft die gleiche Richtung hat wie die Tangente an die Stabachse und daher gleich der Normalkraft ist.

Die Normalkraft ergibt sich damit zu:

$$N = -\sqrt{H^2 + \tilde{V}^2}$$

$$N(x) = -\sqrt{A_h^2 + (A_v - q \cdot x)^2}$$

Ersetzen wir die konstante Streckenlast durch n Einzelkräfte, so folgt die polygonale Stützlinienform nach Gl. (4.8):

$$h_n = \frac{A_v}{A_h} \cdot x_n - \frac{Fa}{2A_h} n(n-1)$$

Mit den Beziehungen $a = x_n/n$ bzw. $n = x_n/a$ und $F = q \cdot a$ erhalten wir:

$$h_n = \frac{A_v}{A_h} \cdot x_n - \frac{q \cdot a^2}{2A_h} \cdot \frac{x_n}{a} \cdot \left(\frac{x_n}{a} - 1\right)$$

$$h_n = \frac{A_v}{A_h} \cdot x_n - \frac{q}{2A_h} x_n(x_n - a)$$

Im Grenzübergang für unendlich viele Einzelkräfte ist $a = 0$ und es ergibt sich die Beziehung aus Gl. (4.10).

Die parabolische Stützlinie für die verteilte Belastung und der geradlinige Verlauf zwischen den Einzelkräften haben in der Mitte zwischen den Einzelkräften den gleichen Funktionswert und die gleiche Steigung. Dies ist aus den vorherigen Beziehungen einfach nachzurechnen.

Um die Stützlinie für allgemeine vertikale Streckenlastverläufe $q(x)$ zu ermitteln, betrachten wir einen infinitesimal kleinen Abschnitt aus dem Tragwerk in *Bild 4.130* und formulieren die Gleichgewichtsbedingungen.

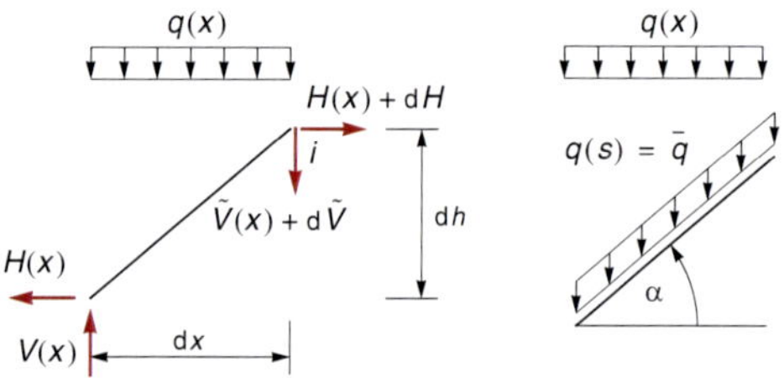

Bild 4.130 Tragwerksabschnitt mit Streckenlast

Aus der Gleichgewichtsbedingung $\sum V = 0$ folgt:

$$\mathrm{d}\tilde{V} - q(x)\mathrm{d}x = 0$$

$$\tilde{V}' = q$$

Die Bedingung $\sum M_{(i)} = 0$ ergibt:

$$-H \cdot \mathrm{d}h - \tilde{V} \cdot \mathrm{d}x + q \cdot \mathrm{d}x^2/2 = 0$$

$$\tilde{V} = -H \cdot h'$$

$$\tilde{V}' = -H \cdot h'' = q$$

$$h'' = -\frac{q}{H}$$

Da jedes Tragwerk durch sein Eigengewicht beansprucht wird, ist diese Belastung von besonderer Bedeutung. Im Fall eines Stabtragwerks mit konstantem Querschnitt ist die Streckenlast infolge des Eigengewichts in Stabrichtung konstant. Die Funktion $q(x)$ ergibt sich aus $\bar{q}(s)$, in Abhängigkeit von der Neigung der Tangente an die Stabachse.

$$q(x) = \frac{\bar{q}}{\cos\alpha}$$

Mit $\cos\alpha = \frac{1}{\sqrt{1+h'^2}}$ folgt

$$h'' = -\frac{\bar{q}}{H}\sqrt{1+h'^2} = \frac{1}{a}\sqrt{1+h'^2} \text{ mit } a = -\frac{H}{\bar{q}}$$

Die Lösung der Differenzialgleichung lautet:

$$h(x) = a \cdot \cosh\frac{x - x_0}{a} + h_0$$

Dies ist die Funktionsgleichung der sogenannten Kettenlinie. Befestigt man ein Seil in zwei Punkten, so nimmt das Seil infolge seines Eigengewichts die Form der Kettenlinie an. Die Stützlinie ist die Umkehrung dieser Form.

Beispiel 4.19

Für die Belastung und die Lagerungsbedingungen des Beispiels 4.11 ist die Stützlinie zu ermitteln.

Die Tragwerksform ist nicht mehr wie in Beispiel 4.11 als Viertelkreis vorgegeben. Sie ist nun für die gegebene konstante Streckenlast sowie die vorgegebenen Auflager so zu ermitteln, dass als Schnittgrößen nur Normalkräfte auftreten.

Da für die Berechnung der Auflagerkräfte die Form des Tragwerks ohne Bedeutung ist, können diese aus Beispiel 4.11 übernommen werden.

Mit $A_v = q \cdot R$ und $A_h = q \cdot R/2$ folgt aus Gl. (4.10) der Funktionsverlauf der Stützlinie.

$$h(x) = \frac{q \cdot R}{q \cdot R/2} \cdot x - \frac{q}{2q \cdot R/2} \cdot x^2 = 2 \cdot x - \frac{1}{R} \cdot x^2$$

Diese Funktion ist in *Bild 4.131* farbig eingetragen, zum Vergleich ist die viertelkreisförmige Tragwerksform des Beispiels 4.11 gestrichelt dargestellt.

Um den Zusammenhang zwischen den Stützlinien für Einzelkräfte und Streckenlasten zu zeigen, wird die Streckenlast durch drei Teilresultierende ersetzt und hierfür die Stützlinie ermittelt. Die Einzelkräfte sind:

$$F_1 = F_2 = F_3 = F = \frac{q \cdot R}{3}$$

Nach Gl. (4.8) gilt:

$$h_n = \frac{A_v}{A_h} \cdot x_n - \frac{Fa}{2A_h} n(n-1)$$

$$= \frac{q \cdot R}{q \cdot R/2} \cdot x_n - \frac{\frac{q \cdot R}{3}\frac{R}{3}}{2q \cdot R/2} n(n-1)$$

$$h_n = 2 \cdot x_n - \frac{R}{9} n(n-1)$$

Daraus folgen die Höhen der Stabachse an den Angriffspunkten der Kräfte.

$$h_1 = 2 \cdot \frac{1}{6}R = \frac{1}{3}R$$

$$h_2 = 2 \cdot \frac{1}{2}R - \frac{R}{9}2(2-1) = \frac{7}{9}R$$

$$h_3 = 2 \cdot \frac{5}{6}R - \frac{R}{9}3(3-1) = 2 \cdot \frac{5}{6}R - \frac{R}{9}3(3-1) = R$$

Damit sind die Knickpunkte des Polygonzuges rechnerisch bestimmt. Sie stimmen mit der zeichnerischen Konstruktion in *Bild 4.131* überein.

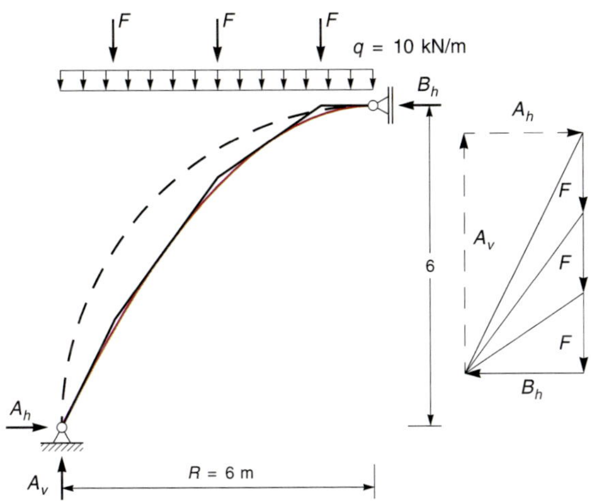

Bild 4.131 Stützlinie bei konstanter Streckenlast

4.5 Fachwerke

4.5.1 Definition des Fachwerks

Fachwerke bestehen aus Stäben, die in Knotenpunkten miteinander verbunden sind. Man geht dabei von folgenden Annahmen (Idealisierungen) aus.

1. Die Stäbe sind in den Knotenpunkten durch reibungsfreie Gelenke verbunden.
2. Die Stabachsen schneiden sich in den Knotenpunkten.
3. Die Stäbe sind gerade und gewichtslos.
4. Alle Lasten greifen nur in den Knoten an.

Aus diesen Annahmen folgt, dass als Schnittgrößen nur Normalkräfte auftreten. Momente und Querkräfte sind gleich null.

Obwohl diese Idealisierungen nicht der Realität entsprechen, liefert das Modell des Fachwerks bei entsprechenden Konstruktionen zutreffende Ergebnisse, da das wesentliche Tragverhalten der Konstruktion erfasst wird. Es sind jedoch Zusatzbetrachtungen erforderlich, die sich aus den nicht zutreffenden Annahmen ergeben.

Die üblichen Bezeichnungen bei Fachwerken sind in *Bild 4.132* dargestellt.

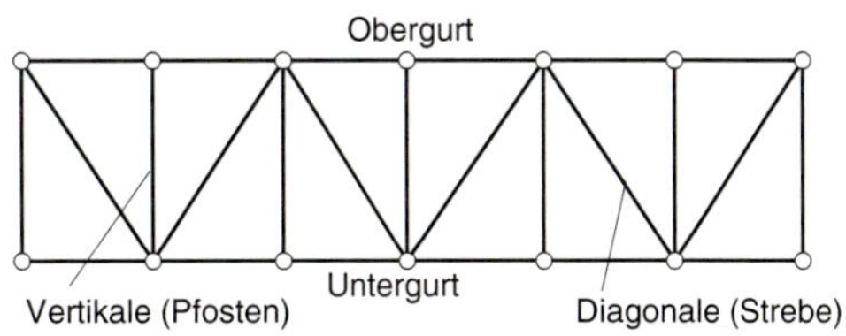

Bild 4.132 Bezeichnungen der Fachwerkstäbe

4.5.2 Fachwerkaufbau

1. Bildungsgesetz

Eine statisch bestimmte, in sich unverschiebliche Fachwerkscheibe entsteht aus einem *Stabdreieck*, wenn jeder neue Knoten durch zwei Stäbe angeschlossen wird, die nicht auf einer Geraden liegen (Aufbauprinzip).

Fachwerkscheiben, die nach dieser Regel aufgebaut werden können, heißen *einfache* Fachwerkscheiben. Den sukzessiven Aufbau eines *Rautenfachwerks* nach dem 1. Bildungsgesetz zeigt *Bild 4.133*.

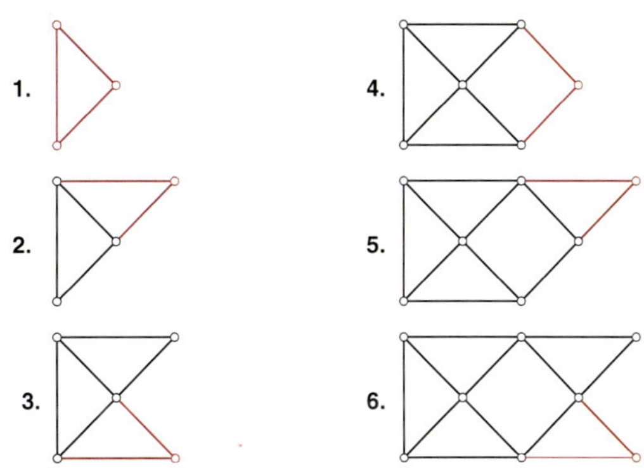

Bild 4.133 Aufbau eines Rautenfachwerks

2. Bildungsgesetz

Zwei in sich unverschiebliche Fachwerkscheiben können durch drei Stäbe zu einer Gesamtfachwerkscheibe verbunden werden. Die drei Stäbe dürfen dabei nicht parallel sein und sich nicht in einem Punkt schneiden (*Bild 4.134a*).

Alternativ ist auch eine direkte Kopplung beider Fachwerkscheiben in einem Knoten möglich. Mit einem weiteren Stab erhält man ein in sich unverschiebliches Gelenkdreieck (*Bild 4.134b*).

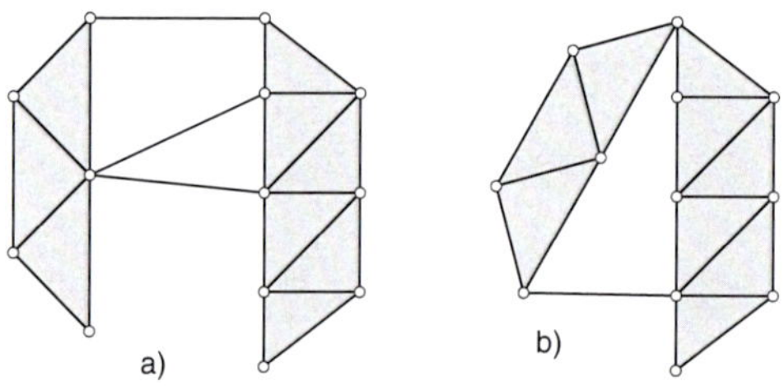

Bild 4.134 Beispiel zum 2. Bildungsgesetz

3. Bildungsgesetz

Mithilfe dieses Gesetzes ist es möglich, aus Fachwerkscheiben, die mit dem 1. oder 2. Bildungsgesetz entstanden sind, durch *Stabvertauschung* eine andere statisch bestimmte Fachwerkscheibe zu erhalten. Dazu wird ein Stab herausgenommen und an anderer Stelle ein neuer Stab eingesetzt. Der neue Stab ist zwischen solchen Knoten anzuordnen, die nach Entfernung des Austauschstabes sich kinematisch relativ zueinander bewegen können.

Bild 4.135a zeigt eine nichteinfache Fachwerkscheibe. Entfernt man den oberen horizontalen Stab, so entsteht der kinematische Mechanismus in *Bild 4.135b*. In sich unverschiebliche Teile sind in der Abbildung grau unterlegt. Um die dargestellte Verformung zu verhindern, kann der Diagonalstab in *Bild 4.135c* eingesetzt werden. Mit diesem Stab kann die Scheibe nach dem 1. Bildungsgesetz aufgebaut werden.

Die Behandlung solcher nichteinfacher Systeme mit dem Verfahren der Stabvertauschung nach *Henneberg* wird hier nicht weiter dargestellt, da die praktische Relevanz gering ist.

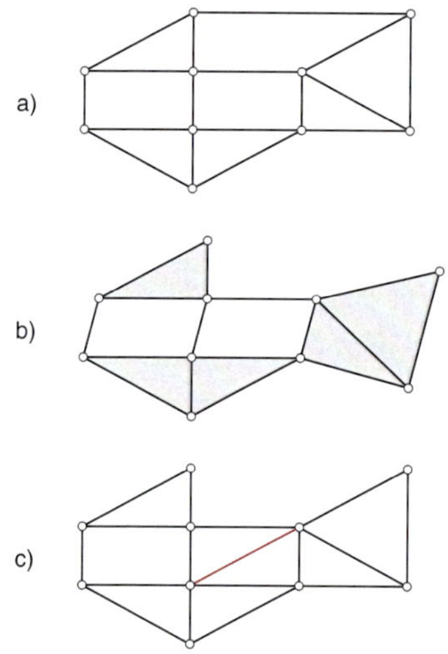

Bild 4.135 Beispiel zum 3. Bildungsgesetz

4.5.3 Berechnung der Stabkräfte

4.5.3.1 Ritterschnitt[1]

Grundlage der Berechnung ist wiederum das Schnittprinzip. Führt man einen Schnitt so durch das Tragwerk, dass es in zwei Teile zerlegt wird, spricht man von einem *Totalschnitt*. Das Gegenstück dazu ist der *Elementschnitt*, bei dem nur ein Teil des Tragwerks herausgeschnitten wird.

Das Verfahren des *Ritterschnitts* basiert auf der Anwendung eines Totalschnitts. Dabei wird vorausgesetzt, dass alle Auflagerkräfte bekannt sind. Je nach Schnittführung werden durch den Schnitt unterschiedlich viele Stäbe durchtrennt und damit entsprechend viele unbekannte Stabkräfte freigelegt. Das Ziel ist die Berechnung jeweils einer unbekannten Stabkraft mithilfe nur einer Gleichung. Wird als Gleichgewichtsbedingung $\sum M = 0$ gewählt, so kann durch geschickte Wahl des Bezugspunktes die Anzahl der in die Gleichung eingehenden Unbekannten beeinflusst werden. Werden bei der Schnittführung maximal drei unbekannte Stäbe geschnit-

1 August Ritter (1826 - 1908), seit 1856 Lehrer an der Polytechnischen Schule in Hannover, 1870 - 1899 Professor für Mechanik in Aachen

ten, so lassen sich in der Regel zwei davon zum Schnitt bringen.

Dieser Schnittpunkt wird als Bezugspunkt für die Momentensumme gewählt und ergibt eine Gleichung für die unbekannte dritte Stabkraft.

Bild 4.136*b* zeigt das durch den Totalschnitt abgetrennte linke Teilsystem. Durch den Schnitt sind die drei zu berechnenden Stabkräfte *O*, *D* und *U* freigelegt worden. Diese werden als Zugkräfte angesetzt. Grundsätzlich ist es beliebig, an welchem Teilsystem die Berechnung durchgeführt wird. Es sollte darum das Teilsystem gewählt werden, an dem der Berechnungsaufwand am geringsten ist.

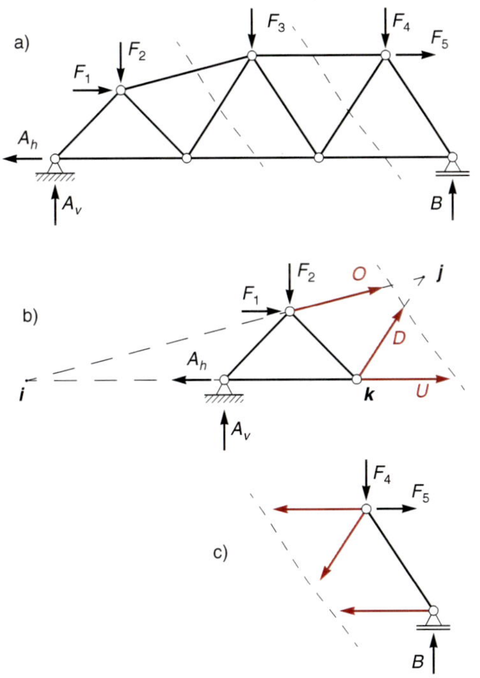

Bild 4.136 Verfahren des Ritterschnitts

Am freigeschnittenen Teilsystem wirkt ein allgemeines ebenes Kräftesystem, von dem die drei Stabkräfte unbekannt sind. Um die Diagonalkraft *D* zu berechnen, bringen wir die Wirkungslinien der Stabkräfte *O* und *U* zum Schnitt. Die Gleichgewichtsbedingung $\sum M = 0$ bezüglich des Schnittpunktes *i* liefert eine Gleichung, mit der die gesuchte Stabkraft *D* direkt ermittelt werden kann.

Analog ergibt sich die Stabkraft *O* aus der Bedingung $\sum M_{(k)} = 0$ und die Stabkraft *U* aus $\sum M_{(j)} = 0$.

Das Verfahren versagt, wenn der Schnittpunkt zweier Stäbe im Unendlichen liegt, die Stäbe also parallel sind. Diese Situation ist in *Bild 4.136c* dargestellt. Die beiden Gurtstäbe sind parallel, ihre Wirkungslinien schneiden sich horizontal im Unendlichen.

Es ist hier das rechte Teilsystem gewählt worden, da an diesem weniger Kräfte wirken als am linken und der Berechnungsaufwand deshalb geringer ist.

Um die Kraft im Diagonalstab zu berechnen, suchen wir nun eine Gleichgewichtsbedingung, in die die beiden parallelen Stäbe nicht eingehen. Dies ist der Fall, wenn wir statt der Momentengleichgewichtsbedingung die Kräftegleichgewichtsbedingung $\sum F = 0$ wählen und zwar in einer Richtung, die senkrecht zur Achse der parallelen Stäbe ist. Im Beispiel *Bild 4.136c* ergibt sich die Diagonalkraft aus der Bedingung $\sum V = 0$, weil die Gurtstäbe horizontal verlaufen.

Das Vorgehen kann wie folgt zusammengefasst werden:

- Die Schnittführung so wählen, dass maximal drei unbekannte Stäbe geschnitten werden.
- Zwei der drei Stabachsen zum Schnitt bringen.
- Die Gleichgewichtsbedingung $\sum M = 0$ bezüglich des Schnittpunkts ergibt eine Gleichung für die dritte Stabkraft.
- Im Falle paralleler Stäbe ausweichen auf die Gleichgewichtbedingung $\sum F = 0$ in einer Richtung senkrecht zur Achse der parallelen Stäbe.

Beispiel 4.20

Für das in *Bild 4.137* dargestellte Fachwerksystem sind alle Stabkräfte infolge der angegebenen Belastung mit dem Verfahren des Ritterschnittes zu berechnen.

Da System und Belastung symmetrisch sind, sind auch die Stabkräfte symmetrisch und es ist ausreichend, nur eine Hälfte des Systems zu berechnen. Die Auflagerkräfte ergeben sich aufgrund der Symmetrie jeweils als Hälfte der resultierenden Belastung.

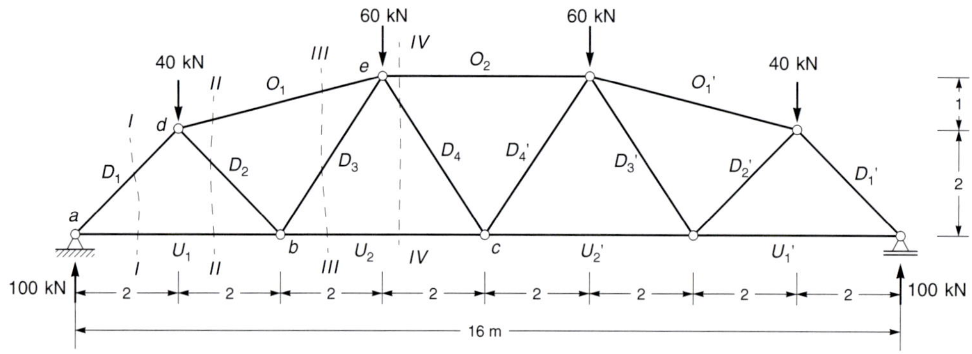

Bild 4.137 Fachwerksystem mit Belastung

Schnitt *I:*

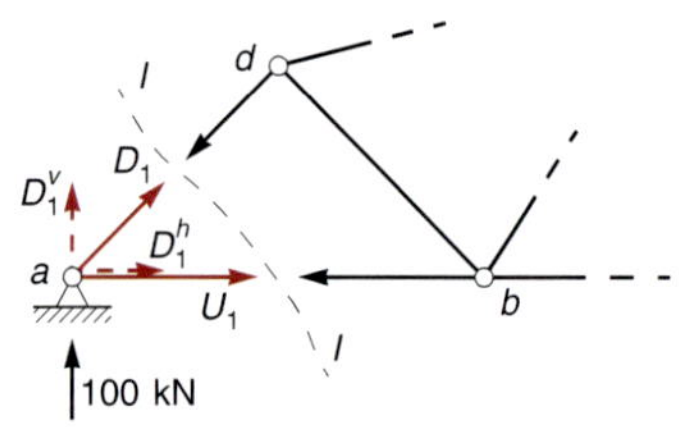

Bild 4.138 Schnitt *I*, linkes Teilsystem

Diese Schnittführung stellt einen Sonderfall dar, weil nur zwei Stäbe geschnitten werden. Der geführte Totalschnitt, durch den das Fachwerksystem in zwei Teile zerlegt wird, ist in diesem Fall identisch mit einem Elementschnitt, durch den der Knoten *a* aus dem Tragwerk geschnitten wird.

Formulieren wir nach dem Prinzip des Ritterschnittes die Gleichgewichtsbedingung $\sum M = 0$ bezüglich eines Punktes, der auf der Wirkungslinie einer der beiden unbekannten Stabkräfte liegt, so geht nur die andere Stabkraft ein.

Um die Stabkraft U_1 zu berechnen, bilden wir die Momentensumme bezüglich des Punktes *d*, da dieser Punkt vermaßt ist.

$$\sum M_{(d)} = 0: \quad -100 \cdot 2 + U_1 \cdot 2 = 0 \Rightarrow U_1 = 100 \text{ kN}$$

Nachdem U_1 bekannt ist, könnte jeder beliebige Punkt der Ebene als Momentenbezugspunkt zur Berechnung von D_1 gewählt werden. Es ist jedoch grundsätzlich besser, die Berechnung so durchzuführen, dass von den schon berechneten Stabkräften kein Gebrauch gemacht wird, da dann durch eine eventuell falsch ermittelte Stabkraft auch die weiteren Ergebnisse falsch würden. Es bietet sich nun der Punkt *b* als Momentenbezugspunkt an. Um die Stabkraft D_1 direkt zu bestimmen, wird ihr Hebelarm bezüglich *b* benötigt. In diesem Fall ist er sehr einfach zu ermitteln, da der Stab unter 45° geneigt ist. Obwohl es kein grundsätzliches Problem darstellt, den Abstand einer Linie von einem Punkt auszurechnen, ist es doch in vielen Fällen sehr lästig und auch fehleranfällig.

Ein einfacheres Vorgehen besteht darin, die Stabkraft durch ihre vertikale und horizontale Komponente zu ersetzen und mit diesen Komponenten zu arbeiten. Da die Richtung der Stabkraft durch die Geometrie des Stabes festliegt, stehen ihre Komponenten in einem festen Verhältnis zueinander. Dieses Verhältnis entspricht dem der horizontalen und vertikalen Abmessungen des Stabes. Wird eine Komponente durch die andere ausgedrückt, so erscheint in der Bestimmungsgleichung nur eine Unbekannte. Ist eine Komponente berechnet, so ergibt sich aus dem Verhältnis die andere. Die Stabkraft berechnet sich dann als Resultierende der Komponenten nach dem Satz des Pythagoras.

Ansatz der Komponenten von D_1: D_1^h, D_1^v

$$D_1^v / D_1^h = 2/2 \Rightarrow D_1^h = D_1^v$$

In diesem Fall geht nur die Vertikalkomponente in die Momentensumme ein.

$$\sum M_{(b)} = 0: \quad -100 \cdot 4 - D_1^v \cdot 4 = 0 \Rightarrow D_1^v = -100 \text{ kN}$$

$$\Rightarrow D_1^h = D_1^v = -100 \text{ kN} \Rightarrow D_1 = -100 \cdot \sqrt{2} = -141{,}42 \text{ kN}$$

Schnitt *II*:

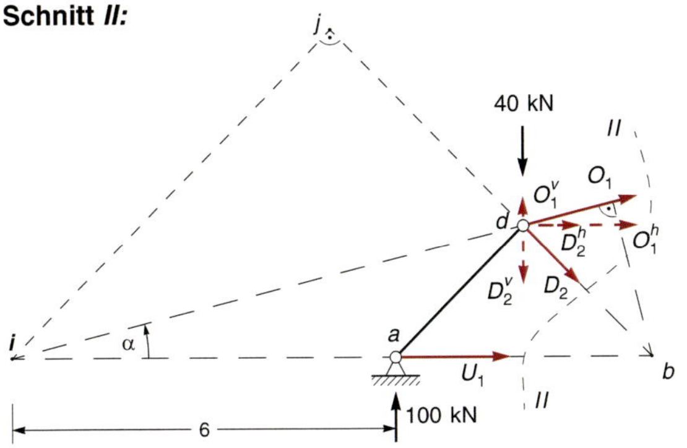

Bild 4.139 Schnitt *II*, linkes Teilsystem

Bei dieser Schnittführung werden drei Stäbe geschnitten, wobei U_1 bereits bei Schnitt *I* berechnet wurde. Um U_1 bei dieser Schnittführung zu berechnen, würden wir die Momentensumme bezüglich des Punktes *d* bilden, da sich O_1 und D_2 in diesem Punkt schneiden. Damit ergibt sich genau die Gleichung, mit der wir U_1 bei der vorherigen Schnittführung berechnet haben.

Obwohl U_1 schon bekannt ist, gehen wir bei der Berechnung der beiden anderen Stabkräfte so vor, dass das Ergebnis nicht benutzt wird. Um D_2 zu ermitteln, bilden wir die Momentensumme bezüglich des Schnittpunktes von U_1 und O_1. Wie in *Bild 4.139* leicht nachvollziehbar ist, liegt dieser Schnittpunkt *i* 6 m vom linken Auflager entfernt. Ersetzen wir D_2 durch die Komponenten D_2^h und D_2^v, so erhalten wir:

$$\sum M_{(i)} = 0: \quad 100 \cdot 6 - 40 \cdot 8 - D_2^h \cdot 2 - D_2^v \cdot 8 = 0$$

Da D_2 unter 45° geneigt ist, ist $D_2^h = D_2^v$. Damit kann D_2^v in der Momentensumme durch D_2^h ausgedrückt werden.

$$100 \cdot 6 - 40 \cdot 8 - D_2^h \cdot 2 - D_2^h \cdot 8 = 0$$

$$\Rightarrow D_2^h = D_2^v = 28 \text{ kN} \Rightarrow D_2 = 28 \cdot \sqrt{2} = 39{,}60 \text{ kN}$$

Alternativ kann die Berechnung von D_2 auch direkt ohne den Ansatz der Komponenten durchgeführt werden. Dazu ist es erforderlich, den Abstand der Wirkungslinie von D_2 vom Punkt *i* zu ermitteln. Da D_2 unter 45° geneigt ist, ist das Dreieck *i* – *b* – *j* in *Bild 4.139* gleichschenklig. Damit ergibt sich der Abstand als Kathete des rechtwinkligen Dreiecks zu $\overline{iD_2} = 10/\sqrt{2} = 7{,}071$.

Die Momentengleichgewichtsbedingung lautet dann:

$$\sum M_{(i)} = 0: \quad 100 \cdot 6 - 40 \cdot 8 - D_2 \cdot 7{,}071 = 0$$

$$\Rightarrow D_2 = 39{,}60 \text{ kN}$$

und führt selbstverständlich zum selben Ergebnis.

Die Berechnung von O_1 erfolgt durch die Formulierung der Momentengleichgewichtsbedingung bezüglich des Schnittpunktes von U_1 und D_2, dies ist der Punkt *b*. Durch Ansatz der Komponenten O_1^h und O_1^v folgt:

$$\sum M_{(b)} = 0: \quad -100 \cdot 4 + 40 \cdot 2 - O_1^v \cdot 2 - O_1^h \cdot 2 = 0$$

Das Verhältnis von O_1^v / O_1^h ist durch die Richtung des Stabes festgelegt.

$$O_1^v / O_1^h = 1/4 \Rightarrow O_1^h = 4 \cdot O_1^v$$

Damit lässt sich O_1^h in der Momentengleichgewichtsbedingung ersetzen und O_1^v berechnen.

$$-100 \cdot 4 + 40 \cdot 2 - O_1^v \cdot 2 - 4 \cdot O_1^v \cdot 2 = 0$$

$$\Rightarrow O_1^v = -32 \text{ kN} \Rightarrow O_1^h = -4 \cdot 32 = -128 \text{ kN}$$

$$\Rightarrow O_1 = -\sqrt{32^2 + 128^2} = -131{,}94 \text{ kN}$$

Es erfolgt wieder eine alternative Berechnung von O_1 ohne Ansatz der Komponenten.

Der Sinus des Winkels α ergibt sich aus der Höhe (Gegenkathete) und der Länge (Hypotenuse) des Stabes *d* – *e* (O_1) zu $\sin\alpha = 1/\sqrt{17}$. Daraus folgt der Abstand $\overline{bO_1}$ aus $\overline{ib} \cdot \sin\alpha$:

$$\overline{bO_1} = 10/\sqrt{17} = 2{,}425$$

Damit ergibt sich:

$$\sum M_{(b)} = 0: \quad -100 \cdot 4 + 40 \cdot 2 - O_1 \cdot 10/\sqrt{17} = 0$$

$$\Rightarrow O_1 = -131{,}94 \text{ kN}$$

Kontrolle:

$$\sum H = 0\,?: \quad O_1^h + D_2^h + U_1 = -128 + 28 + 100 = 0$$

$$\sum V = 0\,?:$$

$$-100 + 40 - O_1^v + D_2^v = -100 + 40 - (-32) + 28 = 0$$

4

Schnitt *III*:

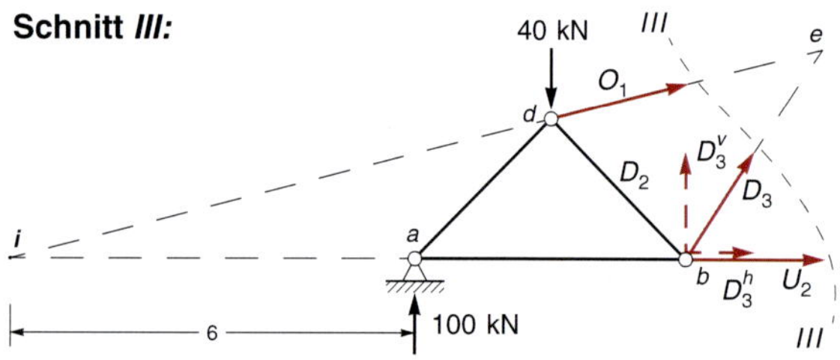

Bild 4.140 Schnitt *III*, linkes Teilsystem

Die Berechnung an diesem Schnitt bietet keine Besonderheiten. Die Stabkräfte ergeben sich wieder durch die Momentensumme bezüglich der Schnittpunkte der jeweils anderen beiden Stäbe. Die Berechnung der geneigten Stäbe erfolgt hier nur durch Ansatz der Komponente, da dieses Vorgehen einfacher ist und bevorzugt werden sollte, um die umständliche und fehleranfällige Ermittlung der Hebelarme zu vermeiden. Die Berechnung von O_1 führt auf genau dieselbe Gleichung wie bei der vorherigen Schnittführung und ist darum nicht noch einmal dargestellt.

$$\sum M_{(e)} = 0: \quad -100 \cdot 6 + 40 \cdot 4 + U_2 \cdot 3 = 0$$
$$\Rightarrow U_2 = 146{,}67 \text{ kN}$$

Das Verhältnis der Komponenten von D_3 beträgt

$$D_3^v / D_3^h = 3/2$$

$$\sum M_{(i)} = 0: \quad 100 \cdot 6 - 40 \cdot 8 + D_3^v \cdot 10 = 0$$
$$\Rightarrow D_3^v = -28 \text{ kN} \Rightarrow D_3^h = -\frac{2}{3} \cdot 28 = -18{,}67 \text{ kN}$$
$$\Rightarrow D_3 = -\sqrt{28^2 + 18{,}67^2} = -33{,}65 \text{ kN}$$

Schnitt *IV*:

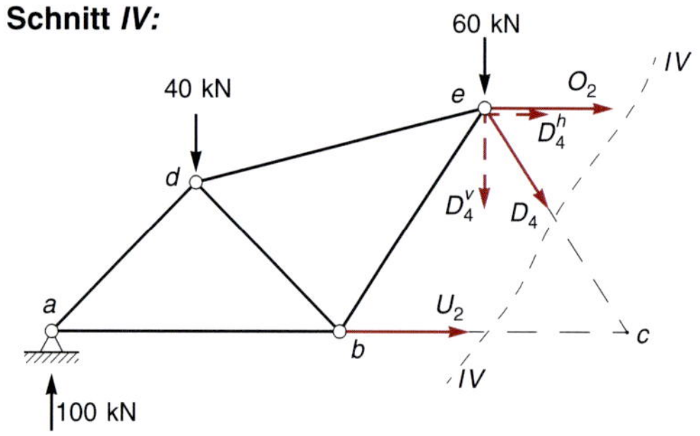

Bild 4.141 Schnitt *IV*, linkes Teilsystem

$$\sum M_{(c)} = 0: \quad -100 \cdot 8 + 40 \cdot 6 + 60 \cdot 2 - O_2 \cdot 3 = 0$$
$$\Rightarrow O_2 = -146{,}67 \text{ kN}$$

Da der Schnittpunkt von O_2 und U_2 im Unendlichen liegt, erfolgt die Berechnung von D_4 mithilfe der Gleichgewichtsbedingung $\sum V = 0$, weil die horizontalen Gurtkräfte in diese Bedingung nicht eingehen. Aufgrund der Symmetrie von System und Belastung ist diese Kraft hier „zufällig" gleich null.

$$\sum V = 0: \quad -100 + 40 + 60 + D_4^v = 0 \Rightarrow D_4^v = 0$$
$$D_4^v / D_4^h = 3/2 \Rightarrow D_4^h = \frac{2}{3} D_4^v = 0$$
$$\Rightarrow D_4 = 0$$

4.5.3.2 Rundschnittverfahren

Das *Rundschnittverfahren* oder das Verfahren der Gleichgewichtsbedingungen am Knoten basiert im Gegensatz zum Verfahren des Ritterschnittes auf Elementschnitten. Jeder Knoten wird durch einen Rundschnitt aus dem Tragwerk herausgetrennt.

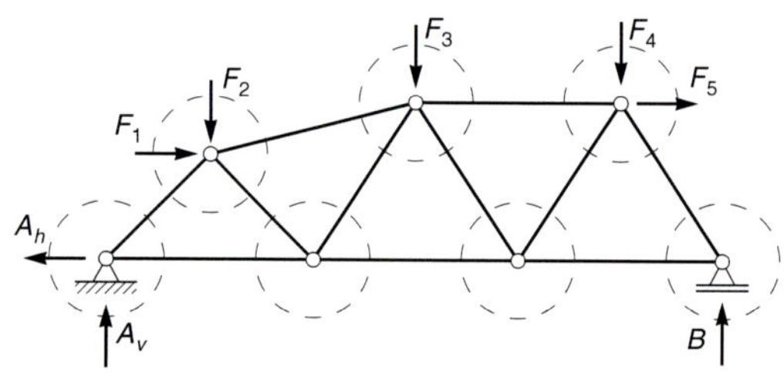

Bild 4.142 Rundschnittverfahren

An den freigeschnittenen Knoten wirken die Stabkräfte der in den Knoten einmündenden Stäbe sowie Auflagerkräfte, wenn der Knoten einen Auflagerpunkt darstellt. Die Anzahl der Unbekannten setzt sich demnach aus der Summe der Stäbe und der Anzahl der Auflagerreaktionen zusamen. Da sich alle Kräfte eines Rundschnitts laut Voraussetzung im Knoten schneiden, bilden sie ein zentrales Kräftesystem.

Ein zentrales Kräftesystem ist im Gleichgewicht, wenn die Resultierende verschwindet. Es stehen daher an jedem Knoten die beiden Gleichgewichtsbedingungen $\sum H = 0$ und $\sum V = 0$ zur Verfügung.

Somit ergeben sich $2k$ Gleichungen, wobei k die Anzahl der Knoten ist, die 2 steht für die beiden Gleichgewichtsbedingungen am Punkt.

Dem gegenüber stehen $a+s$ Unbekannte, a ist die Zahl der Auflagerreaktionen, s die Anzahl der Stäbe. Damit ergibt sich ein Gleichungssystem zur Berechnung aller Stab- **und** Auflagerkräfte.

Das Gleichungssystem ist lösbar, wenn die Anzahl der Gleichungen gleich der Anzahl der Unbekannten ist. In diesem Fall ist das Fachwerksystem statisch bestimmt, das heißt, alle unkannten Stab- und Auflagerkräfte lassen sich allein mithilfe von Gleichgewichtsbedingungen ermitteln.

Für das Fachwerksystem in *Bild 4.142* ergibt sich:

- Anzahl der Auflagerreaktionen: $a = 3$
- Anzahl der Stäbe: $s = 11$
- Anzahl der Knoten: $k = 7$

Die Zahl der Unbekannten ist $a+s = 3+11 = 14$, die Zahl der Gleichungen beträgt $2k = 2 \cdot 7 = 14$. Das System ist also statisch bestimmt. Das Gleichungssystem zur Berechnung aller Stab- und Auflagerkräfte lässt sich jedoch entkoppeln, wenn man wie folgt vorgeht:

- Ermittlung der Auflagerreaktionen
- Einen Knoten mit nur zwei unbekannten Stabkräften S_i freischneiden, die beiden Gleichgewichtsbedingungen $\sum H = 0$ und $\sum V = 0$ aufstellen und das Gleichungssystem lösen. Damit sind die beiden Stabkräfte S_i bekannt.
- Mit den zuvor ermittelten Stabkräften S_i sukzessiv zu anderen Knoten mit zwei weiteren unbekannten S_i fortschreiten.

Ein großer Nachteil dieses Verfahrens besteht darin, dass bei der Berechnung immer wieder auf die Ergebnisse der vorherigen Rechenschritte zurückgegriffen wird. Ein eventuell am Anfang gemachter Fehler lässt demnach auch alle weiteren Ergebnisse falsch werden.

Ein weiterer Nachteil besteht darin, dass, wenn nur einige Stabkräfte zu ermitteln sind, die sich „im Innern" des Systems befinden, viele Stabkräfte berechnet werden müssen, die gar nicht interessieren.

Beispiel 4.21

Für das in *Bild 4.137* dargestellte Fachwerksystem sind alle Stabkräfte nach dem Verfahren des Rundschnitts zu berechnen.

Aufgrund der Symmetrie wird wieder nur der linke Teil des Systems betrachtet. Der einzige Knoten, in den nur zwei Stäbe einmünden, ist der Knoten *a*, die Berechnung muss also an diesem Knoten beginnen.

Knoten *a*:

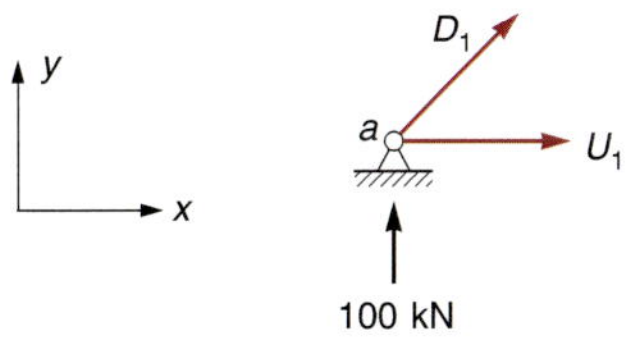

Bild 4.143 Freigeschnittener Knoten *a*

Die freigeschnittenen Stabkräfte werden auch bei diesem Verfahren grundsätzlich als Zugkräfte angenommen. Die Kraftvektoren werden als Produkt aus einem Richtungsvektor und einem unbekannten skalaren Faktor beschrieben, der die Länge des Kraftvektors so bestimmt, dass die Gleichgewichtsbedingungen erfüllt werden. Dieses Vorgehen wurde schon ausführlich im Kapitel 2 beschrieben, daher wird hier nur auf eventuelle Besonderheiten eingegangen.

$$\sum \boldsymbol{F} = \boldsymbol{U}_1 + \boldsymbol{D}_1 + \boldsymbol{A} = \boldsymbol{0}$$

$$\tilde{U}_1 \begin{bmatrix} 1 \\ 0 \end{bmatrix} + \tilde{D}_1 \begin{bmatrix} 1 \\ 1 \end{bmatrix} + \begin{bmatrix} 0 \\ 100 \end{bmatrix} = \begin{bmatrix} 0 \\ 0 \end{bmatrix} \Rightarrow \begin{bmatrix} \tilde{U}_1 \\ \tilde{D}_1 \end{bmatrix} = \begin{bmatrix} 100 \\ -100 \end{bmatrix}$$

$$D_1 = \tilde{D}_1 \cdot \sqrt{2} = -141{,}42 \text{ kN}$$

$$U_1 = \tilde{U}_1 = 100 \text{ kN}$$

Das Gleichungssystem mit zwei Unbekannten ist hier völlig entkoppelt, da in der zweiten Zeile nur die Unbekannte $\tilde{D}_1$ auftritt. Mechanisch bedeutet dies, dass die Stabkraft U_1 in die Bedingung $\sum V = 0$ nicht eingeht, da sie horizontal wirkt. Wie in *Bild 4.143* zu erkennen ist, muss die Vertikalkomponente der Stabkraft D_1 der Auflagerkraft von 100 kN entgegengerichtet gleich sein, damit $\sum V = 0$ ist.

Knoten *d*:

Der Knoten *d* muss als nächster Punkt gewählt werden, da an ihm nur zwei Stabkräfte unbekannt sind, nämlich O_1 und D_2. D_1 wurde bereits berechnet. Der Knoten *b* kann noch nicht betrachtet werden, da an ihm noch drei unbekannte Stabkräfte wirken.

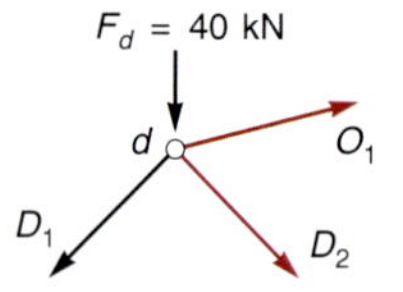

Bild 4.144 Freigeschnittener Knoten *d*

Obwohl wir aus der Berechnung am Knoten *a* wissen, dass D_1 eine Druckkraft ist, setzen wir sie am freigeschnittenen Knoten *d* als Zugkraft an. Die Richtung dieser Zugkraft wird mit einem Vektor beschrieben, der dem Richtungsvektor am Knoten *a* genau entgegengesetzt ist. Dies liegt natürlich daran, dass die Stabkräfte Doppelgrößen sind, die sich in der Summe aufheben. Da ein Stab immer zwei Knoten miteinander verbindet, taucht bei der Berechnung jede Stabkraft zweimal auf und zwar entgegengerichtet gleich. Ist also eine Stabkraft schon bekannt, so muss sie mit dem entgegengesetzt gleichen *Richtungsvektor* $-\boldsymbol{s}$ beschrieben werden, damit derselbe Skalierungsfaktor $\tilde{S}$ verwendet werden kann.

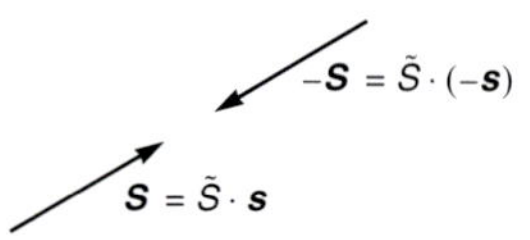

Bild 4.145 Stabkraft als Doppelgröße

$$\sum \boldsymbol{F}_i = \begin{bmatrix} \sum H \\ \sum V \end{bmatrix} = \boldsymbol{D}_1 + \boldsymbol{F}_d + \overbrace{\boldsymbol{D}_2 + \boldsymbol{O}_1}^{\text{unbekannt}} = \boldsymbol{0}$$

$$(-100)\begin{bmatrix} -1 \\ -1 \end{bmatrix} + \begin{bmatrix} 0 \\ -40 \end{bmatrix} + \tilde{D}_2 \begin{bmatrix} 1 \\ -1 \end{bmatrix} + \tilde{O}_1 \begin{bmatrix} 4 \\ 1 \end{bmatrix} = \begin{bmatrix} 0 \\ 0 \end{bmatrix}$$

$$\begin{bmatrix} 1 & 4 \\ -1 & 1 \end{bmatrix} \begin{bmatrix} \tilde{D}_2 \\ \tilde{O}_1 \end{bmatrix} = \begin{bmatrix} -100 \\ -60 \end{bmatrix} \Rightarrow \begin{bmatrix} \tilde{D}_2 \\ \tilde{O}_1 \end{bmatrix} = \begin{bmatrix} 28 \\ -32 \end{bmatrix}$$

$$D_2 = 28 \cdot \sqrt{2} = 39{,}60 \text{ kN}$$

$$O_1 = -32 \cdot \sqrt{17} = -131{,}94 \text{ kN}$$

Knoten *b*:

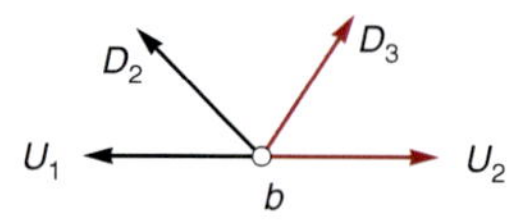

Bild 4.146 Freigeschnittener Knoten *b*

$$\sum \boldsymbol{F}_i = \boldsymbol{U}_1 + \boldsymbol{D}_2 + \boldsymbol{D}_3 + \boldsymbol{U}_2 = \boldsymbol{0}$$

$$100\begin{bmatrix} -1 \\ 0 \end{bmatrix} + 28\begin{bmatrix} -1 \\ 1 \end{bmatrix} + \tilde{D}_3 \begin{bmatrix} 2 \\ 3 \end{bmatrix} + \tilde{U}_2 \begin{bmatrix} 1 \\ 0 \end{bmatrix} = \begin{bmatrix} 0 \\ 0 \end{bmatrix}$$

$$\begin{bmatrix} 2 & 1 \\ 3 & 0 \end{bmatrix} \begin{bmatrix} \tilde{D}_3 \\ \tilde{U}_2 \end{bmatrix} = \begin{bmatrix} 128 \\ -28 \end{bmatrix} \Rightarrow \begin{bmatrix} \tilde{D}_3 \\ \tilde{U}_2 \end{bmatrix} = \begin{bmatrix} -9{,}33 \\ 146{,}67 \end{bmatrix}$$

$$U_2 = \tilde{U}_2 = 146{,}67 \text{ kN}$$

$$D_3 = -9{,}33 \cdot \sqrt{13} = -33{,}65 \text{ kN}$$

Knoten *e*:

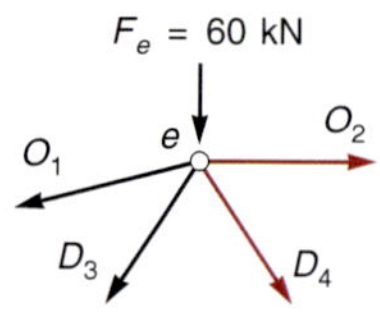

Bild 4.147 Freigeschnittener Knoten *e*

$$\sum \boldsymbol{F}_i = \boldsymbol{F}_e + \boldsymbol{O}_1 + \boldsymbol{D}_3 + \boldsymbol{D}_4 + \boldsymbol{O}_2 = \boldsymbol{0}$$

$$\begin{bmatrix} 0 \\ -60 \end{bmatrix} + (-32)\begin{bmatrix} -4 \\ -1 \end{bmatrix} + (-9{,}33)\begin{bmatrix} -2 \\ -3 \end{bmatrix} + \tilde{D}_4 \begin{bmatrix} 2 \\ -3 \end{bmatrix} + \tilde{O}_2 \begin{bmatrix} 1 \\ 0 \end{bmatrix} = \begin{bmatrix} 0 \\ 0 \end{bmatrix}$$

$$\begin{bmatrix} 2 & 1 \\ -3 & 0 \end{bmatrix} \begin{bmatrix} \tilde{D}_4 \\ \tilde{O}_2 \end{bmatrix} = \begin{bmatrix} -146{,}67 \\ 0 \end{bmatrix} \Rightarrow \begin{bmatrix} \tilde{D}_4 \\ \tilde{O}_2 \end{bmatrix} = \begin{bmatrix} 0 \\ -146{,}67 \end{bmatrix}$$

$$O_2 = \tilde{O}_2 = -146{,}67 \text{ kN}$$

4.5.3.3 Cremonaplan[1]

Der *Cremonaplan* ist eine zeichnerische Anwendung des Rundschnittverfahrens. Da an jedem freigeschnittenen Knoten ein zentrales Kräftesystem wirkt, ist die zeichnerische Bedingung für Gleichgewicht, dass sich das Krafteck schließt. Die soeben rechnerisch durchgeführte

1 Antonio Luigi Gaudenzio Giuseppe Cremona (1830 -1903), italienischer Mathematiker, Statiker

Lösung hätte auch an jedem Knoten zeichnerisch erfolgen können. Da aber jeder Stab zwei Knoten verbindet, würde jeder Stabkraftvektor in zwei Kraftecken gezeichnet werden müssen. Der grundsätzliche Gedanke des Cremonaplans besteht darin, die Kraftecke aller Knoten in einem Plan zu zeichnen, sodass jede Kraft nur einmal gezeichnet wird.

Dabei sind die folgenden Regeln einzuhalten:

- Das Krafteck der äußeren Kräfte, inklusive der bekannten Auflagerkräfte ist so zu zeichnen, dass bei der Umfahrung des Fachwerks ein einheitlicher Umlaufsinn besteht, wir wählen hier den Gegenuhrzeigersinn.
- Die äußeren Kräfte sind außerhalb der Fachwerkscheibe anzuordnen.
- Für jedes Knotenkrafteck wird die Kräftereihenfolge im selben Umlaufsinn gewählt (siehe oben). Dabei wird die Reihenfolge der Kräfte so gewählt, dass die unbekannten Kräfte zuletzt gezeichnet werden.

Die Durchführung des Verfahrens wird ausführlich an dem folgenden Beispiel erläutert.

Beispiel 4.22

Für das in *Bild 4.137* dargestellte Fachwerksystem sind alle Stabkräfte zeichnerisch mithilfe des Cremonaplans zu ermitteln.

Aufgrund der Symmetrie von System und Belastung ist es wieder ausreichend, nur eine Hälfte zu betrachten.

Beginnend mit der Knotenkraft von 60 kN zeichnen wir im angegebenen Kräftemaßstab das Krafteck der äußeren Kräfte, indem wir im Gegenuhrzeigersinn das Fachwerk umlaufen. Das Krafteck schließt mit der Auflagerkraft von 100 kN.

Als Nächstes denken wir uns den Knoten *a* freigeschnitten. An ihm wirken drei Kräfte, die bekannte Auflagerkraft und zwei unbekannte Stabkräfte. Das zentrale Kräftesystem ist im Gleichgewicht, wenn das Krafteck geschlossen ist. Die bekannte Auflagerkraft ist schon gezeichnet. Bei der Umfahrung des Knotens im Gegenuhrzeigersinn folgt als Nächstes die unbekannte Stabkraft U_1, von der die Richtung bekannt ist. Diese Richtung verschieben wir parallel aus dem Lageplan in den Kräfteplan durch die Spitze der Auflagerkraft im Punkt 1. Das Krafteck muss durch die Stabkraft D_1 geschlossen werden. Die Parallelverschiebung der Richtung von D_1 durch den Anfangspunkt der Auflagerkraft ergibt den Schnittpunkt 4 der Richtungen von U_1 und D_1. Damit sind die Stabkräfte in ihrer Größe bestimmt. Zum Knoten *a* gehört also das Krafteck mit den Punkten 1 – 3 – 4 – 1.

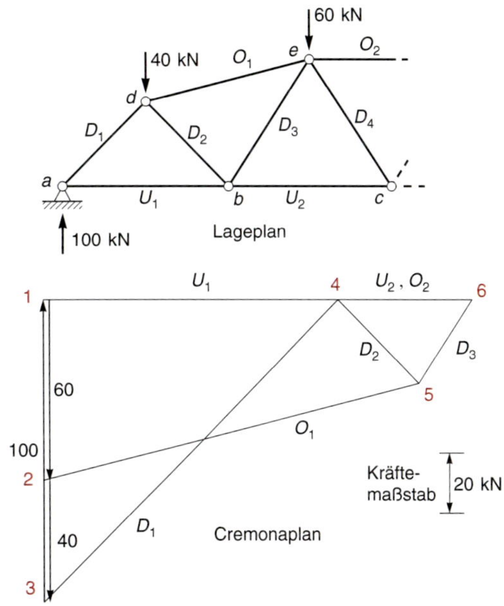

Bild 4.148 Cremonaplan

Wie bei der rechnerischen Behandlung müssen wir uns als Nächstes einem Knoten zuwenden, bei dem nur zwei Stabkräfte unbekannt sind. Dies ist der Knoten *d*. Unbekannt sind hier die Stabkräfte D_2 und O_1. Damit diese Kräfte bei einer Umfahrung des Knotens im Gegenuhrzeigersinn zuletzt auftreten, muss mit der äußeren Knotenkraft von 40 kN im Punkt 2 begonnen werden, danach folgt die bekannte Stabkraft D_1 von Punkt 3 nach Punkt 4. Beide Kräfte sind im Kräfteplan schon vorhanden (2 – 3 – 4). Die Richtung der unbekannten Stabkraft D_2 wird nun durch den Punkt 4 parallel verschoben und um das Krafteck zu schließen, verschieben wir die Richtung von O_1 parallel durch den Startpunkt 2. Zum Knoten *d* gehört das Krafteck 2 – 3 – 4 – 5 – 2.

Sowohl am Knoten *b* als auch am Knoten *e* sind nur noch zwei Stabkräfte unbekannt. Wir wählen als nächsten Knoten den Knoten *b*. Damit die unbekannten Stabkräfte bei der Umfahrung des Knotens als letzte auftreten, muss mit der bekannten Kraft D_2 begonnen werden, danach folgt die Kraft U_1 (Punkte 5 – 4 – 1). Durch den Punkt 1 verschieben wir parallel die Richtung von U_2, sie fällt mit der Richtung von U_1 zusammen. Mit der Richtung von D_3 muss das Krafteck geschlossen werden, sie wird parallel durch den Punkt 5 verschoben. Der Schnittpunkt 6 bestimmt die Größe der Kräfte U_2 und D_3. Zum Knoten *b* gehört also das Krafteck 5 – 4 – 1 – 6 – 5.

Schließlich betrachten wir den Knoten *e*, an dem noch die Kräfte D_4 und O_2 zu bestimmen sind. Wir beginnen mit der äußeren Kraft von 60 kN, damit die unbekannten Stabkräfte zuletzt auftreten. Es folgen die bekannten Kräfte O_1 und D_3 (Punkte 1 – 2 – 5 – 6). Durch den Punkt 6 wird die Richtung von D_4 parallel verschoben. Geschlossen wird das Krafteck durch Parallelverschiebung von O_2 durch den Startpunkt 1. Damit fällt der Schnittpunkt von D_4 und O_2 in den Punkt 6 und die Größe der Kraft ergibt sich zu null. Zum Knoten *e* gehört somit das Krafteck 1 – 2 – 5 – 6 – 1.

Die Größe der Stabkräfte erhalten wir durch Ausmessen im Kräfteplan und Umrechnung mit dem Maßstab der Kräfte. Sie stimmen im Rahmen der Ablesegenauigkeit mit den errechneten Werten überein. Festgelegt werden muss nun noch das Vorzeichen der Stabkräfte. Dieses ergibt sich aus der Richtung der Kräfte, die durch die Reihenfolge in den Kraftecken der einzelnen Knoten festgelegt ist.

Bild 4.149 zeigt den Cremonaplan in verkleinerter Form, um die erläuterten Zusammenhänge zu illustrieren. Wir betrachten exemplarisch den Knoten *b*. Das Krafteck für diesen Knoten ist 5 – 4 – 1 – 6 – 5. Wir fahren dieses Krafteck nach und denken uns den Punkt *b* freigeschnitten. Von 5 nach 4 wirkt die Kraft D_2, die Pfeilspitze ist also im Punkt 4. Verschieben wir diese Kraft zurück an das Schnittufer des Stabes am freigeschnittenen Knoten, dann ist diese Kraft eine Zugkraft. Von 4 nach 1, also von rechts nach links, wirkt die Kraft U_1, sie zieht am Knoten *b*. Von 1 nach 6 wirkt U_2, sie ist von links nach rechts gerichtet und deshalb auch eine Zugkraft. D_3 wirkt von 6 nach 5, die Pfeilspitze ist in 5. D_3 ist demnach eine Druckkraft.

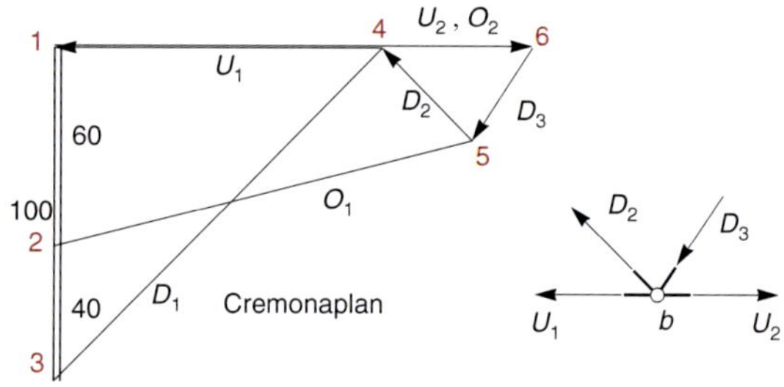

Bild 4.149 Vorzeichenermittlung am Knoten *b*

In den bisherigen Betrachtungen wurde die Berechnung der Stabkräfte für ein Fachwerksystem nach jeweils einer Methode durchgeführt. Bei komplexen Fachwerken ist jedoch oftmals eine Kombination beider Verfahren (Rundschnitt und Totalschnitt) notwendig.

Stäbe, für die bei einer gegebenen Belastung unmittelbar erkennbar ist, dass sie unbelastet sind, nennt man *Nullstäbe*. *Bild 4.150* zeigt drei freigeschnittene Fachwerkknoten, an denen Nullstäbe vorhanden sind. Dass die mit einer Null markierten Stäbe unbelastet sind, ist aus den Kräftegleichgewichtsbedingungen sofort ersichtlich.

Am linken Knoten in *Bild 4.150* ist die Kräftesumme senkrecht zur Wirkungslinie der angreifenden Kraft nur dann gleich null, wenn die Kraft im horizontalen Stab gleich null ist. Dass der senkrechte Stab am mittleren Knoten ein Nullstab ist, folgt aus der Bedingung, dass die Kräftesumme senkrecht zur Richtung der beiden anderen Stäbe gleich null sein muss. Am rechten Knoten in *Bild 4.150* wirkt keine äußere Kraft. Aus der Bedingung, dass die Kräftesumme senkrecht zu einer der Stabachsen null sein muss, folgt, dass der andere Stab ein Nullstab ist.

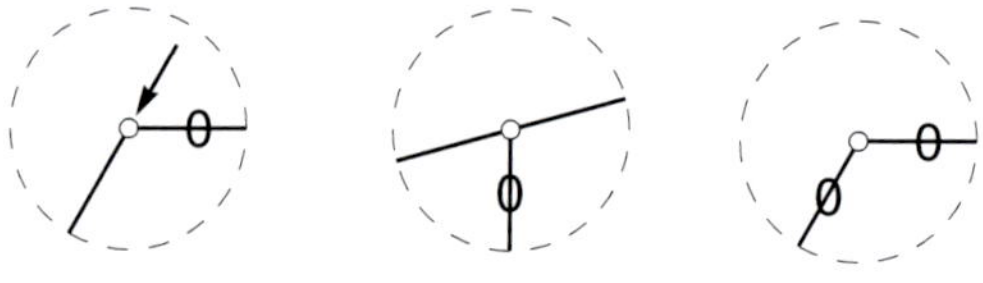

Bild 4.150 Beispiele für Nullstäbe

Beispiel 4.23

Für das in *Bild 4.151* dargestellte Fachwerksystem sind die Stabkräfte infolge der angegebenen Belastung zu ermitteln.

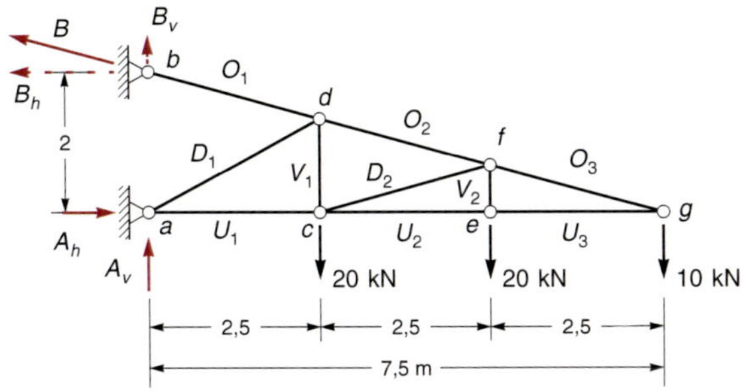

Bild 4.151 Auskragendes Fachwerksystem

Die Stabkräfte werden in diesem Beispiel entweder durch Ritter- oder durch Rundschnitte ermittelt. Eine Berechnung der Auflagerkräfte ist nicht notwendig, wenn nach dem Schnitt das rechte Teilsystem betrachtet wird, da es keine unbekannten Auflagerkräfte enthält. Für die Berechnung der Stabkräfte O_1, D_1 und U_1 ist es jedoch vorteilhaft, die Auflagerkräfte zu ermitteln.

Auflagerkräfte:

Im Auflagerpunkt *b* ist nur der Stab O_1 angeschlossen. Die Richtung der resultierenden Auflagerkraft *B* muss daher der Richtung des Stabes entsprechen. Damit liegt das Verhältnis der Auflagerkraftkomponenten fest.

$$\frac{B_v}{B_h} = \frac{4}{15}$$

$$\sum M_{(a)} = 0: \quad B_h \cdot 2 - 20 \cdot 2{,}5 - 20 \cdot 5 - 10 \cdot 7{,}5 = 0$$

$$\Rightarrow B_h = 112{,}5$$

$$\Rightarrow B_v = \frac{4}{15} B_h = \frac{4}{15} \cdot 112{,}5 = 30$$

$$\sum V = 0: \quad A_v + 30 - 20 - 20 - 10 = 0 \Rightarrow A_v = 20 \text{ kN}$$

$$\sum H = 0: \quad A_h - B_h = 0 \Rightarrow A_h = B_h = 112{,}5 \text{ kN}$$

Stabkräfte:

Aus dem Kräftegleichgewicht im Punkt *b* folgt, dass die Auflagerkraft *B* gleich der Stabkraft O_1 ist.

$$O_1 = \sqrt{30^2 + 112{,}5^2} = 116{,}43 \text{ kN}$$

An den Knoten *a*, *g* und *e* werden die Stabkräfte aus dem Kräftegleichgewicht an den freigeschnittenen Knoten berechnet. Da die horizontalen Stabkräfte nicht in die vertikale Kräftesumme eingehen, sind die Gleichungen entkoppelt.

- Rundschnitt Knoten *a:*

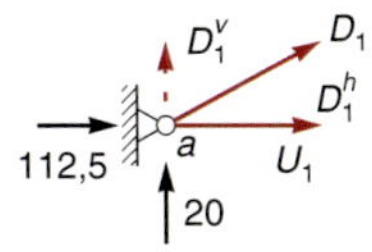

Bild 4.152 Freigeschnittener Knoten *a*

In die vertikale Kräftesumme geht nur die Kraft D_1 ein.

$$\sum V = 0: \quad D_1^v + 20 = 0 \Rightarrow D_1^v = -20 \text{ kN}$$

Das Verhältnis der Komponenten der Stabkraft ist durch die Abmessungen des Stabes festgelegt, weil die Resultierende die Richtung des Stabes hat. Ist die Vertikalkomponente bekannt, folgt aus dem Verhältnis der Komponenten die horizontale Komponente.

$$\frac{D_1^v}{D_1^h} = \frac{4/3}{2{,}5} \Rightarrow D_1^h = \frac{15}{8} D_1^v = \frac{15}{8} \cdot (-20) = -37{,}5$$

Daraus folgt D_1 als Resultierende:

$$D_1 = -\sqrt{20^2 + 37{,}5^2} = -42{,}5 \text{ kN}$$

Mit der bekannten Horizontalkomponente D_1^h kann U_1 aus der horizontalen Kräftesumme berechnet werden.

$$\sum H = 0: \quad U_1 + D_1^h + 112{,}5 = 0$$

$$\Rightarrow U_1 = 37{,}5 - 112{,}5 = -75 \text{ kN}$$

- Rundschnitt Knoten *g:*

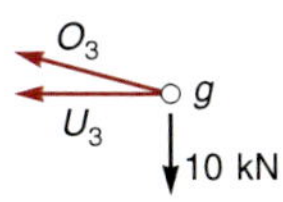

Bild 4.153 Freigeschnittener Knoten *g*

Die Berechnung an diesem Knoten erfolgt analog zur Berechnung am Knoten *a*.

$$\sum V = 0: \quad O_3^v - 10 = 0 \Rightarrow O_3^v = 10 \text{ kN}$$

$$\frac{O_3^v}{O_3^h} = \frac{4}{15} \Rightarrow O_3^h = \frac{15}{4} O_3^v = \frac{15}{4} \cdot 10 = 37{,}5$$

$$O_3 = \sqrt{10^2 + 37{,}5^2} = 38{,}81 \text{ kN}$$

$$\sum H = 0: \quad -O_3^h - U_3 = 0 \Rightarrow U_3 = -O_3^h = -37{,}5 \text{ kN}$$

- Rundschnitt Knoten *e:*

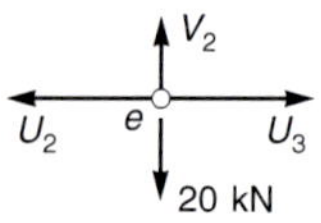

Bild 4.154 Freigeschnittener Knoten *e*

$$\sum V = 0: \quad V_2 - 20 = 0 \Rightarrow V_2 = 20 \text{ kN}$$

$$\sum H = 0: \quad U_3 - U_2 = 0 \Rightarrow U_2 = U_3 = -37{,}5 \text{ kN}$$

Die Berechnung der restlichen Stabkräfte erfolgt durch Anwendung des Ritterschnittes.

- Ritterschnitt *I*

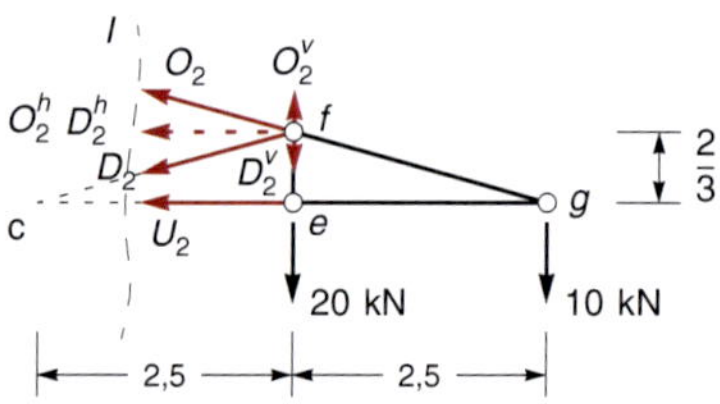

Bild 4.155 Ritterschnitt *I*

$$\frac{O_2^v}{O_2^h} = \frac{4}{15} \Rightarrow O_2^h = \frac{15}{4} O_2^v$$

$$\sum M_{(c)} = 0: \quad O_2^v \cdot 2{,}5 + O_2^h \cdot \frac{2}{3} - 20 \cdot 2{,}5 - 10 \cdot 5 = 0$$

$$O_2^v \cdot 2{,}5 + \frac{15}{4} O_2^v \cdot \frac{2}{3} - 20 \cdot 2{,}5 - 10 \cdot 5 = 0$$

$$O_2^v = 20 \Rightarrow O_2^h = \frac{15}{4} O_2^v = \frac{15}{4} \cdot 20 = 75$$

$$O_2 = \sqrt{20^2 + 75^2} = 77{,}62 \text{ kN}$$

$$\frac{D_2^v}{D_2^h} = \frac{4}{15} \Rightarrow D_2^h = \frac{15}{4} D_2^v$$

$$\sum M_{(g)} = 0: \quad D_2^v \cdot 2{,}5 + D_2^h \cdot \frac{2}{3} + 20 \cdot 2{,}5 = 0$$

$$\Rightarrow D_2^v \cdot 2{,}5 + \frac{15}{4} D_2^v \cdot \frac{2}{3} + 20 \cdot 2{,}5 = 0$$

$$\Rightarrow D_2^v = -10 \Rightarrow D_2^h = \frac{15}{4} D_2^v = \frac{15}{4} \cdot (-10) = -37{,}5$$

$$\Rightarrow D_2 = -\sqrt{10^2 + 37{,}5^2} = -38{,}81 \text{ kN}$$

- Ritterschnitt *II*

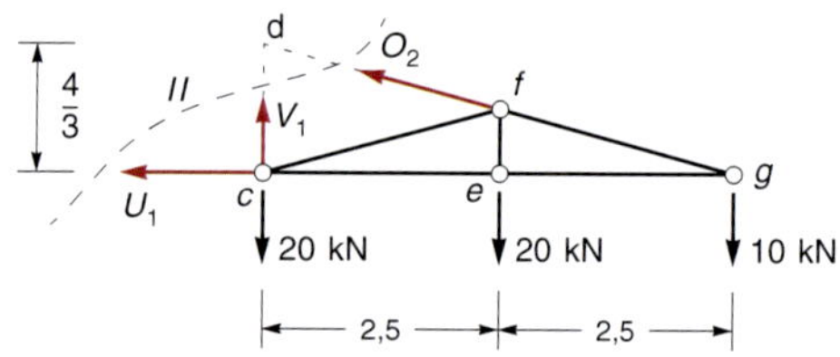

Bild 4.156 Ritterschnitt *II*

$$\sum M_{(g)} = 0: -V_1 \cdot 5 + 20 \cdot 5 + 20 \cdot 2{,}5 = 0 \Rightarrow V_1 = 30 \text{ kN}$$

$$\sum M_{(d)} = 0: -U_1 \cdot \frac{4}{3} - 20 \cdot 2{,}5 - 10 \cdot 5 = 0 \Rightarrow U_1 = -75 \text{ kN}$$

Der Cremonaplan für das vorliegende Beispiel ist in *Bild 4.157* durchgeführt. Die Konstruktion bietet keine Besonderheiten und kann daher einfach nachvollzogen werden. Exemplarisch ist das Krafteck für den Knoten *c* farbig eingetragen.

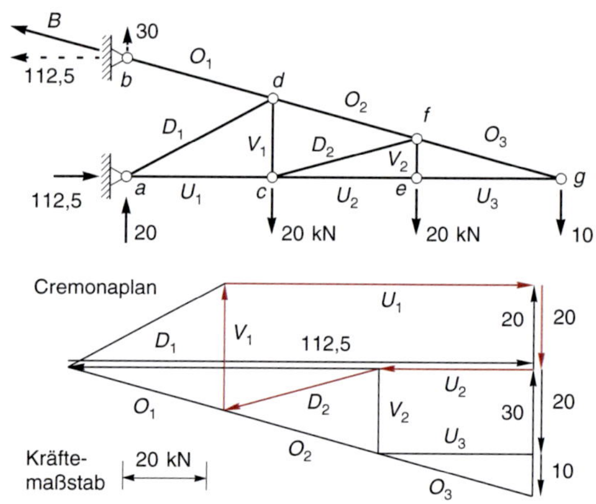

Bild 4.157 Cremonaplan für Beispiel 4.23

In der Baupraxis sehr häufig vorkommende Systeme sind einfache parallelgurtige Fachwerke. Bei Hallenkonstruktionen werden sie zur Abtragung von horizontalen Belastungen, z. B. aus Wind, in der Wand- und Dachebene angeordnet. *Bild 4.158* zeigt die schematische Darstellung eines Hallenabschnittes mit einem horizontalen Dachverband und einem vertikalen Wandverband.

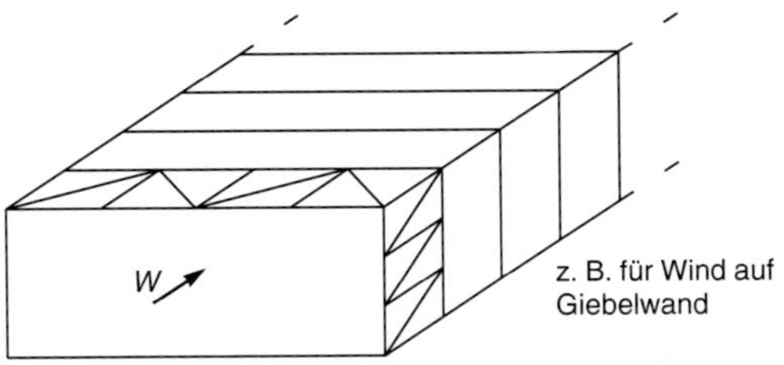

Bild 4.158 Einfache Fachwerksysteme zur Aufnahme von Horizontallasten

Das in *Bild 4.159* dargestellte Fachwerksystem bildet eine Gesamtscheibe, die als Balken auf zwei Stützen gelagert ist. Aufgrund der Symmetrie von System und Belastung muss nur eine Hälfte des Fachwerks berechnet werden. Die Auflagerkräfte sind gleich der Hälfte der gesamten Belastung.

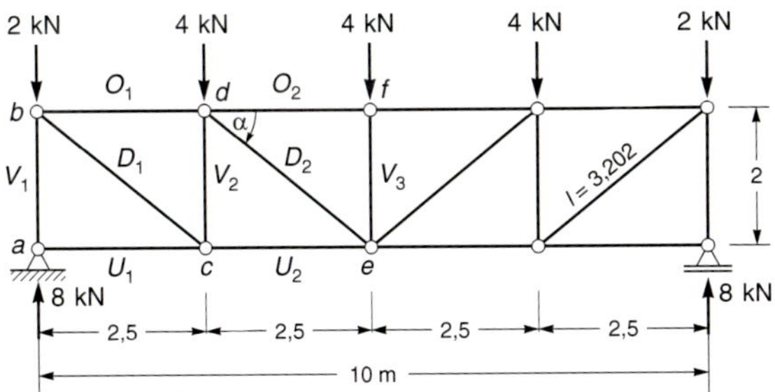

$$\sin\alpha = \frac{2}{3{,}202} = 0{,}625$$

Bild 4.159 Fachwerksystem mit Knotenkräften

Bei einer Ermittlung z. B. der Obergurtkraft O_2 mithilfe des Ritterschnittes wird zunächst ein Totalschnitt in vertikaler Richtung zwischen den Punkten *c* und *e* geführt. Die Berechnung der Stabkraft O_2 erfolgt durch Anwendung der Gleichgewichtsbedingung $\sum M = 0$ für das linke Teilsystem bezüglich des Punktes *e*.

Das um diesen Punkt gebildete Moment der äußeren Kräfte entspricht dem Biegemoment eines biegesteifen Ersatzbalkens. Sind also die Schnittgrößen des Ersatzbalkens bekannt, so lassen sich daraus die Stabkräfte ermitteln. Die Schnittgrößen des Ersatzbalkens sind in *Bild 4.160* angegeben.

Die Gurtkräfte ergeben sich durch Division des Biegemomentes durch den Abstand der Gurtkräfte. Dieser ist gleich der Höhe des Fachwerks. Das Biegemoment wird beim Fachwerk also durch ein Kräftepaar aus Ober- und Untergurtkraft gebildet.

$$O_1 = -\frac{M_c}{h} = -\frac{15{,}0}{2} = -7{,}5 \text{ kN}$$

$$O_2 = -\frac{M_e}{h} = -\frac{20{,}0}{2} = -10{,}0 \text{ kN}$$

$$U_1 = \frac{M_a}{h} = \frac{0}{2} = 0 \text{ kN}$$

$$U_2 = \frac{M_d}{h} = \frac{15{,}0}{2} = 7{,}5 \text{ kN}$$

Die Diagonalstäbe werden durch einen Ritterschnitt aus der Gleichgewichtsbedingung $\sum V = 0$ berechnet. Ihre Vertikalkomponente entspricht daher der Querkraft des biegesteifen Ersatzbalkens.

$$\left.\begin{aligned} D_1 &= \frac{V_{a-c}}{\sin\alpha} = \frac{6{,}0}{0{,}625} = 9{,}6 \text{ kN} \\ D_2 &= \frac{V_{c-e}}{\sin\alpha} = \frac{2{,}0}{0{,}625} = 3{,}2 \text{ kN} \end{aligned}\right\} \text{aus } \sum V = 0$$

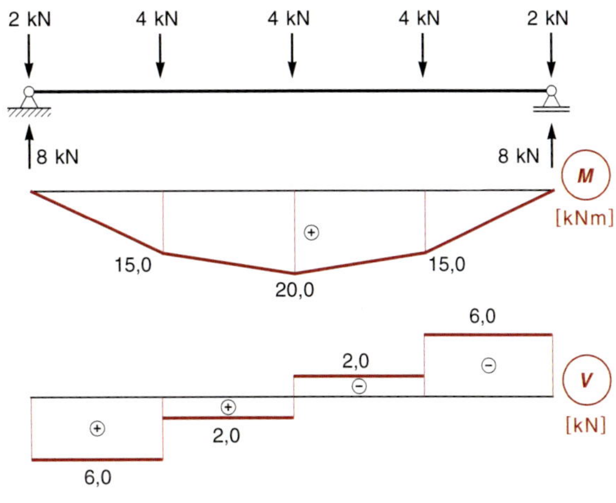

Bild 4.160 Zustandslinien des biegesteifen Ersatzträgers

Die vertikalen Fachwerkstäbe ergeben sich aus dem Knotengleichgewicht, wobei V_2 auch vorteilhaft durch den Totalschnitt in *Bild 4.161* ermittelt werden kann.

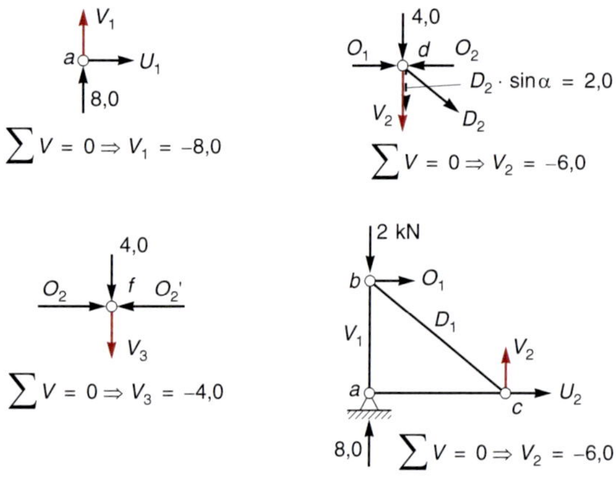

Bild 4.161 Gleichgewichtsbedingungen an den Knoten

4.6 Gemischte Systeme

Gemischte Systeme bestehen aus biegesteifen Stäben und Fachwerkstäben. Die grundsätzliche Vorgehensweise zur Berechnung gemischter Systeme ist dieselbe wie bei anderen Systemen. Die Besonderheit besteht darin, dass bei einem Schnitt durch die Fachwerkstäbe nur eine Normalkraft als Schnittgröße freigelegt wird. Es ist wiederum für die Entkopplung der Gleichungen zur Bestimmung der Unbekannten günstig, eine Schnittführung zu wählen, bei der eine Momentengleichgewichtsbedingung so aufgestellt werden kann, dass nur eine Unbekannte in die Gleichung eingeht. Für diese Vorgehensweise bietet sich eine Schnittführung an, die einen Fachwerkstab beinhaltet.

Beispiel 4.24

Für den in *Bild 4.162* dargestellten unterspannten Balken sind die Schnittgrößen zu ermitteln.

Auflagerkräfte:

Da es sich bei dem vorliegenden Tragwerk um eine in sich unverschiebliche Scheibe handelt, die dreiwertig gelagert ist, können die Auflagerkräfte ohne weiteres ermittelt werden, da die Form der Scheibe dabei ohne Bedeutung ist.

$$\sum M_{(a)} = 0 \Rightarrow B = 15 \cdot 10/2 + 25 \cdot 3/10 = 82{,}5 \text{ kN}$$
$$\sum M_{(b)} = 0 \Rightarrow A = 15 \cdot 10/2 + 25 \cdot 7/10 = 92{,}5 \text{ kN}$$

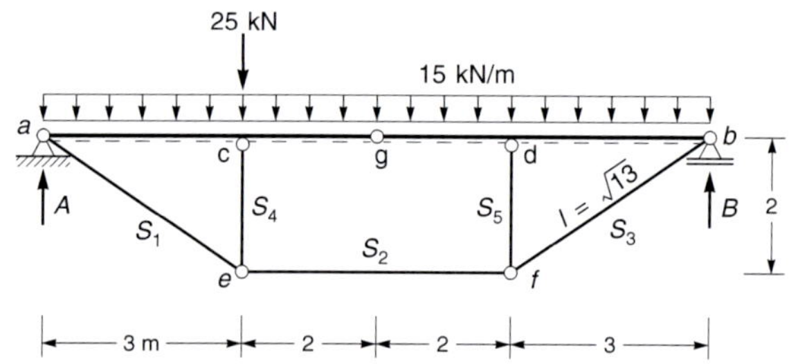

Bild 4.162 Unterspannter Balken

Schnittgrößen:

Führt man einen Totalschnitt an einer beliebigen Stelle des Tragwerks, wie in *Bild 4.163*, werden neben einer Normalkraft im Fachwerkstab auch drei unbekannte Schnittgrößen im biegesteifen Stab freigelegt, sodass mit nur drei zur Verfügung stehenden Gleichgewichtsbedingungen eine Berechnung nicht möglich ist.

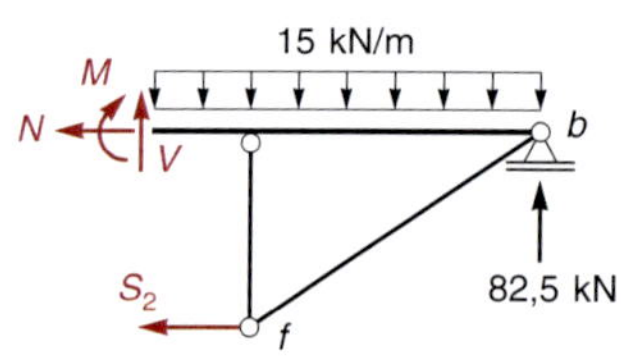

Bild 4.163 Schnittführung mit vier Unbekannten

Die Schnittführung ist demnach so zu wählen, dass eine Stelle des Stabes geschnitten wird, an der eine der Schnittgrößen bekannt ist. Dies ist im Gelenkpunkt *g* der Fall, da dort das Moment gleich null ist.

Bei einer Schnittführung durch den Gelenkpunkt und den horizontalen Fachwerkstab werden nur drei Unbekannte freigelegt.

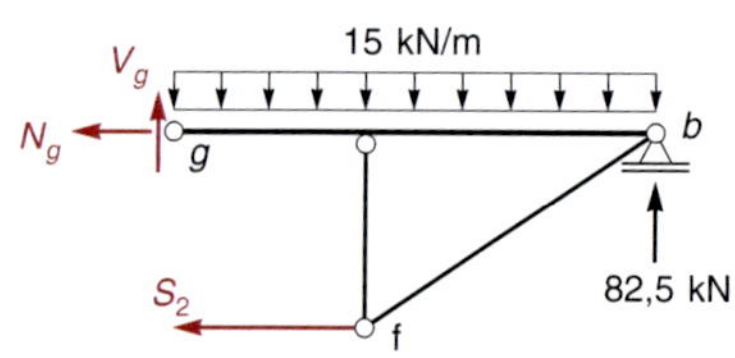

Bild 4.164 Freigeschnittenes rechtes Teilsystem

Die Ermittlung von S_2 erfolgt unmittelbar aus der Gleichgewichtsbedingung $\sum M = 0$ bezüglich des Gelenkpunktes g für das rechte Teilsystem.

$$\sum M_{(g)}^{re} = 0: \quad 82{,}5 \cdot 5 - 15 \cdot 5^2/2 - S_2 \cdot 2 = 0$$

$$\Rightarrow S_2 = 112{,}5 \text{ kN}$$

Ist S_2 bekannt, lassen sich die Gelenkkräfte aus den Kräftegleichgewichtsbedingungen bestimmen.

$$\sum H = 0: \quad -N_g - S_2 = 0$$

$$\Rightarrow N_g = -S_2 = -112{,}5 \text{ kN}$$

$$\sum V = 0: \quad -V_g + 15 \cdot 5 - 82{,}5 = 0$$

$$\Rightarrow V_g = -7{,}5 \text{ kN}$$

Die Normalkraft im Gelenk ist der Stabkraft S_2 entgegengerichtet gleich, beide Kräfte bilden ein Kräftepaar. Das Moment dieses Kräftepaares wäre die Schnittgröße M, die sich bei einem biegesteifen Stab ohne Gelenk und Unterspannung in der Mitte ergeben würde.

Stabkräfte:

Mit der bekannten Stabkraft S_2 können die weiteren Stabkräfte durch Rundschnitte um die Knoten e und f ermittelt werden.

- Rundschnitt um Knoten *f:*

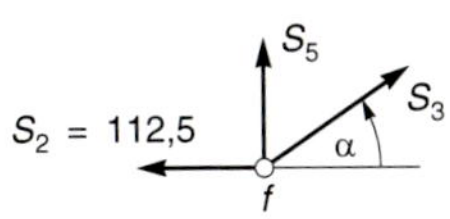

Bild 4.165 Freigeschnittener Knoten *f*

$$\sum H = 0: \quad S_3 \cdot \cos\alpha - S_2 = 0$$

$$\Rightarrow S_3 = 112{,}5 \cdot \frac{\sqrt{13}}{3} = 135{,}21 \text{ kN}$$

$$\sum V = 0: \quad S_5 + S_3 \cdot \sin\alpha = 0$$

$$\Rightarrow S_5 = -135{,}21 \cdot \frac{2}{\sqrt{13}} = -75{,}00 \text{ kN}$$

- Rundschnitt um Knoten *e:*

Ein Vergleich von *Bild 4.166* mit *Bild 4.165* zeigt, dass sich aufgrund der Symmetrie gleiche Stabkräfte wie am Knoten f ergeben!

$$S_4 = S_5, \; S_1 = S_3$$

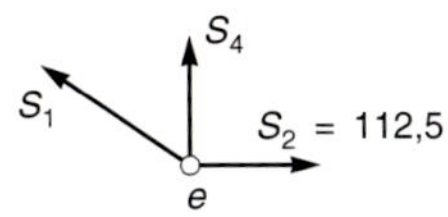

Bild 4.166 Freigeschnittener Knoten *e*

Momentenlinie:

Die Momente in den Punkten c und d können mit der bekannten Querkraft im Gelenk an den freigeschnittenen Teilsystemen in *Bild 4.167* und *Bild 4.168* ermittelt werden.

- Schnitt durch *g – d:*

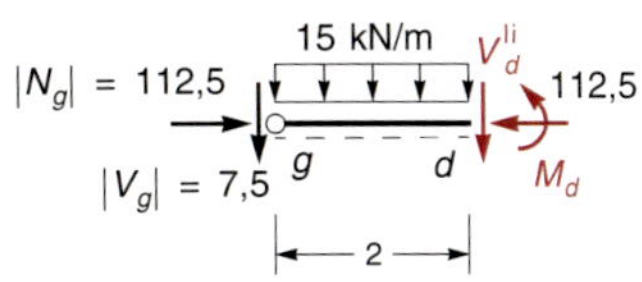

Bild 4.167 Freigeschnittenes Teilsystem *g – d*

$$\sum M_{(d)} = 0: \quad 7{,}5 \cdot 2 + 15 \cdot 2^2/2 + M_d = 0$$

$$\Rightarrow M_d = -45 \text{ kNm}$$

$$\sum V = 0: \quad 7{,}5 + 15 \cdot 2 + V_d^{li} = 0$$

$$\Rightarrow V_d^{li} = -37{,}5 \text{ kN}$$

- Schnitt durch *c – g:*

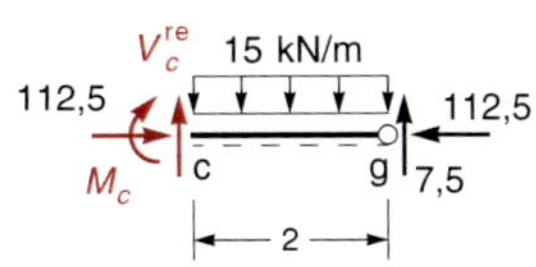

Bild 4.168 Freigeschnittenes Teilsystem *c – g*

$$\sum M_{(c)} = 0: \quad 7{,}5 \cdot 2 - 15 \cdot 2^2/2 - M_c = 0$$

$$\Rightarrow M_c = -15 \text{ kNm}$$

$$\sum V = 0: \quad -7{,}5 + 15 \cdot 2 - V_c^{re} = 0$$

$$\Rightarrow V_c^{re} = 22{,}5 \text{ kN}$$

In den Bereichen zwischen den Knoten $a - c$, $c - d$, $d - b$ kann die Momentenlinie durch Einhängen der $ql^2/8$-Parabeln qualitativ gezeichnet werden. Die lokalen Extremwerte der Momente werden berechnet, wenn die Querkräfte bekannt sind.

Querkraftlinie:

Die Querkräfte werden in einer Nachlaufrechnung aus der bekannten Momentenlinie ermittelt.

$$V = V^0 + \frac{M_{re} - M_{li}}{l}$$

- Bereich *a – c:*

$$V = \pm\frac{15 \cdot 3}{2} + \frac{-15 - 0}{3} = \pm 22{,}5 - 5$$

$$V_a = 17{,}5 \text{ kN}$$

$$V_c^{li} = -27{,}5 \text{ kN}$$

- Bereich *c – d:*

$$V = \pm\frac{15 \cdot 4}{2} + \frac{-45 - (-15)}{4} = \pm 30 - 7{,}5$$

$$V_c^{re} = 22{,}5 \text{ kN}$$

$$V_d^{li} = -37{,}5 \text{ kN}$$

- Bereich *d – b:*

$$V = \pm\frac{15 \cdot 3}{2} + \frac{0 - (-45)}{3} = \pm 22{,}5 + 15$$

$$V_d^{re} = 37{,}5 \text{ kN}$$

$$V_b = -7{,}5 \text{ kN}$$

Zur Kontrolle sind in *Bild 4.169* die Schnittgrößen an den freigeschnittenen Knoten *c* und *d* angetragen. An beiden Knoten sind alle Gleichgewichtsbedingungen erfüllt.

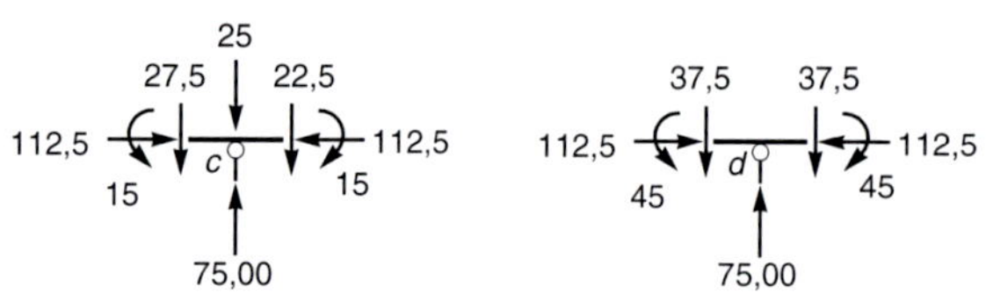

Bild 4.169 Gleichgewicht an den Knoten *c* und *d*

Extremwerte der Momente:

- Bereich *a – c:*

$$M_{max} = \frac{17{,}5^2}{2 \cdot 15} = 10{,}21 \text{ kNm} \quad \text{bei } x_0 = \frac{17{,}5}{15} = 1{,}17 \text{ m}$$

- Bereich *c – g:*

$$M_{max} = \frac{22{,}5^2}{2 \cdot 15} - 15 = 1{,}875 \text{ kNm bei } x_0 = \frac{22{,}5}{15} = 1{,}5 \text{ m}$$

- Bereich *d – b:*

$$M_{max} = \frac{37{,}5^2}{2 \cdot 15} - 45 = 1{,}875 \text{ kNm bei } x_0 = \frac{37{,}5}{15} = 2{,}5 \text{ m}$$

bzw.

$$M_{max} = \frac{7{,}5^2}{2 \cdot 15} = 1{,}875 \text{ kNm} \quad \text{bei } x_0' = \frac{7{,}5}{15} = 0{,}5 \text{ m}$$

Darstellung der Zustandslinien:

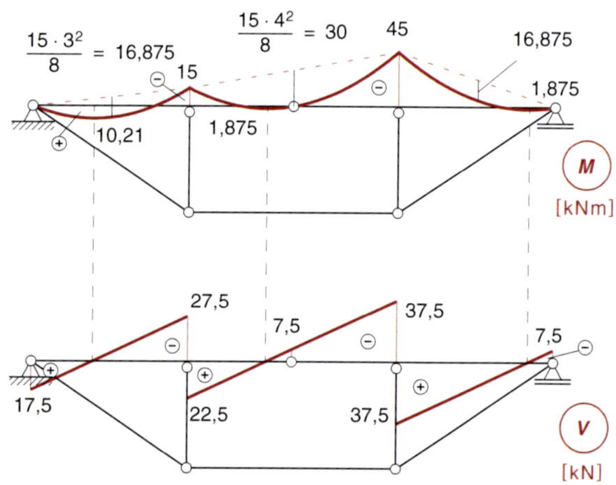

Bild 4.170 Zustandslinien des unterspannten Balkens

Beispiel 4.25

Für das in *Bild 4.171* dargestellte Tragwerk sind die Schnittgrößen infolge der halbseitig wirkenden Streckenlast zu ermitteln.

Es handelt sich bei diesem Tragwerk um einen *Langerschen Balken,* der allerdings in der Praxis ohne das Gelenk im biegesteifen horizontalen Stab ausgeführt wird. Dieser biegesteife Stab wird auch als *Versteifungsträger* bezeichnet. Die vertikalen Stäbe heißen *Hänger* und der restliche obere Bereich wird als *Stabbogen* bezeichnet. Es handelt sich bei diesem Tragwerk um die Umkehrung des vorher behandelten Beispiels des unterspannten Balkens.

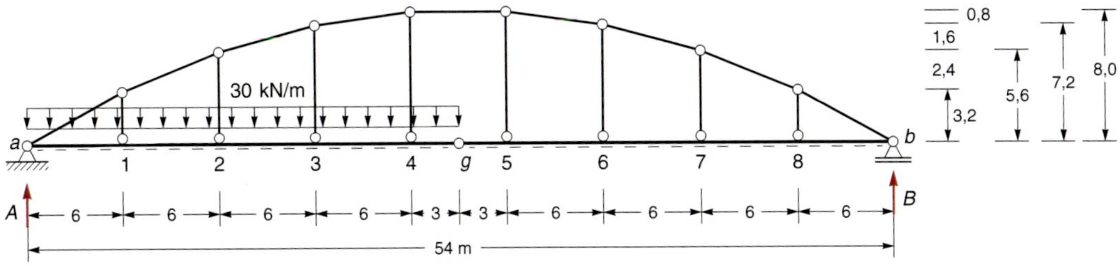

Bild 4.171 Langerscher Balken mit halbseitiger Streckenlast

Auflagerkräfte:

Da es sich global betrachtet wieder um eine in sich unverschiebliche Scheibe handelt, die dreiwertig gelagert ist, können die Auflagerkräfte ohne weiteres ermittelt werden.

$$\sum M_{(a)} = 0 \Rightarrow B = \frac{30 \cdot 27^2/2}{54} = 202{,}5 = 202{,}5 \text{ kN}$$

$$\sum V = 0 \Rightarrow A = 30 \cdot 27 - 202{,}5 = 607{,}5 \text{ kN}$$

Stabkräfte:

Bei einer Schnittführung durch den Gelenkpunkt und den Stabbogen lässt sich die Horizontalkraft im Stabbogen aus der Bedingung $\sum M_{(g)} = 0$ mit einer Gleichung berechnen. Nach *Bild 4.172* folgt damit für das rechte Teilsystem:

$$\sum M_{(g)}^{re} = 0\text{: } 202{,}5 \cdot 27 + H \cdot 8 = 0 \Rightarrow H = -683{,}4375 \text{ kN}$$

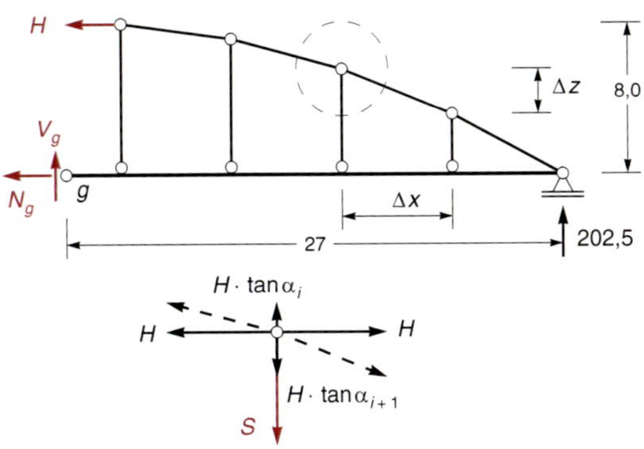

Bild 4.172 Schnittbilder

Am freigeschnittenen Knoten in *Bild 4.172* folgt aus der Gleichgewichtsbedingung $\sum H = 0$, dass die Horizontalkomponente H der Stabbogenkraft für alle Stäbe gleich ist. Die Hängerkraft S kann mit der Gleichgewichtsbedingung $\sum V = 0$ berechnet werden. Sie entspricht der Differenz der Vertikalkomponenten der am Knoten wirkenden Normalkräfte des Stabbogens.

$$S = -H \cdot (\tan\alpha_{i+1} - \tan\alpha_i) \qquad (4.11)$$

Der Tangens kann durch die Differenz der Koordinaten benachbarter Knoten ausgedrückt werden, wobei der horizontale Knotenabstand konstant ist.

$$\tan\alpha_i = \frac{\Delta z_i}{\Delta x}$$

Damit wird aus Gl. (4.11):

$$S = -\frac{H}{\Delta x}(\Delta z_{i+1} - \Delta z_i)$$

Im vorliegenden Beispiel ist die Differenz der Stabhöhe für zwei benachbarte Stäbe konstant, siehe *Bild 4.171*. Mit $\Delta z_{i+1} - \Delta z_i = 0{,}8$ folgt:

$$S = -\frac{-683{,}44}{6}(\Delta z_{i+1} - \Delta z_i) = \frac{683{,}44}{6}0{,}8 = 91{,}125 \text{ kN}$$

Die Stabkraft ist demnach in allen Hängern gleich. Dies liegt daran, dass die Form des Stabbogens die Stützlinie für äquidistant verteilte, vertikale Einzelkräfte gleicher Größe darstellt, vergleiche Abschnitt 4.4.1.

Die Normalkraft des Stabbogens kann mit der konstanten Horizontalkomponente aus der Stabneigung berechnet werden.

$$N_i = \frac{H}{\cos\alpha_i} = \frac{H}{\Delta x} l_i$$

Der Faktor $H/\Delta x$ in obiger Gleichung ist konstant, d. h., die Normalkraft des Stabbogens ist der Stablänge proportional.

Damit gilt für dieses Beispiel:

$$N_i = \frac{-683{,}44}{6} l_i = -113{,}91 \cdot l_i$$

Nachfolgend werden aus Platz- und Übersichtlichkeitsgründen die Einheiten [m], [kN] und [kNm] teilweise weggelassen.

Die Stablängen sind gegeben durch:

$$l_i = \sqrt{(\Delta x)^2 + (\Delta z_i)^2}$$

$$l_1 = \sqrt{6^2 + 0{,}8^2} = 6{,}0531 \qquad l_3 = \sqrt{6^2 + 2{,}4^2} = 6{,}4622$$

$$l_2 = \sqrt{6^2 + 1{,}6^2} = 6{,}2097 \qquad l_4 = \sqrt{6^2 + 3{,}2^2} = 6{,}8$$

Daraus können die Normalkräfte berechnet werden:

$$N_1 = -113{,}91 \cdot 6{,}0531 = -689{,}49$$

$$N_2 = -113{,}91 \cdot 6{,}2097 = -707{,}32$$

$$N_3 = -113{,}91 \cdot 6{,}4622 = -736{,}08$$

$$N_4 = -113{,}91 \cdot 6{,}8 = -774{,}56$$

Momente:

Um die Momente im *Versteifungsträger* zu berechnen, führen wir den in *Bild 4.173* angegebenen Totalschnitt durch das Tragwerk. Exemplarisch ist die Schnittführung für Punkt 2 dargestellt. Aus der Zerlegung der Stabbogenkraft ist ersichtlich, dass nur die konstante Horizontalkomponente einen Hebelarm hat und in die Momentengleichgewichtsbedingung eingeht. Dieser Anteil, der zur Form des Stabbogens affin ist, entspricht dem Unterschied in der Berechnung der Momentenlinie gegenüber einem einfachen Träger auf zwei Stützen.

Die Momente in der linken Hälfte des Versteifungsträgers ergeben sich damit zu:

$$M_1 = 607{,}5 \cdot 6 - 30 \cdot 6^2/2 - 683{,}44 \cdot 3{,}2 = 918$$

$$M_2 = 607{,}5 \cdot 12 - 30 \cdot 12^2/2 - 683{,}44 \cdot 5{,}6 = 1302{,}75$$

$$M_3 = 607{,}5 \cdot 18 - 30 \cdot 18^2/2 - 683{,}44 \cdot 7{,}2 = 1154{,}25$$

$$M_4 = 607{,}5 \cdot 24 - 30 \cdot 24^2/2 - 683{,}44 \cdot 8{,}0 = 472{,}5$$

Im Bereich zwischen den Anschlusspunkten der Hänger kann der Verlauf qualitativ durch Einhängen der $ql^2/8$-Parabeln gezeichnet werden.

In der rechten Hälfte entfällt der Anteil aus der Streckenlast.

$$M_5 = 202{,}5 \cdot 24 - 683{,}44 \cdot 8{,}0 = -607{,}52$$

$$M_6 = 202{,}5 \cdot 18 - 683{,}44 \cdot 7{,}2 = -1275{,}75$$

$$M_7 = 202{,}5 \cdot 12 - 683{,}44 \cdot 5{,}6 = -1397{,}25$$

$$M_8 = 202{,}5 \cdot 6 - 683{,}44 \cdot 3{,}2 = -972$$

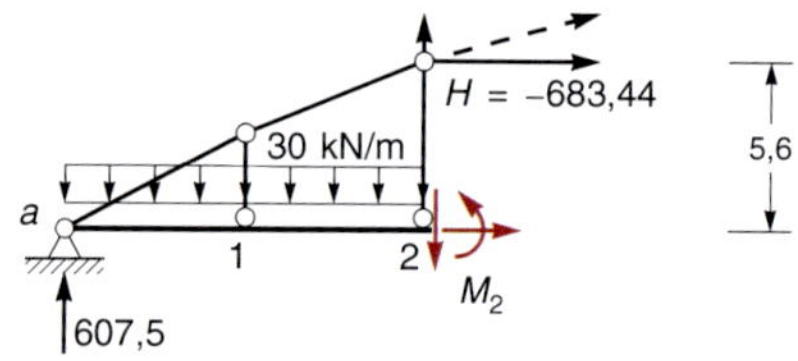

Bild 4.173 Berechnung der Momente im Versteifungsträger

Querkräfte:

Die Querkräfte können im Bereich zwischen Auflagerpunkt *a* und dem Punkt 1 aus der Momentenlinie berechnet werden.

$$V = V^0 + \frac{M_{re} - M_{li}}{l} = \pm \frac{30 \cdot 6}{2} + \frac{918 - 0}{6} = \pm 90 + 153$$

$$V_a = 90 + 153 = 243$$

$$V_{1,\,li} = -90 + 153 = 63$$

Die restlichen Querkräfte lassen sich am einfachsten aus folgenden Betrachtungen ermitteln.

Im Anschlusspunkt eines Hängers springt die Querkraft um den Betrag der Stabkraft im Hänger. Da in den Hängern Zugkräfte wirken, verläuft der Querkraftsprung, wenn man von links nach rechts über den Punkt hinweggeht, nach unten. In dem Bereich zwischen zwei Anschlusspunkten ändert sich die Querkraft um den Flächeninhalt der dazwischen liegenden Lastfunktion. Dies ist eine Kraft von $30 \cdot 6 = 180$ kN. Es ergeben sich folgende Werte für den linken Bereich.

$$V_{1,\,re} = 63 + 91{,}125 = 154{,}125$$

$$V_{2,\,li} = 154{,}125 - 180 = -25{,}875$$

$$V_{2,\,re} = -25{,}875 + 91{,}125 = 65{,}25$$

$$V_{3,\,li} = 65{,}25 - 180 = -114{,}75$$

$$V_{3,\,re} = -114{,}75 + 91{,}125 = -23{,}625$$

$$V_{4,\,li} = -23{,}625 - 180 = -203{,}625$$

$$V_{4,\,re} = -203{,}625 + 91{,}125 = -112{,}5$$

$$V_g = -112{,}5 - 30 \cdot 3 = -202{,}5$$

Im rechten Bereich sind die Querkräfte bereichsweise konstant, da keine Streckenlast wirkt.

$$V_{5-6} = -202{,}5 + 91{,}125 = -111{,}375$$

$$V_{6-7} = -111{,}375 + 91{,}125 = -20{,}25$$

$$V_{7-8} = -20{,}25 + 91{,}125 = 70{,}875$$

$$V_{8-9} = 70{,}875 + 91{,}125 = 162$$

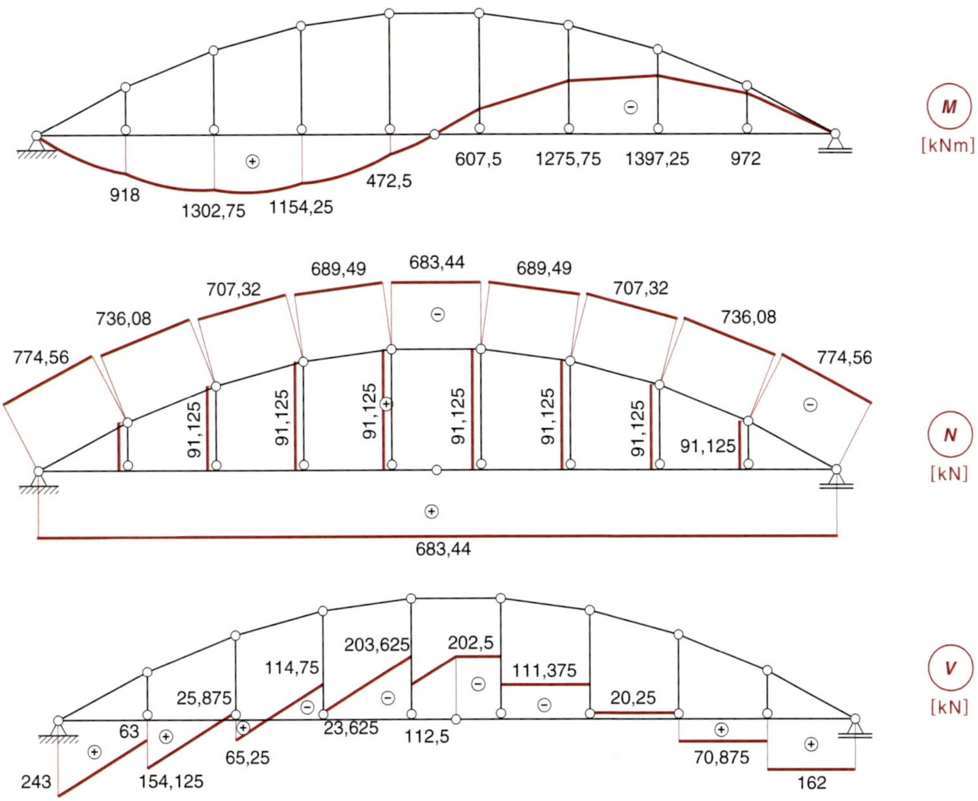

Bild 4.174 Zustandslinien des Langerschen Balkens

Aufgaben

Für die nachfolgend dargestellten Systeme sind die Zustandslinien sowie die Auflagerkräfte zu ermitteln.

Aufgabe 4.1

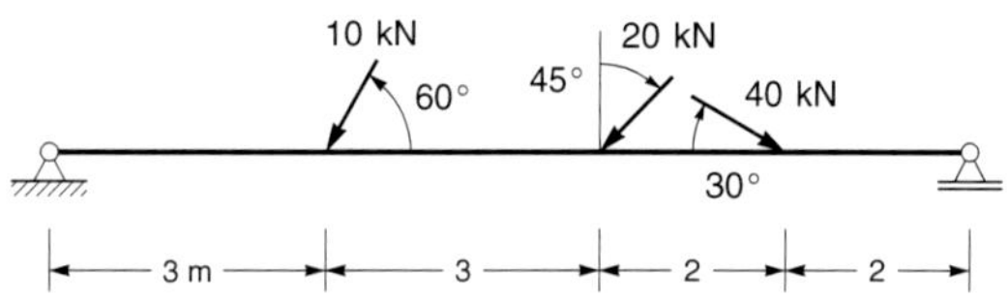

Aufgabe 4.2

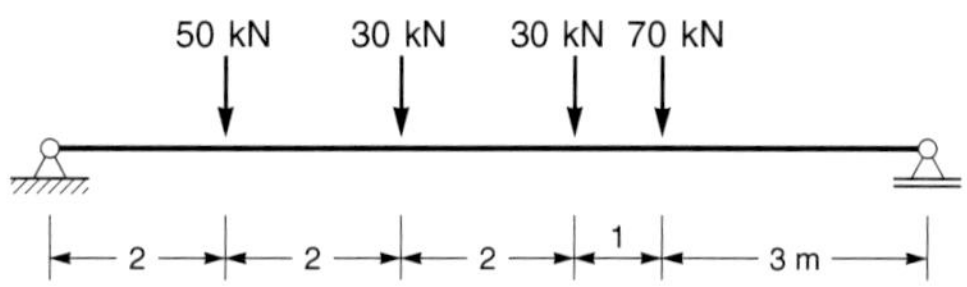

Aufgabe 4.3

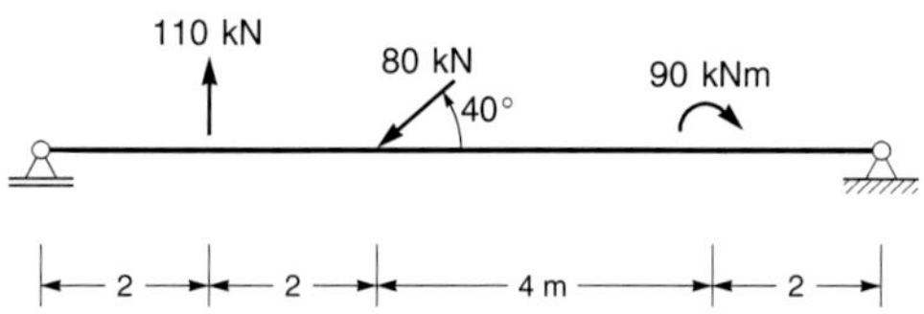

Aufgabe 4.4

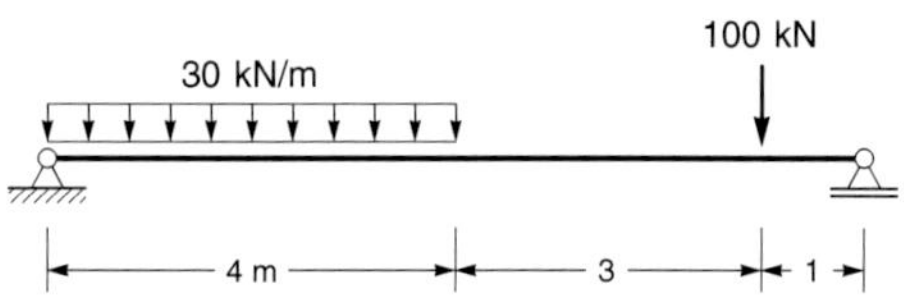

Aufgabe 4.5

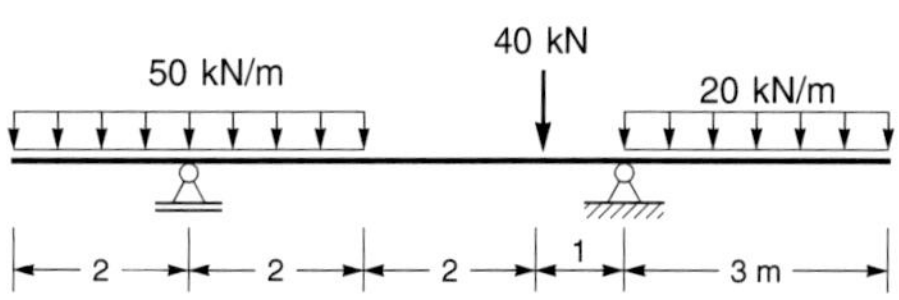

Aufgabe 4.6

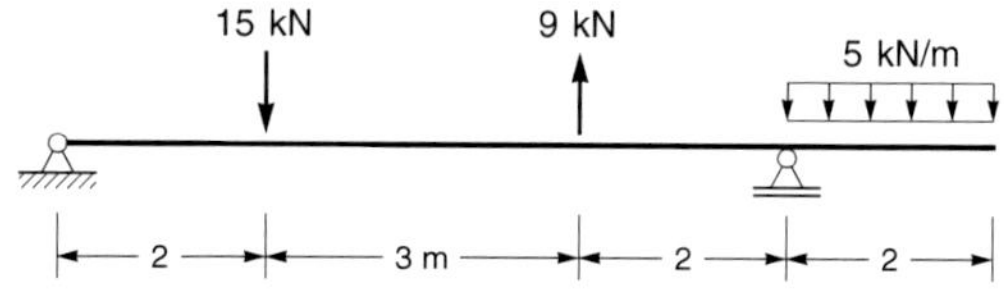

Aufgabe 4.7

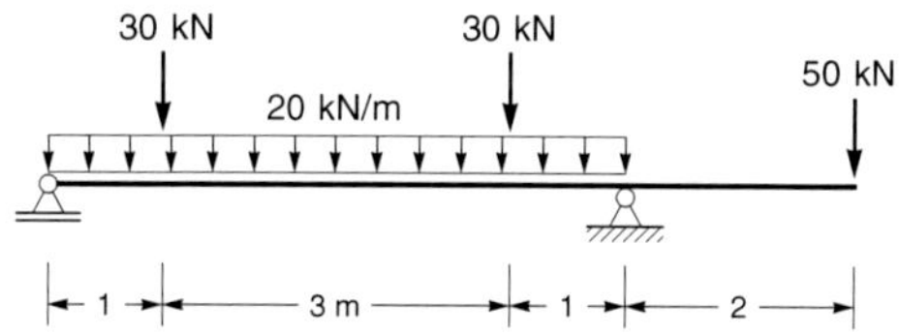

Aufgabe 4.8

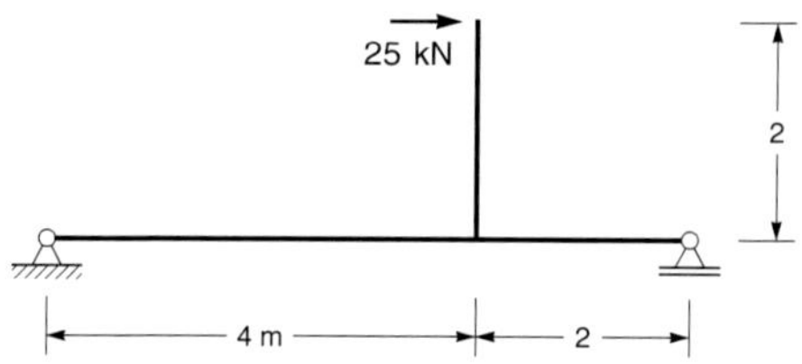

Aufgabe 4.9

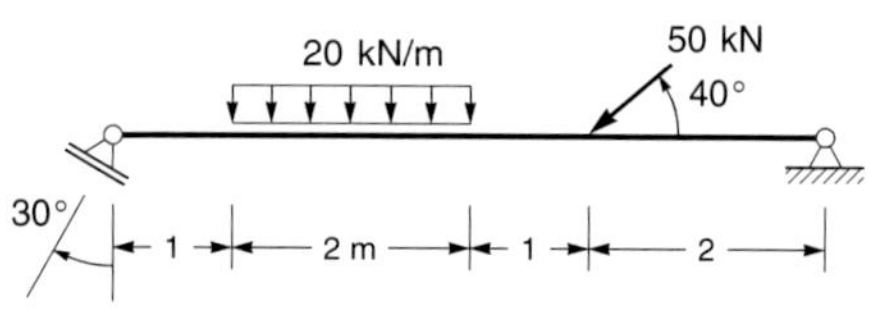

Aufgabe 4.10

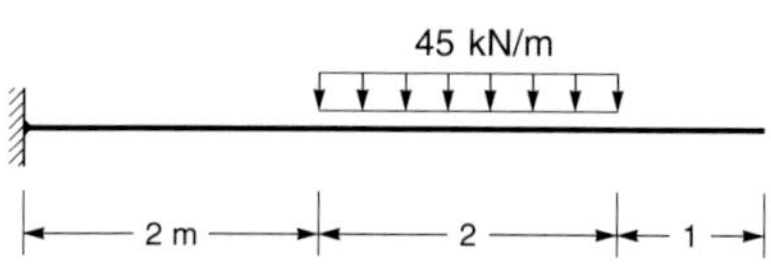

Aufgabe 4.11

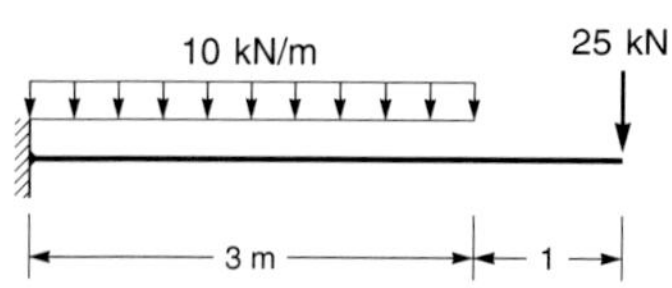

Aufgabe 4.12

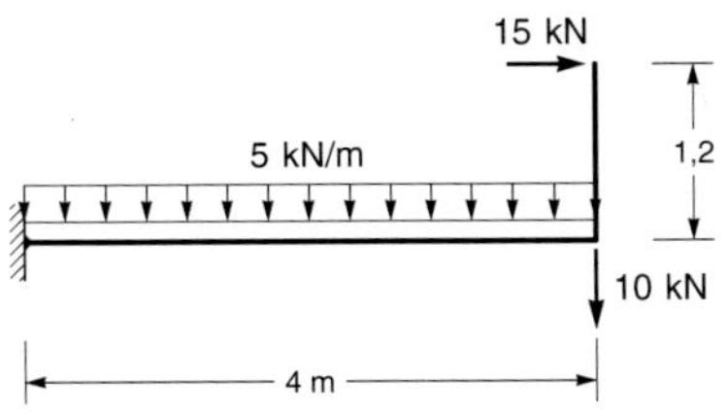

Aufgabe 4.13

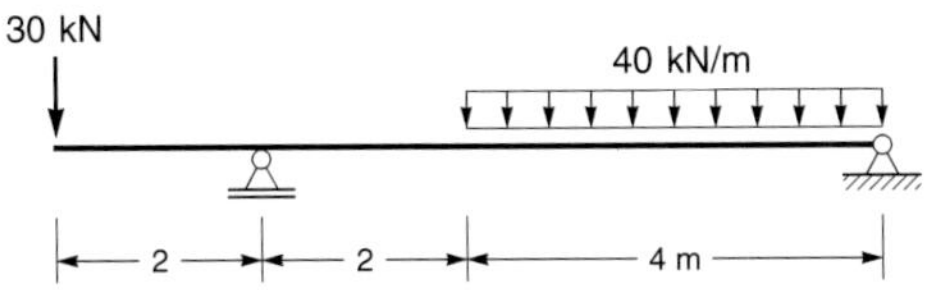

Aufgabe 4.14

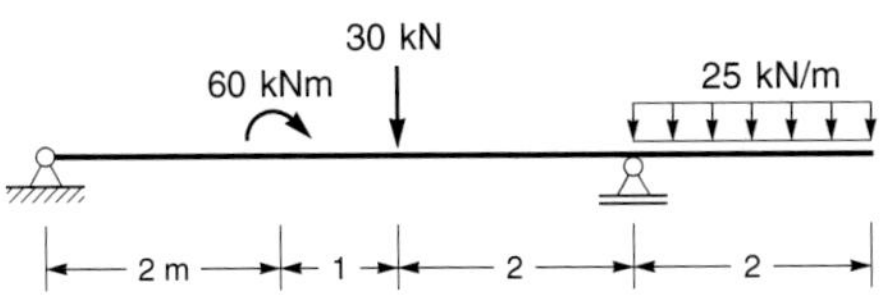

Aufgabe 4.15

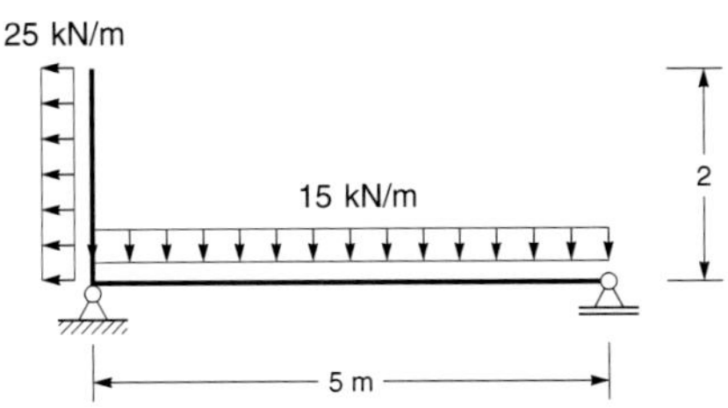

Aufgabe 4.16

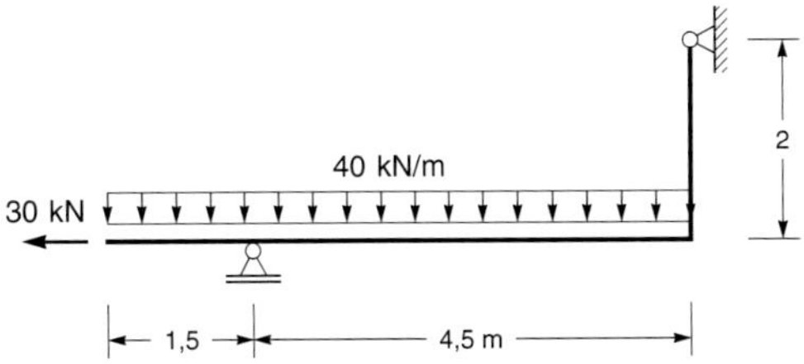

Aufgabe 4.17

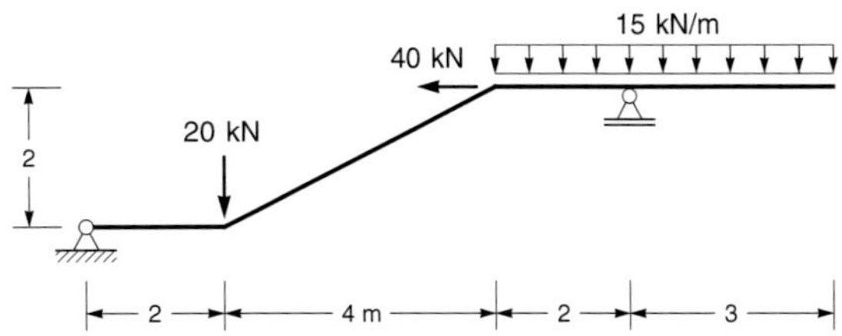

Aufgabe 4.18

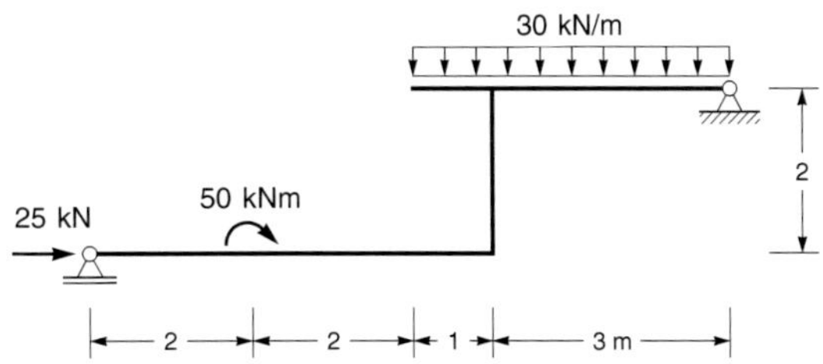

Aufgabe 4.19

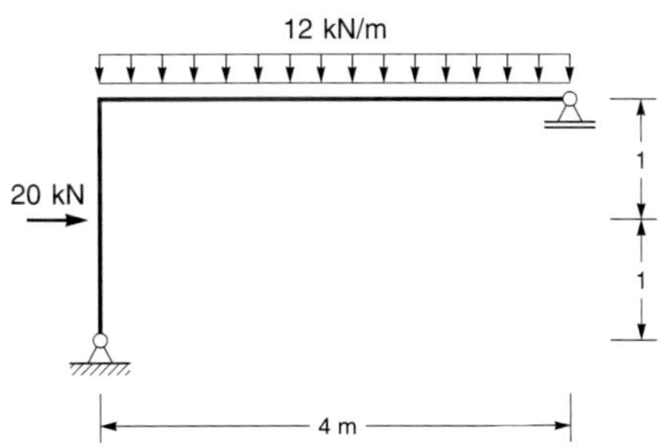

Aufgabe 4.20

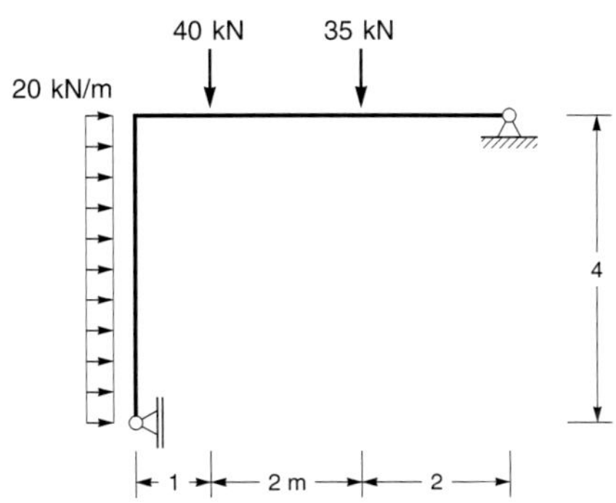

Aufgabe 4.21

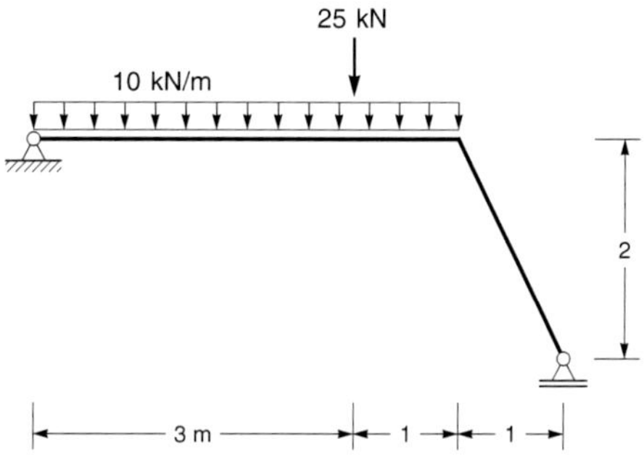

Aufgabe 4.22

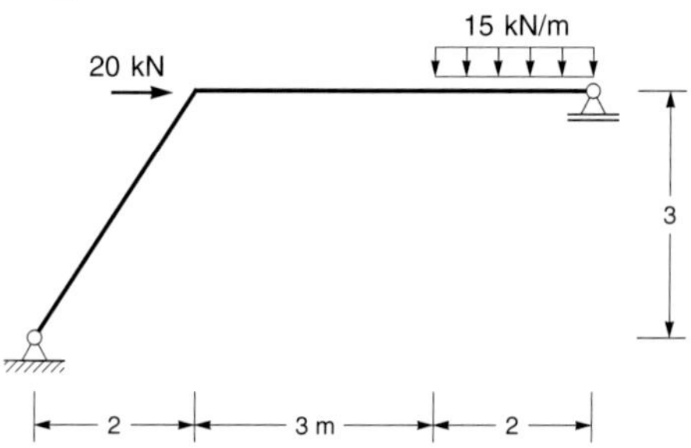

Aufgabe 4.23

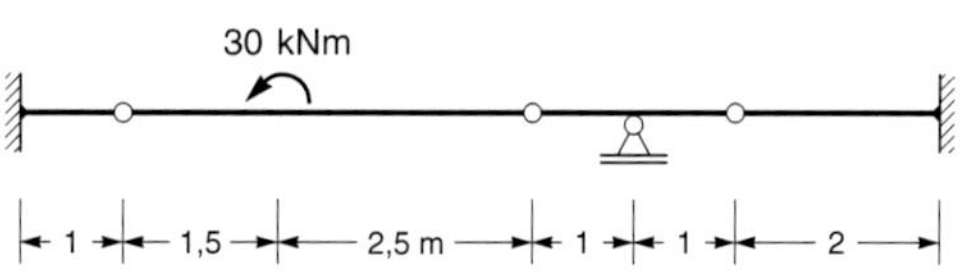

Aufgabe 4.24

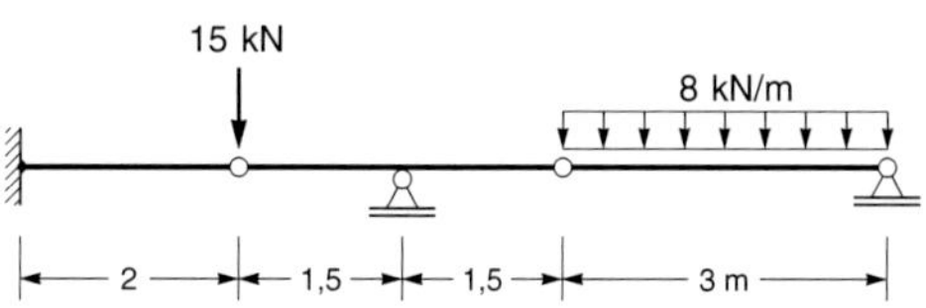

Aufgabe 4.25

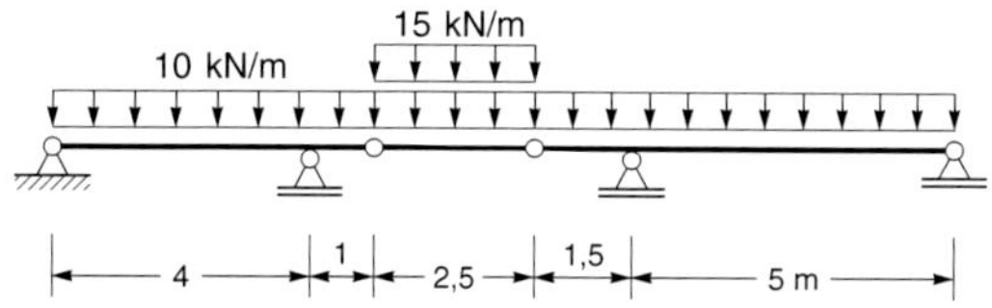

Aufgabe 4.26

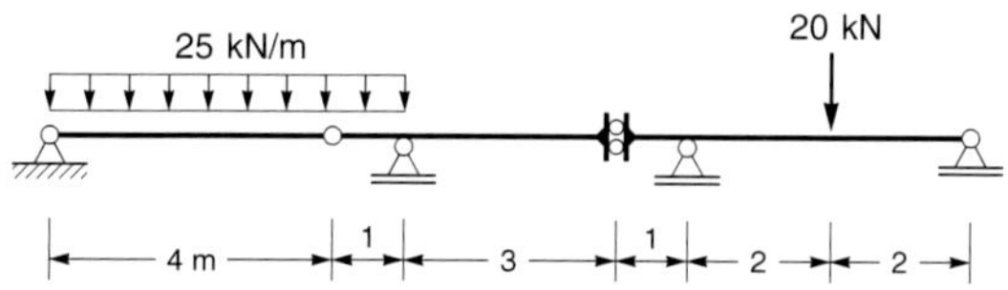

Aufgabe 4.27

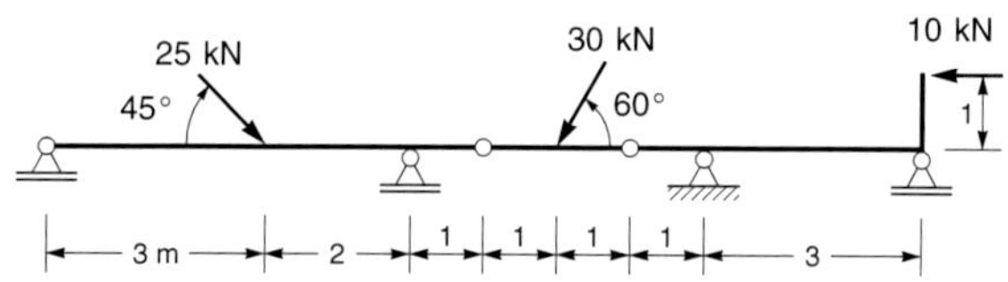

Aufgabe 4.28

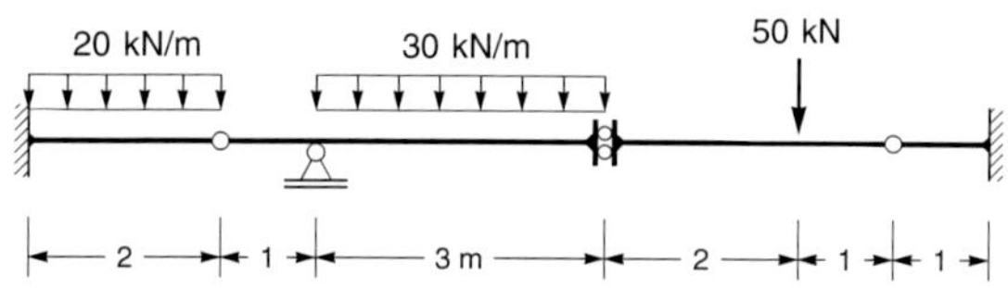

Aufgabe 4.29

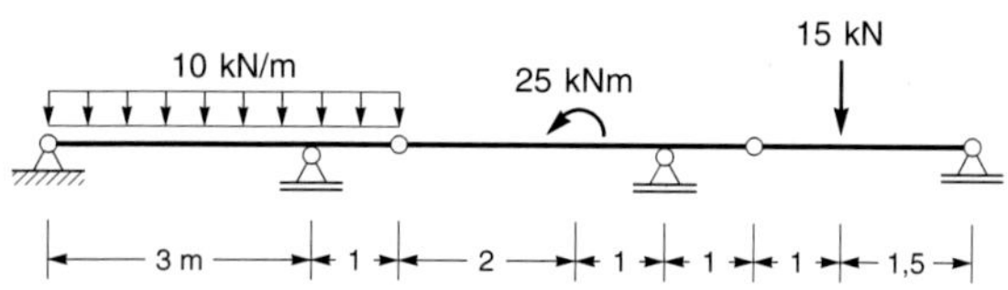

Aufgabe 4.30

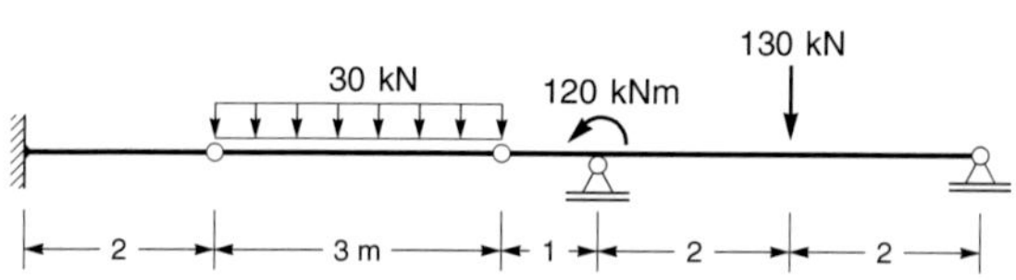

Aufgabe 4.31

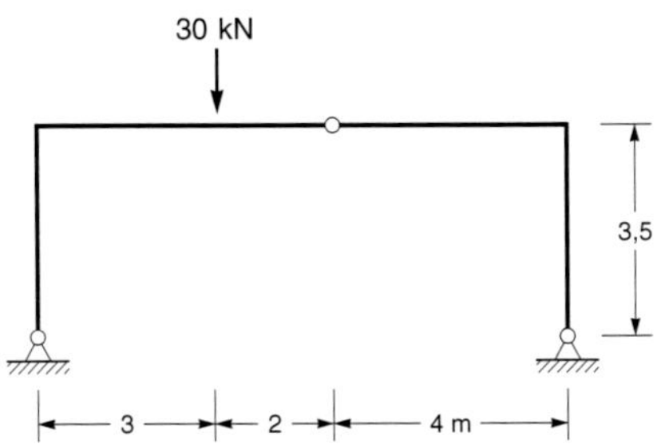

Aufgabe 4.32

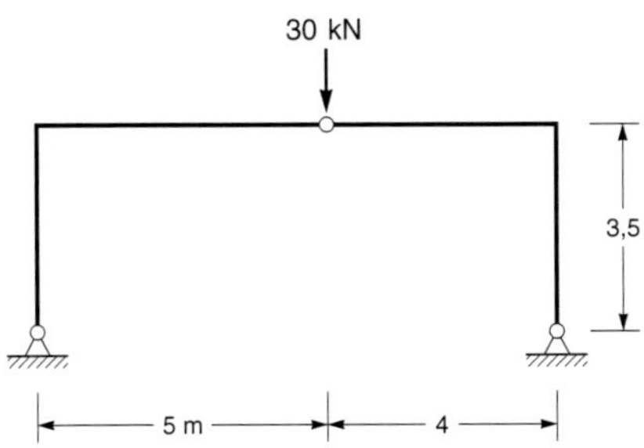

Aufgabe 4.33

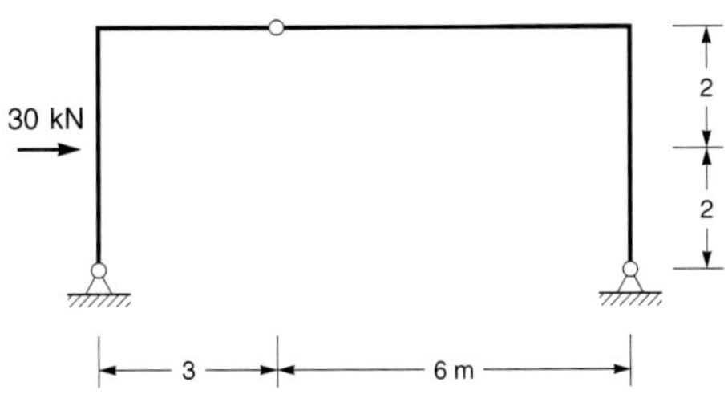

Aufgabe 4.34

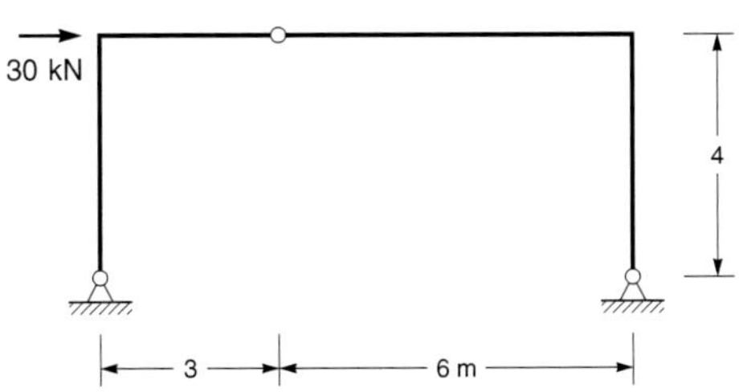

Aufgabe 4.35

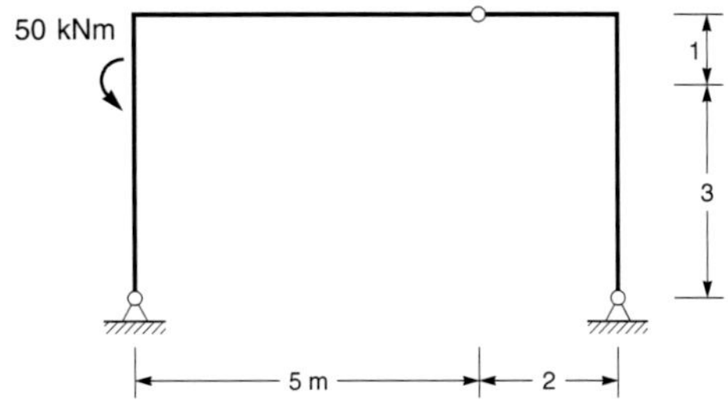

Aufgabe 4.36

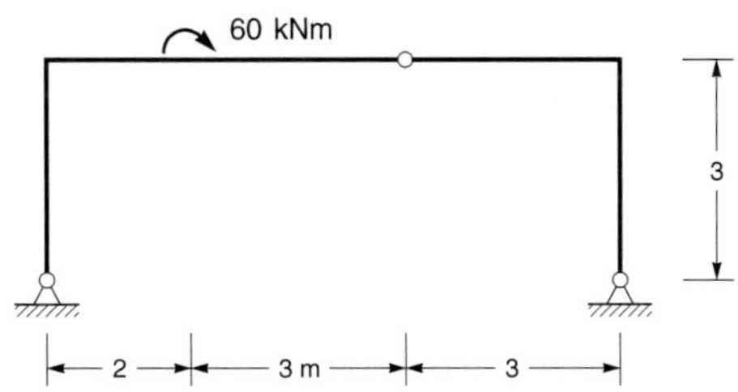

Aufgabe 4.37

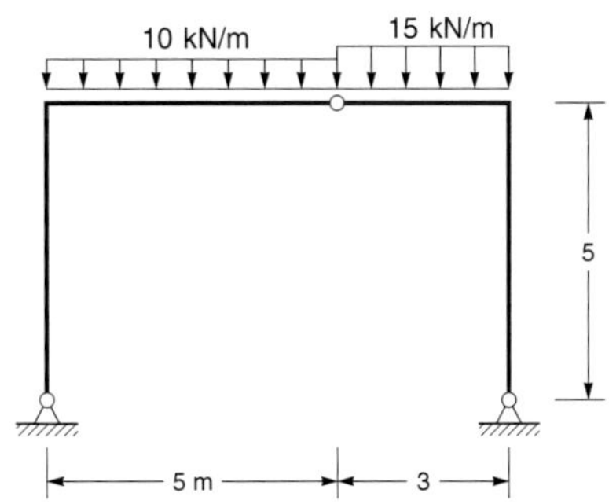

Aufgabe 4.38

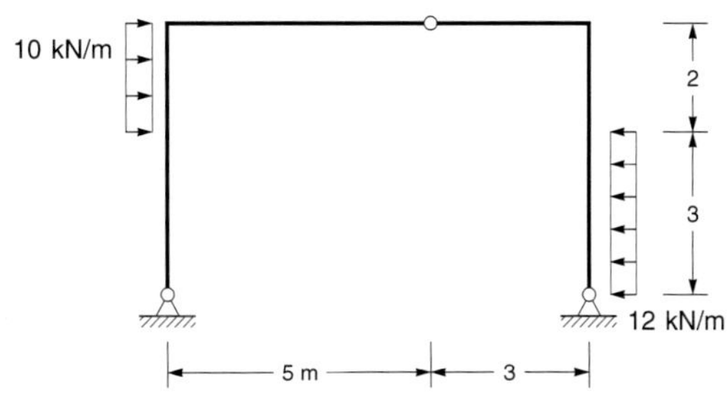

Aufgabe 4.39

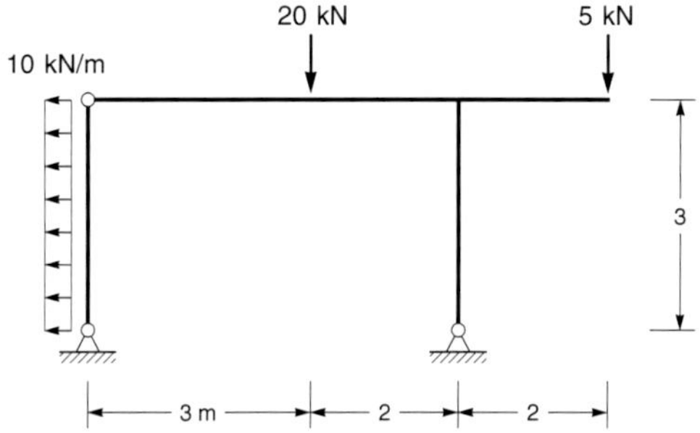

Aufgabe 4.40

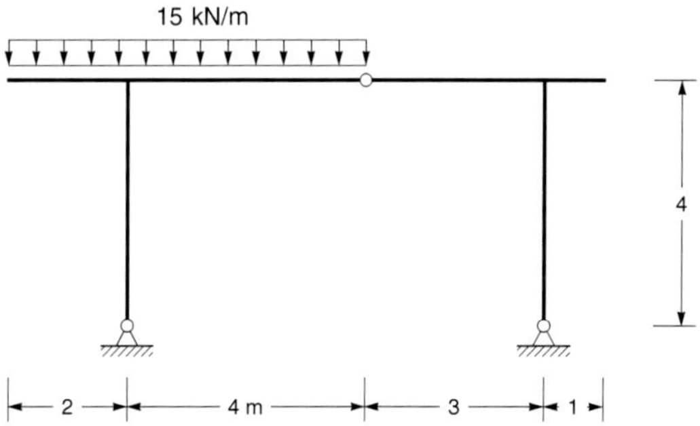

Aufgabe 4.41

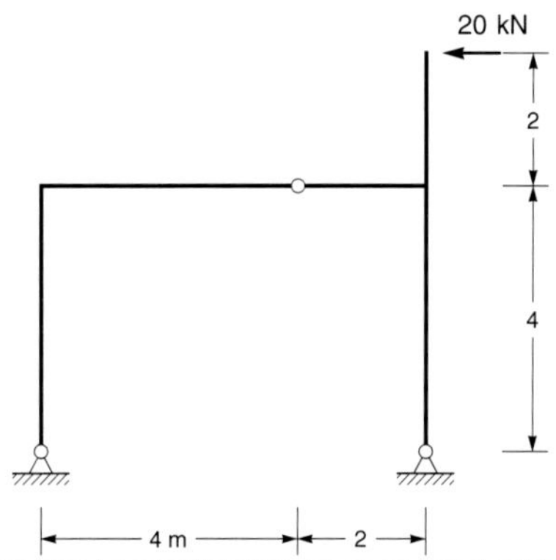

Aufgabe 4.42

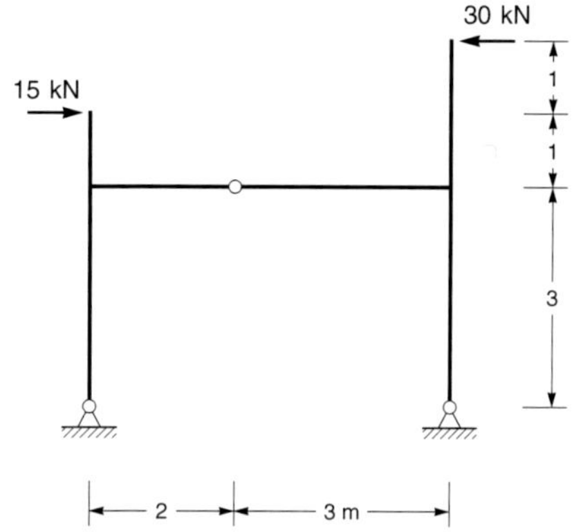

Aufgabe 4.43

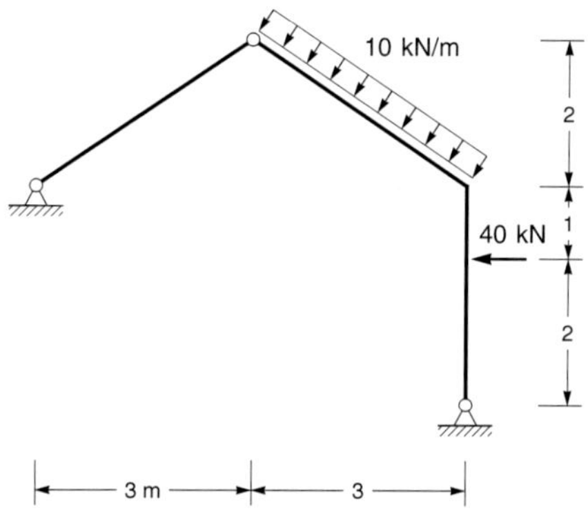

Aufgabe 4.44

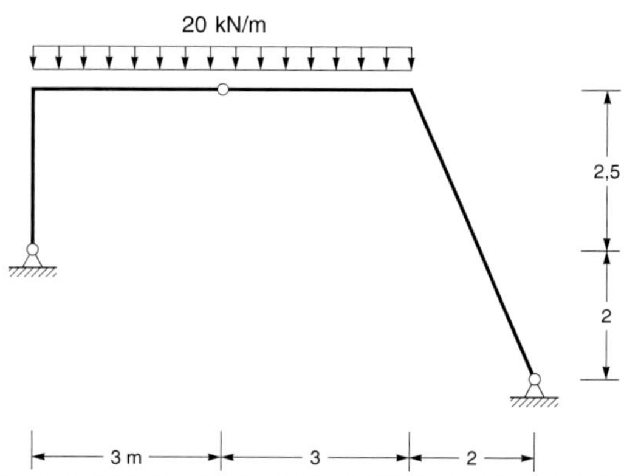

Aufgabe 4.45

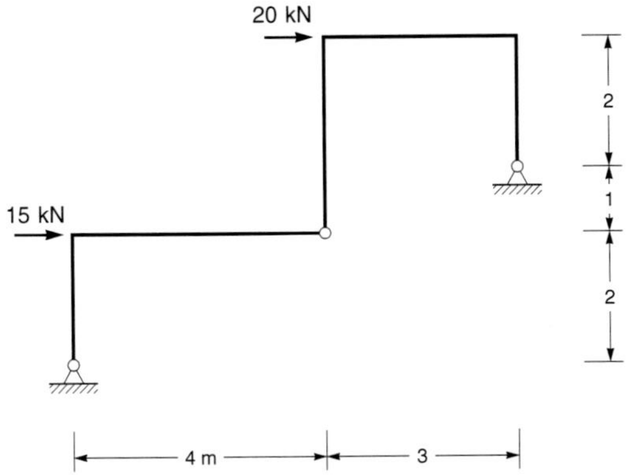

Aufgabe 4.46

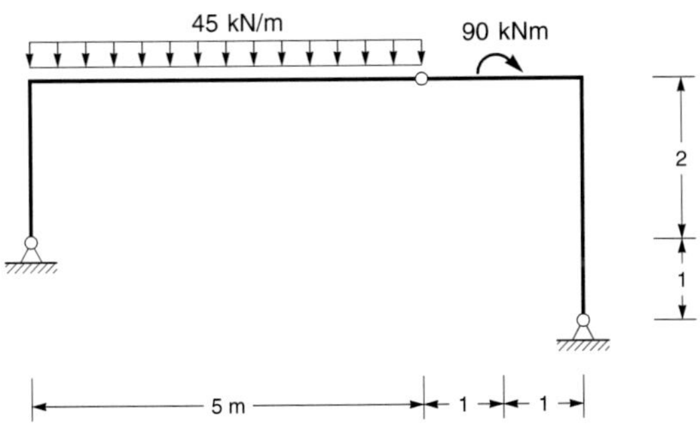

Aufgabe 4.47

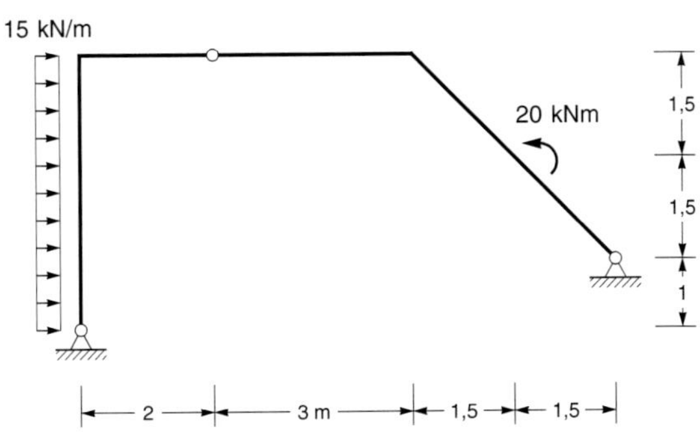

Aufgabe 4.48

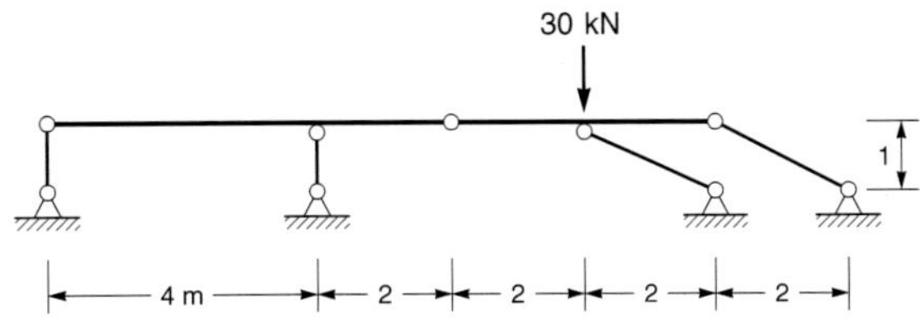

Aufgabe 4.49

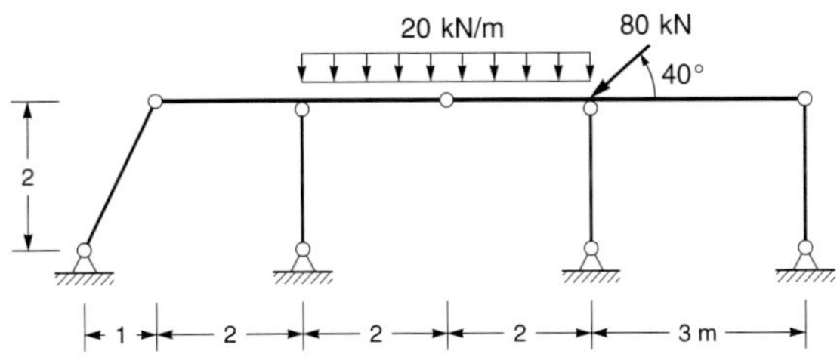

Aufgabe 4.50

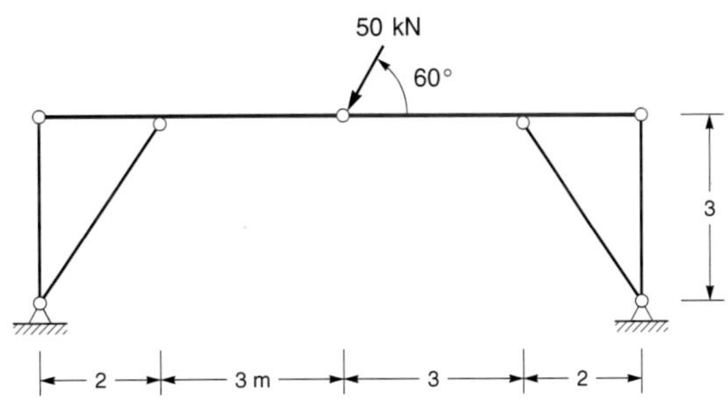

Aufgabe 4.51

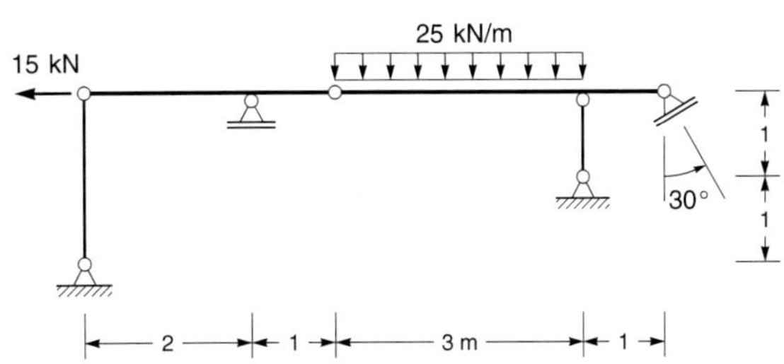

Aufgabe 4.52

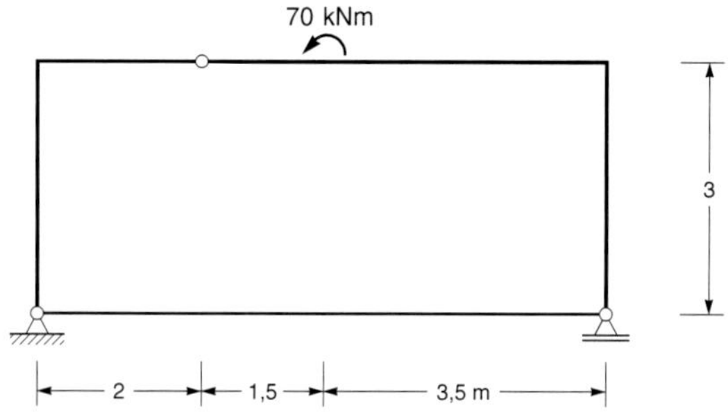

Aufgabe 4.53

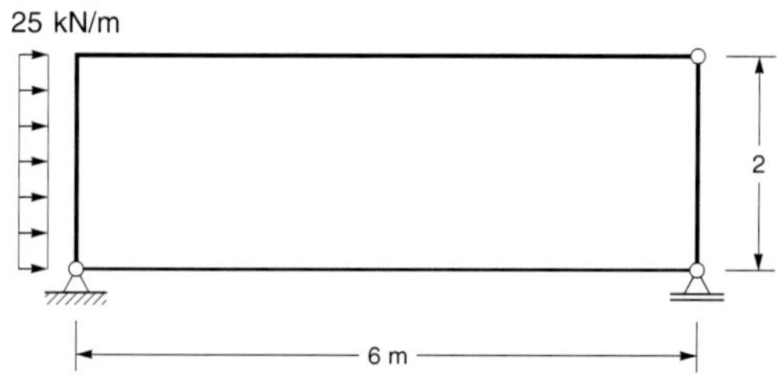

Aufgabe 4.54

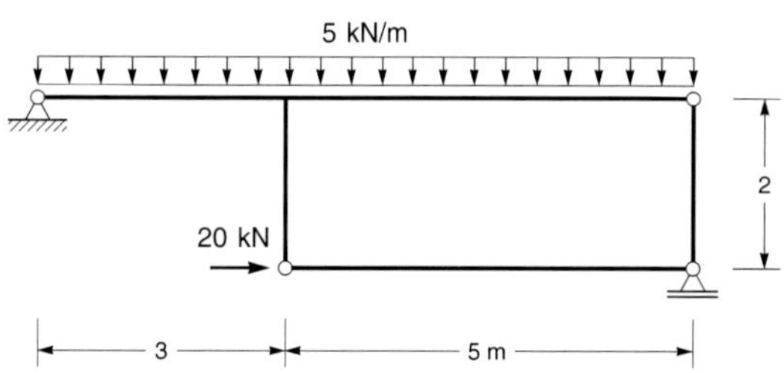

Aufgabe 4.55

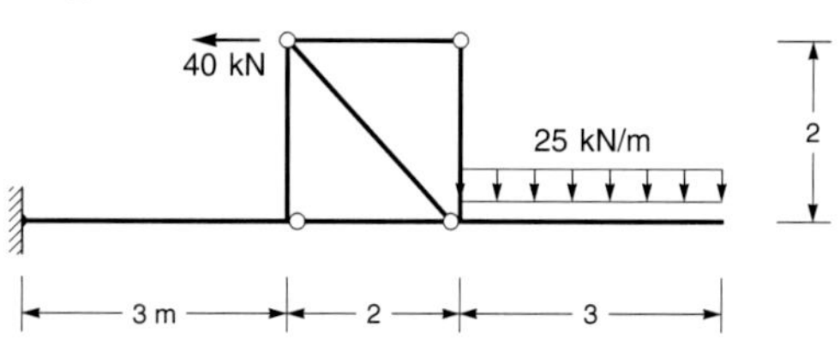

Aufgabe 4.56

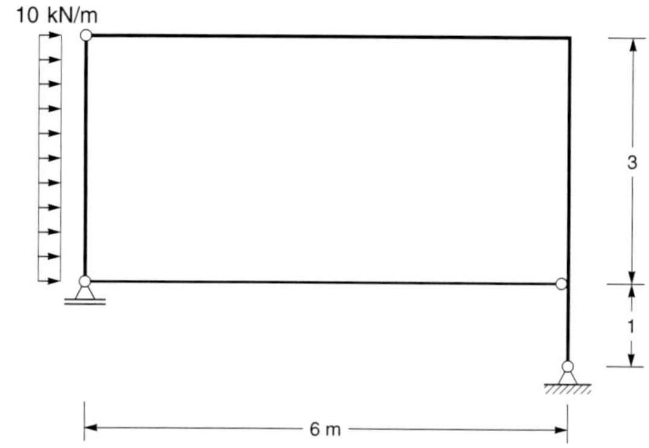

Aufgabe 4.57

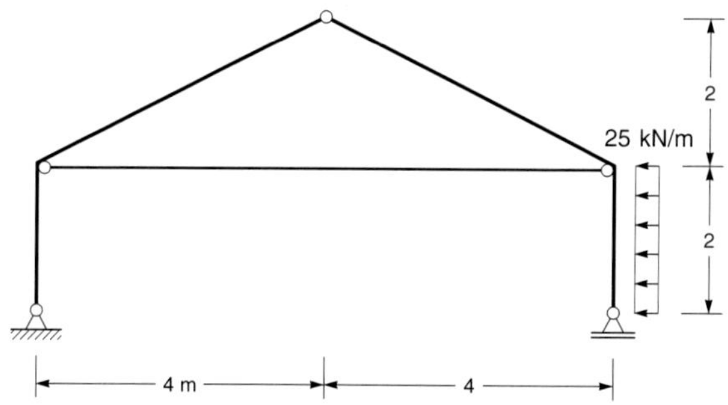

Aufgabe 4.58

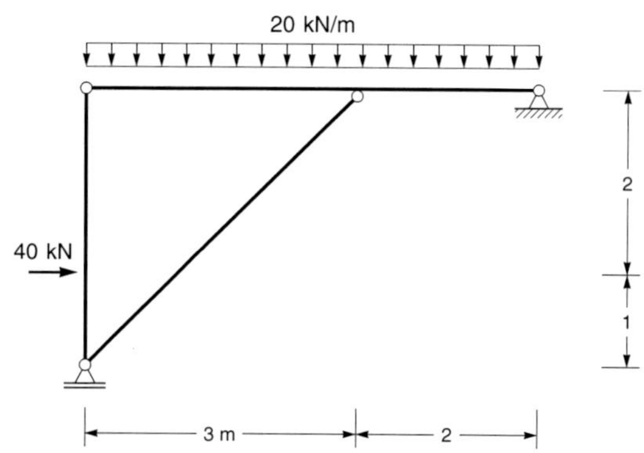

Aufgabe 4.59

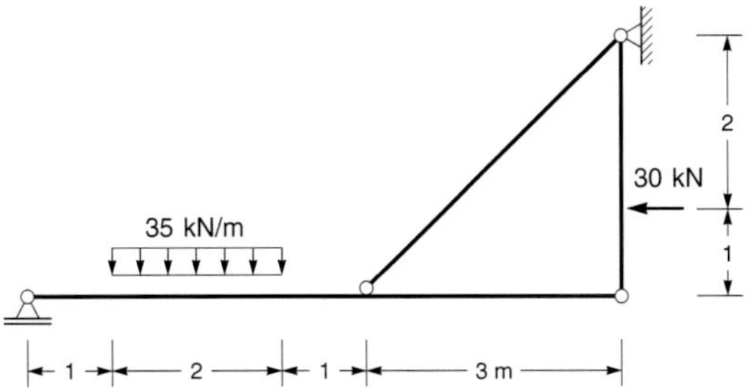

Aufgabe 4.60

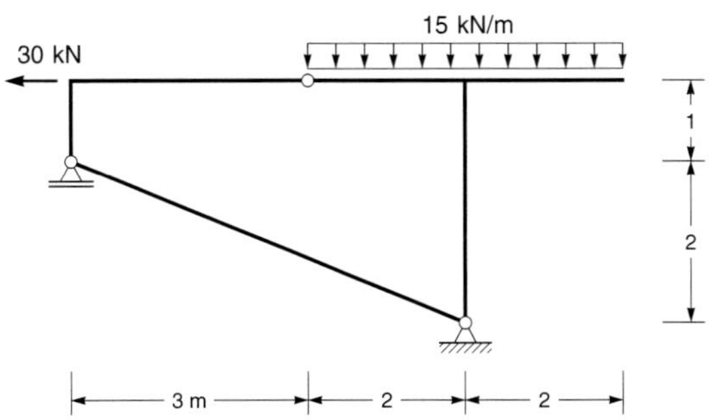

Aufgabe 4.61

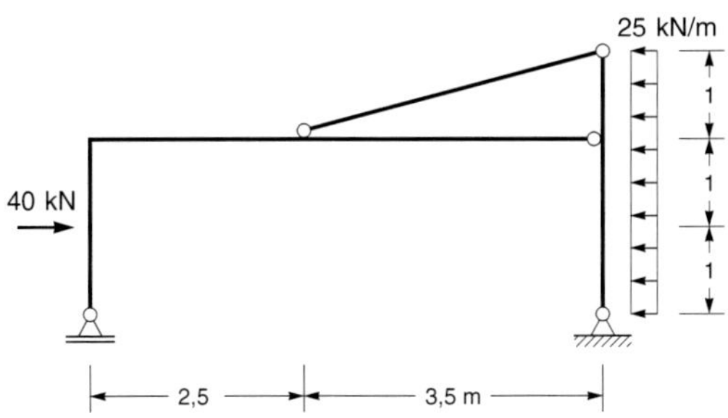

Aufgabe 4.62

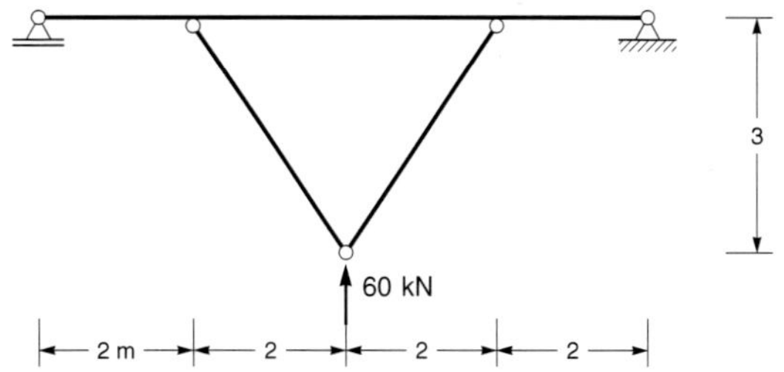

Aufgabe 4.63

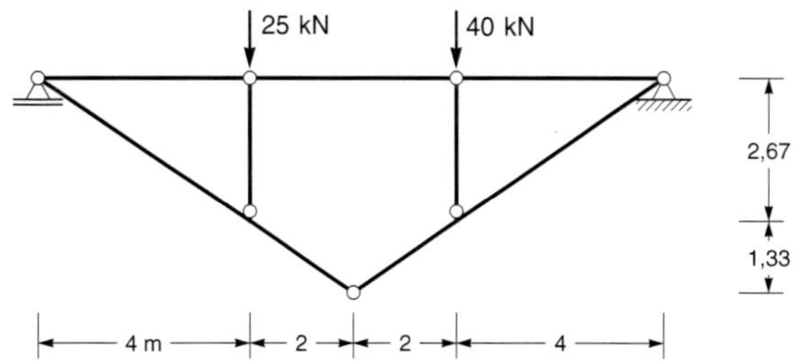

Aufgabe 4.64

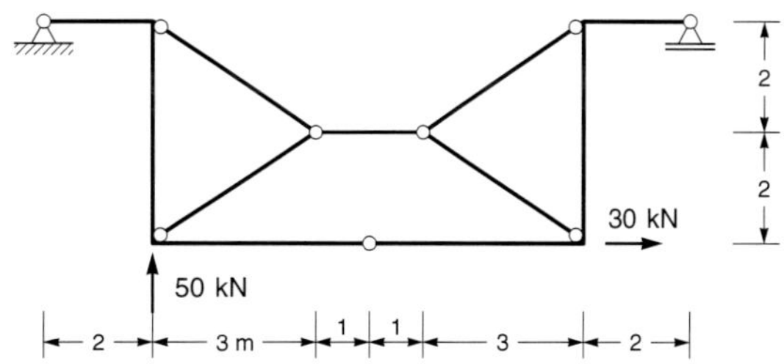

Aufgabe 4.65

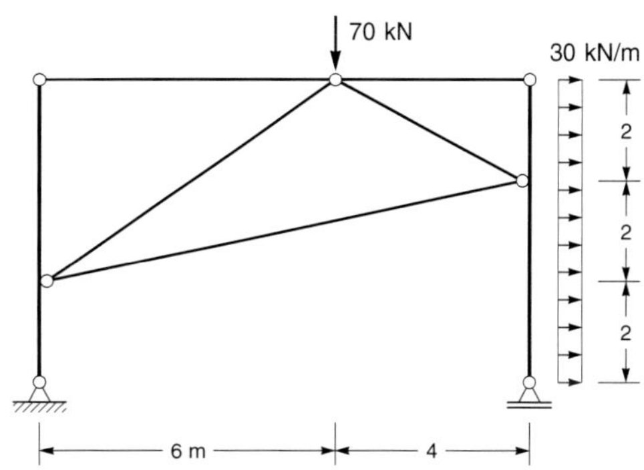

Aufgabe 4.66

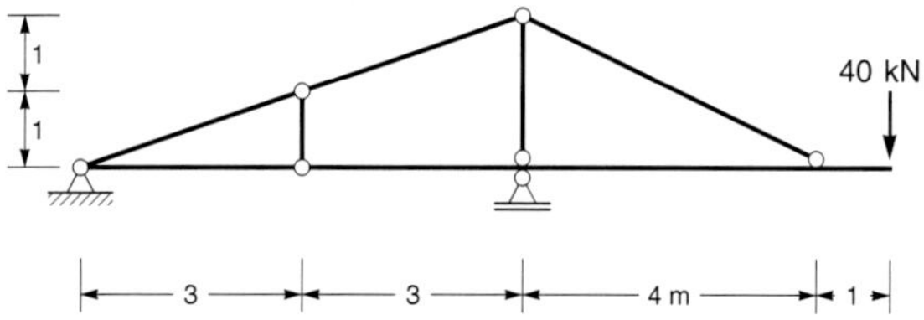

Aufgabe 4.67

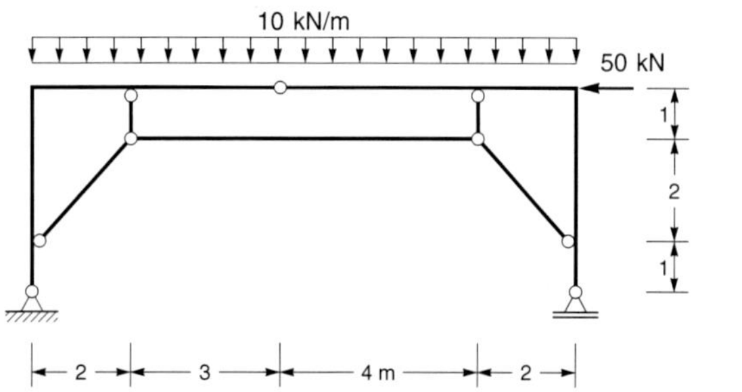

Aufgabe 4.68

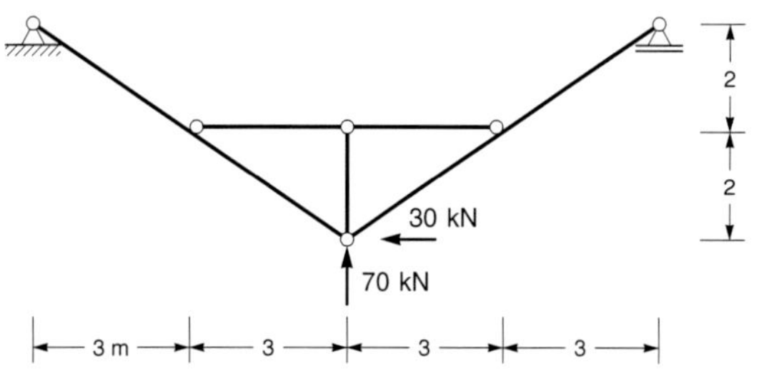

Aufgabe 4.69

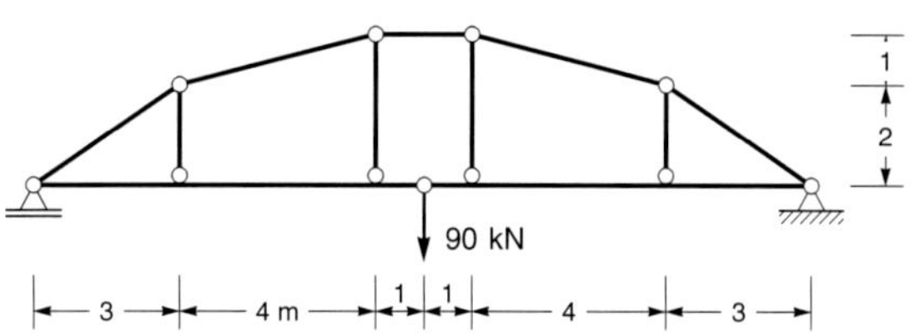

Aufgabe 4.70

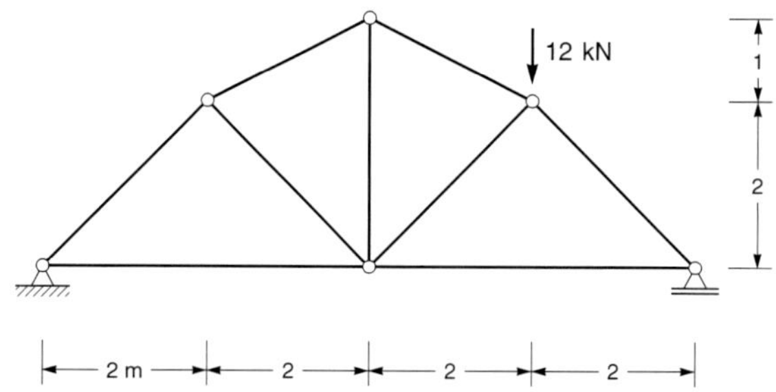

Aufgabe 4.71

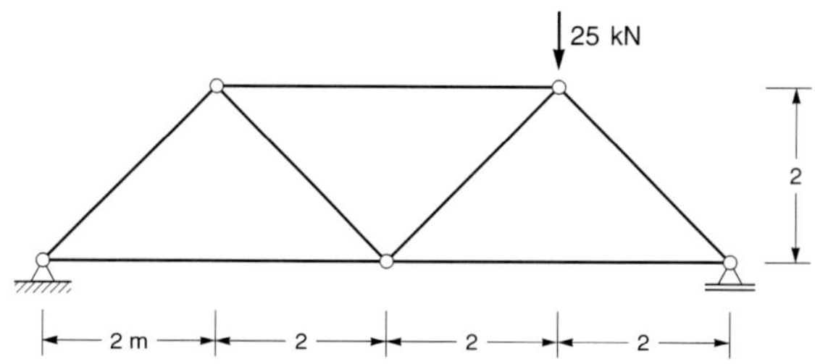

Aufgabe 4.72

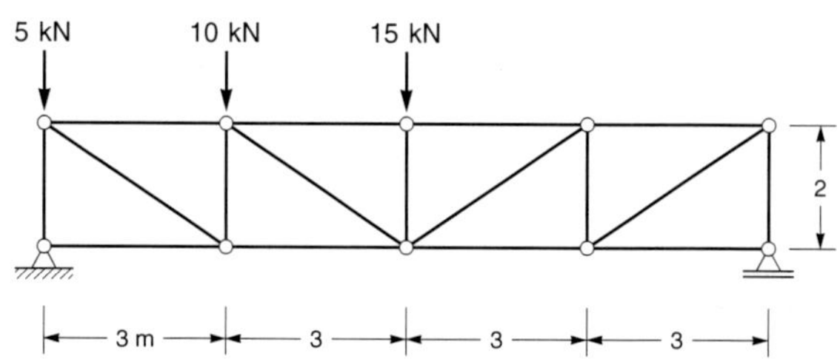

Aufgabe 4.73

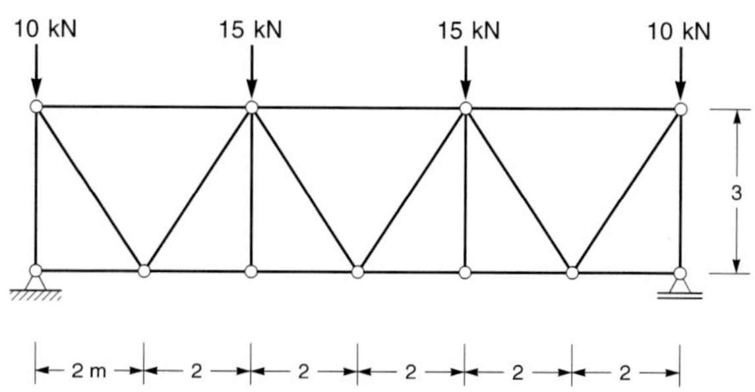

Aufgabe 4.74

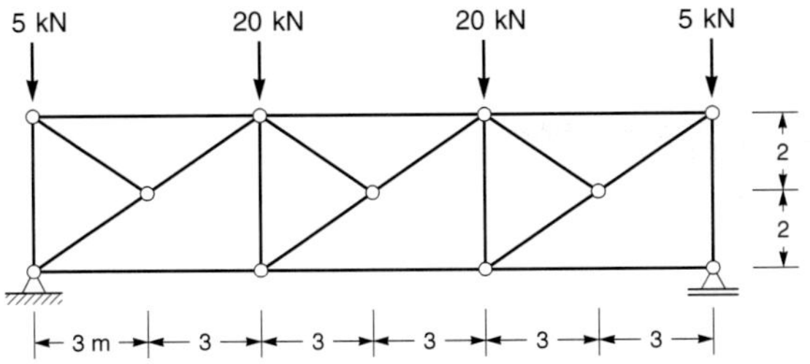

Aufgabe 4.75

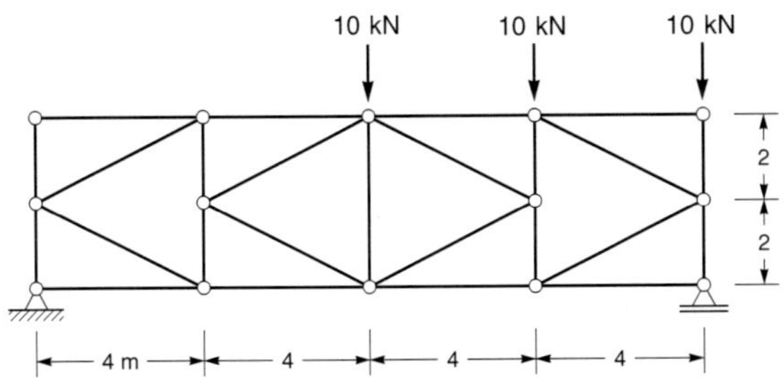

Aufgabe 4.76

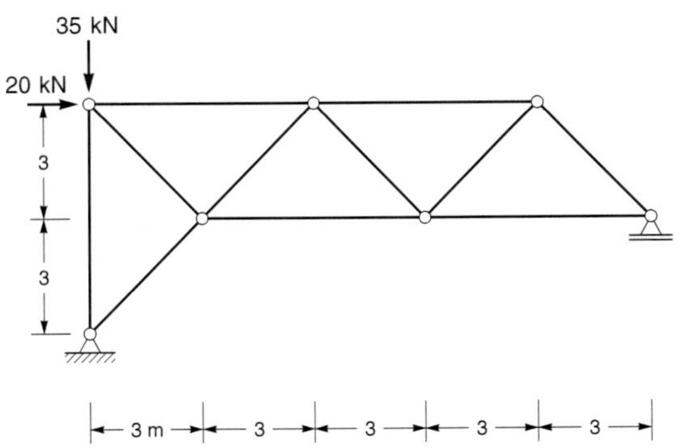

Aufgabe 4.77

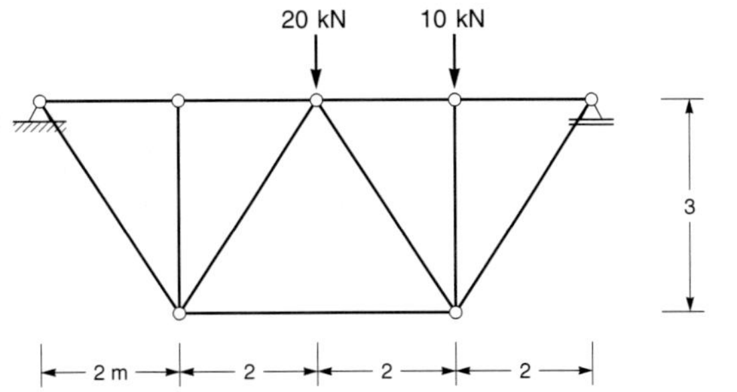

Aufgabe 4.78

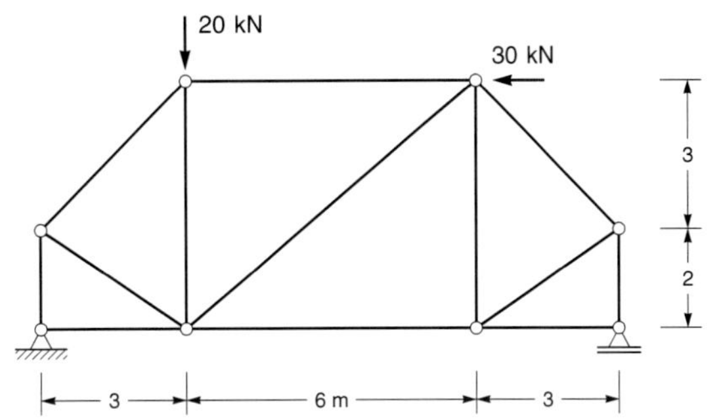

Aufgabe 4.79

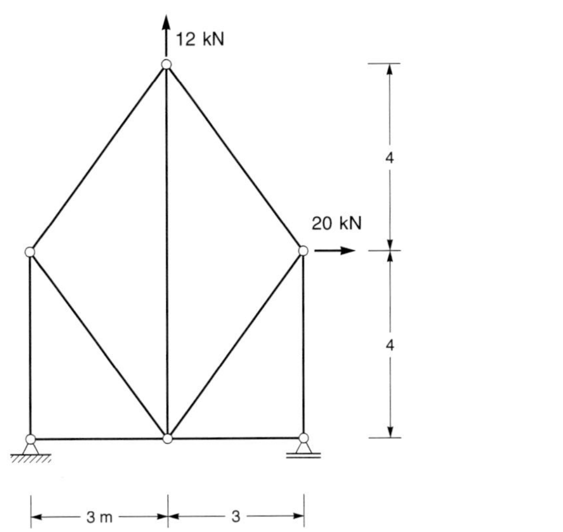

4

5 Systemaufbau

Um die Eigenschaften und somit das Tragverhalten eines statischen Systems zu beurteilen, müssen Kriterien zur Verfügung stehen, die es ermöglichen, eine Einordnung hinsichtlich der Berechnung und der Brauchbarkeit des Tragwerks vorzunehmen.

Ein System kann statisch bestimmt, statisch unbestimmt oder statisch unterbestimmt (verschieblich) sein. Den Begriff der statischen Bestimmtheit haben wir in Abschnitt 4.1.2 bereits so definiert, dass alle Auflagerreaktionen und Schnittgrößen allein mithilfe von Gleichgewichtsbedingungen ermittelt werden können. Wir unterscheiden die folgenden drei Fälle:

1. Statische Bestimmtheit

   Für die Berechnung der Auflagerreaktionen und Schnittgrößen werden nur Gleichgewichtsbedingungen benötigt.

2. Statische Unbestimmtheit

   Für die Berechnung der Auflagerreaktionen und Schnittgrößen werden Gleichgewichts- **und** Verformungsbedingungen benötigt.

   Da die Verformungen benötigt werden, können statisch unbestimmte Systeme nicht mit der Idealisierung des starren Körpers betrachtet werden.

3. Statische Unterbestimmtheit

   Statisch unterbestimmte Systeme sind verschieblich und daher als Tragstruktur **unbrauchbar**!

5.1 Abzählkriterium

Mithilfe des *Abzählkriteriums* kann der Grad der statischen Unbestimmtheit eines Systems ermittelt werden.

Die Grundlage für das Abzählkriterium ist die Bilanz zwischen den Unbekannten und Gleichungen nach Anwendung des Schnittprinzips.

5.1.1 Biegesteife Tragwerke

Zur systematischen Betrachtung wird das System durch Schnitte in einfach zusammenhängende Scheiben (ohne Gelenke) zerlegt. Unter einer einfach zusammenhängenden Scheibe versteht man einen Körper, der eine zusammenhängende Oberfläche hat. Die linke Scheibe in *Bild 5.1* ist einfach zusammenhängend, weil bei der Umfahrung der Scheibe jeder Punkt der Oberfläche erreicht werden kann. Die beiden anderen Scheiben sind nicht einfach zusammenhängend, weil die Flächen im Inneren nicht mit der Außenfläche verbunden sind.

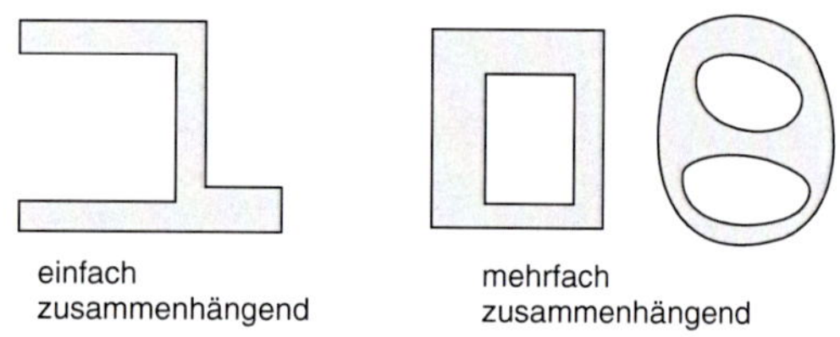

Bild 5.1 Einfach und mehrfach zusammenhängende Scheiben

Abzählen

Die Anzahl der Unbekannten ergibt sich aus den Auflagerreaktionen und den durch Schnitte freigelegten Zwischenreaktionen. Es gelten folgende Bezeichnungen:

a Zahl der Auflagerreaktionen

z Zahl der Zwischenreaktionen in den Schnitten

p Zahl der einfach zusammenhängenden Scheiben

Im Fall ebener Systeme stehen pro Scheibe drei Gleichgewichtsbedingungen zur Verfügung. Damit ergeben sich $3p$ Gleichungen. Die Differenz aus der Anzahl der Unbekannten und der Anzahl der Gleichungen ist der Grad der statischen Unbestimmtheit. Er wird mit dem Buchstaben n bezeichnet.

$$n = a + z - 3p$$

Damit können wir folgende Fälle unterscheiden:

- $n < 0$

  Das System ist statisch unterbestimmt, verschieblich.

- $n = 0$

  Das System ist statisch bestimmt.

- $n > 0$

  Das System ist statisch unbestimmt.

Es ist wichtig, dass das Abzählkriterium nur eine **notwendige** Bedingung für die Unverschieblichkeit eines Systems darstellt, diese Bedingung ist jedoch **nicht hinreichend!**

Zwischenreaktionen

Je nach Schnittführung wird durch einen Schnitt eine unterschiedliche Anzahl an Zwischenreaktionen freigelegt. Die unterschiedlichen Möglichkeiten sind in *Bild 5.2* zusammengestellt. Bei einer gelenkigen Verbindung mehrerer Stäbe ist darauf zu achten, dass an jedem Stabende je zwei Kräfte wirken, die durch den Schnitt freigelegt werden. Es ist für die Anschauung hilfreich, ein Vollgelenk so zu ersetzen, dass ein Stab mit seinem Ende den Knoten darstellt und alle weiteren Stäbe durch je ein Gelenk angeschlossen werden. Sind an einem Vollgelenk m Stäbe miteinander verbunden, gilt für die Zahl der Zwischenbedingungen $z = 2(m-1)$.

SInd zwei Scheiben durch einen Pendelstab miteinander verbunden, so kann dies als eine einwertige Kopplung aufgefasst werden, da als Schnittgröße nur die Normalkraft freigelegt wird. In diesem Fall darf der Pendelstab nicht als Scheibe mitgezählt werden.

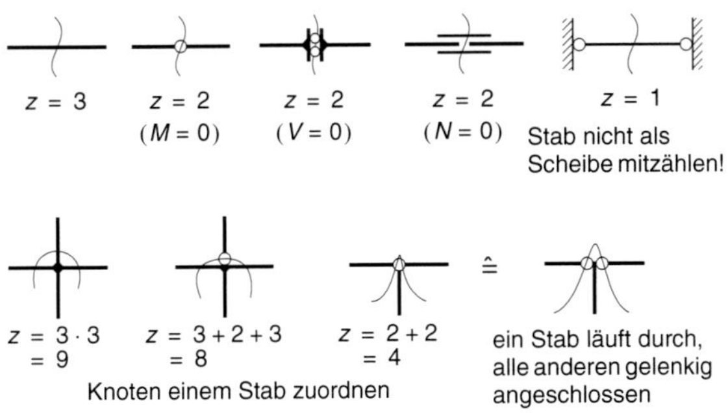

Bild 5.2 Anzahl der Zwischenreaktionen für verschiedene Kopplungen von Scheiben

Die Anwendung des Abzählkriteriums ist in *Bild 5.3* für einige statische Systeme gezeigt. Bei dem mittleren System sind die beiden geschlossenen Zellen durch Schnitte aufzutrennen, um eine einfach zusammenhängende Scheibe zu erhalten. Für das untere System ergibt sich, dass das System zweifach statisch unbestimmt ist. Trotzdem ist es verschieblich, wie anschaulich sofort zu erkennen ist.

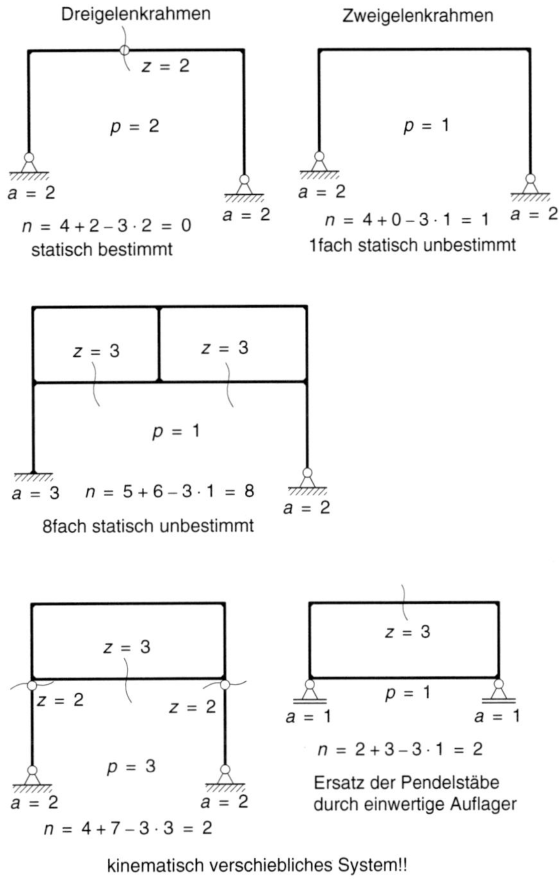

Bild 5.3 Anwendung des Abzählkriteriums

5.1.2 Fachwerke

Auch bei Fachwerksystemen ist die Grundlage des Abzählkriteriums die Bilanz zwischen den Unbekannten und den für die Berechnung zur Verfügung stehenden Gleichungen. Grundsätzlich könnte das Abzählkriterium für biegesteife Systeme auch auf Fachwerke angewandt werden.

Es ist jedoch sinnvoll, von den Voraussetzungen eines Fachwerks auszugehen, da dies die Anwendung wesentlich vereinfacht.

Wir gehen bei der Anwendung des Abzählkriteriums von der systematischen Berechnung aller Stabkräfte und

Auflagerreaktionen aus. Dabei führen wir einen Rundschnitt um jeden Knoten, für den die beiden Gleichgewichtsbedingungen $\sum H = 0$ und $\sum V = 0$ erfüllt sein müssen.

Abzählen

Die Anzahl der Unbekannten ergibt sich aus den Auflagerreaktionen und den durch die Rundschnitte freigelegten Stabkräften. Es gelten folgende Bezeichnungen:

a Zahl der Auflagerreaktionen

s Zahl der Stäbe

k Zahl der Knoten

Für jeden Knoten stehen zwei Gleichgewichtsbedingungen zur Verfügung. Damit ergeben sich $2k$ Gleichungen. Der Grad der statischen Unbestimmtheit folgt aus der Gleichung:

$$n = a + s - 2k$$

In *Bild 5.4* ist die Anwendung für zwei Beispiele gezeigt.

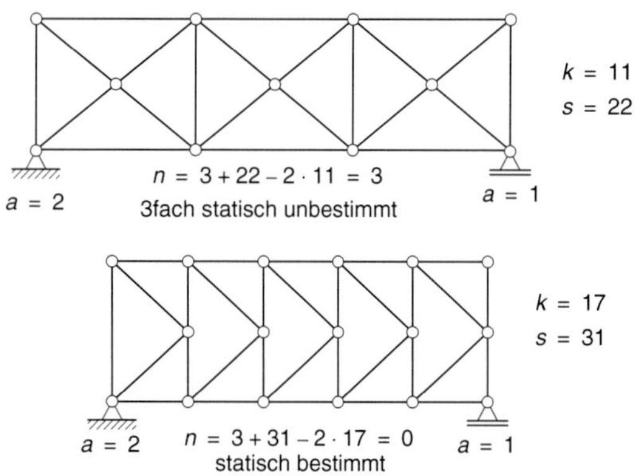

Bild 5.4 Abzählkriterium bei Fachwerken

5.2 Abbauprinzip

Das *Abbauprinzip* oder die Rückführung auf ein statisch bestimmtes System ist eine „Methode des scharfen Hinsehens". Es erfordert, dass anschaulich festgestellt werden kann, ob ein System statisch bestimmt ist.

Es werden so viele Bindungen gelöst, bis das System statisch bestimmt ist. Das Lösen von Bindungen entspricht dabei dem Nullsetzen der entsprechenden Schnittgrößen.

Die Zahl der dabei gelösten Bindungen ist gleich dem Grad der statischen Unbestimmtheit.

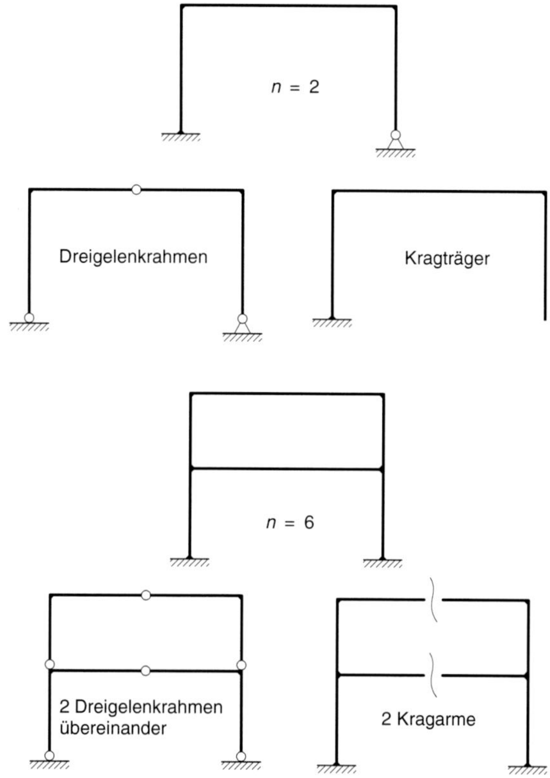

Bild 5.5 Beispiele zum Abbauprinzip

Der obere Rahmen in *Bild 5.5* kann durch Einlegen zweier Gelenke zu einem Dreigelenkrahmen gemacht werden. Dies ist ein statisch bestimmtes, unverschiebliches System, das aus der Anschauung bekannt ist. Alternativ ist es auch möglich, durch Entfernen des zweiwertigen Auflagers, einen Kragträger mit zweifach abgeknickter Stabachse als statisch bestimmtes System zu erzeugen. In beiden Fällen werden zwei Bindungen gelöst, das System ist daher zweifach statisch unbestimmt.

Der untere Stockwerkrahmen in *Bild 5.5* ist durch Einlegen von sechs Gelenken auf zwei übereinandergesetzte Dreigelenkrahmen zurückgeführt worden. Eine weitere Möglichkeit ergibt sich daraus, durch beide Riegel zu schneiden. Dadurch werden jeweils die drei Schnittgrößen *M*, *V* und *N* gleich null gesetzt. In beiden Fällen werden insgesamt sechs Bindungen gelöst. Das System ist also sechsfach statisch unbestimmt.

5.3 Aufbauprinzip

Wie das *Abbauprinzip* stellt auch das *Aufbauprinzip* eine „Methode des scharfen Hinsehens“ dar.

Ausgehend von einem statisch bestimmten Grundsystem wird das Gesamtsystem durch sukzessives Ankoppeln weiterer statisch bestimmter Elemente aufgebaut. Das endgültige System erhält man durch Hinzufügen von Bindungen. Die Zahl der zugefügten Bindungen ist der Grad der statischen Unbestimmtheit.

Im Gegensatz zum Abzählkriterium ist das Aufbauprinzip eine hinreichende Bedingung für die kinematische Unverschieblichkeit eines Systems!

Beispiel 5.1

Für den Stockwerkrahmen in *Bild 5.6* ist der Grad der statischen Unbestimmtheit mithilfe des Aufbauprinzips zu ermitteln.

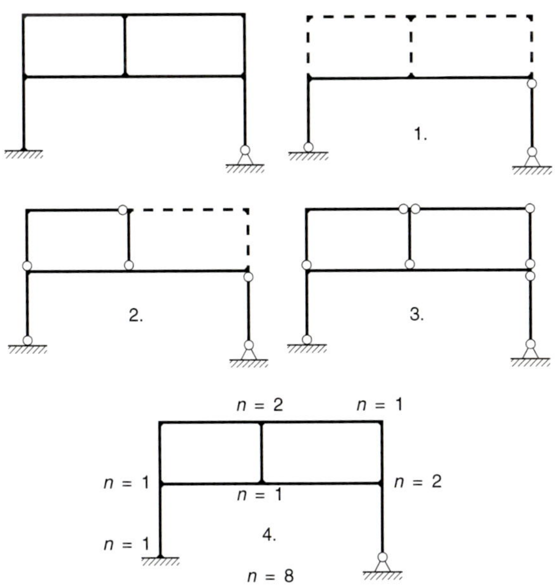

Bild 5.6 Aufbau eines Stockwerkrahmens

Es werden die folgenden Schritte durchgeführt:

1. Aufbau des unteren Stockwerks durch einen Dreigelenkrahmen.
2. Auf den unteren Dreigelenkrahmen wird ein weiterer Dreigelenkrahmen gesetzt, der den linken Teil des oberen Stockwerks bildet.
3. Der rechte Teil des oberen Stockwerks wird gebildet, indem der rechte obere Knoten durch zwei Stäbe unverschieblich angeschlossen wird. Auch diese beiden Stäbe können als Dreigelenkrahmen angesehen werden.
4. Um das wirkliche System zu erhalten, müssen acht Gelenke geschlossen werden, das System ist also achtfach statisch unbestimmt.

Beispiel 5.2

Das Tragwerk in *Bild 5.7* besteht aus fünf einzelnen Scheiben. Scheibe *III* wird als statisch bestimmter, unverschieblicher Kragträger zuerst eingebaut. Da Scheibe *III* fest ist, stellen die Gelenke zweiwertige Auflager für die angeschlossenen Scheiben *II* und *IV* dar. Die Scheiben *I* und *II* bzw. *IV* und *V* bilden jeweils Dreigelenkrahmen. Weil das gesamte Tragwerk aus Kragträger und Dreigelenkrahmen aufgebaut werden kann, ist es statisch bestimmt und unverschieblich.

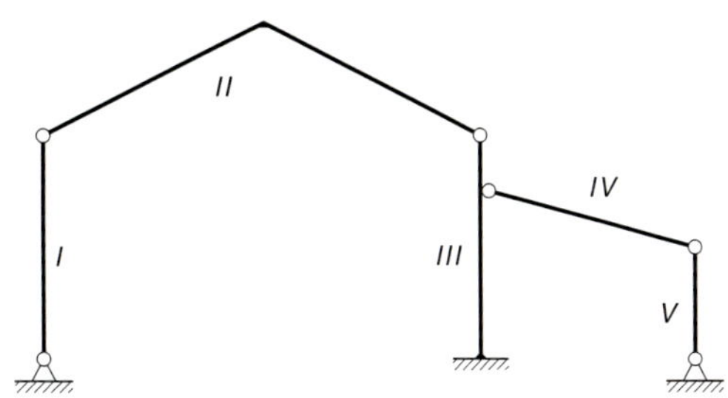

Bild 5.7 Beispiel zum Aufbauprinzip

Neben dem Nachweis der statischen Bestimmtheit und der kinematischen Unverschieblichkeit ist das Aufbauprinzip für die Berechnung eines Systems von besonderer Bedeutung. Wird die Berechnung entgegen der Reihenfolge des Aufbaus durchgeführt, lassen sich die Gleichungen zur Bestimmung von Auflager- und Zwischenreaktionen fast vollständig entkoppeln. Durch dieses Vorgehen wird nicht nur der Berechnungsaufwand erheblich reduziert, sondern es ermöglicht auch einen Einblick in das Lastabtragungsverhalten eines Tragwerks.

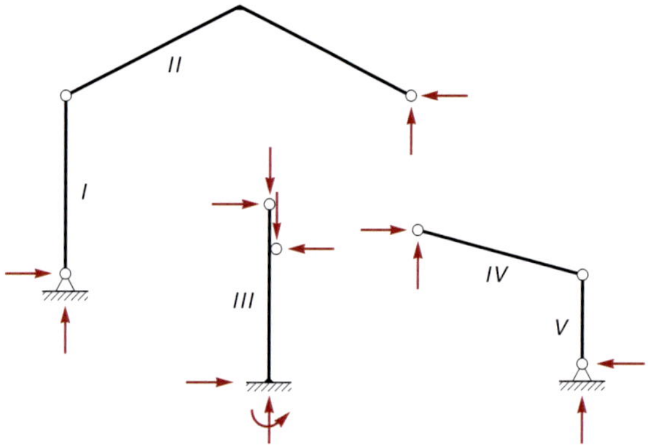

Bild 5.8 Geschnittenes Tragwerk

Aus dem Schnittbild in *Bild 5.8* wird deutlich, dass die beiden Dreigelenkrahmen mit den jeweils vier Zwischenreaktionen berechnet werden können, ohne dass die Auflagerreaktionen der Scheibe *III* bekannt sein müssen. Der Kragträger kann jedoch nur berechnet werden, wenn die Gelenkkräfte bekannt sind. Anschaulich bedeutet dies, dass der Kragträger in den Gelenkpunkten ein zweiwertiges Auflager für die Dreigelenkrahmen darstellt. Eine Belastung, die auf den Kragträger wirkt, ist für die Beanspruchung der Dreigelenkrahmen ohne Bedeutung. Die Belastung der Dreigelenkrahmen wirkt sich jedoch auf die Beanspruchung des Kragträgers aus, da dieser die Dreigelenkrahmen stützt.

Beispiel 5.3

Das in *Bild 5.9* dargestellte Tragwerk besteht aus vier Scheiben, die gelenkig gekoppelt sind. Gesucht ist der Nachweis der statischen Bestimmtheit und der Unverschieblichkeit nach dem Aufbauprinzip.

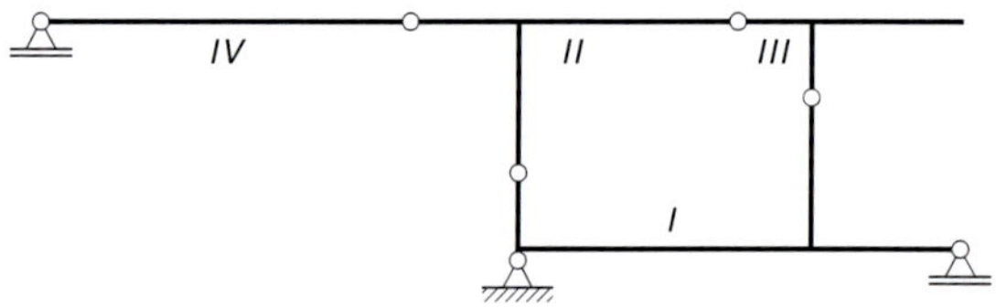

Bild 5.9 Zusammengesetztes Tragwerk

Die Reihenfolge des Aufbaus ist:

1. Einbau der Scheibe *I*. Sie bildet einen dreiwertig gelagerten Balken mit zwei vertikalen Kragarmen.
2. Gemeinsamer Einbau der Scheiben *II* und *III*. Sie bilden einen Dreigelenkrahmen. Die zweiwertigen Auflager des Dreigelenkrahmens werden durch die Kragarmspitzen der Scheibe *I* gebildet.
3. Einbau der Scheibe *IV*. Sie bildet einen Einfeldträger. Die Kragarmspitze der Scheibe *II* bildet das zweiwertige Auflager.

Aus dem Schnittbild in *Bild 5.10* wird deutlich, dass die Gleichungen für die farbig eingetragenen Unbekannten entkoppelt sind, wenn „von oben nach unten" berechnet wird.

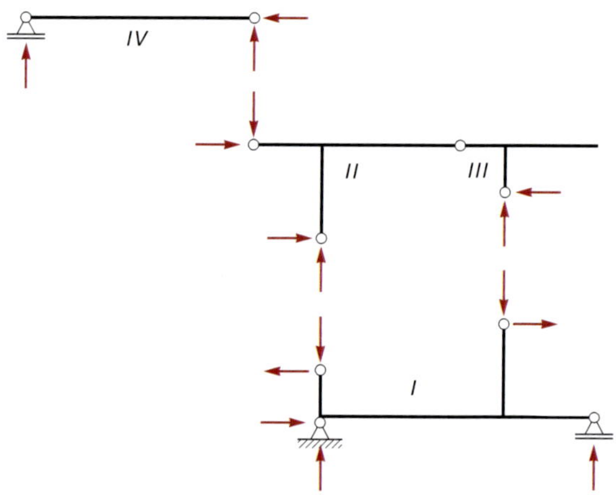

Bild 5.10 Geschnittenes Tragwerk

Beispiel 5.4

Für das in *Bild 5.11* dargestellte Tragwerk ist die statische Bestimmtheit und die Unverschieblichkeit nach dem Aufbauprinzip nachzuweisen.

Das zusammengesetzte Tragwerk besteht aus vier in sich unverschieblichen Scheiben. Die Scheibe *I* ist ein vertikaler Kragträger. Er kann allein stehen und wird zuerst eingebaut. Der gelenkige Anschluss im Punkt *b* stellt daher ein zweiwertiges Auflager für die Scheibe *II* dar. Die drei restlichen Scheiben bilden mit den Gelenken *c* – *e* – *f* einen Scheibenverband mit drei Gelenken, die nicht auf einer Geraden liegen (Gelenkdreieck) und bilden somit eine in sich unverschiebliche Gesamtscheibe. Diese ist im Punkt *b* zweiwertig und im Punkt *d* einwertig gelagert (Balken auf zwei Stützen). Das gesamte Tragwerk ist somit statisch bestimmt und unverschieblich.

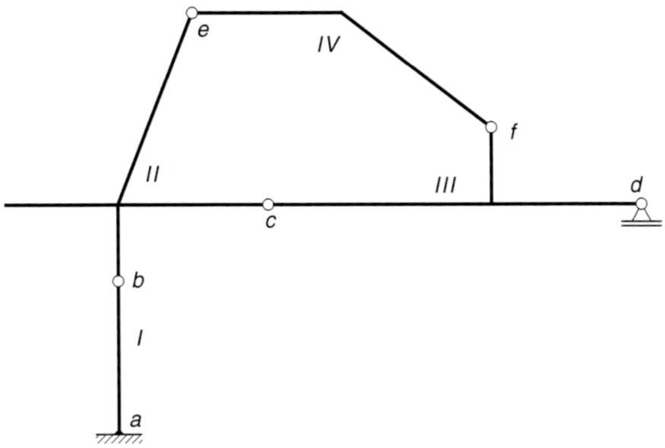

Bild 5.11 Zusammengesetztes Tragwerk

Bei einer Berechnung des Scheibenverbandes können die Reaktionskräfte in den Punkten *b* und *d* problemlos ermittelt werden. Mit diesen bekannten Reaktionskräften können auch die Schnittgrößen in den Stäben berechnet werden, die nicht zu der geschlossenen Zelle gehören.

Um die Stäbe berechnen zu können, die zu der geschlossenen Zelle gehören, muss diese durch Schnitte aufgetrennt werden. Der Scheibenverband aus den drei Scheiben *II – III – IV* ist in *Bild 5.12a* dargestellt. Die Reaktionskräfte in den Punkten *b* und *d* sind als bekannt vorausgesetzt und stellen wie die auf das Tragwerk einwirkenden Lasten Aktionskräfte dar.

Um den geschlossenen Teil des Systems zu berechnen, führen wir einen Schnitt durch zwei Gelenkpunkte und betrachten das Teilsystem, das zwei der drei Scheiben beinhaltet. Es ergeben sich hierfür die drei Möglichkeiten, die in *Bild 5.12b* bis *Bild 5.12d* dargestellt sind.

Durch den Schnitt sind in den beiden Gelenken insgesamt vier unbekannte Zwischenreaktionen freigelegt worden. Diese können berechnet werden, da die beiden Scheiben gelenkig gekoppelt sind und daher eine Situation wie bei einem Dreigelenkrahmen vorliegt.

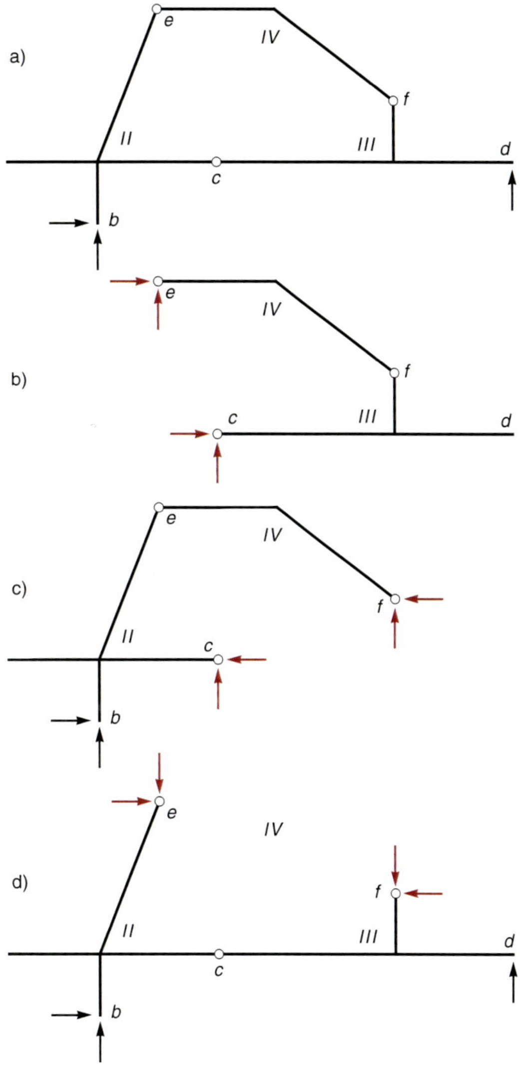

Bild 5.12 Schnittführungen bei geschlossenem Tragwerksteil

Aufbauprinzip für Fachwerke

In Abschnitt 4.5.2 wurde dargestellt, wie eine statisch bestimmte Fachwerkscheibe aufgebaut wird. Sind bei einem Fachwerksystem mehr Stäbe vorhanden, als für den Aufbau der Scheibe erforderlich ist, so ist das Fachwerk statisch unbestimmt. Die Zahl der überzähligen Stäbe ist der Grad der statischen Unbestimmtheit.

5.4 Verschiebliche Systeme

Die Auflager- und Zwischenreaktionen eines Scheibenverbandes lassen sich systematisch berechnen, indem jede Scheibe freigeschnitten wird und die drei Gleichgewichtsbedingungen für jede Scheibe formuliert werden. Daraus entsteht ein Gleichungssystem zur Berechnung der unbekannten Auflager- und Zwischenreaktionen:

$$\boldsymbol{Ax} = \boldsymbol{r}$$

$\boldsymbol{A}$ ist die Koeffizientenmatrix, $\boldsymbol{x}$ ist der Vektor der unbekannten Auflager- und Zwischenreaktionen und $\boldsymbol{r}$ ist die rechte Seite infolge der Belastung.

Die Lösung erhält man formal durch Linksmultiplikation der rechten Seite mit der Inversen der Koeffizientenmatrix.

$$\boldsymbol{x} = \boldsymbol{A}^{-1}\boldsymbol{r}$$

Die Inverse existiert nur, wenn die Determinante von $\boldsymbol{A}$ ungleich null ist.

Da bei einem verschieblichen System kein Gleichgewicht möglich ist, kann keine Lösung existieren, also muss die Determinante der Koeffizientenmatrix verschwinden.

Ein statisches System ist verschieblich, wenn die Determinante des Gleichungssystems zur Bestimmung der Unbekannten gleich null ist.

Die Anwendung der obigen Aussage wird an dem in *Bild 5.13* dargestellten Einfeldträger erläutert.

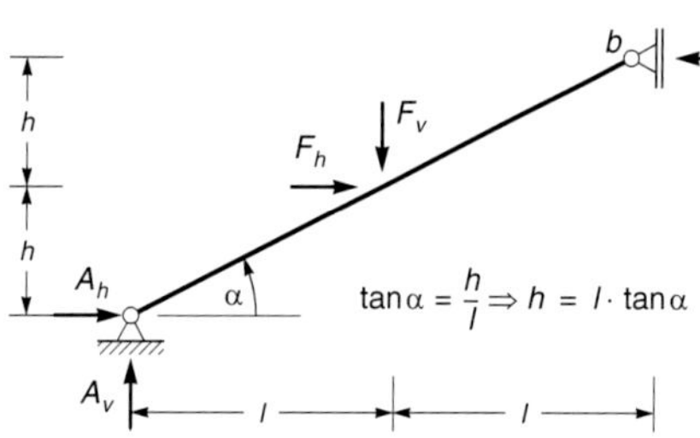

Bild 5.13 Geneigter Einfeldbalken

Die unbekannten Auflagerkräfte lassen sich mit den drei Gleichgewichtsbedingungen berechnen.

$$\sum F_h = 0: \quad A_h + F_h - B = 0$$

$$\sum F_v = 0: \quad -A_v + F_v = 0$$

$$\sum M_{(a)} = 0: \quad B \cdot 2h - F_h \cdot h - F_v \cdot l = 0$$

Der Hebelarm h in der Momentengleichgewichtsbedingung kann aus der Beziehung $h = l \cdot \tan\alpha$ (siehe *Bild 5.13*) durch die Länge l ausgedrückt werden.

$$B \cdot 2l \cdot \tan\alpha - F_h \cdot l \cdot \tan\alpha - F_v \cdot l = 0$$

Das Gleichungssystem kann in Matrizendarstellung geschrieben werden.

$$\begin{bmatrix} 1 & 0 & -1 \\ 0 & -1 & 0 \\ 0 & 0 & 2l \cdot \tan\alpha \end{bmatrix} \begin{bmatrix} A_h \\ A_v \\ B \end{bmatrix} = \begin{bmatrix} -F_h \\ -F_v \\ F_h \cdot l \cdot \tan\alpha + F_v \cdot l \end{bmatrix}$$

$$\boldsymbol{Ax} = \boldsymbol{r}$$

$$\boldsymbol{x} = \boldsymbol{A}^{-1}\boldsymbol{r}$$

Die Inverse existiert nicht, wenn $\det \boldsymbol{A} = 0$ ist!

$$\det \boldsymbol{A} = 1 \cdot \begin{vmatrix} -1 & 0 \\ 0 & 2l \cdot \tan\alpha \end{vmatrix} = -2l \cdot \tan\alpha$$

$$-2l \cdot \tan\alpha = 0 \Rightarrow \tan\alpha = 0$$

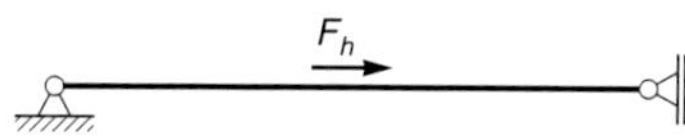

Bild 5.14 Verschiebliches System für $\det \boldsymbol{A} = 0$

Setzen wir im Gleichungssystem $\tan\alpha = 0$, so erhalten wir:

$$A_h + F_h - B = 0$$

$$-A_v + F_v = 0$$

$$-F_v \cdot l = 0$$

Die letzte Gleichung ist nur erfüllt, wenn F_v gleich null ist. Die erste Gleichung ist nicht eindeutig lösbar, da zwei Unbekannte enthalten sind. Sie kann für unendlich viele Paare von A_h und B erfüllt werden. Anschaulich bedeutet dies, dass die Verteilung der horizontalen Kraft F_h aus Gleichgewichtsbedingungen nicht zu ermitteln ist.

Zur Bestimmung der Unverschieblichkeit eines Systems ist die Berechnung der Determinante der Koeffizientenmatrix allerdings weniger geeignet. Ein besseres Vorgehen wird in Abschnitt 6.4 vorgestellt.

Aufgaben

Zum Üben des Abzählkriteriums können die Aufgaben aus Kapitel 4 benutzt werden. Es muss sich selbstverständlich statische Bestimmtheit ergeben.

Für die nachfolgend dargestellten Tragwerke ist die statische Bestimmtheit und die Unverschieblichkeit nach dem Aufbauprinzip nachzuweisen.

Aufgabe 5.1

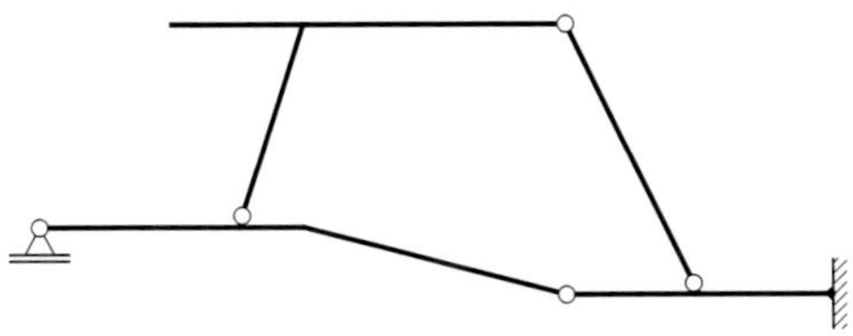

Aufgabe 5.2

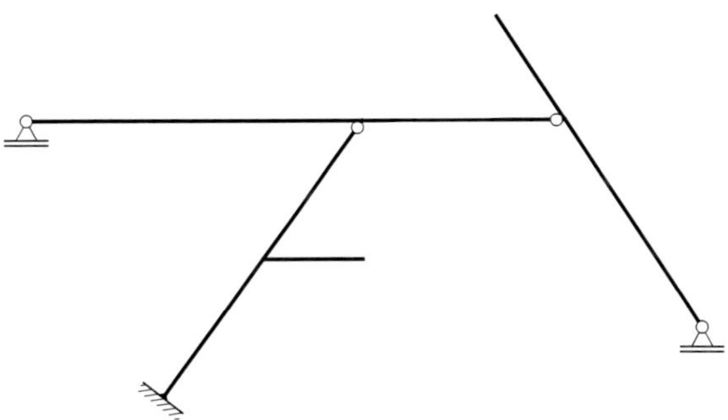

Aufgabe 5.3

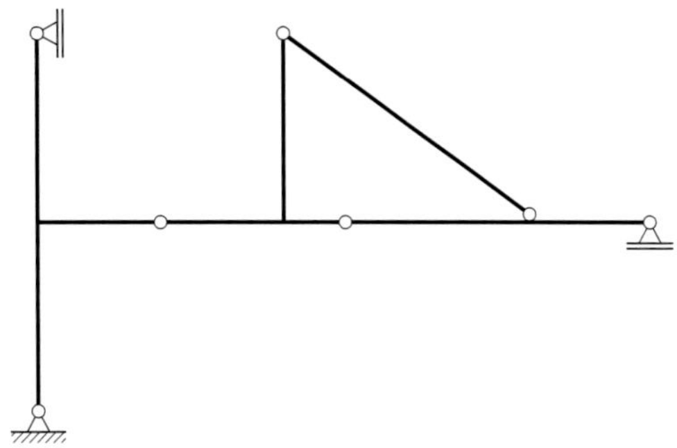

Aufgabe 5.4

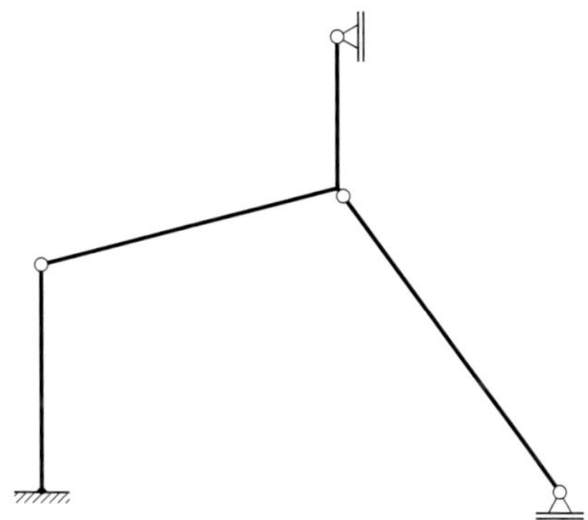

6 Kinematik starrer Scheiben

Die *Kinematik* ist die Lehre von den Bewegungen. Baukonstruktionen sollen sich im Gleichgewicht, also in Ruhe befinden. Dennoch wird sich zeigen, dass kinematische Methoden in der Baustatik sehr nützlich sind. Obwohl Bewegungen zeitabhängige Vorgänge sind, wird hier der Zeitbegriff nicht benötigt, da wir uns auf den Anfangszustand der Bewegung beschränken.

6.1 Kinematik der Einzelscheibe

Wir betrachten zunächst die Bewegungszustände einer einzelnen Scheibe. Unter einer Scheibe verstehen wir wiederum ein Teilsystem, das in sich starr ist. Eine Scheibe hat in der Ebene drei Freiheitsgrade. Sie kann sich in zwei Richtungen verschieben und sie kann sich verdrehen. Dementsprechend lassen sich unterschiedliche Bewegungsformen unterscheiden.

6.1.1 Translation

Bei einer Translationsbewegung hat jeder Punkt der Scheibe den gleichen Verschiebungsvektor. Der Neigungswinkel α einer Linie zwischen zwei Scheibenpunkten A und B ändert sich während der Bewegung nicht (*Bild 6.1*).

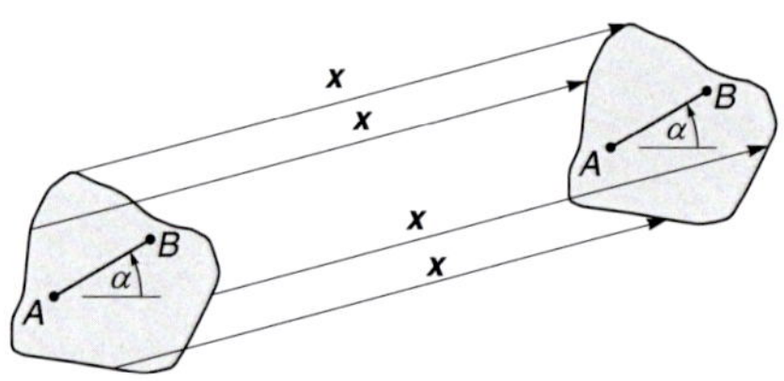

Bild 6.1 Translationsbewegung der Scheibe

6.1.2 Rotation

Eine Rotationsbewegung ist eine Drehung um einen ruhenden Punkt, der *Drehpol* genannt wird.

Die Verschiebungen der einzelnen Scheibenpunkte sind proportional zum Abstand vom Drehpol, wie in *Bild 6.2* dargestellt ist. Jeder Punkt bewegt sich also auf einer Kreisbahn um den Drehpol Ω. Da wir uns auf infinitesimal (unendlich) kleine Bewegungen beschränken, betrachten wir nur den Anfangszustand der Bewegung. Die Anfangsbewegung erfolgt in Richtung der Tangente an die Kreisbahn. Das bedeutet, dass wir mit einem differenziellen Verschiebungsvektor arbeiten.

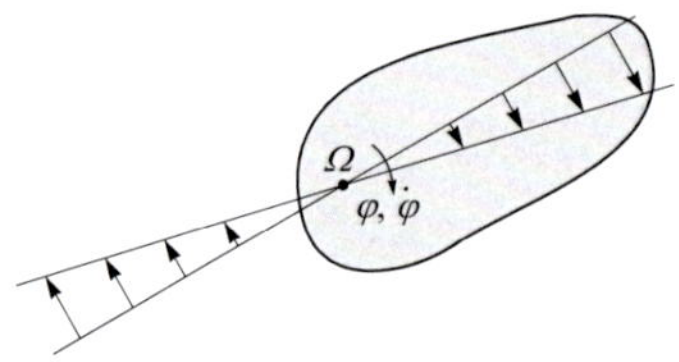

Bild 6.2 Rotationsbewegung der Scheibe

In *Bild 6.3* ist die Bewegung eines Punktes auf einer Bahnkurve dargestellt. Die Lage des Punktes in der Ebene kann zu jedem Zeitpunkt durch einen Ortsvektor $\boldsymbol{r}(t)$ beschrieben werden. Die Ortsvektoren zwischen zwei Zeitpunkten t und $t+\Delta t$ unterscheiden sich um den Differenzvektor $\Delta\boldsymbol{r}$. Daraus ergibt sich der Geschwindigkeitsvektor als Differenzialquotient $\boldsymbol{v}(t) = \mathrm{d}\boldsymbol{r}/\mathrm{d}t$. Wie aus der Abbildung hervorgeht, zeigt dieser Geschwindigkeitsvektor in Richtung der Tangente an die Bahnkurve und daher auch der differenzielle Verschiebungsvektor $\mathrm{d}\boldsymbol{r}$. Dies ist die Anfangsverschiebung, die innerhalb einer unendlich kleinen Zeitdifferenz stattfindet.

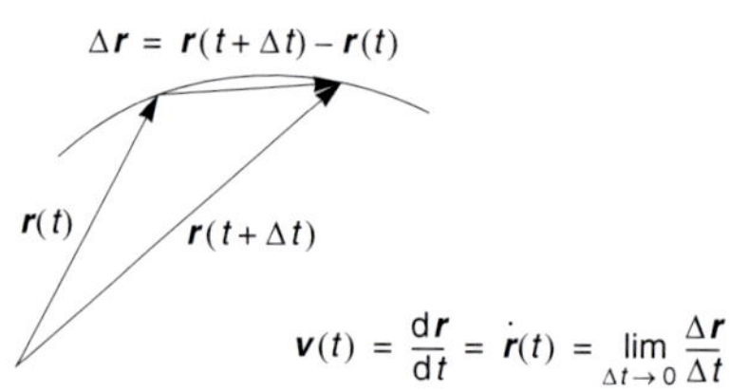

Bild 6.3 Geschwindigkeit und Anfangsbewegung

6.1.3 Allgemeine Bewegung

Die allgemeine Bewegung ist die Summe aus einer *Translation* und einer *Rotation*. Die Bewegung der gesamten Scheibe ist dann festgelegt, wenn wir die Verschiebung in einem Punkt kennen und wissen, wie sich eine beliebige Linie der Scheibe dreht.

Betrachten wir einen bestimmten Punkt A der Scheibe, so hat dieser eine bestimmte Verschiebung $\boldsymbol{x}_A$. Um den gesamten Bewegungszustand der Scheibe zu bestimmen, muss neben der Verschiebung $\boldsymbol{x}_A$ noch der Drehwinkel φ bekannt sein.

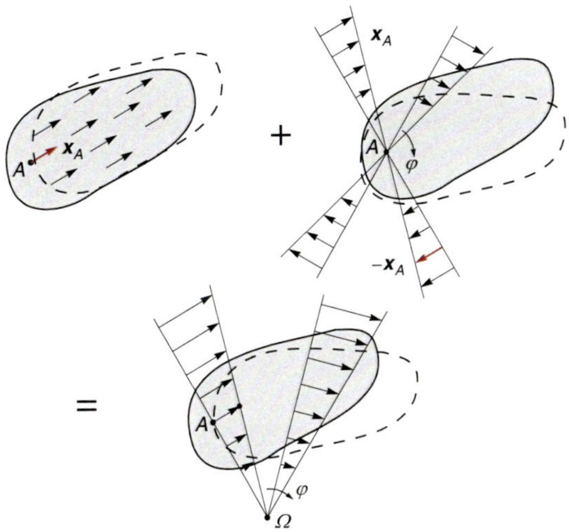

Bild 6.4 Addition von Translation und Rotation

Tragen wir die Verschiebungen, die sich aus der Rotation der Scheibe um den Punkt A ergeben, von einer Linie ab, die senkrecht zum Verschiebungsvektor $\boldsymbol{x}_A$ ist, so gibt es einen Abstand vom Drehpunkt, in dem diese Verschiebung entgegengesetzt gleich dem Verschiebungsvektor $\boldsymbol{x}_A$ ist. In diesem Punkt ergibt die Addition beider Bewegungszustände eine resultierende Verschiebung von null.

Dieser Punkt der Ebene, der momentan in Ruhe ist, wird als *Momentanpol* bezeichnet. Die Bezeichnung Momentanpol rührt daher, dass sich die Lage dieses Punktes bei beliebig großen Bewegungen während der Bewegung ändert. Andere Bezeichnungsweisen für diesen Punkt sind *Absolutpol* oder *Hauptpol*.

Die allgemeine Bewegung der Scheibe lässt sich als reine Rotation um den Momentanpol auffassen. Im Grenzfall der reinen Translation liegt dieser Punkt im Unendlichen. Die Translation kann als Grenzfall einer Rotation um einen Drehpunkt im Unendlichen aufgefasst werden.

Wie schon erwähnt, betrachten wir nur die Anfangsphase einer Bewegung, d. h., die Verschiebungen sind unendlich klein. Ist der Absolutpol, also der Drehpunkt und der Drehwinkel der Scheibe bekannt, so kann in jedem Punkt der Scheibe der Verschiebungsvektor ermittelt werden. Die Größe der Verschiebung ist proportional zum Abstand des Scheibenpunktes vom Absolutpol. Die Richtung der Verschiebung ist senkrecht zur Verbindungslinie von Absolutpol und Scheibenpunkt. Diese Verbindungslinie wird als *Polstrahl* bezeichnet.

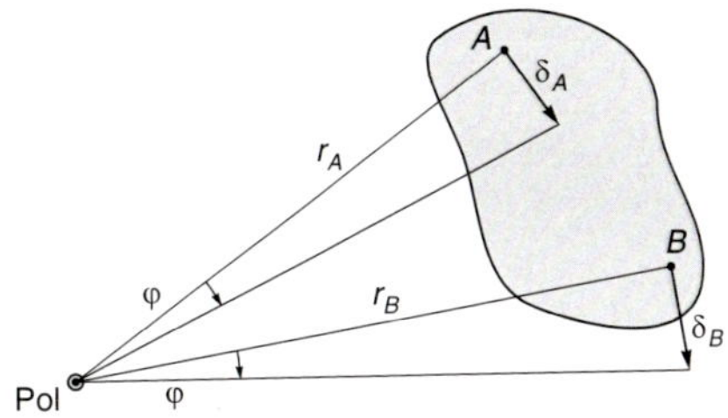

Bild 6.5 Drehung um den Absolutpol

Der Punkt A in *Bild 6.5* bewegt sich bei beliebig großer Drehung auf einer Kreisbahn um den Drehpol. Die Anfangsbewegung erfolgt in Richtung der Tangente an die Kreisbahn, also senkrecht zum Polstrahl.

Damit ergeben sich folgende Regeln:

- Die Anfangsverschiebung δ ist senkrecht zum Polstrahl r.
- Die Verschiebungen sind proportional zur Polstrahllänge.
- Feste Auflager (△) sind immer Absolutpole.
- Der Verschiebungszustand einer Scheibe ist durch zwei Größen vollständig beschrieben:

  - Pol und φ - Pol und δ

  - δ_A und δ_B - δ_A und φ

6.2 Die zwangläufige kinematische Kette

Unter einer kinematischen Kette versteht man einen Mechanismus, dessen Bewegung keine inneren Spannungen erzeugt, die also zwängungsfrei möglich ist.

Kinematische Ketten können einen oder mehrere Freiheitsgrade haben. Bei einem Freiheitsgrad spricht man von einer *zwangläufigen* kinematischen Kette. Es handelt sich um einen Scheibenverband, der einfach statisch unterbestimmt ist. Die obere kinematische Kette in *Bild 6.6* hat zwei Freiheitsgrade. Das Abzählkriterium ergibt:

$$n = a + z - 3p = 3 + 4 - 3 \cdot 3 = -2$$

Der Scheibenverband ist demnach zweifach statisch unterbestimmt. Für die untere Kette ergibt sich:

$$n = a + z - 3p = 3 + 2 - 3 \cdot 2 = -1$$

Sie ist einfach statisch unterbestimmt.

Wird bei der oberen Kette die Verschiebung des linken Gelenkpunktes vorgegeben (erster Freiheitsgrad), so liegt die Verschiebung des gesamten linken Stabes fest. Die anderen beiden Stäbe können sich jedoch noch unabhängig bewegen, da die Verschiebung des rechten Gelenkpunktes noch frei gewählt werden kann (zweiter Freiheitsgrad).

Anders ist es bei der unteren Kette. Liegt die Verschiebung des Gelenkpunktes fest, so ist die Bewegung beider Stäbe eindeutig festgelegt. Es gibt also nur einen Freiheitsgrad.

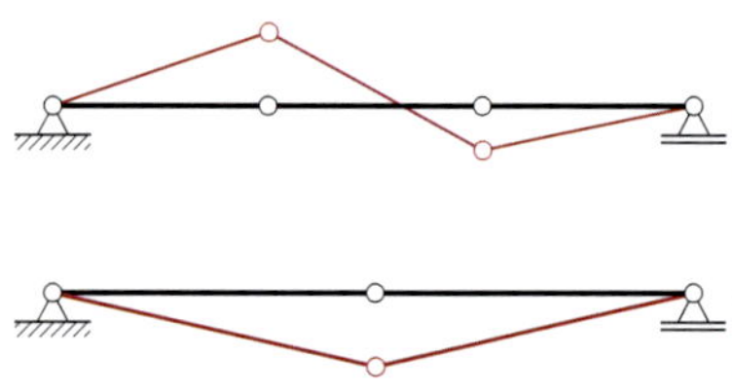

Bild 6.6 Kinematische Ketten

Sind zwei Scheiben durch einen Gelenkpunkt miteinander verbunden, wie die Stäbe in *Bild 6.6*, so ist anschaulich klar, dass beide Scheiben in diesem Punkt dieselbe Verschiebung haben müssen. In diesem Punkt können sich beide Scheiben relativ zueinander verdrehen. Solch einen Punkt nennt man *Relativpol* oder *Nebenpol*.

Der Relativpol oder Nebenpol zweier Scheiben ist der Punkt, in dem beide Scheiben denselben Verschiebungsvektor haben.

Wir betrachten nun die kinematische Kette in *Bild 6.7*.

Das gelenkige zweiwertige Auflager ist der Absolutpol der Scheibe *I*. Die Scheibe *I* dreht sich also um diesen Punkt.

Die Verschiebung des Gelenkpunktes muss senkrecht zum Polstrahl erfolgen, dieser entspricht hier der Achse der Scheibe *I*. Die Verschiebung δ_1 ist die gemeinsame Verschiebung der Scheiben *I* und *II* im Relativpol $(1{,}2)$.

Damit liegt eine Verschiebung der Scheibe *II* fest. Da Verschiebung und Polstrahl senkrecht zueinander sind, ist die Verlängerung der Linie $(1) - (1{,}2)$ der Polstrahl der Scheibe *II* für den Gelenkpunkt. Auf dieser Linie muss sich demnach der Absolutpol (2) befinden.

Am einwertigen Auflager der Scheibe *II* ist nur eine horizontale Bewegung möglich. Dadurch ist in diesem Punkt die Richtung der Verschiebung festgelegt. Der Absolutpol, also der Drehpunkt der Scheibe *II* muss sich auf einer Senkrechten zu dieser Verschiebungsrichtung befinden. Damit ist der zweite geometrische Ort für den Absolutpol (2) gefunden.

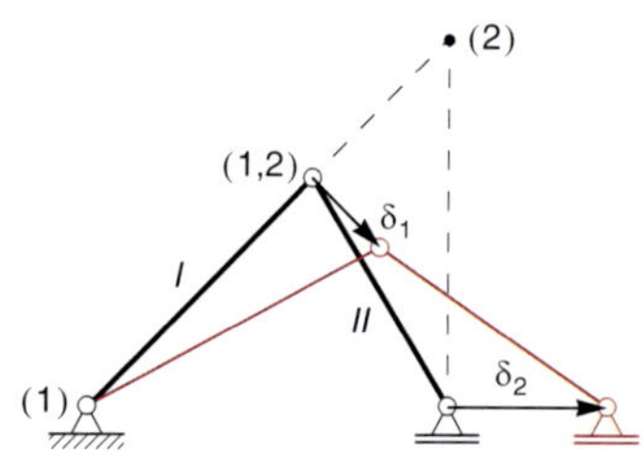

Bild 6.7 Trittleiter ohne Kette

Dass ein gelenkiges zweiwertiges Auflager immer einen Absolutpol für eine Scheibe darstellt, ist unmittelbar einleuchtend, weil an diesem Lager keine Verschiebung möglich ist und dies ist ja gerade die Definition des Absolutpols. Ein einwertiges gelenkiges Auflager ist niemals von vorn herein ein Absolutpol, da nur eine Verschiebung verhindert ist.

Über andere zweiwertige Auflager lassen sich jedoch Aussagen über die Lage des Absolutpols machen. Die verschieblichen Einspannungen in *Bild 6.8* ermöglichen nur einen Freiheitsgrad, nämlich eine Verschiebung. Die Verdrehung und die andere Verschiebungskomponente sind verhindert. Weil die Drehung verhindert ist, kann die Scheibe nur eine Translationsbewegung ausführen. Dies ist der Sonderfall einer Rotation um einen Drehpunkt, der im Unendlichen liegt. Weil der Polstrahl senkrecht zum Verschiebungsvektor ist, liegt der Absolutpol unendlich weit entfernt in einer Richtung, die zur möglichen Bewegungsrichtung senkrecht ist.

Bild 6.8 Absolutpole bei verschieblicher Einspannung

Wie bei einem Momentengelenk ergeben sich auch für andere Kopplungen, also Quer- und Normalkraftgelenke Aussagen über den Zusammenhang der Bewegungen der gekoppelten Scheiben. Wir betrachten das Querkraftgelenk in *Bild 6.9* und denken uns die Scheibe *I* zunächst als unbeweglich. Das Querkraftgelenk entspricht dann einer verschieblichen Einspannung für die Scheibe *II*. Der Absolutpol (2) liegt demnach horizontal im Unendlichen. Kann sich die Scheibe *I* nun auch bewegen, so wird aus dem Absolutpol (2) der Relativpol (1,2), der horizontal im Unendlichen liegt. Entsprechend gilt dies auch für das Normalkraftgelenk. Bei einem Kraftgelenk liegt der Relativpol also senkrecht zur möglichen Relativbewegungsrichtung im Unendlichen.

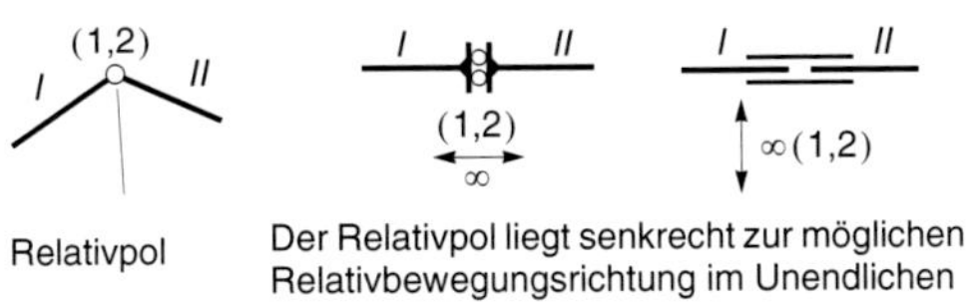

Bild 6.9 Relativpole bei verschiedenen Anschlussarten

6.3 Polpläne

Ein *Polplan* ist die Konstruktion der Absolut- und Relativpole zur Beschreibung der Verschiebungszustände zwangläufiger kinematischer Ketten.

Es gelten die folgenden Polplansätze:

1. Der Relativpol und die Absolutpole zweier Scheiben liegen auf einer Geraden. (1) – (1,2) – (2)
   Fallen zwei dieser Punkte zusammen, liegt der dritte auch dort.

Dieser Satz folgt aus der Bedingung, dass im Relativpol beide Scheiben dieselbe Verschiebung haben. Deswegen müssen beide Absolutpole auf einer Linie sein, die senkrecht zu diesem Verschiebungsvektor durch den Relativpol verläuft.

Wie in *Bild 6.10* dargestellt, ergibt sich ein Widerspruch, wenn diese Bedingung nicht erfüllt ist. Ausgehend von den Absolutpolen der beiden Scheiben *I* und *II* ergeben sich jeweils Verschiebungen senkrecht zum Polstrahl der jeweiligen Scheiben, die nicht verträglich miteinander sind. Eine Bewegung ist darum nicht möglich, das System ist unverschieblich.

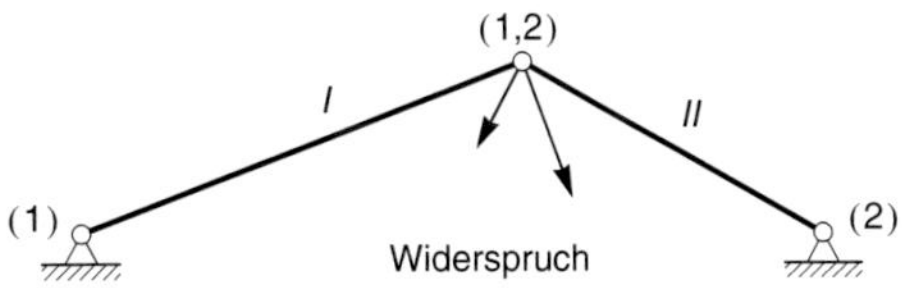

Bild 6.10 Widerspruch im Polplan bei unverschieblichem System

2. Feste Auflager sind Absolutpole.
3. Bei verschieblicher Einspannung liegt der Absolutpol senkrecht zur möglichen Bewegungsrichtung im Unendlichen.
4. Die Polstrahlen stehen senkrecht zur möglichen Bewegungsrichtung von beweglichen Auflagern.
5. Der Relativpol zweier durch Querkraft- oder Normalkraftgelenke verbundener Scheiben liegt senkrecht zur Relativbewegungsrichtung im Unendlichen.
6. Die drei Relativpole dreier Scheiben liegen auf einer Geraden. (1,2) – (2,3) – (1,3)
   Merkregel: (1,~~2~~) – (~~2~~,3) ⇒ (1,3) doppelte Zahl streichen.

Der letzte Satz lässt sich mit folgender Betrachtung verifizieren. Wir betrachten den Verband aus vier Scheiben in *Bild 6.11*. Halten wir zunächst Scheibe *I* unverschieblich fest, so sind die Gelenke dieser Scheibe feste Auflager und somit Absolutpole für die Scheiben *II* und *IV*. Die Momentengelenke sind Relativpole. Damit ergibt sich der Absolutpol (3) aus dem ersten Polplansatz mit den Geraden (4) – (3,4) und (2) – (2,3).

Ist nun Scheibe *I* auch beweglich, werden aus den Absolutpolen (4) und (2) die Relativpole (1,4) und (1,2) und der Absolutpol (3) wird zum Relativpol (1,3). Damit ist die Aussage des obigen Satzes bestätigt.

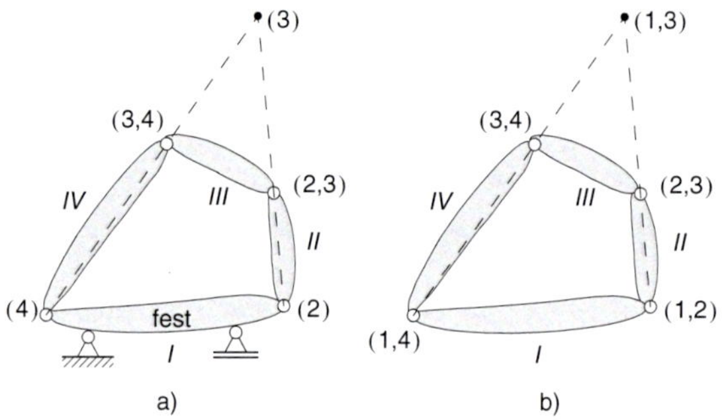

Bild 6.11 Relativpole dreier Scheiben

Bevor wir anhand von Beispielen die Erstellung von Polplänen und die Konstruktion von Verschiebungsfiguren kinematischer Ketten üben, betrachten wir noch einmal den Zusammenhang zwischen der Drehung einer Scheibe und den sich daraus ergebenden Verschiebungen der Scheibenpunkte. Der wirkliche Verschiebungsvektor ist immer senkrecht zum Polstrahl. Für viele Anwendungen werden jedoch die Komponenten des Verschiebungsvektors in horizontaler und vertikaler Richtung benötigt. Die dargestellte Scheibe bzw. der Stab der Länge s in *Bild 6.12* dreht sich um das feste Auflager (Absolutpol) mit einem Winkel φ. Daraus ergeben sich die wirklichen Verschiebungen des Stabes senkrecht zum Polstrahl, also senkrecht zur Stabachse. Die Verschiebung im Punkt i ergibt sich zu $\delta_i = \varphi \cdot s$.

Die Komponenten des Verschiebungsvektors ergeben sich aus der Neigung α des Stabes mit

$$\delta_i^h = \delta_i \cdot \sin\alpha$$

$$\delta_i^v = \delta_i \cdot \cos\alpha$$

Mit $\sin\alpha = h/s$ und $\cos\alpha = l/s$ erhalten wir:

$$\delta_i^h = \delta_i \cdot h/s$$

$$\delta_i^v = \delta_i \cdot l/s$$

Einsetzen von $\delta_i = \varphi \cdot s$ in die obige Gleichung führt auf:

$$\delta_i^h = \varphi \cdot s \cdot h/s = \varphi \cdot h$$

$$\delta_i^v = \varphi \cdot s \cdot l/s = \varphi \cdot l$$

Aus diesen Betrachtungen folgt, dass die Verschiebungskomponenten unmittelbar aus den horizontalen bzw. vertikalen Abständen des Scheibenpunktes vom Absolutpol ermittelt werden können.

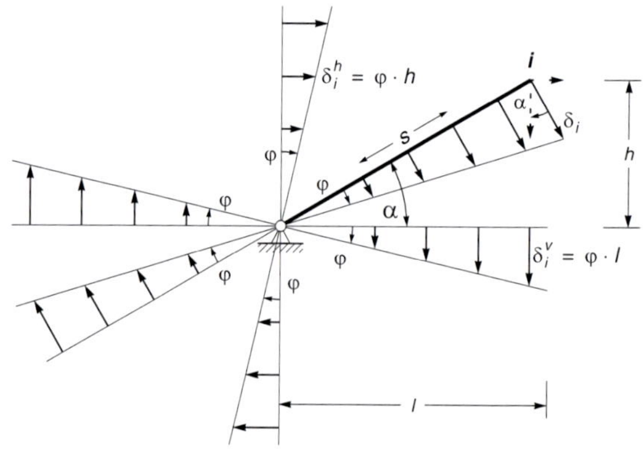

Bild 6.12 Drehwinkel und Verschiebungskomponenten

Beispiel 6.1

Für das in *Bild 6.13* dargestellte kinematisch verschiebliche System sind der Polplan und die Verschiebungsfigur zu ermitteln.

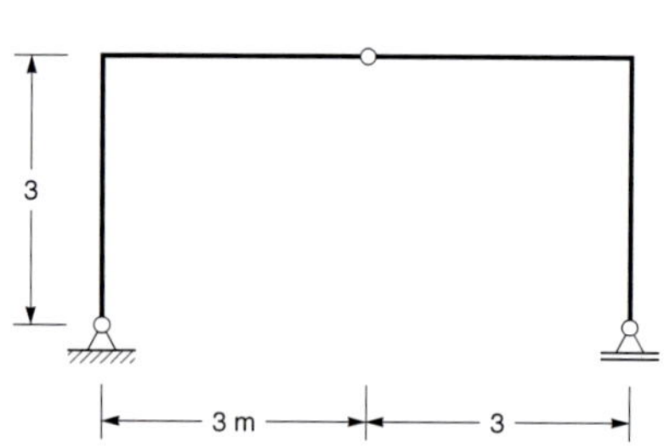

Bild 6.13 Verschieblicher Rahmen

Die Beschreibung der Polplanermittlung und der Konstruktion der Verschiebungsfigur erfolgt in Bezug auf *Bild 6.14.*

Polplan:

Das feste Auflager der Scheibe I ist der Absolutpol für diese Scheibe. Das Momentengelenk zwischen beiden Scheiben ist der Relativpol (1,2). Die Absolutpole (1) und (2) müssen mit dem Relativpol (1,2) auf einer Geraden liegen. also ist die Gerade (1) – (1,2) ein geometrischer Ort für den Hauptpol (2). Der zweite geometrische Ort für den Absolutpol (2) ergibt sich aus dem verschieblichen Auflager. Der Absolutpol (2) muss auf einer Senkrechten zur Bewegungsrichtung des Auflagers liegen.

Die hier beschriebene Ermittlung der Pole wird bei den nachfolgenden Beispielen in Form einer Kurzschreibweise dargestellt, die hier für dieses Beispiel noch einmal angegeben ist.

(1) , Gelenk zwischen *I* und *II:* Relativpol (1,2),

(2) 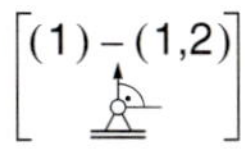

Verschiebungsfigur:

Jede zwangläufige kinematische Kette hat einen Freiheitsgrad. Das bedeutet, dass die Verschiebungen bzw. Verdrehungen der gesamten Kette festliegen, sobald eine Größe vorgegeben wurde.

Es wird die horizontale Verschiebung δ des oberen linken Eckpunktes der Scheibe *I* vorgegeben, damit liegen alle anderen Größen fest. Alle Riegelpunkte haben die gleiche horizontale Verschiebung δ, da die vertikalen Abstände aller Riegelpunkte vom Absolutpol gleich sind. Dies gilt sowohl für Scheibe *I* als auch für Scheibe *II*. An den Rahmenecken müssen die rechten Winkel erhalten bleiben. Die resultierende Verschiebung des Gelenkpunktes erfolgt senkrecht zum Polstrahl.

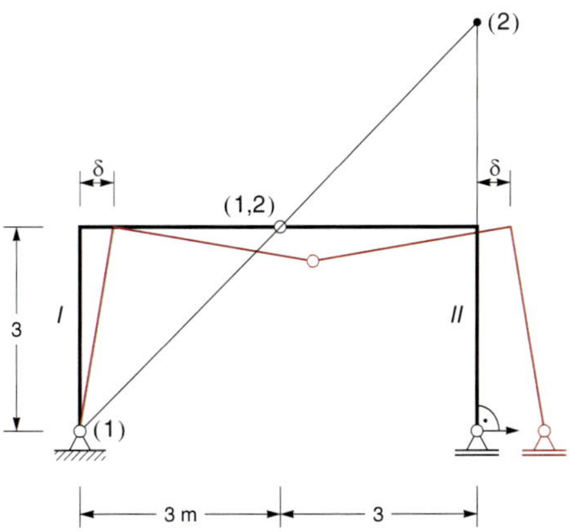

Bild 6.14 Polplan und Verschiebungsfigur für Beispiel 6.1

Es sei nochmals darauf hingewiesen, dass bei der Darstellung der Verschiebungsfigur beachtet werden muss, dass wir unendlich kleine Verschiebungen voraussetzen! Diese infinitesimalen Verschiebungen müssen jedoch in endlicher Größe dargestellt werden, um sie sichtbar zu machen. Die linke Rahmenecke hat z. B. keine Vertikalverschiebung. Dadurch ergibt sich optisch der Eindruck, dass der linke Stiel im verformten Zustand länger geworden ist. Dies resultiert aus der Darstellung der unendlichen kleinen Horizontalverschiebung als endliche Größe.

Beispiel 6.2

Für das in *Bild 6.15* dargestellte kinematisch verschiebliche System sind der Polplan und die Verschiebungsfigur zu ermitteln.

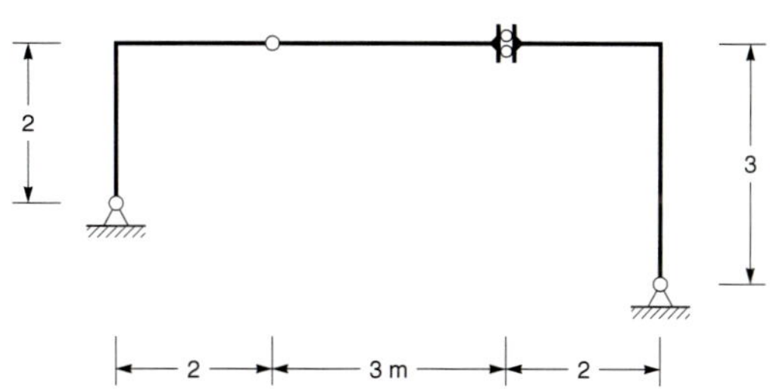

Bild 6.15 Verschiebliches System

Polplan:

(1), (3) 

(1,2): Gelenk zwischen den Scheiben *I* und *II,*

(2,3) 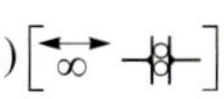,

(2) $\begin{bmatrix}(1)-(1,2)\\(3)-(2,3)\end{bmatrix}$

Verschiebungsfigur:

Am linken Riegelpunkt wird die horizontale Verschiebung δ vorgegeben, alle Riegelpunkte haben die gleiche horizontale Verschiebung δ, rechte Winkel bleiben erhalten. Die Scheiben *II* und *III* haben den gleichen Drehwinkel, weil der Relativpol (2,3) im Unendlichen liegt. Daraus folgt, dass die Riegel der Scheiben *II* und *III* parallel sind.

6

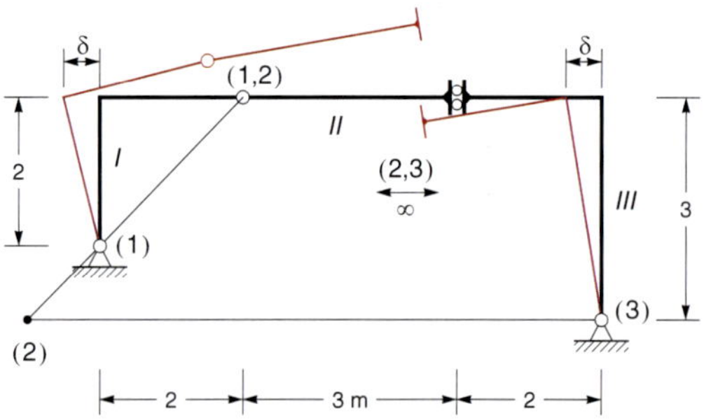

Bild 6.16 Polplan und Verschiebungsfigur für Beispiel 6.2

6.4 Untersuchung der kinematischen Unverschieblichkeit

Verschiebliche Tragwerke sind unbrauchbar. Auch nahezu verschiebliche Systeme müssen unbedingt vermieden werden. Es ist daher von Bedeutung, solche Systeme zu erkennen. Das Abzählkriterium ist für die Feststellung der Unverschieblichkeit ungeeignet, da es keine hinreichende Bedingung darstellt. Auch wenn sich durch Abzählen eine statische Bestimmtheit oder sogar mehrfache statische Unbestimmtheit ergibt, kann das System verschieblich sein!

In Abschnitt 5.4 wurde gezeigt, dass bei verschieblichen Tragwerken das Gleichungssystem zur Bestimmung der Unbekannten singulär ist. Für die Untersuchung der Unverschieblichkeit eines Systems ist die Berechnung der Determinante der Koeffizientenmatrix jedoch kein geeigneter Weg.

Lässt sich ein System mithilfe des Aufbauprinzips aufbauen, dann ist damit auch seine Unverschieblichkeit nachgewiesen. Es ist unbedingt zu empfehlen, das Aufbauprinzip anzuwenden, wenn es auf das statische System anwendbar ist. Dies ist bei den meisten statischen Systemen der Fall. Es gibt jedoch Systeme, die sich nicht aufbauen lassen, die also entweder insgesamt tragfähig sind oder gar nicht. In diesen Fällen ist die nachfolgend erläuterte Methode unerlässlich.

Gehen wir davon aus, dass ein System oder ein Teil davon verschieblich ist, dann stellt es einen Mechanismus dar, auf den die Gesetze der Kinematik anwendbar sind. Im vorherigen Abschnitt haben wir gelernt, wie die Bewegung von kinematischen Ketten mithilfe der Konstruktion eines Polplans ermittelt werden kann. Ist ein System verschieblich, dann muss sich ein Polplan widerspruchsfrei aufstellen lassen. Damit lässt sich der folgende Satz formulieren:

Ein System oder ein Teilsystem ist verschieblich, wenn der zugehörige Polplan ohne Widerspruch vollständig konstruiert werden kann.

Beispiel 6.3

Bei dem in *Bild 6.17* dargestellten System ist das Aufbauprinzip nicht anwendbar. Kein Teil des Systems kann für sich allein stehen. Die drei Scheiben können nur gemeinsam eingebaut werden. Mit fünf Auflagerreaktionen, vier Zwischenreaktionen und drei Scheiben ergibt das Abzählkriterium

$$n = a + z - 3p = 5 + 4 - 3 \cdot 3 = 0,$$

also statische Bestimmtheit.

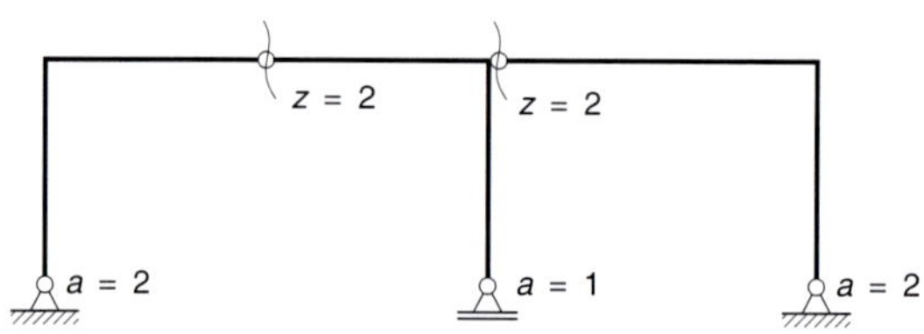

Bild 6.17 Anwendung des Abzählkriteriums

Die Unverschieblichkeitsuntersuchung erfolgt durch die Konstruktion des Polplans in *Bild 6.18*.

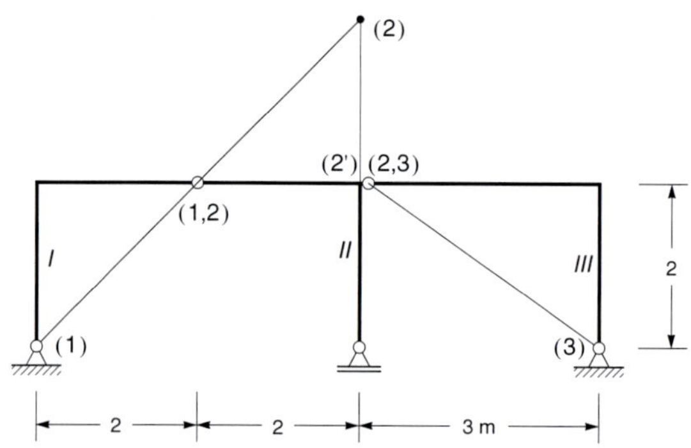

Bild 6.18 Widerspruch im Polplan bei unverschieblichem System

Die beiden zweiwertigen Auflager sind Absolutpole:

(1), (3) [ ]

Die Gelenke zwischen den Scheiben sind die Relativpole (1,2) und (2,3).

Der Absolutpol (2) ergibt sich ausgehend von Scheibe *I* mit der Geraden (1) – (1,2) und der Senkrechten zur Verschiebungsrichtung des einwertigen Auflagers:

(2) [(1) – (1,2)]

Analog finden wir einen weiteren Absolutpol der Scheibe *II*, wenn wir von Scheibe *III* ausgehen:

(2') [(3) – (2,3)]

Damit ergibt sich ein Widerspruch. Es existieren zwei Absolutpole (2). Ein Absolutpol einer Scheibe ist der Punkt, der sich nicht bewegt, sich also in Ruhe befindet. Bewegen sich zwei Punkte einer Scheibe nicht, dann ist die gesamte Scheibe fest. Ist eine Scheibe fest, dann entsprechen alle Momentengelenke, die an diese Scheibe angeschlossen werden, zweiwertigen Auflagern und sind daher Absolutpole für die angeschlossenen Scheiben.

Aus dem Relativpol (1,2) wird also ein Absolutpol für die Scheibe *I*. Diese hat nun auch zwei Absolutpole und ist fest. Aus dem Relativpol (2,3) wird ein weiterer Absolutpol (3). Damit hat Scheibe *III* zwei Absolutpole und ist ebenfalls fest.

Da alle Scheiben fest sind, ist das System unverschieblich.

Wir betrachten nun das gleiche System, aber mit einer veränderten Lage des rechten Gelenks in *Bild 6.19*.

Die Konstruktion des Polplans erfolgt wie bei dem System zuvor.

(1), (3) [ ], (1,2), (2,3): Gelenke zwischen den Scheiben

(2) [(1) – (1,2)], (2') [(3) – (2,3)]

In diesem Fall ergibt sich kein Widerspruch, da die Absolutpole (2) und (2') an derselben Stelle liegen.

Das System ist also verschieblich!

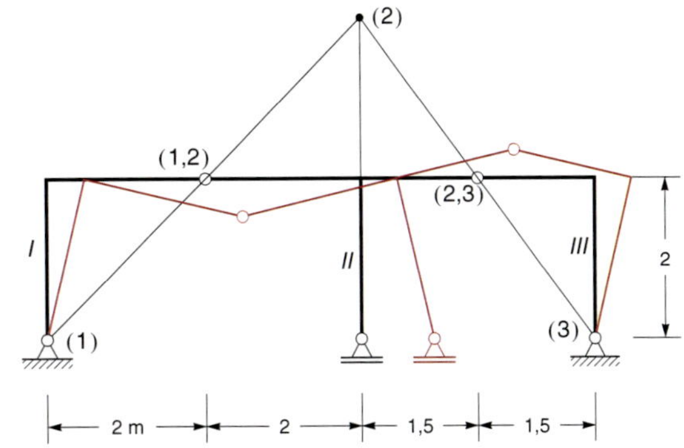

Bild 6.19 Widerspruchsfreier Polplan bei Verschieblichkeit

Beispiel 6.4

Auch bei dem System in *Bild 6.20* ist das Aufbauprinzip nicht anwendbar. Das Abzählkriterium ergibt

$n = a + z - 3p = 5 + 4 - 3 \cdot 3 = 0,$

also statische Bestimmtheit.

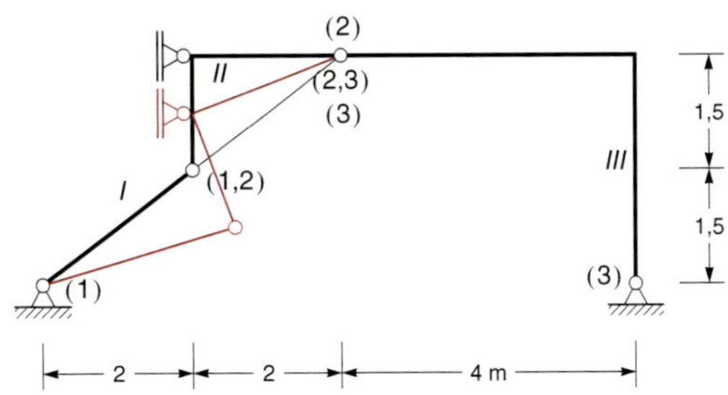

Bild 6.20 Verschiebliches Teilsystem

Die Unverschieblichkeitsuntersuchung erfolgt durch Konstruktion des Polplans.

(1), (3) [ ], (1,2), (2,3): Gelenke

(2) [(1) – (1,2)]

Absolutpol (2) und Relativpol (2,3) fallen zusammen. Der Relativpol (2,3) ist der Punkt, in dem die Scheiben *II* und *III* dieselbe Verschiebung haben. Da der Absolutpol (2) dort liegt, ist diese Verschiebung gleich null. Darum ist dies auch ein Absolutpol der Scheibe *III*.

Es gibt also zwei Absolutpole (3). Daraus folgt, dass Scheibe *III* fest ist. Dieser Widerspruch bedeutet jedoch auf keinen Fall, dass das gesamte System unverschieblich ist. Das Restsystem, also die Scheiben *I* und *II*, bilden eine lokale kinematische Kette, sind also verschieblich.

Beispiel 6.5

Für das in *Bild 6.21* dargestellte Fachwerksystem ist die Unverschieblichkeit nachzuweisen.

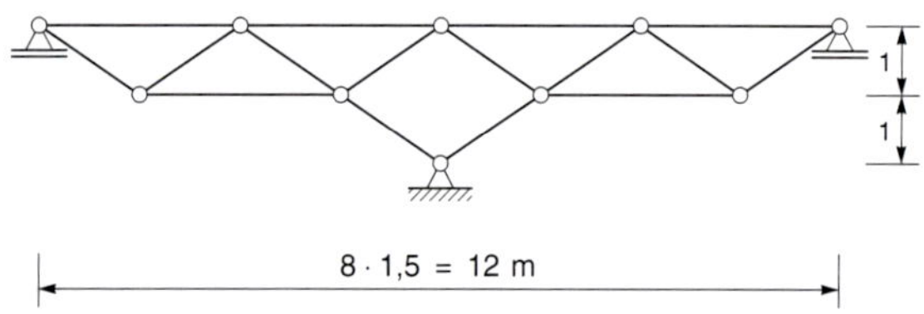

Bild 6.21 Fachwerksystem

Mithilfe des Aufbauprinzips werden zunächst möglichst viele Stäbe zu festen Scheiben zusammengefasst, indem, ausgehend von einem in sich unverschieblichen Stabdreieck, jeder weitere Knoten durch zwei Stäbe unverschieblich angeschlossen wird. Es verbleiben vier Scheiben, die ein Gelenkviereck bilden, siehe *Bild 6.22*.

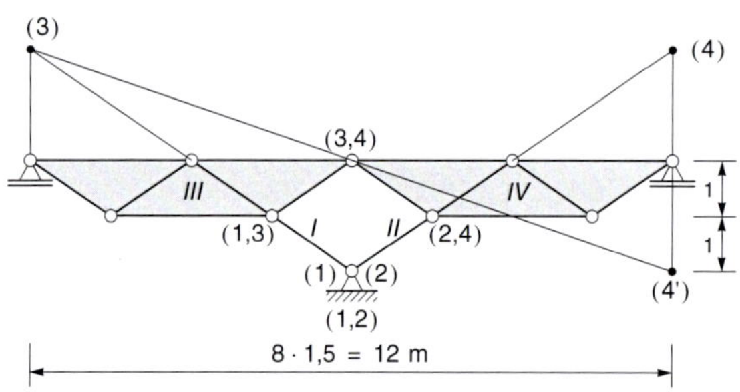

Bild 6.22 Unverschieblichkeitsuntersuchung für Fachwerksystem

Polplan:

(1), (2): [ ], (1,2), (1,3), (2,4), (3, 4): Gelenke zwischen den Scheiben

(3) [(1) – (1,3)], (4) [(2) – (2,4)]

(3), (4) und (3,4) liegen nicht auf einer Geraden, es lässt sich ein weiterer Absolutpol (4) finden.

(4') [(3) – (3,4)]

Der Widerspruch, dass zwei Absolutpole (4) existieren, bedeutet wiederum, dass die Scheibe *IV* fest ist.

Aus dem Relativpol (3,4) wird ein zweiter Absolutpol für die Scheibe *III* – (3,4) → (3'), also ist Scheibe *III* fest.

Entsprechend werden aus den Relativpolen (1,3) und (2,4) weitere Absolutpole für die Scheiben *I* und *II*: (1,3) → (1') und (2,4) → (2'). Daraus folgt, dass auch die Scheiben *I* und *II* fest sind.

Das gesamte System ist daher unverschieblich.

Aus der Polplankonstruktion ergibt sich kein Widerspruch, wenn die Absolutpole (3) und (4) auf derselben Höhe liegen wie der Relativpol (3,4). Dies ist dann der Fall, wenn die Geraden (1) – (1,3) bzw. (2) – (2,4) durch die äußeren Auflagerpunkte verlaufen, das zweiwertige Auflager also die Lage hat, wie in *Bild 6.23* dargestellt ist.

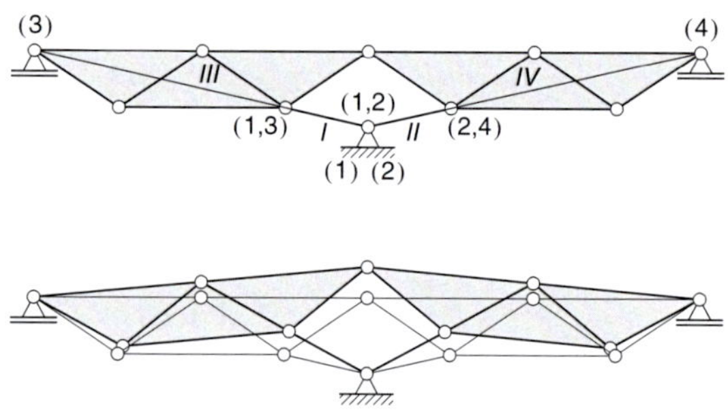

Bild 6.23 Widerspruchsfreier Polplan mit möglicher Bewegung

Aufgaben

Für die nachfolgend dargestellten Tragwerke ist die Unverschieblichkeit nachzuweisen.

Aufgabe 6.1

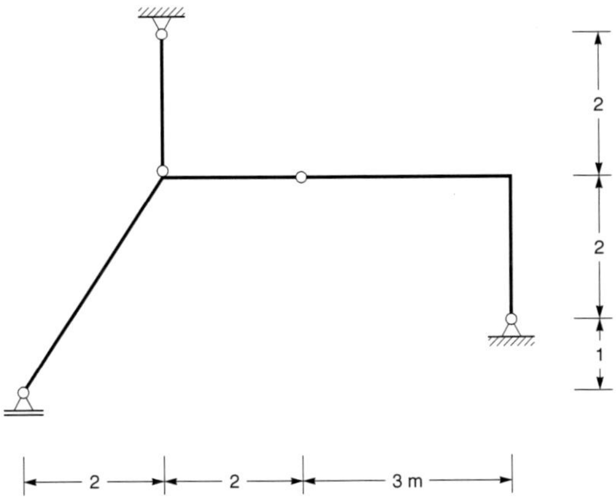

Aufgabe 6.2

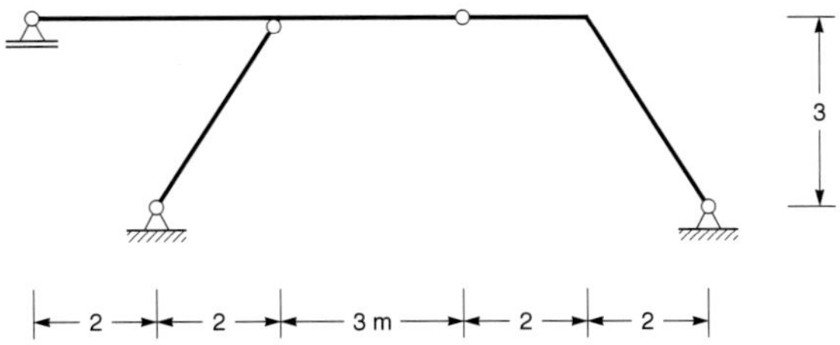

Aufgabe 6.3

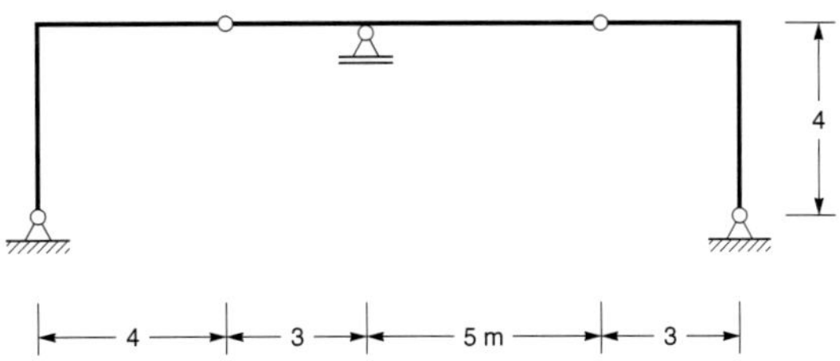

7 Prinzip der virtuellen Verschiebungen

7.1 Mechanische Arbeit

Für die Anwendung des *Prinzips der virtuellen Verschiebungen* wird der Begriff der mechanischen Arbeit benötigt. Wird eine an einem Körper wirkende konstante Kraft F um einen Weg s verschoben, dann leistet sie auf dem Verschiebungsweg *Arbeit.* Diese Arbeit ist das Produkt $F \cdot s$, wenn Kraft und Verschiebung dieselbe Richtung haben.

Im Allgemeinen sind jedoch Kraft und Verschiebung nicht gleichgerichtet und die Kraft kann während der Verschiebung veränderlich sein.

Während einer infinitesimalen Verschiebung $\mathrm{d}\boldsymbol{r}$ in Tangentenrichtung an die Verschiebungskurve leistet eine veränderliche Kraft $\boldsymbol{F}(\boldsymbol{r})$ eine differenzielle Arbeit $\mathrm{d}W$.

Wir verallgemeinern nun die Definition des Arbeitsbegriffs als Skalarprodukt aus Kraft- und Verschiebungsvektor.

$$\mathrm{d}W = \boldsymbol{F}(\boldsymbol{r}) \cdot \mathrm{d}\boldsymbol{r}$$

Die gesamte Arbeit ist das Integral über den gesamten Verschiebungsweg.

$$W = \int \boldsymbol{F}(\boldsymbol{r}) \cdot \mathrm{d}\boldsymbol{r}$$

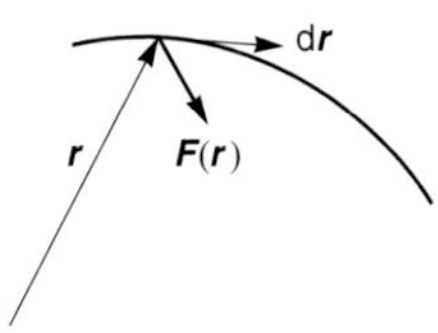

Bild 7.1 Zum Begriff mechanischer Arbeit

Ist die Kraft während der Verschiebung konstant, kann sie vor das Integral geschrieben werden.

$$W = \boldsymbol{F} \cdot \int \mathrm{d}\boldsymbol{r}$$

Aus der Definition des Skalarproduktes folgt:

$$\mathrm{d}W = \boldsymbol{F}(\boldsymbol{r}) \cdot \mathrm{d}\boldsymbol{r} = |\boldsymbol{F}(\boldsymbol{r})| \cdot |\mathrm{d}\boldsymbol{r}| \cdot \cos\alpha$$

Der Betrag des Verschiebungsvektors $\mathrm{d}\boldsymbol{r}$ ist nichts anderes als ein infinitesimal kleiner Abschnitt der Bogenlänge der Verschiebungskurve.

Bezeichnen wir mit $|\boldsymbol{F}(\boldsymbol{r})| \cdot \cos\alpha = F(s)$ den Betrag der Kraftkomponente in Richtung der Tangente an die Verschiebungskurve, kann die Arbeit mit skalaren Größen geschrieben werden.

$$\mathrm{d}W = F(s)\mathrm{d}s$$

$$W = \int F(s)\mathrm{d}s$$

Die Arbeit kann als Flächeninhalt unter der Kurve $F(s)$ in *Bild 7.2* interpretiert werden.

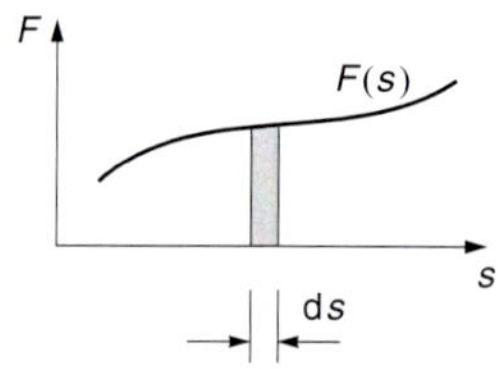

Bild 7.2 Zur Definition mechanischer Arbeit

Arbeit ist eine skalare Größe, sie hat keine Richtung. Das Vorzeichen ergibt sich formal aus dem Skalarprodukt durch das Vorzeichen des Kosinus. Ist der Winkel größer als 90°, so ist der Kosinus negativ. Das bedeutet anschaulich, dass Weg und Kraftkomponente entgegengerichtet sind.

Die Arbeit ist positiv, wenn Kraft und Weg gleichgerichtet sind, sonst negativ.

Analog zur Arbeit einer Kraft ist die Arbeit eines Momentes definiert als:

$$W = \int \boldsymbol{M} \cdot \mathrm{d}\varphi$$

In der Ebene bestehen der Momentenvektor $\boldsymbol{M}$ und der Drehvektor φ aus nur einer Komponente, sodass der vektorielle Charakter nicht betrachtet werden muss, da beide Größen immer gleichgerichtet sind.

Dass Momente auf Drehungen Arbeit leisten, lässt sich durch die folgende Betrachtung verifizieren. Die Scheibe in *Bild 7.3* dreht sich um einen infinitesimalen Winkel φ. Das auf der Scheibe wirkende Moment M ersetzen wir durch ein äquivalentes Kräftepaar mit dem Abstand a.

Die Arbeit der beiden Kräfte beträgt:

$$W = -\frac{M}{a} \cdot \delta_1 + \frac{M}{a} \cdot \delta_2$$

Die Verschiebungen ergeben sich durch das Produkt aus Drehwinkel und Abstand von Dreh- und Scheibenpunkt.

$$\delta_1 = \varphi \cdot r$$

$$\delta_2 = \varphi \cdot (r + a)$$

Damit ergibt sich für die Arbeit:

$$W = -\frac{M}{a} \cdot \varphi \cdot r + \frac{M}{a} \cdot \varphi \cdot (r + a) = M \cdot \varphi$$

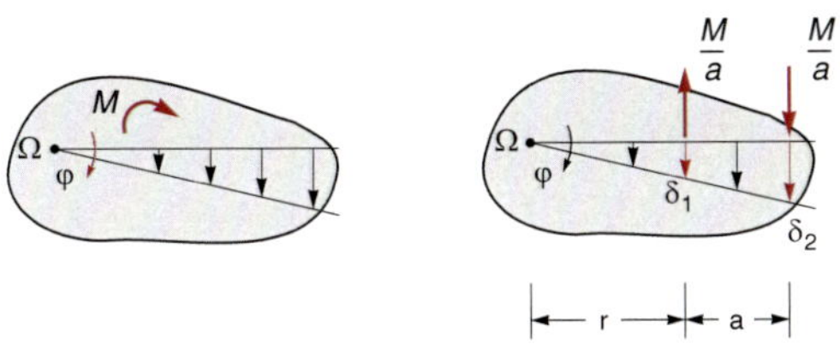

Bild 7.3 Arbeit eines Momentes

Wir können daher den Arbeitsbegriff mit dem folgenden Satz allgemeiner formulieren:

Arbeit ist das Skalarprodukt eines Kraftgrößenvektors mit dem konjugierten (zugehörigen) Weggrößenvektor.

Die Arbeit kann als Skalarprodukt auf zwei Arten interpretiert werden. Als Produkt aus Weg mal der Kraftkomponente in Richtung des Weges oder als Produkt aus Kraft mal der Wegkomponente in Richtung der Kraft. Dies ist in *Bild 7.4* veranschaulicht.

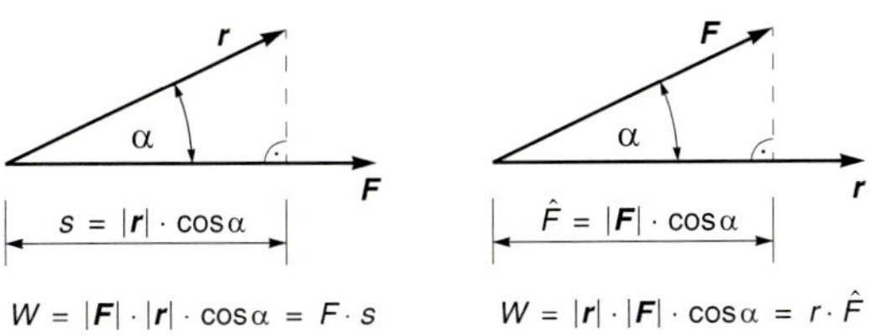

Bild 7.4 Mechanische Arbeit als Skalarprodukt

Neben Einzelkräften und Einzelmomenten treten auch verteilte Belastungen auf, deren Arbeit zu ermitteln ist.

Wie die Arbeit einer Streckenlast zu berechnen ist, ergibt sich aus der folgenden Betrachtung. Wir ersetzen in einem infinitesimalen kleinen Streifen der Breite dx die Streckenlast durch die Resultierende $q(x)dx$ und berechnen für diese Kraft die Arbeit auf der Verschiebung $\delta(x)$, siehe *Bild 7.5*.

$$dW = dF \cdot \delta(x) = q(x) \cdot \delta(x)dx$$

Die gesamte Arbeit ergibt sich durch Integration:

$$W = \int q(x) \cdot \delta(x)dx$$

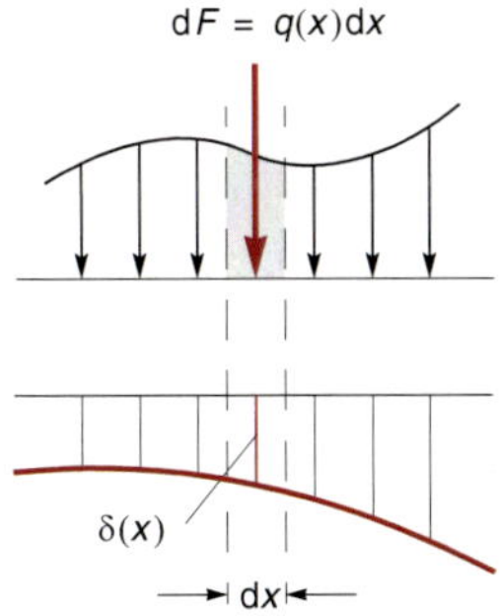

Bild 7.5 Arbeit einer Streckenlast

Ist der Verschiebungsverlauf linear, wie es bei einem starren Körper der Fall ist, lautet die Funktion $\delta(x)$ allgemein:

$$\delta(x) = ax + b$$

Damit ergibt sich für die Arbeit

$$W = \int q(x) \cdot \delta(x)\, dx = \int q(x) \cdot (ax + b)dx$$
$$= a\int q(x) \cdot x\, dx + b\int q(x)dx$$

Nach Gl. (3.9) bzw. (3.10) gilt

$$R = \int q(x)dx \text{ und}$$

$$x_R = \frac{\int q(x) \cdot x\, dx}{\int q(x)dx} \Rightarrow \int q(x) \cdot x\, dx = x_R \cdot \int q(x)dx = x_R \cdot R$$

Für die Arbeit folgt daraus:

$$W = a\int q(x) \cdot x\, dx + b\int q(x)dx$$
$$= a \cdot x_R \cdot R + b \cdot R$$
$$= R \cdot (ax_R + b) = R \cdot \delta(x_R)$$

7

Die Arbeit der Streckenlast ist gleich der Arbeit der Resultierenden auf der Verschiebung im Angriffspunkt der Resultierenden.

$\delta(x_R)$ ist die Komponente des Verschiebungsvektors in Richtung der Resultierenden.

7.2 Begriff der virtuellen Verschiebung

Eine virtuelle Verschiebung ist keine Verschiebung, die wirklich existiert, es ist eine nur gedachte Größe, die die geometrischen Bindungen des Systems nicht verletzen darf und als unendlich klein vorausgesetzt wird.

Eine virtuelle Verschiebung ist eine gedachte, infinitesimal kleine, mit den geometrischen Bindungen des Systems verträgliche, sonst beliebige Verschiebung.

Das Prinzip der virtuellen Verschiebungen besteht in der folgenden Aussage:

Ein System ist im Gleichgewicht, wenn die Summe der virtuellen Arbeiten gleich null ist.

Wir betrachten zur Einführung die aus einem Stab bestehende kinematische Kette in *Bild 7.6.* Der Absolutpol, also der Drehpunkt des Stabes, ist das zweiwertige Auflager. Wir bringen nun eine virtuelle, also nur gedachte Verschiebung auf, die kinematisch verträglich ist. Das bedeutet, dass am Auflager keine Verschiebung vorhanden sein darf, da sonst die geometrischen Bindungen des Systems verletzt wären.

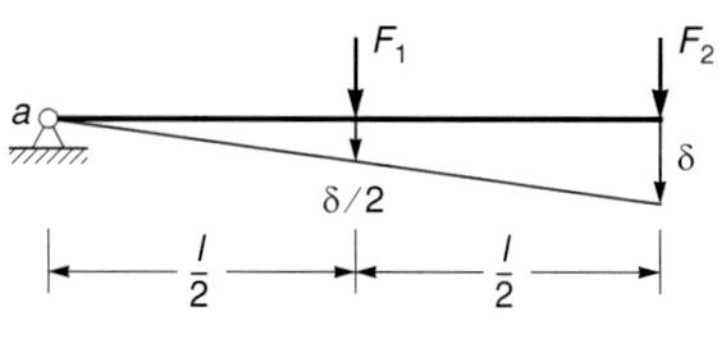

Bild 7.6 Einfache kinematische Kette

Die Verformung des Stabes wird durch die Verschiebung δ vorgegeben. Die beiden wirkenden Kräfte werden nun verschoben und leisten Arbeit. Diese Arbeit muss nach dem Prinzip der virtuellen Verschiebungen gleich null sein, damit Gleichgewicht vorhanden ist.

$$\sum \overline{W} = F_1 \cdot \frac{\delta}{2} + F_2 \cdot \delta = 0 \qquad | \div \delta$$

$$\frac{1}{2}F_1 + F_2 = 0 \Rightarrow F_2 = -\frac{1}{2}F_1$$

Die in der Gleichung enthaltene Verschiebung δ ist ungleich null und kann gestrichen werden. Das Ergebnis ist daher unabhängig von der Größe der Verschiebung.

Das Prinzip der virtuellen Verschiebungen stellt eine andere Form der Gleichgewichtsbedingungen dar.

Zum Vergleich bilden wir die Gleichgewichtsbedingung $\sum M_{(a)} = 0$:

$$\sum M_{(a)} = -F_1 \cdot \frac{l}{2} - F_2 \cdot l = 0 \qquad | \div l$$

$$\frac{1}{2}F_1 + F_2 = 0$$

Diese Gleichung unterscheidet sich von der des Prinzips der virtuellen Verschiebungen nur um einen Faktor. Beide Gleichungen sind also gleichwertig.

7.3 Prinzip der Lagrangeschen Befreiung[1]

Statische Systeme müssen unverschieblich sein. Da sie sich nicht bewegen können, verwenden wir nun einen Kunstgriff. Wir machen das System verschieblich, indem wir eine Bindung lösen. Das Lösen einer Bindung entspricht dem Nullsetzen der entsprechenden Kraftgröße. Entfernen wir ein einwertiges Auflager, so ist dort keine Auflagerkraft mehr vorhanden, durch das Einlegen eines Gelenkes wird ein Biegemoment zu null gesetzt. Diese durch das Lösen der Bindung zu null gesetzten Kraftgrößen werden nun als äußere Größen angesetzt, um die Wirkung der gelösten Bindung zu kompensieren.

Dies ist grundsätzlich nichts anderes, als das, was wir beim Schnittprinzip durchgeführt haben, indem wir die durch den Schnitt zerstörten Bindungen durch von außen wirkende Schnittgrößen ersetzt haben. Der Unterschied besteht darin, dass wir jetzt nicht alle Bindungen

1 Joseph-Louis Comte de Lagrange (1736 - 1813), französischer Mathematiker und Astronom

zerstören, sondern nur die, die der betrachteten Schnittgröße entsprechen.

Die Lagrangesche Befreiung kann als ein *selektives Schnittprinzip* betrachtet werden.

- Es wird eine kinematische Bindung gelöst.
- Die zugehörige Schnittgröße wird als unbekannte äußere Kraftgröße (Doppelgröße) angesetzt.

Bei statisch bestimmten Systemen entsteht durch das Lösen der Bindung ein einfach statisch unterbestimmtes, also verschiebliches System, eine zwangläufige kinematische Kette.

Mit dem Prinzip der Lagrangeschen Befreiung und dem Prinzip der virtuellen Verschiebungen kann die unbekannte Schnittgröße direkt ermittelt werden. Der Vorteil der Methode besteht darin, dass eine einzelne Schnittgröße mit einer Gleichung berechnet werden kann. Da die virtuelle Verschiebung mit den geometrischen Bindungen des Systems verträglich sein muss, gehen Auflagerkräfte nicht in die Arbeitsgleichung ein, da die virtuelle Verschiebung an den Auflagern gleich null ist. Da nur die gesuchte Schnittgröße in der Arbeitsgleichung unbekannt ist, kann sie mit der Arbeitsgleichung sofort berechnet werden.

Bei der Anwendung des Prinzips der virtuellen Verschiebungen sind folgende Schritte durchzuführen.

1. Durchführen der Lagrangeschen Befreiung, also Lösen der entsprechenden Bindung und Ansetzen der unbekannten Doppelgröße
2. Erstellung des Polplans
3. Vorgeben einer virtuellen Verschiebung
4. Formulierung der Arbeitsgleichung des Prinzips der virtuellen Verschiebungen

Beispiel 7.1

Für das in *Bild 7.7* dargestellte System ist das Moment in Feldmitte mit dem Prinzip der virtuellen Verschiebungen zu ermitteln.

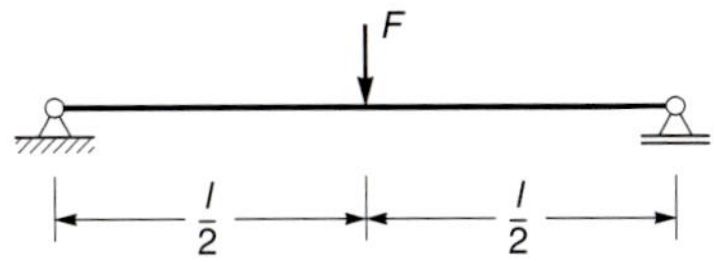

Bild 7.7 Balken auf zwei Stützen mit mittiger Einzelkraft

1. Durchführen der Lagrangeschen Befreiung:

   Einlegen eines Gelenks und Ansetzen des unbekannten Doppelmoments.

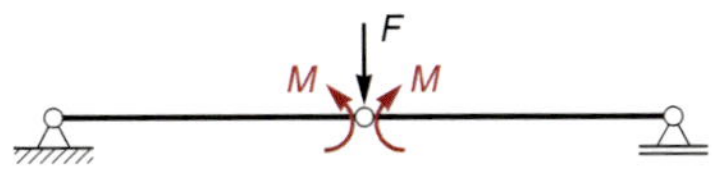

Bild 7.8 Balken mit Lagrangescher Befreiung

2. Erstellung des Polplans

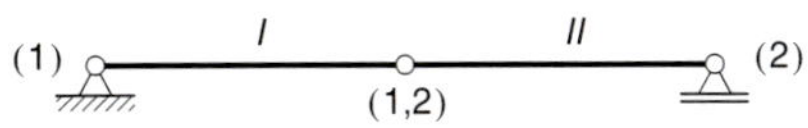

Bild 7.9 Polplan

(1): , (1,2): Gelenk zwischen den Scheiben

(2) 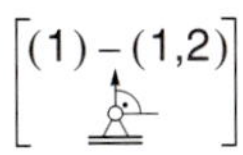

3. Aufbringen einer virtuellen Verschiebung

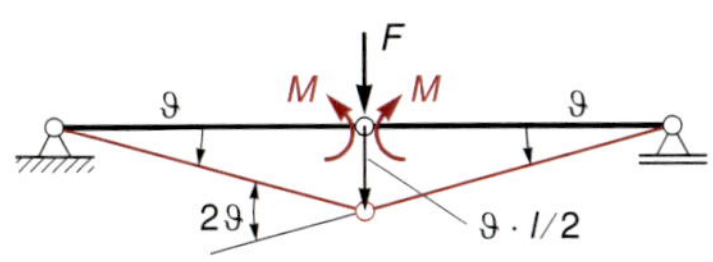

Bild 7.10 Kinematische Kette mit virtueller Verschiebung

Es wird der Drehwinkel ϑ der Scheibe *I* vorgegeben, daraus folgt die Verschiebung am Gelenkpunkt.

4. Formulierung der Arbeitsgleichung des Prinzips der virtuellen Verschiebungen

$$\sum \overline{W} = -M \cdot \vartheta - M \cdot \vartheta + F \cdot \vartheta \cdot l/2 = 0 \qquad | \div \vartheta$$

$$-2M + F \cdot l/2 = 0$$

$$\Rightarrow M = \frac{F \cdot l}{4}$$

Der linke Teil des Doppelmoments wirkt auf der Scheibe *I* und leistet Arbeit auf der Drehung dieser Scheibe, entsprechend leistet der rechte Teil des Doppelmoments Arbeit auf der Drehung der Scheibe *II*. Die Arbeiten sind negativ, da Moment und Drehwinkel entgegengerichtet sind. Die Kraft F verrichtet positive Arbeit, da sie mit der Verschiebung am Gelenkpunkt gleichgerichtet ist.

Beispiel 7.2

Für den in *Bild 7.11* dargestellten Gelenkträger ist die Querkraft V_i links vom mittleren Auflager mit dem Prinzip der virtuellen Verschiebungen zu ermitteln.

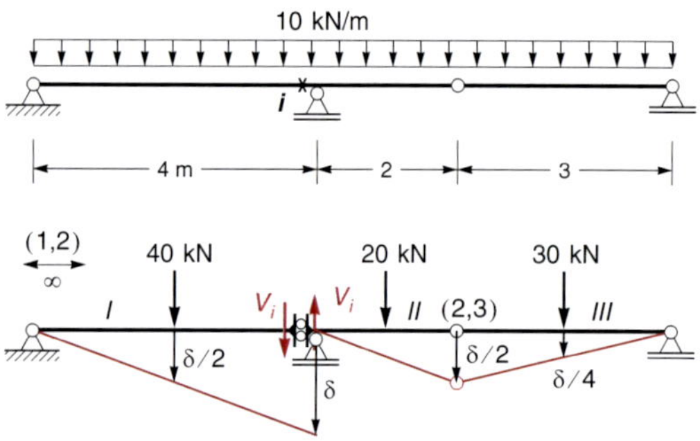

Bild 7.11 Querkraftermittlung mit dem Prinzip der virtuellen Verschiebungen am Gelenkträger

In Bereichen stetiger Verschiebungen kann die verteilte Last durch Teilresultierende ersetzt werden.

Vorgehen:

1. Durchführen der Lagrangeschen Befreiung:

Einlegen eines Querkraftgelenks und Ansetzen der unbekannten äußeren Doppelgröße V_i.

2. Polplanermittlung:

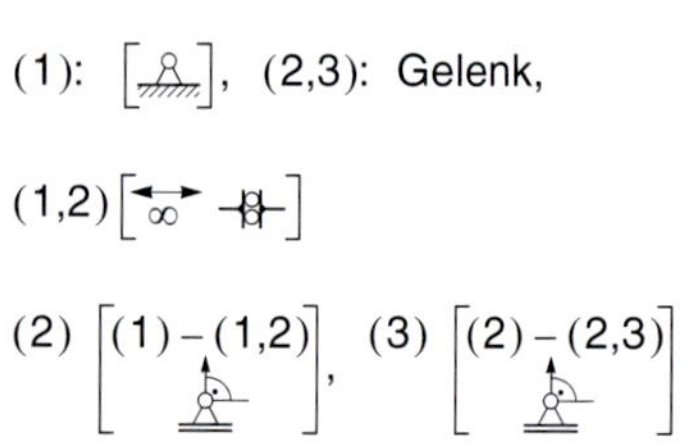

3. Aufbringen einer virtuellen Verschiebung

Hier wird die Verschiebung δ im Punkt *i* für Scheibe *I* vorgegeben, damit liegt die gesamte Verschiebungsfigur fest! Da der Relativpol (1,2) im Unendlichen liegt, sind die Scheiben *I* und *II* parallel.

Die Verschiebung δ, das Querkraftgelenk und die Doppelgröße V_i wirken geometrisch exakt im Auflagerpunkt, gedanklich ist der Punkt *i* jedoch ein unendlich kleines Stück links davon, da die Querkraftfunktion an diese Stelle springt. Aufgrund der Darstellung in endlicher Größe entsteht in der Zeichnung eine gewisse unvermeidliche Diskrepanz.

4. Formulierung der Arbeitsgleichung des Prinzips der virtuellen Verschiebungen

$$\sum \overline{W} = V_i \cdot \delta + 40 \cdot \delta/2 + 20 \cdot \delta/4 + 30 \cdot \delta/4 = 0 \quad | \div \delta$$
$$V_i = -32{,}5 \text{ kN}$$

Beispiel 7.3

Für den in *Bild 7.12* dargestellten Dreigelenkrahmen ist die horizontale Auflagerkraft im Punkt *a* mit dem Prinzip der virtuellen Verschiebungen zu ermitteln.

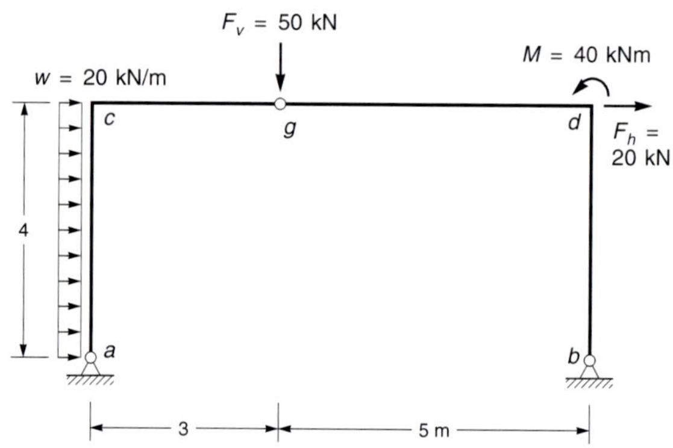

Bild 7.12 Dreigelenkrahmen mit Belastung

1. Durchführen der Lagrangeschen Befreiung:

Die Lagrangesche Befreiung ist so durchzuführen, dass die zu ermittelnde Kraftgröße Arbeit leisten kann. Am zweiwertigen Auflager *a* ist die horizontale Auflagerkraft gesucht. Da eine horizontale Kraft auf einer horizontalen Verschiebung Arbeit leistet, ist das Auflager so zu verändern, dass eine Horizontalverschiebung möglich wird. Dies ist der Fall, wenn das zweiwertige Auflager durch ein einwertiges ersetzt wird, wie in *Bild 7.13* dargestellt ist. Die gesuchte Kraft A_h wird als äußere Größe angesetzt.

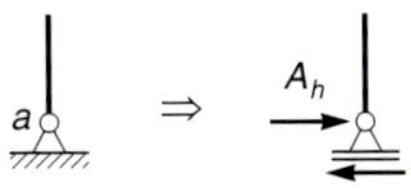

Bild 7.13 Lagrangesche Befreiung

2. Polplanermittlung:

(2): , (1,2): Gelenk

3. Aufbringen einer virtuellen Verschiebung und Konstruktion der Verschiebungsfigur

Es ist in der Regel vorteilhaft, einen Scheibendrehwinkel vorzugeben. Daraus lassen sich alle anderen Verschiebungen und Drehwinkel ermitteln. Es wird hier der Winkel $\varphi_I = \varphi$ im Gegenuhrzeigersinn vorgegeben. Der Winkel φ_{II} kann am einfachsten über die gemeinsame Verschiebung beider Scheiben im Gelenkpunkt *g* ermittelt werden. Da die wirkliche Verschiebung gleich ist, sind es auch die Komponenten. Die vertikale Verschiebungskomponente eines Scheibenpunktes berechnet sich aus dem Drehwinkel der Scheibe, multipliziert mit dem horizontalen Abstand vom Absolutpol. Ausgehend von Scheibe *I* folgt die vertikale Komponente im Relativpol (1,2) mit:

$$\delta_g^v = \varphi_I \cdot 3$$

Denselben Wert müssen wir erhalten, wenn wir von Scheibe *II* ausgehen:

$$\delta_g^v = \varphi_{II} \cdot 5$$

Durch Gleichsetzen erhalten wir eine Beziehung zwischen beiden Winkeln und wir können auch φ_{II} durch $\varphi_I = \varphi$ ausdrücken.

$$\delta_g^v = \varphi_I \cdot 3 = \varphi_{II} \cdot 5 \Rightarrow \varphi_{II} = \frac{3}{5}\varphi_I = \frac{3}{5}\varphi$$

Das Verhältnis der Winkel entspricht also dem Verhältnis der Abstände von Absolutpol zu Relativpol. Mithilfe der bekannten Scheibendrehwinkel können nun die zur Berechnung der Arbeiten benötigten Verschiebungen ermittelt werden. Da alle Riegelpunkte den gleichen vertikalen Abstand vom Absolutpol haben, ist die Horizontalverschiebung für den gesamten Riegel gleich.

$$\delta_c = \delta_g^h = \delta_d = \varphi \cdot 2{,}4$$

$$\delta_a = \varphi \cdot 6{,}4$$

$$\delta_m = \varphi \cdot 4{,}4$$

$$\delta_g^v = \varphi \cdot 3$$

Bei der Konstruktion der Verschiebungsfigur ist zu beachten, dass sich beide Eckpunkte des Riegels nicht vertikal bewegen dürfen. Die wahre Verschiebung des Gelenkpunktes ist senkrecht zum Polstrahl.

Zeichnen wir eine senkrechte Hilfslinie im Abstand der horizontalen Riegelverschiebung rechts vom Gelenk und bringen sie mit der durch den Gelenkpunkt gehenden Senkrechten zum Polstrahl zum Schnitt, ist die verschobene Lage des Gelenkpunktes gefunden. Eine Kontrolle besteht darin, dass die rechten Winkel in den Rahmenecken erhalten bleiben.

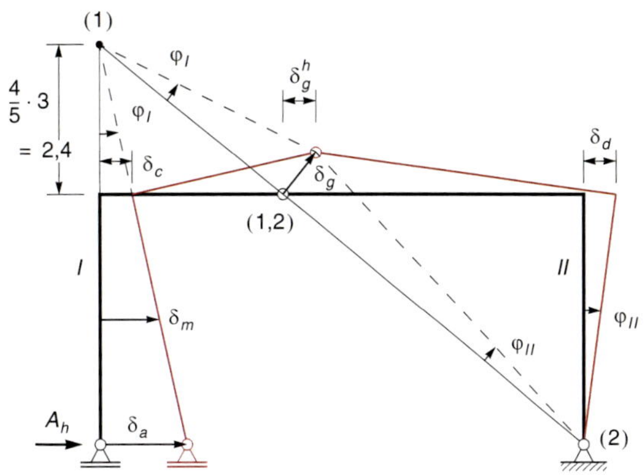

Bild 7.14 Polplan und virtuelle Verschiebung

4. Formulierung der Arbeitsgleichung des Prinzips der virtuellen Verschiebungen

$$\sum \overline{W} = A_h \cdot \delta_a + 20 \cdot 4 \cdot \delta_m - F_v \cdot \delta_g^v + F_h \cdot \delta_d - M \cdot \varphi_{II} = 0$$

$$A_h \cdot \varphi \cdot 6{,}4 + 20 \cdot 4 \cdot \varphi \cdot 4{,}4 - F_v \cdot \varphi \cdot 3 + F_h \cdot \varphi \cdot 2{,}4$$
$$-M \cdot \frac{3}{5}\varphi = 0$$

$$A_h \cdot \varphi \cdot 6{,}4 + 20 \cdot 4 \cdot \varphi \cdot 4{,}4 - 50 \cdot \varphi \cdot 3 + 20 \cdot \varphi \cdot 2{,}4$$
$$-40 \cdot \frac{3}{5}\varphi = 0 \Rightarrow A_h = -35{,}31 \text{ kN}$$

Beispiel 7.4

Für den in *Bild 7.15* dargestellten Dreigelenkrahmen ist das Moment im rechten Stiel unterhalb des Punktes *d* mit dem Prinzip der virtuellen Verschiebungen zu ermitteln.

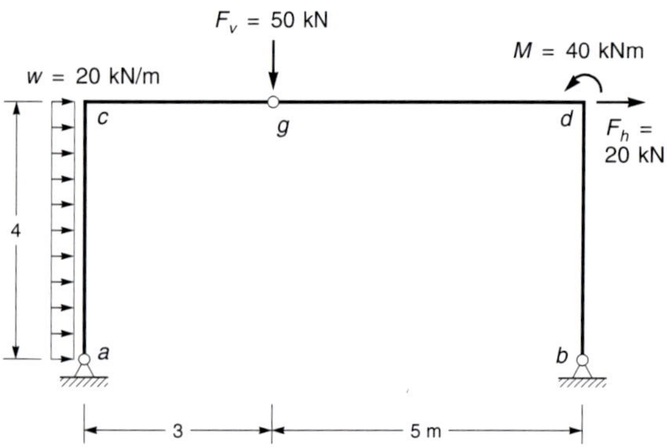

Bild 7.15 Dreigelenkrahmen mit Belastung

1. Durchführen der Lagrangeschen Befreiung:

Einlegen eines Momentengelenks und Ansetzen der unbekannten äußeren Doppelgröße M_i, siehe *Bild 7.16.*

2. Polplanermittlung:

(1), (3): [Festlager], (1,2), (2,3): Gelenk,

$$(2)\begin{bmatrix}(1)-(1,2)\\(3)-(2,3)\end{bmatrix},\quad (1,3)\begin{bmatrix}(1)-(3)\\(1,2)-(2,3)\end{bmatrix}$$

3. Aufbringen einer virtuellen Verschiebung und Konstruktion der Verschiebungsfigur

Der Winkel $\varphi_I = \varphi$ wird im Uhrzeigersinn vorgegeben. Da der Relativpol (1,3) im Unendlichen liegt, ist $\varphi_{III} = \varphi_I = \varphi$. Der Winkel φ_{II} wird über die gemeinsame Vertikalverschiebungskomponente des Relativpols (1,2) ermittelt.

$$\varphi_I \cdot 3 = \varphi_{II} \cdot 5 \Rightarrow \varphi_{II} = \frac{3}{5}\varphi_I = \frac{3}{5}\varphi$$

Beide Eckpunkte des Riegels haben keine Vertikalverschiebung, die Horizontalverschiebung ist für den gesamten Riegel gleich. Der Gelenkpunkt *g* verschiebt sich senkrecht zum Polstrahl, der rechte Winkel im Punkt *c* muss erhalten bleiben.

4. Formulierung der Arbeitsgleichung des Prinzips der virtuellen Verschiebungen

$$\sum \overline{W} = 80 \cdot 2 \cdot \varphi_I + 50 \cdot \varphi_I \cdot 3 + 40 \cdot \varphi_{II} + 20 \cdot \varphi_{III} \cdot 4$$
$$+ M_{d,u} \cdot \varphi_{II} + M_{d,u} \cdot \varphi_{III} = 0$$

$$80 \cdot 2 \cdot \varphi + 50 \cdot 3 \cdot \varphi + 40 \cdot \frac{3}{5} \cdot \varphi + 20 \cdot 4 \cdot \varphi$$
$$+ M_{d,u}\left(\frac{3}{5} + 1\right)\varphi = 0 \Rightarrow M_{d,u} = -258{,}75 \text{ kNm}$$

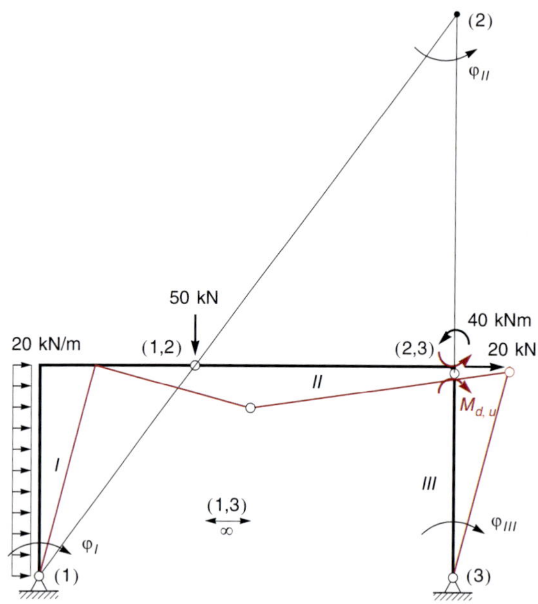

Bild 7.16 Polplan und Verschiebungsfigur

Beispiel 7.5

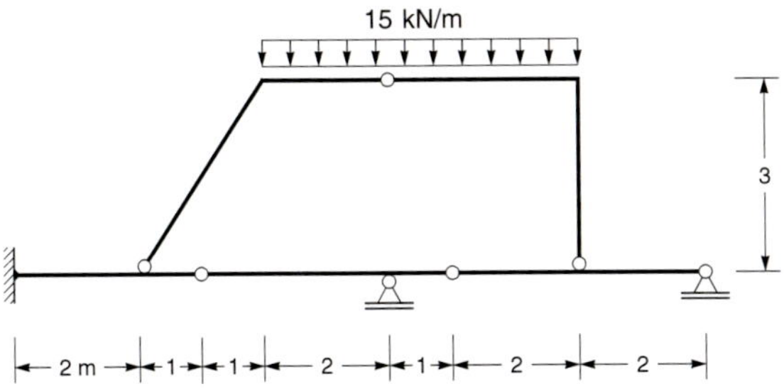

Bild 7.17 Zusammengesetztes Tragwerk

Für das in *Bild 7.17* dargestellte System ist das Auflagermoment an der Einspannung mit dem Prinzip der virtuellen Verschiebungen zu ermitteln.

1. Durchführen der Lagrangeschen Befreiung:

Einlegen eines Momentengelenks und Ansetzen der unbekannten äußeren Doppelgröße M_a, siehe *Bild 7.18*.

2. Polplanermittlung:

(1): [Festlager], (1,2), (2,3), (1,4), (3,5), (4,5): Gelenk

(2) $\begin{bmatrix} (1)-(1,2) \\ \text{Verschiebelager} \end{bmatrix}$, (3) $\begin{bmatrix} (2)-(2,3) \\ \text{Verschiebelager} \end{bmatrix}$

Während sich die Absolutpole der Scheiben *I*, *II* und *III* problemlos finden lassen, können die weiteren Relativ- und Absolutpole nicht mithilfe der Polplansätze ermittelt werden. Ein Relativpol, für den zwei geometrische Orte vorhanden sind, ist (1,3). Die Bedingung lautet:

$$(1,3)\begin{bmatrix} (1)-(3) \\ (1,2)-(2,3) \end{bmatrix}$$

Die Geraden (1) – (3) und (1,2) – (2,3) liegen jedoch übereinander, sodass unendlich viele Schnittpunkte existieren. Dies liegt daran, dass alle Absolut- und Relativpole der Scheiben *I* bis *III* auf einer Geraden liegen.

Weil die Absolutpole sowie die Relativpole zwischen je zwei Scheiben festliegen, kann die Verschiebung für die Scheiben *I* bis *III* gezeichnet werden.

Nun kann auch der Relativpol (1,3) ermittelt werden. Es ist der Punkt, in dem die Scheiben *I* und *III* dieselbe Verschiebung haben. Die gemeinsame Verschiebung ist der Schnittpunkt der beiden Linien, die die Verschiebung der Scheiben darstellen. Der Relativpol befindet sich demnach auf der Horizontalen (1) – (3) unterhalb des Schnittpunktes.

Mit dem Relativpol (1,3) lässt sich nun der Relativpol (1,5) ermitteln.

$$(1,5)\begin{bmatrix} (1,3)-(3,5) \\ (1,4)-(4,5) \end{bmatrix}$$

Die Relativpole (1,5) und (1,4) liegen an derselben Stelle. Daraus folgt, dass der Relativpol (4,5) auch dort liegt. Somit existieren zwei Relativpole (4,5), darum bilden die Scheiben *IV* und *V* eine Gesamtscheibe *IV-V*. Von dieser Gesamtscheibe sind zwei Verschiebungen bekannt, nämlich die in den Relativpolen (2,3) und (1,4). Der Pol der Scheibe *IV – V* liegt auf der horizontalen Linie (1) – (1,4) bzw. (3) – (3,5). Weil beide Verschiebungen aus der Drehung der Scheibe *IV – V* um den Pol dieser Scheibe folgen, muss der Pol auf der Verbindungslinie der beiden verschobenen Relativpole liegen.

Aus den geometrischen Beziehungen der Verschiebungsfigur der Scheiben *I*, *II* und *III* folgt die Lage des Absolutpols (4) bzw. (5). Die Berechnung ist in *Bild 7.18* angegeben.

3. Aufbringen einer virtuellen Verschiebung und Konstruktion der Verschiebungsfigur

Die Verschiebungsfigur der Scheiben *I*, *II* und *III* ist schon vorhanden. Der Winkel $\varphi_I = \varphi$ dreht im Uhrzeigersinn. Weil der Relativpol (1,2) von den Absolutpolen (1) und (2) den gleichen Abstand hat, ist $\varphi_{II} = \varphi_I = \varphi$. φ_{III} folgt aus der gemeinsamen Verschiebung im Relativpol (2,3) aus dem Winkel φ_{II}:

$$\varphi_{II} \cdot 1 = \varphi_{III} \cdot 4 \Rightarrow \varphi_{III} = \frac{1}{4}\varphi_{II} = \frac{1}{4}\varphi$$

Der Winkel $\varphi_V = \varphi_{IV}$ ergibt sich aus φ_{III} über den Relativpol (3,5):

$$\varphi_V = \varphi_{IV} = \varphi_{III} \cdot 2/1{,}4 = \frac{1}{4}\varphi \cdot 2/1{,}4 = \frac{10}{28}\varphi$$

Es ist noch die Verschiebungsfigur der Scheiben *IV* und *V* zu ergänzen. Der obere rechte Riegelpunkt verschiebt sich vertikal um das gleiche Maß wie der Relativpol

(3,5), die wirkliche Verschiebung erfolgt senkrecht zum Polstrahl. Damit liegt die horizontale Verschiebung des gesamten Riegels fest. Mit der Bedingung, dass zwischen dem rechten Stiel und dem Riegel der rechte Winkel erhalten bleibt, liegt die gesamte Verschiebung fest.

4. Formulierung der Arbeitsgleichung des Prinzips der virtuellen Verschiebungen

Weil die Verschiebung im Riegelbereich stetig ist (*IV* und *V* bilden eine Gesamtscheibe), kann die Streckenlast zu einer Resultierenden im gesamten Bereich zusammengefasst werden:

$$R = 15 \cdot 5 = 75 \text{ kN}$$

$$\sum \overline{W} = M_a \cdot \varphi_I + 75 \cdot \varphi_V \cdot (2{,}5 - 1{,}4) = 0$$

$$M_a \cdot \varphi + 75 \cdot \frac{10}{28}\varphi \cdot 1{,}1 = 0$$

$$\Rightarrow M_a = -29{,}46 \text{ kNm}$$

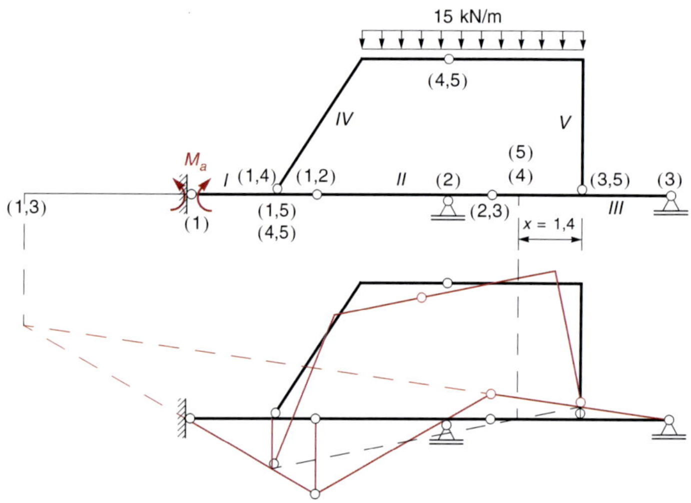

Lage der Absolutpole (4) bzw. (5):

$$\delta_{(1,4)} = \varphi_I \cdot 2 = 2\varphi$$

$$\delta_{(3,5)} = \varphi_{III} \cdot 2 = \frac{1}{4}\varphi \cdot 2 = 0{,}5\varphi$$

$$\frac{\delta_{(3,5)} + \delta_{(1,4)}}{7} = \frac{\delta_{(3,5)}}{x}$$

$$x = \frac{\delta_{(3,5)}}{\delta_{(3,5)} + \delta_{(1,4)}} \cdot 7 = \frac{0{,}5\varphi}{0{,}5\varphi + 2\varphi} \cdot 7 = 1{,}4$$

Bild 7.18 Polplan und Verschiebungsfigur

Aufgaben

Für die nachfolgend dargestellten Systeme sind die angegebenen Schnittgrößen mithilfe des Prinzips der virtuellen Verschiebungen zu ermitteln. Polplan und virtuelle Verschiebungsfigur sind darzustellen.

Aufgabe 7.1

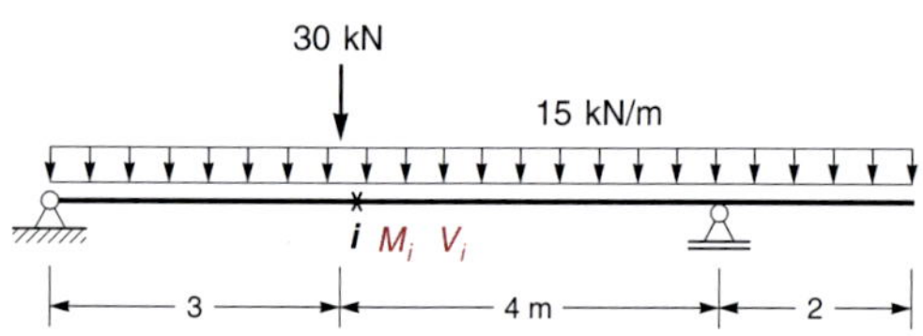

Aufgabe 7.2

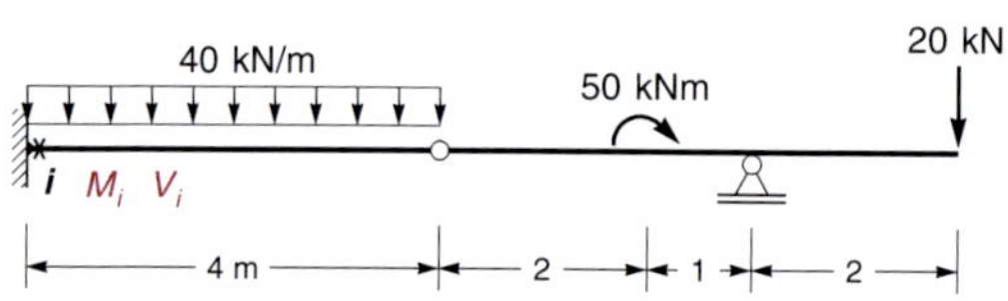

Aufgabe 7.3

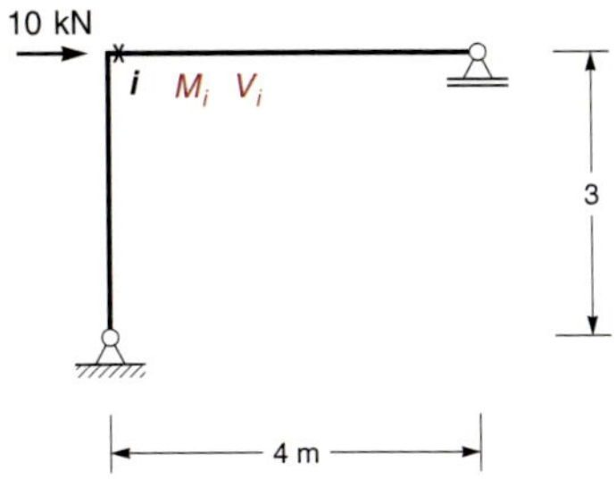

Aufgabe 7.5

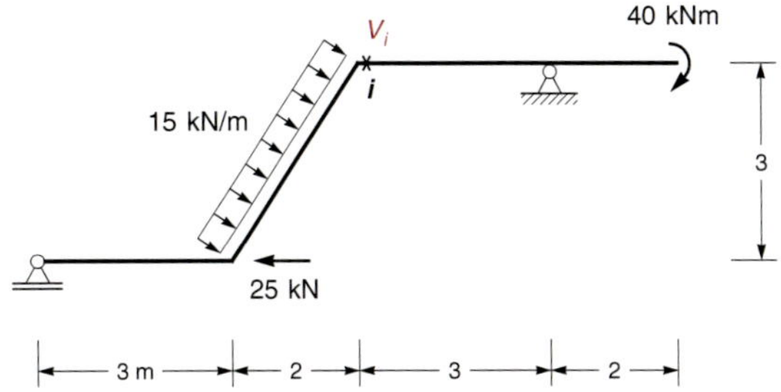

Aufgabe 7.4

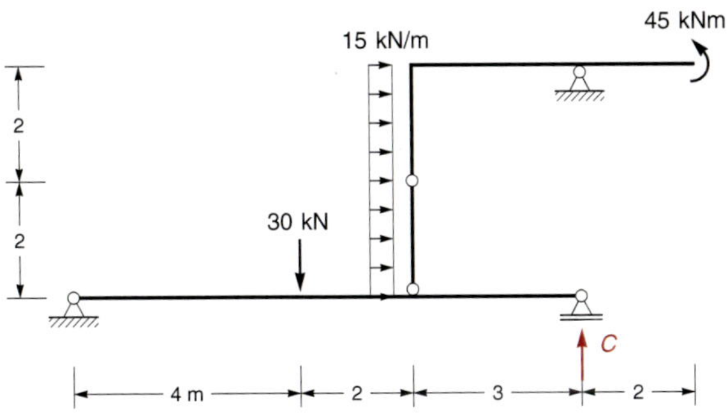

Aufgabe 7.6

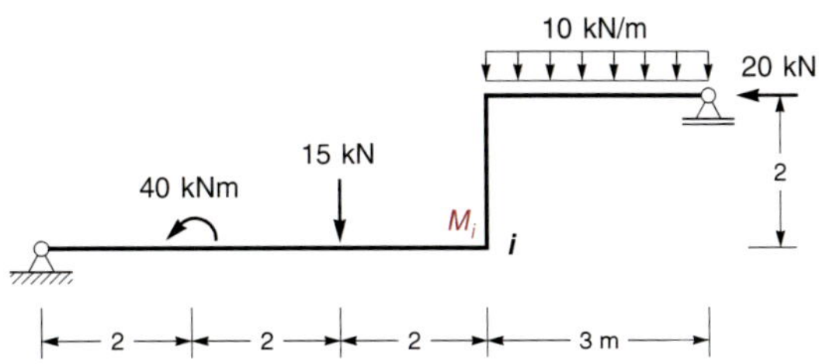

7

8 Räumliche Tragwerke

8.1 Einführung

Obwohl alle Bauwerke räumliche Strukturen darstellen, ist es sehr oft möglich, ein Tragwerk in ebene Teilstrukturen zu zerlegen.

Es gibt jedoch Tragwerke, die nur dreidimensional berechnet werden können und die sich nicht in ebene Teilsysteme zerlegen lassen.

Außer bei Tragwerken, die nicht in ebene Teilsysteme zerlegbar sind, entstehen räumliche Beanspruchungen bei ebenen Systemen, die senkrecht zu ihrer Ebene belastet sind. Solche Systeme nennt man *Trägerroste*.

Eine räumliche Betrachtung ist also erforderlich bei:

- ebenen Systemen, wenn die Belastung nicht in der Stabwerksebene wirkt.
- Stabwerken, deren Stäbe nicht alle in einer Ebene liegen.

Ein Körper hat in der Ebene drei Freiheitsgrade, nämlich zwei Verschiebungen und eine Drehung. Im Raum existieren drei Verschiebungen und drei Drehungen. Die Anzahl der Freiheitsgrade beträgt also sechs. Entsprechend gehören zu jeder Koordinatenachse nun je ein Kraft- und ein Momentenvektor. *Bild 8.1* zeigt die positiven Schnittgrößenvektoren in ihrer Zerlegung bezüglich des lokalen Koordinatensystems. Während die Momente M_y und M_z eine Biegewirkung für den Balken bedeuten, ist die mechanische Wirkung des Momentes M_x völlig anders. Dieses Moment wird auch Torsionsmoment genannt und erzeugt eine Drehwirkung um die Längsachse des Stabes.

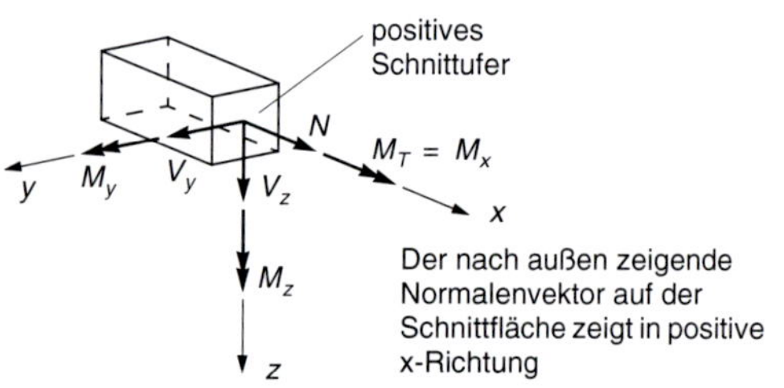

Bild 8.1 Schnittgrößen am räumlichen Stab

Damit ein räumlicher Körper im Gleichgewicht ist, sind insgesamt sechs Gleichgewichtsbedingungen zu erfüllen. Neben dem resultierenden Kraftvektor muss auch der resultierende Momentenvektor gleich null sein. Dies ergibt je eine Vektorgleichung

$$\sum \boldsymbol{F} = 0, \quad \sum \boldsymbol{M} = 0$$

bzw. sechs skalare Gleichgewichtsbedingungen:

$$\sum F_x = 0 \qquad \sum M_x = 0$$
$$\sum F_y = 0 \qquad \sum M_y = 0$$
$$\sum F_z = 0 \qquad \sum M_z = 0$$

Die Vielfalt der möglichen Auflagerausbildung ist in der räumlichen Statik sehr viel größer als in der Ebene, da jeder Knoten sechs Freiheitsgrade besitzt. Wie bereits erwähnt, sind dies die Verschiebungen w_x, w_y, w_z in Richtung der Koordinatenachsen sowie die Drehungen φ_x, φ_y, φ_z um diese Achsen. Es ist jedoch nicht sinnvoll, für jede Variante ein entsprechendes Symbol einzuführen. Am sichersten ist es, anzugeben, welcher Freiheitsgrad gesperrt ist.

Die grundsätzliche Vorgehensweise bei der Berechnung räumlicher Tragwerke ist die gleiche wie bei ebenen Tragwerken. In der Regel sind zunächst Auflagerreaktionen zu ermitteln, wobei die Momentengleichgewichtsbedingungen wieder eine wichtige Rolle spielen, um durch geschickte Wahl der Bezugslinien eine möglichst weitgehende Entkopplung der Bedingungsgleichungen zu erzielen. Die Schnittgrößen ergeben sich dann durch Gleichgewichtsbetrachtungen an Teilsystemen, wobei der Kraft- und Momentenvektor an der Schnittstelle in Richtung des lokalen Stabkoordinatensystems zerlegt wird. Die räumliche Betrachtung stellt dabei viel höhere Anforderungen an das Anschauungsvermögen, als dies bei ebenen Problemen der Fall ist. Es kann daher hilfreich sein, mithilfe des Vektorkalküls formal zu arbeiten und die so erzielten Ergebnisse anschaulich zu interpretieren. Bei der Behandlung ebener Tragwerke hatten wir das lokale Koordinatensystem des Stabes mithilfe der gestrichelten Linie festgelegt. Im räumlichen Fall muss für jeden Stab ein lokales dreidimensionales Koordinatensystem festgelegt werden.

8.2 Beispiele

Die Berechnung räumlicher Tragwerke wird nun anhand einiger Beispiele erläutert.

Beispiel 8.1

Für den in *Bild 8.2* dargestellten räumlichen Kragträger sind die Schnittgrößenverläufe zu ermitteln.

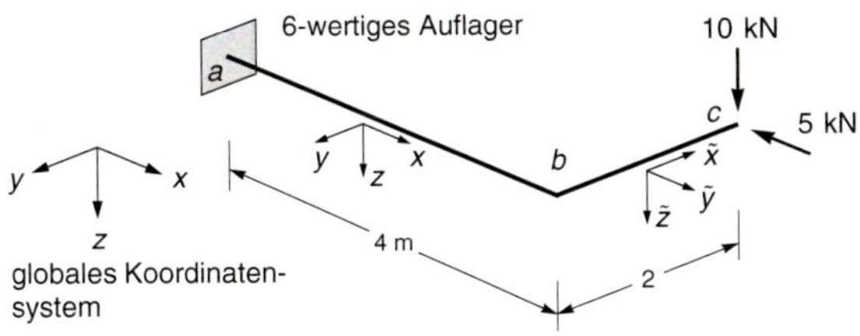

Bild 8.2 Räumlicher Kragträger

Es handelt sich bei dem vorliegenden Beispiel um ein ebenes Stabtragwerk, da beide Stäbe in der x-y-Ebene liegen. Weil die Kraft 10 kN senkrecht zur Stabwerksebene wirkt, liegt eine räumliche Beanspruchung vor. Die Kraft 5 kN wirkt in der Stabwerksebene. Würde nur diese Kraft wirken, läge ein rein ebenes Problem vor.

Es wird das dargestellte globale Koordinatensystem zugrunde gelegt. Für jeden Stab wird eine lokales Koordinatensystem definiert, dessen x-Achse in Richtung der Stabachse zeigt. Lokale Koordinaten sind mit einer Tilde ($\tilde{}$) gekennzeichnet. Für den Stab $a-b$ ist das globale und das lokale Koordinatensystem identisch.

Wir schneiden zunächst im Eckpunkt b und betrachten das Teilsystem $b-c$, da es keine unbekannten Auflagerkräfte enthält, siehe *Bild 8.3*.

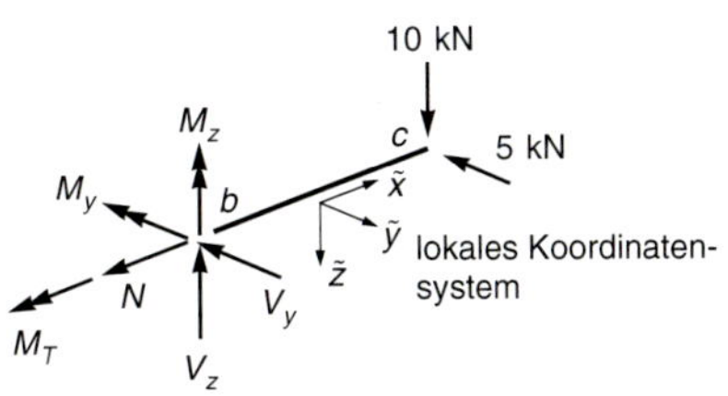

Bild 8.3 Freigeschnittenes Teilsystem $b-c$

Die Schnittgrößen sind am negativen Ufer positiv angetragen, sie wirken demnach entgegen der Richtung der lokalen Koordinatenachsen.

Mithilfe der sechs Gleichgewichtsbedingungen lassen sich alle Schnittgrößen sofort berechnen.

1. $\sum M_{\tilde{x}}^{(b)} = 0{:} \quad \Rightarrow M_T = 0$

2. $\sum M_{\tilde{y}}^{(b)} = 0{:} \quad -10 \cdot 2 - M_{\tilde{y}} = 0 \Rightarrow M_{\tilde{y}} = -20 \text{ kNm}$

3. $\sum M_{\tilde{z}}^{(b)} = 0{:} \quad -5 \cdot 2 - M_{\tilde{z}} = 0 \Rightarrow M_{\tilde{z}} = -10 \text{ kNm}$

4. $\sum F_{\tilde{x}} = 0{:} \quad \Rightarrow N = 0$

5. $\sum F_{\tilde{y}} = 0{:} \quad -V_{\tilde{y}} - 5 = 0 \Rightarrow V_{\tilde{y}} = -5 \text{ kN}$

6. $\sum F_{\tilde{z}} = 0{:} \quad -V_{\tilde{z}} + 10 = 0 \Rightarrow V_{\tilde{z}} = 10 \text{ kN}$

Der Stab $b-c$ wird also in zwei Richtungen gebogen, ein Moment oder eine Kraft in Richtung der Stabachse tritt nicht auf.

Wir betrachten als Nächstes den freigeschnittenen Knoten b in *Bild 8.4*, wobei am Schnittufer des Bereiches $b-c$ alle Schnittgrößen bekannt sind.

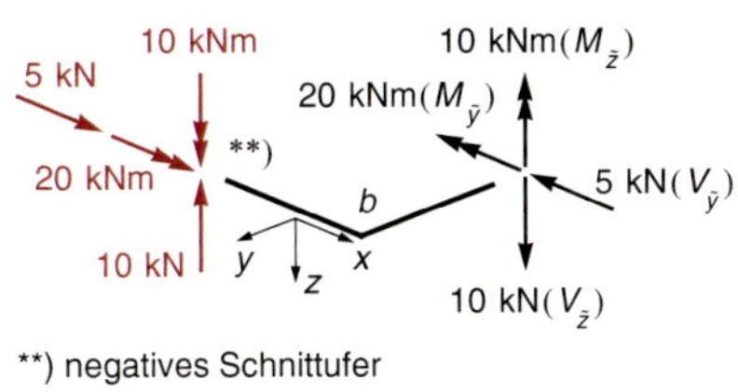

Bild 8.4 Freigeschnittener Knoten b

Die Schnittgrößenvektoren werden so angetragen, wie es ihrer wirklichen Wirkung entspricht und ihr Betrag angeschrieben. Aus den Gleichgewichtsbedingungen folgen unmittelbar die Schnittgrößen am anderen Schnittufer. Diese werden so angetragen, dass Gleichgewicht herrscht. Das Vorzeichen folgt aus der Pfeilrichtung im Vergleich mit der lokalen Koordinatenrichtung. Da es sich bei dem Schnittufer des Bereiches $b-a$ um das negative Schnittufer handelt, sind alle Vektoren positiv, die in negative Koordinatenrichtung zeigen.

8

Damit erhalten wir die folgenden Schnittgrößen. Das Moment $M_{\bar{y}}$ im Stab $b-c$ wird im Knoten b zu einem Torsionsmoment $M_x = M_T$ des Stabes $b-a$.

$$M_T = -20 \text{ kNm} \qquad M_z = -10 \text{ kNm}$$

$$N = -5 \text{ kN} \qquad V_z = 10 \text{ kNm}$$

Die Schnittgrößen im Punkt *a* entsprechen den Auflagergrößen in diesem Punkt, sie sind in *Bild 8.5* so angetragen, dass sie positiven Schnittgrößen entsprechen, zeigen daher am negativen Schnittufer in negative Koordinatenrichtung.

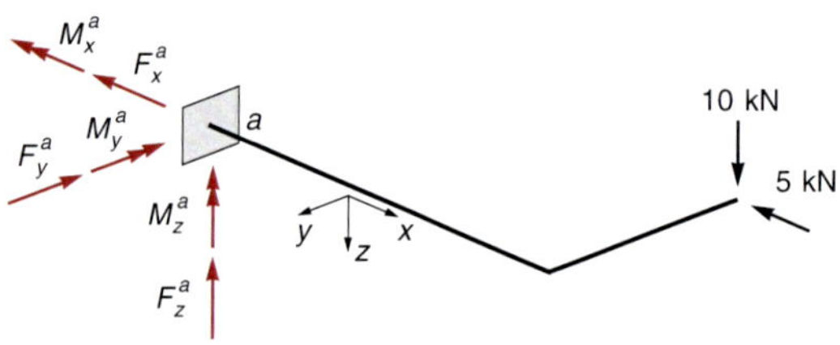

Ansatz in Richtung positiver Schnittgrößen (negatives Ufer)

Bild 8.5 Auflagerkraftgrößen im Punkt *a*

Die Auflagerreaktionen lassen sich mithilfe der sechs Gleichgewichtsbedingungen berechnen. Während die Anwendung der drei Kräftegleichgewichtsbedingungen keine Besonderheiten bietet, ist bei den Momentensummen der Drehsinn anschaulich zu überlegen. Im Gegensatz zur ebenen Statik stellt die Ermittlung des Drehsinns bezüglich der drei Koordinatenachsen eine höhere Anforderung an das Vorstellungsvermögen. Die Kraft von 5 kN wirkt in Richtung der x-Achse und hat vom Punkt *a* nur einen Abstand in y-Richtung. Die Drehwirkung dieser Kraft bezüglich des Punktes *a* entspricht einer Schraube, die in negative z-Richtung zeigt.

Die Kraft 10 kN hat vom Punkt *a* einen Abstand, der sowohl einen Anteil in x-Richtung als auch einen Anteil in y-Richtung hat. Es sei daran erinnert, dass der Abstand das Lot auf die Wirkungslinie der Kraft durch den Bezugspunkt darstellt. Die in x-Richtung wirkende Kraft 5 kN greift in demselben Punkt an wie die Kraft 10 kN. Da sie jedoch in x-Richtung wirkt, ist das Lot auf ihre Wirkungslinie durch den Punkt *a* eine Linie in y-Richtung.

Der Abstand, den die Kraft 10 kN vom Punkt *a* hat, beträgt in x-Richtung 4 m. Dieser Anteil erzeugt eine Drehwirkung um die y-Achse und zwar in negativer Richtung. In y-Richtung ist der Abstand 2 m und erzeugt eine Drehwirkung um die x-Achse und zwar einer Schraubenwirkung entsprechend, die in negative x-Richtung zeigt.

$$\sum F_x = 0: \quad -F_x^a - 5 = 0 \Rightarrow F_x^a = -5 \text{ kN}$$

$$\sum F_y = 0: \quad -F_y^a = 0 \Rightarrow F_y^a = 0$$

$$\sum F_z = 0: \quad -F_z^a + 10 = 0 \Rightarrow F_z^a = 10 \text{ kN}$$

$$\sum M_x = 0: \quad -M_x^a - 10 \cdot 2 = 0 \Rightarrow M_x^a = -20 \text{ kNm}$$

$$\sum M_y = 0: \quad -M_y^a - 10 \cdot 4 = 0 \Rightarrow M_y^a = -40 \text{ kNm}$$

$$\sum M_z = 0: \quad -M_z^a - 5 \cdot 2 = 0 \Rightarrow M_z^a = -10 \text{ kNm}$$

Eine alternative Möglichkeit zur Berechnung der Momente bei räumlichen Systemen bietet das Vektorkalkül. Obwohl es gegenüber dem bisher gezeigten Vorgehen den Nachteil einer gewissen Unanschaulichkeit besitzt, bietet das Vektorkalkül jedoch auch große Vorteile. Da die Anschauung weitgehend ausgeschaltet wird, gibt es auch kein Risiko, sich in seiner Vorstellung zu vertun. Ein formalisiertes Vorgehen hat den Vorteil, dass mit einer großen Sicherheit gearbeitet werden kann.

Um das Vektorkalkül zu benutzen, rufen wir zunächst die Definition des Momentenvektors als Kreuzprodukt in Erinnerung zurück.

Das Moment ist als Kreuzprodukt definiert durch:

$$\boldsymbol{M} = \boldsymbol{r} \times \boldsymbol{F}$$

$\boldsymbol{r}$ ist der Ortsvektor vom Bezugspunkt zu einem beliebigen Punkt der Wirkungslinie der Kraft. Der Kraftvektor im Punkt *c* bezüglich des globalen Koordinatensystems lautet:

$$\boldsymbol{F} = \begin{bmatrix} -5 \\ 0 \\ 10 \end{bmatrix}$$

Der Ortsvektor von *b* nach *c* ist gegeben durch:

$$\boldsymbol{r}_{b-c} = \begin{bmatrix} 0 \\ -2 \\ 0 \end{bmatrix}$$

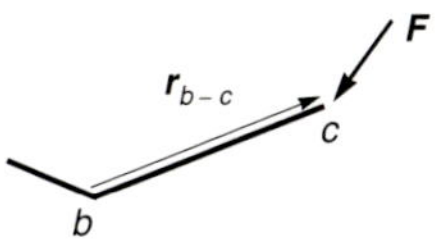

Bild 8.6 Moment bezüglich *b* als Vektorprodukt

Den Momentenvektor im Punkt *b* erhalten wir aus dem Kreuzprodukt:

$$\boldsymbol{M} = \begin{bmatrix} M_x \\ M_y \\ M_z \end{bmatrix} = \begin{bmatrix} 0 \\ -2 \\ 0 \end{bmatrix} \times \begin{bmatrix} -5 \\ 0 \\ 10 \end{bmatrix} = \begin{bmatrix} -20 \\ 0 \\ -10 \end{bmatrix}$$

Dieser Momentenvektor entspricht dem Schnittmoment am positiven Schnittufer in *b*.

Die Zerlegung von Kraft- und Momentenvektor in Richtung der lokalen Koordinaten des Stabes ergibt die Schnittgrößen bezüglich der jeweiligen Stabachse.

$$F_{\tilde{x}} = \boldsymbol{F} \cdot \boldsymbol{e}_{\tilde{x}} \qquad M_{\tilde{x}} = \boldsymbol{M} \cdot \boldsymbol{e}_{\tilde{x}}$$
$$F_{\tilde{y}} = \boldsymbol{F} \cdot \boldsymbol{e}_{\tilde{y}} \qquad M_{\tilde{y}} = \boldsymbol{M} \cdot \boldsymbol{e}_{\tilde{y}}$$
$$F_{\tilde{z}} = \boldsymbol{F} \cdot \boldsymbol{e}_{\tilde{z}} \qquad M_{\tilde{z}} = \boldsymbol{M} \cdot \boldsymbol{e}_{\tilde{z}}$$

Die Einheitsrichtungsvektoren, die das lokale Koordinatensystem beschreiben, lauten für das Schnittufer in Richtung *c*:

$$\boldsymbol{e}_{\tilde{x}}^T = \begin{bmatrix} 0 & -1 & 0 \end{bmatrix}, \quad \boldsymbol{e}_{\tilde{y}}^T = \begin{bmatrix} 1 & 0 & 0 \end{bmatrix}, \quad \boldsymbol{e}_{\tilde{z}}^T = \begin{bmatrix} 0 & 0 & 1 \end{bmatrix}$$

Daraus folgen die Schnittgrößen im Punkt *b* am Schnittufer in Richtung des Punktes *c*:

$$F_{\tilde{x}} = N = 0 \qquad F_{\tilde{y}} = V_{\tilde{y}} = -5 \text{ kN} \qquad F_{\tilde{z}} = V_{\tilde{z}} = 10 \text{ kN}$$
$$M_{\tilde{x}} = M_T = 0 \qquad M_{\tilde{y}} = -20 \text{ kNm} \qquad M_{\tilde{z}} = -10 \text{ kNm}$$

Für das Schnittufer im Bereich *a* – *b* sind die lokalen Koordinaten identisch mit den globalen Koordinaten, damit lauten die Schnittgrößen im Punkt *b:*

$$N = -5 \text{ kN} \qquad V_{\tilde{y}} = 0 \qquad V_{\tilde{z}} = 10 \text{ kN}$$
$$M_T = -20 \text{ kNm} \qquad M_{\tilde{y}} = 0 \qquad M_{\tilde{z}} = -10 \text{ kNm}$$

Für die Berechnung des Momentenvektors im Punkt *a* wird der Ortsvektor von *a* nach *c* benötigt:

$$\boldsymbol{r}_{a-c}^T = \begin{bmatrix} 4 & -2 & 0 \end{bmatrix}$$

Damit kann das Kreuzprodukt gebildet werden.

$$\boldsymbol{M} = \begin{bmatrix} 4 \\ -2 \\ 0 \end{bmatrix} \times \begin{bmatrix} -5 \\ 0 \\ 10 \end{bmatrix} = \begin{bmatrix} -20 \\ -40 \\ -10 \end{bmatrix}$$

Da auch hier das globale mit dem lokalen Koordinatensystem übereinstimmt, ist keine weitere Zerlegung notwendig. Ein Vergleich mit den Berechnungen ohne Gebrauch des Vektorkalküls zeigt, dass die Ergebnisse selbstverständlich übereinstimmen.

Bei der Darstellung der Zustandslinien in *Bild 8.7* sind die Biegemomente auf der Seite aufgetragen, auf der sie Zug erzeugen.

8

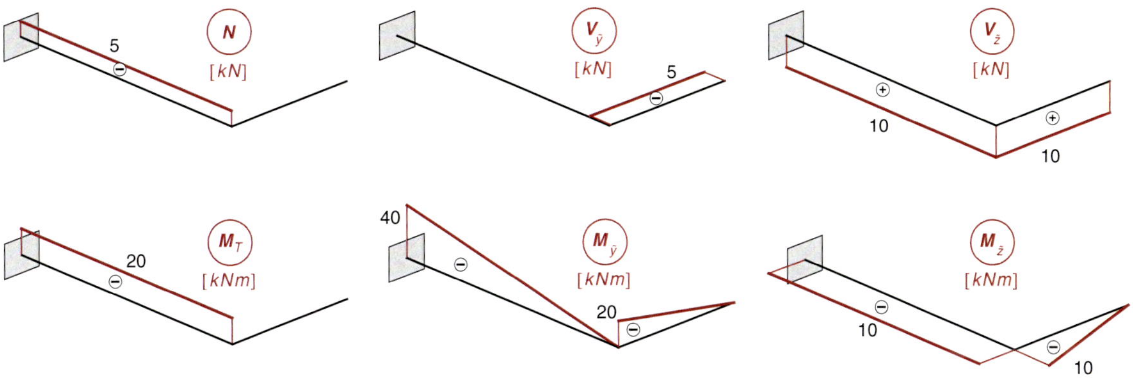

Bild 8.7 Zustandslinien des räumlichen Kragarms

Beispiel 8.2

Für das in *Bild 8.8* dargestellte Trägerrostsystem sind die Zustandslinien zu ermitteln.

Es handelt sich um ein ebenes Tragwerk, dessen Belastung senkrecht zur Tragwerksebene wirkt, daher liegt ein reines Trägerrostsystem vor. Das Tragwerk besteht aus zwei miteinander gekoppelten Teilsystemen. Da keine Belastung in der x-y-Ebene wirkt, existieren auch keine Auflagerkräfte in x- und y-Richtung. Es ist jedoch die kinematische Unverschieblichkeit in der Ebene zu beachten, um die Brauchbarkeit des Tragwerks zu gewährleisten.

Das Haupttragwerk besteht aus den Stäben ohne den Bereich $a - g$. Dieses Teilsystem ist im Punkt b so gelagert, dass alle drei Verschiebungen verhindert sind, es handelt sich um ein festes Kugelgelenk. Durch dieses Auflager ist eine translatorische Bewegung in allen Richtungen verhindert. Die Punkte b, c und d sind in z-Richtung fest und liegen nicht auf einer Geraden. Darum ist weder eine Drehung um die x-Achse noch um die y-Achse möglich. Um auch eine Starrkörperdrehung um die z-Achse zu verhindern, ist der Punkt c zusätzlich in y-Richtung festgehalten und somit insgesamt zweiwertig gelagert. Aufgrund der erläuterten Lagerung ist dieser Teil des Tragwerks statisch bestimmt und unverschieblich. Der Träger mit Kragarm $a - g$ wird nun im Punkt g 6-wertig angeschlossen und bildet mit dem einwertigen Auflager in a einen „Balken auf zwei Stützen".

Das Abzählkriterium liefert mit

$$n = a + z - 6p = 7 + 5 - 6 \cdot 2 = 0$$

ebenfalls statische Bestimmtheit.

Ermittlung der Auflagerkräfte

Die Ermittlung der Auflagerkräfte lässt sich durch geschickte Wahl der Gleichgewichtsbedingung $\sum M = 0$ völlig entkoppeln.

1. Schnitt durch das Scharniergelenk, Betrachtung des zuletzt eingebauten Teilsystems $a - g$. Im Scharniergelenk ist das globale Moment $M_x = 0$.

$$\sum M_x^{(g)} = 0 \Rightarrow A = 60 \cdot 1/3 = 20 \text{ kN}$$

2. Die Auflagerkraft D folgt aus der Bedingung $\sum M_x = 0$ bezüglich der Achse $b - c$ am Gesamtsystem.

$$-20 \cdot 5 + 60 \cdot 3 - 30 \cdot 4 \cdot 2 + D \cdot 4 = 0$$
$$\Rightarrow D = 40 \text{ kN}$$

3. Gesamtsystem, $\sum M_y^{(b)} = 0$:

$$20 \cdot 3 - 60 \cdot 2 - 30 \cdot 4 \cdot 6 + 40 \cdot 8 + C \cdot 10 = 0$$
$$\Rightarrow C = 46 \text{ kN}$$

4. Gesamtsystem, $\sum M_y^{(c)} = 0$:

$$-60 \cdot 8 - 30 \cdot 4 \cdot 4 + 20 \cdot 7 + 40 \cdot 2 + B \cdot 10 = 0$$
$$\Rightarrow B = 74 \text{ kN}$$

Kontrolle: $\sum F_z = 0$?

$$30 \cdot 4 + 60 - 20 - 40 - 46 - 74 = 0$$

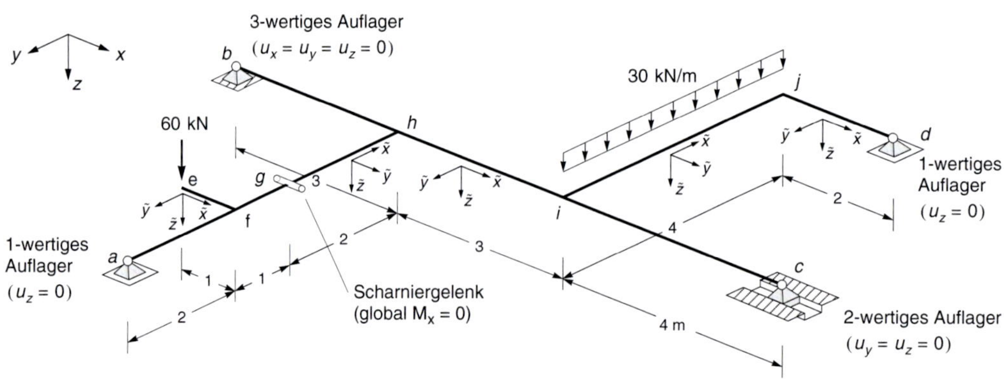

Bild 8.8 Räumliches System mit Belastung

Schnittgrößenermittlung

Da keine Belastung in der Tragwerksebene wirkt, treten nur die folgenden Schnittgrößen auf.

$M_x(M_T)$, $M_y(M_B)$, V_z

Die Ermittlung der Biegemomente erfolgt direkt aus der Anschauung. Nach dem Schnitt ergibt sich das Biegemoment als Komponente des Momentenvektors senkrecht zur jeweiligen Stabachse aus der Bedingung $\sum M = 0$ am abgetrennten Teilsystem. Das Auftragen der Ordinaten erfolgt wiederum auf der Zugseite des Stabes.

Die Querkräfte folgen aus der Bedingung $\sum F_z = 0$. Positive Querkräfte werden in positive z-Richtung aufgetragen.

Die Torsionsmomente werden aus den Knotengleichgewichtsbedingungen ermittelt, wie in *Bild 8.9* dargestellt. Das Auftragen positiver Werte erfolgt in positive z-Richtung.

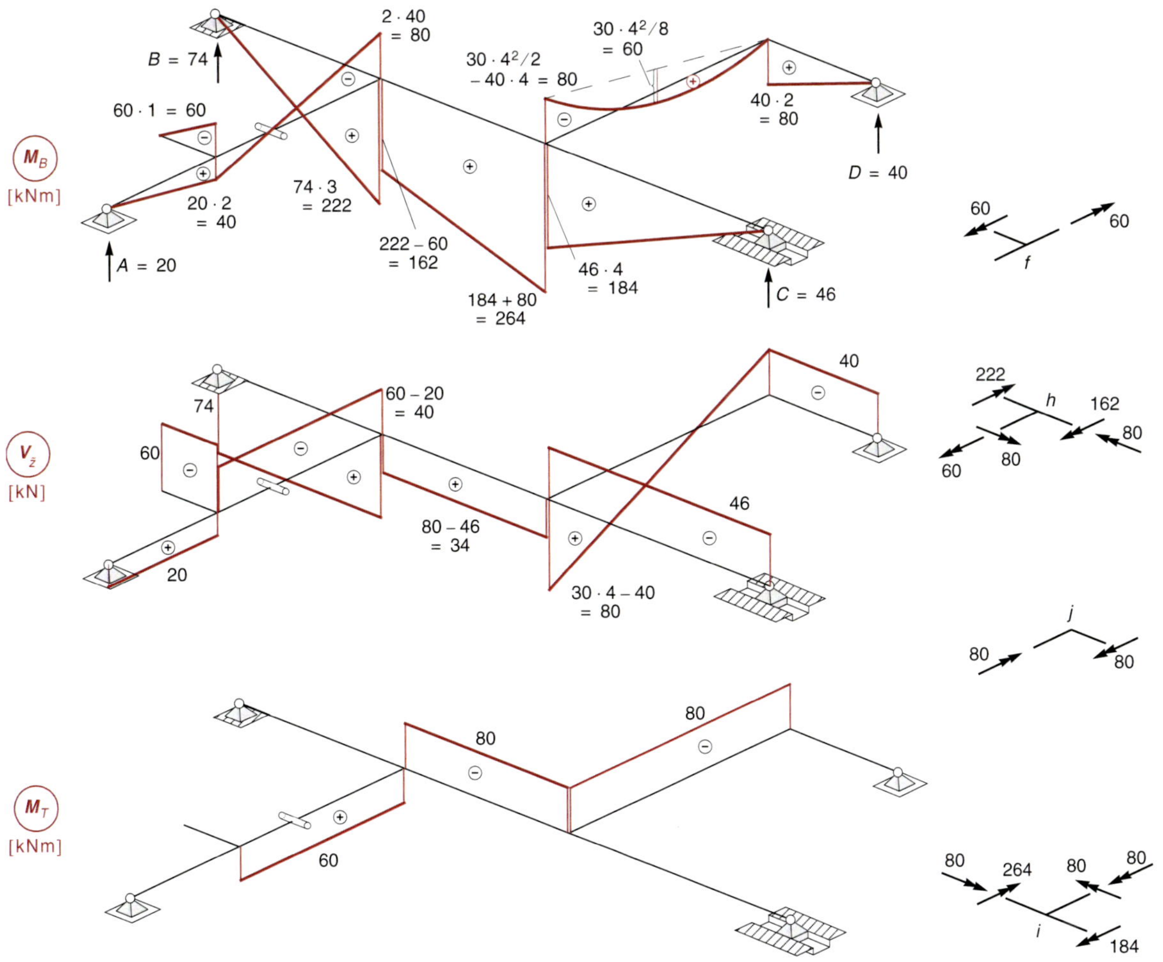

Bild 8.9 Schnittgrößen des räumlichen Systems

8

Beispiel 8.3

Für das in *Bild 8.10* dargestellte räumliche Rahmentragwerk sind die Zustandslinien infolge der angegebenen Belastung zu ermitteln.

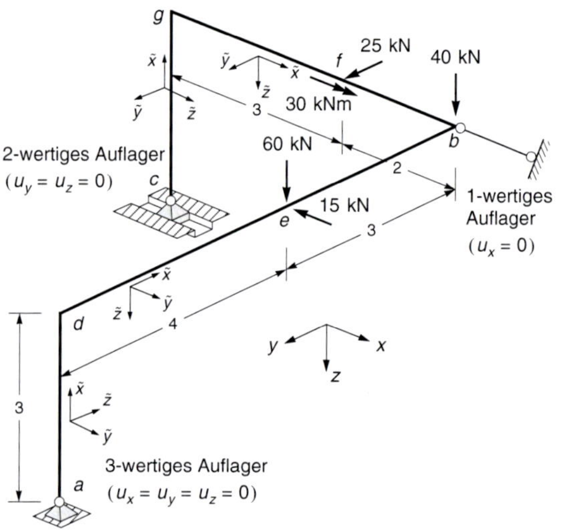

Bild 8.10 Räumliches Rahmentragwerk

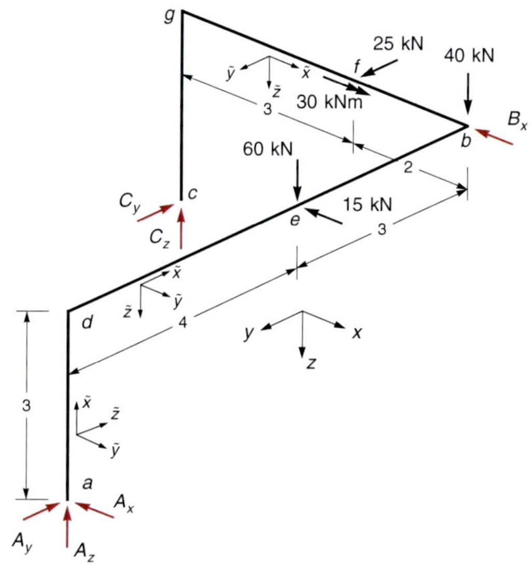

Bild 8.11 Freigeschnittenes Tragwerk mit Auflagerreaktionen

Ermittlung der Auflagerkräfte:

Die Ermittlung der Auflagerkräfte kann durch Wahl günstiger Bezugspunkte für die Gleichgewichtsbedingung $\sum M = 0$ völlig entkoppelt werden. Alle Momentengleichgewichtsbedingungen werden am Gesamtsystem so formuliert, dass nur eine unbekannte Auflagerkraft in die Gleichung eingeht. Die freigeschnittenen Auflagerreaktionen sind in *Bild 8.11* dargestellt.

1. $\sum M_x^{(a)} = 0$:

$$-40 \cdot 7 + 30 + 25 \cdot 3 - 60 \cdot 4 + C_z \cdot 7 = 0$$
$$\Rightarrow C_z = 59{,}286 \text{ kN}$$

2. $\sum M_y^{(a)} = 0$:

$$15 \cdot 3 - C_z \cdot 5 + B_x \cdot 3 = 0$$
$$15 \cdot 3 - 59{,}286 \cdot 5 + B_x \cdot 3 = 0$$
$$\Rightarrow B_x = 83{,}810 \text{ kN}$$

3. $\sum M_z^{(a)} = 0$:

$$-15 \cdot 4 - 25 \cdot 2 - B_x \cdot 7 + C_y \cdot 5 = 0$$
$$-15 \cdot 4 - 25 \cdot 2 - 83{,}810 \cdot 7 + C_y \cdot 5 = 0$$
$$\Rightarrow C_y = 139{,}33 \text{ kN}$$

4. $\sum M_x^{(c)} = 0$:

$$60 \cdot 3 + 25 \cdot 3 + 30 - A_z \cdot 7 = 0$$
$$\Rightarrow A_z = 40{,}714 \text{ kN}$$

5. $\sum M_y^{(g)} = 0$:

$$-40 \cdot 5 - 60 \cdot 5 + A_z \cdot 5 - A_x \cdot 3 = 0$$
$$-40 \cdot 5 - 60 \cdot 5 + 40{,}714 \cdot 5 - A_x \cdot 3 = 0$$
$$\Rightarrow A_x = -98{,}810 \text{ kN}$$

6. $\sum M_z^{(c)} = 0$:

$$25 \cdot 3 + 15 \cdot 3 + A_x \cdot 7 - A_y \cdot 5 = 0$$
$$25 \cdot 3 + 15 \cdot 3 + (-98{,}810) \cdot 7 - A_y \cdot 5 = 0$$
$$\Rightarrow A_y = -114{,}33 \text{ kN}$$

Kontrollen:

$\sum F_x = 0\ ?$

$-B_x - A_x - 15 = -83{,}810 - (-98{,}810) - 15 = 0$

$\sum F_y = 0\ ?$

$-A_y - C_y + 25 = -(-114{,}33) - 139{,}33 + 25 = 0$

$\sum F_z = 0\ ?$

$-A_z - C_z + 40 + 60 = -40{,}714 - 59{,}286 + 40 + 60 = 0$

Ermittlung der Schnittgrößen:

Da keine Streckenlasten wirken, sind die Querkräfte und die Normalkräfte abschnittsweise konstant. Das bedeutet auch, dass die Biegemomente linear verlaufen. Die Berechnung, die in den nachfolgenden Abbildungen angegeben ist, beginnt in *Bild 8.12* am freigeschnittenen Stab *a – d*. Sind die Schnittgrößen am Ende des Stabes ermittelt, folgt eine Gleichgewichtsbetrachtung am anschließenden Knoten, um die Schnittgrößen am Anfang des nächsten Stabes zu erhalten. Die angreifenden äußeren Kräfte und das Moment in den Knoten *e*, *b* und *f* gehen in die Gleichgewichtsbedingungen an den Knoten ein und ergeben einen Sprung im Schnittgrößenverlauf.

Der dargestellte Rechengang ist in den Bildern *8.12* bis *8.16* angegeben. Am Knoten *g* müssen die so ermittelten Schnittgrößen des Stiels den Schnittgrößen entsprechen, die sich aus den Auflagerkräften des Punktes *c* ergeben.

- Stab *a – d*

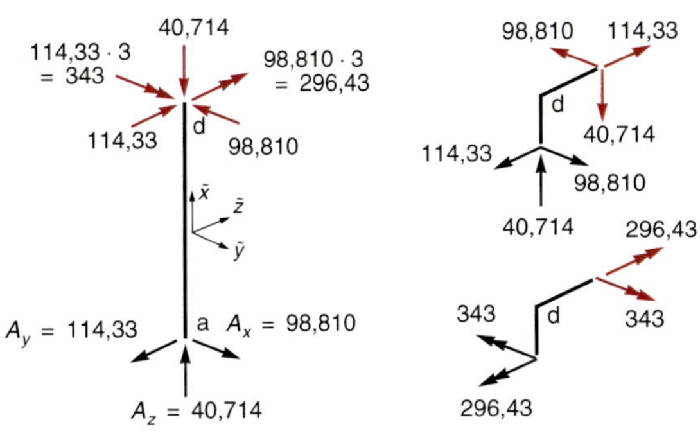

Bild 8.12 Freigeschnittener Stab *a – d* und Knoten *d*

- Stab *d – e*

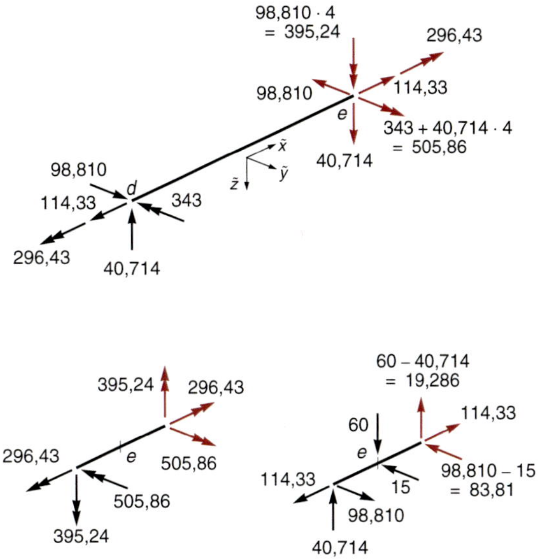

Bild 8.13 Freigeschnittener Stab *d – e* und Knoten e

- Stab *e – b*

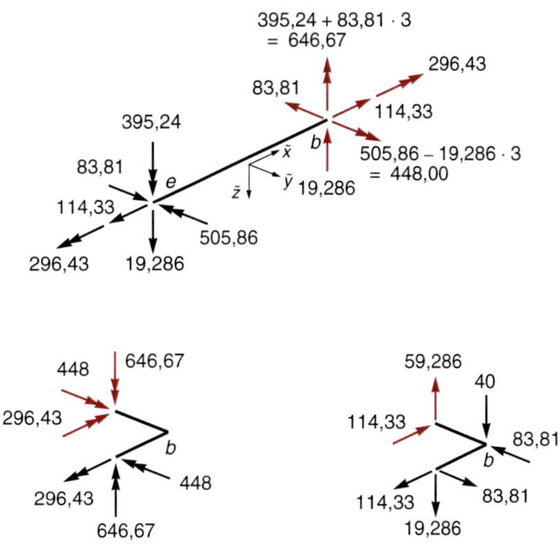

Bild 8.14 Freigeschnittener Stab *e – b* und Knoten *b*

- Stab $b-f$

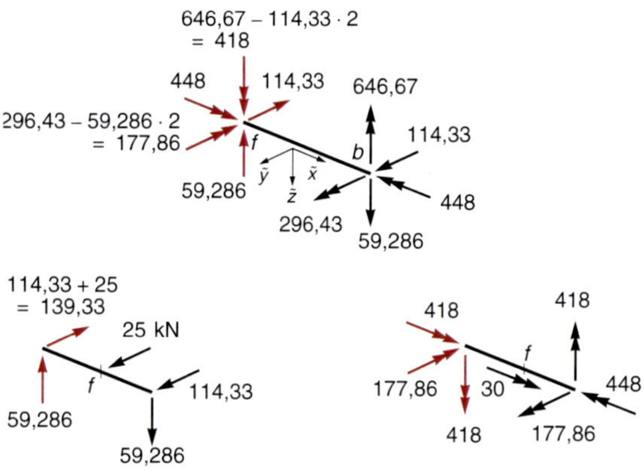

Bild 8.15 Freigeschnittener Stab $b-f$ und Knoten f

- Stab $f-g$

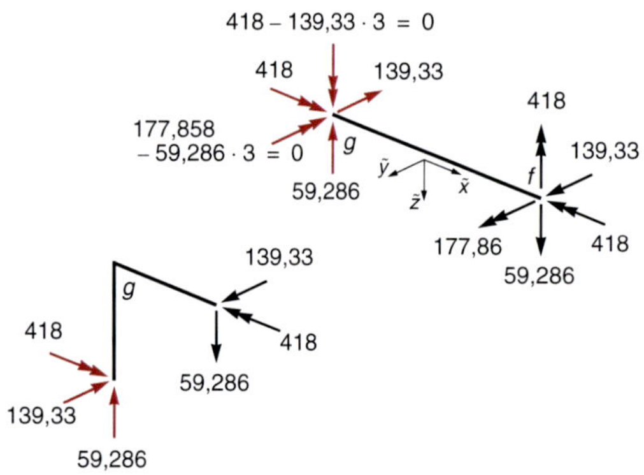

Bild 8.16 Freigeschnittener Stab $f-g$ und Knoten g

Darstellung der Zustandslinien:

Der Verlauf der Biegemomente ist in den Bildern *8.17* und *8.18* dargestellt. Die Ordinaten sind nach der mechanischen Wirkung auf der gezogenen Balkenseite aufgetragen.

Die Torsionsmomente zeigt *Bild 8.19*. Positive Ordinaten sind in positive $\tilde{y}$-Richtung aufgetragen.

Die Querkräfte in den Bildern *8.20* und *8.21* sind in $\tilde{y}$- bzw. $\tilde{z}$-Richtung abgetragen, positive Werte in positive Koordinatenrichtung.

Die in *Bild 8.22* dargestellten Normalkräfte sind ihrem Vorzeichen entsprechend in Richtung der lokalen $\tilde{y}$-Achse abgetragen.

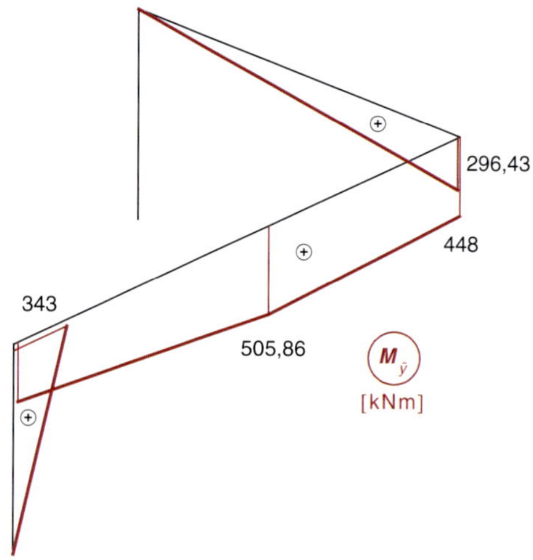

Bild 8.17 Biegemomente $M_{\tilde{y}}$ des räumlichen Systems

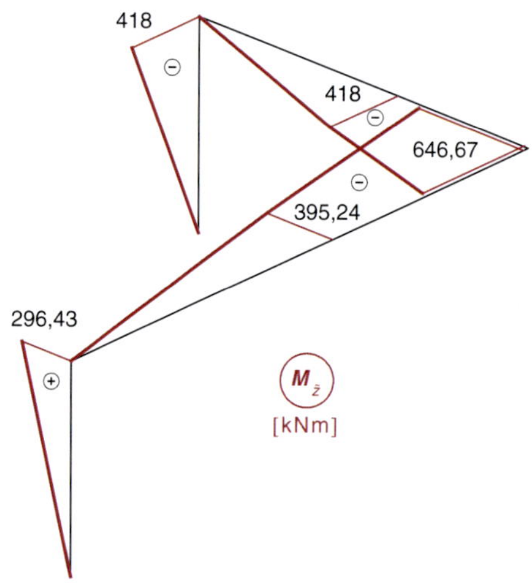

Bild 8.18 Biegemomente $M_{\tilde{z}}$ des räumlichen Systems

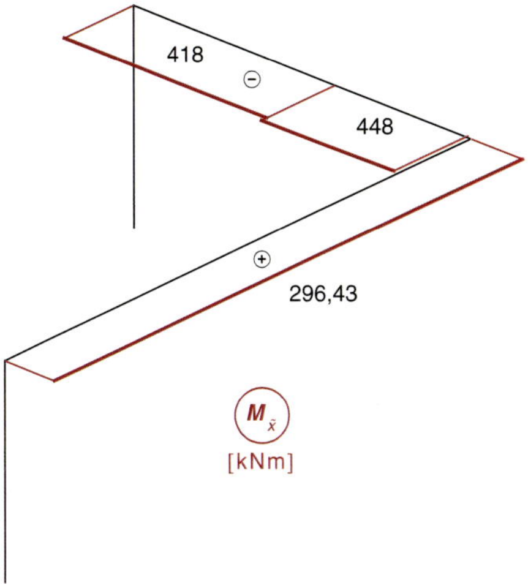

Bild 8.19 Torsionsmomente des räumlichen Systems

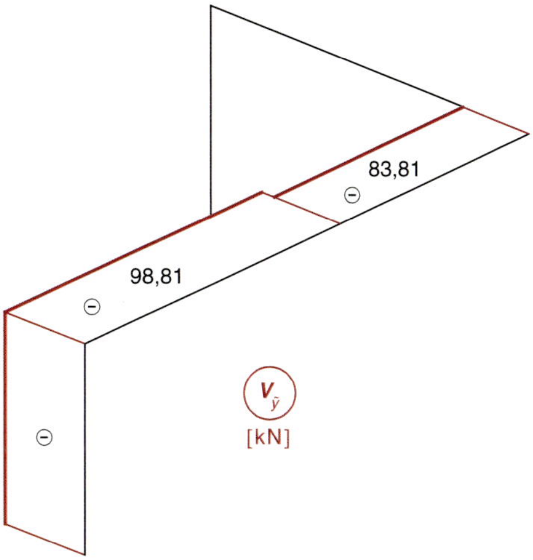

Bild 8.21 Querkräfte $V_{\tilde{y}}$ des räumlichen Systems

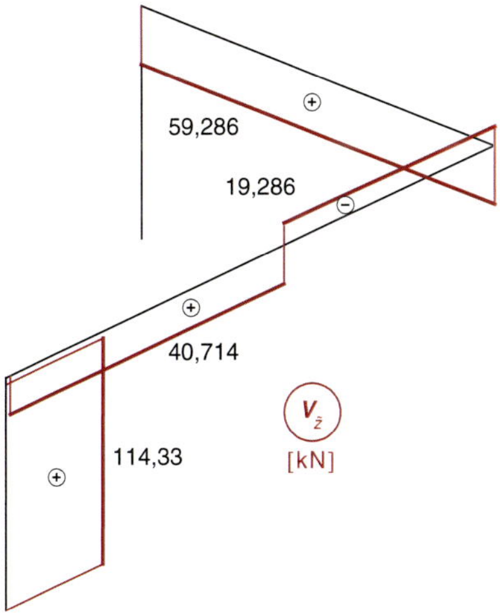

Bild 8.20 Querkräfte $V_{\tilde{z}}$ des räumlichen Systems

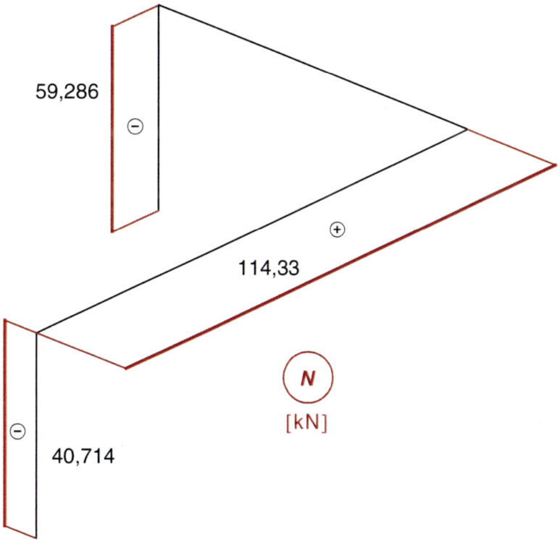

Bild 8.22 Normalkräfte des räumlichen Systems

Aufgaben

Für die nachfolgend dargestellten Systeme sind die Zustandslinien zu ermitteln.

Aufgabe 8.1

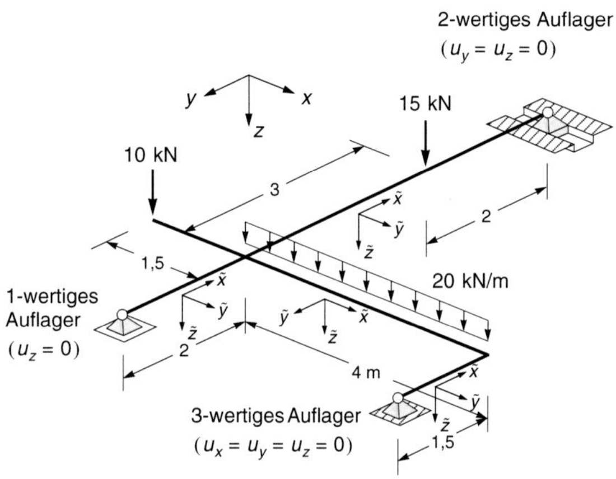

Aufgabe 8.2

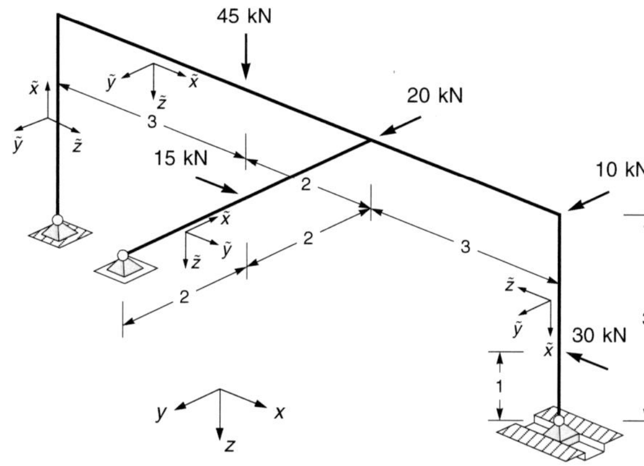

9 Einflusslinien für Schnittgrößen statisch bestimmter Systeme

9.1 Einführung

Bisher wurden Systeme betrachtet, bei denen die Belastung an einem festen Ort vorgegeben war. Infolge dieser ortsfesten Belastung wurden an jeder Stelle des Systems die Schnittgrößen ermittelt. Die Darstellung der Verläufe der Schnittgrößen in den einzelnen Stäben ergab die Zustandslinien.

Es gibt jedoch Aufgabenstellungen, bei denen der Angriffsort der Belastung nicht fest, sondern variabel ist. Dies betrifft sogenannte Verkehrslasten, die sich aus der Nutzung eines Tragwerks ergeben. Beispiele sind die beweglichen Belastungen von Brücken oder Kranbahnen, die an jeder Stelle des Tragwerks auftreten können. Auch die Verkehrslasten, die im Hochbau anzusetzen sind, sind nur dann zu berücksichtigen, wenn sie ungünstig wirken.

Ein Tragwerk ist so auszulegen, dass an jeder Stelle die dort auftretende maximale Beanspruchung aufgenommen werden kann. Die Frage ist nun, für welche Laststellung in einem bestimmten Punkt des Tragwerks die Beanspruchung maximal wird.

Wir betrachten nun **eine** Schnittgröße in **einem** festen Punkt des Systems und berechnen sie für Belastungen an jeder Stelle des Tragwerks. Aufgrund der Linearität der Theorie genügt es, als Belastung eine Kraft $F = 1$ mit variablem Angriffsort zu betrachten. Tragen wir nun die Schnittgröße, die sich aus der Kraft $F = 1$ ergibt, an der Stelle auf, an der die Kraft wirkt, so erhalten wir die Einflusslinie. Präziser formuliert ist dies in der folgenden Definition der Einflusslinie.

Eine Einflusslinie $\eta(x)$ für eine Schnittgröße im Punkt *i* gibt an, wie groß die Schnittgröße in diesem Punkt ist, wenn eine Kraft $F = 1$ an der Stelle x wirkt.

Der Unterschied zwischen Zustands- und Einflusslinie lässt sich wie folgt zusammenfassen.

- Eine Zustandslinie gibt eine Schnittgröße an variablem Ort infolge einer Belastung an festem Ort an.
- Eine Einflusslinie gibt eine Schnittgröße an festem Ort infolge einer Belastung an variablem Ort an.

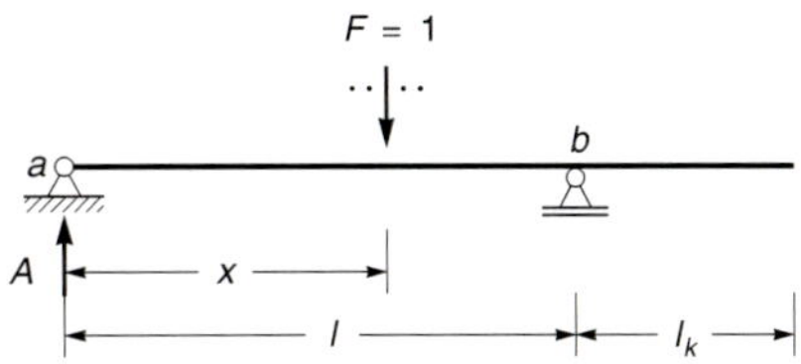

Bild 9.1 Wanderlast auf Einfeldbalken mit Kragarm

Wir betrachten nun den auskragenden Einfeldbalken in *Bild 9.1*. Die Kraft $F = 1$ bewegt sich über den gesamten Träger. Diese sich bewegende Kraft wird auch *Wanderlast* genannt. Dass die Kraft beweglich ist, wird durch je zwei Punkte links und rechts davon symbolisiert. Die Schnittgröße, die betrachtet wird, ist die Auflagerkraft im Punkt *a*. Befindet sich die Kraft an einer variablen Stelle x des Trägers, so lässt sich die Auflagerkraft aus der Bedingung $\sum M = 0$ bezüglich des Auflagerpunktes *b* berechnen.

$$\sum M_{(b)} = 0 \Rightarrow 1 \cdot (l - x) - A \cdot l = 0$$

$$\Rightarrow A = 1 \cdot \frac{l-x}{l} \quad \text{bzw.} \quad \eta = \frac{l-x}{l} = 1 - \xi \quad \text{mit} \quad \xi = \frac{x}{l}$$

Entsprechend der Definition der Einflusslinie ist die Schnittgröße, also hier die Auflagerkraft A, die Ordinate η der Einflusslinie. Aus der Berechnung ergibt sich die Gleichung einer Geraden, wobei die normierte, dimensionslose Koordinate ξ eingeführt wurde. Diese Gerade ist die Einflusslinie für die Auflagerkraft A. An der Stelle $\xi = 0$ ergibt sich die Ordinate Eins, an der Stelle $\xi = 1$ die Ordinate Null. An der Kragarmspitze ist $x = l + l_k$, daraus folgt die Ordinate

$$\eta = \frac{l-x}{l} = \frac{l-(l+l_k)}{l} = -\frac{l_k}{l}$$

9

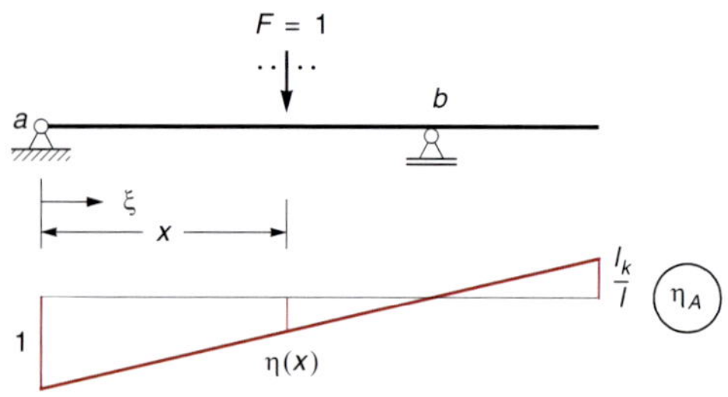

Bild 9.2 Einflusslinie für die Auflagerkraft A

Wir betrachten nun eine andere Schnittgröße, nämlich das Moment an der Stelle i.

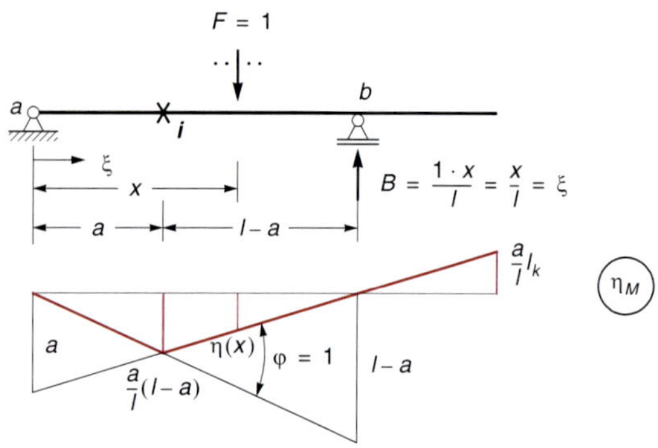

Bild 9.3 Ermittlung der Einflusslinie für M_i

Wir schneiden den Balken an der Stelle i. Das Moment folgt aus der Gleichgewichtsbedingung $\sum M_{(i)} = 0$ für entweder das linke oder das rechte Teilsystem. Da die Kraft über das gesamte System wandert, ist zwischen zwei Fällen zu unterscheiden. Befindet sich die Wanderlast rechts von i, betrachten wir das linke Teilsystem, ist sie links von i, betrachten wir das rechte Teilsystem. Die Auflagerkraft A wurde bei der vorherigen Einflusslinie schon berechnet. Die Auflagerkraft B ergibt sich analog durch die Gleichgewichtsbedingung $\sum M = 0$ bezüglich des Auflagerpunktes a.

$$\sum M_{(a)} = 0 \Rightarrow -1 \cdot x + B \cdot l = 0 \Rightarrow B = \frac{x}{l} = \xi$$

Damit folgt für M_i:

$x \leq a$

$$M_i = \eta = B \cdot (l-a) = \eta = \frac{x}{l}(l-a) = \xi(l-a)$$

$x > a$

$$M_i = \eta = A \cdot a = (1-\xi) \cdot a$$

In beiden Bereichen ergeben sich für die Einflusslinie geradlinige Verläufe, jedoch mit unterschiedlichen Funktionen. Um die Einflusslinie zu zeichnen, benötigen wir jeweils zwei Werte.

Die Gerade im ersten Bereich ($x \leq a$) hat am Auflager den Wert Null ($\xi = 0$). An der Stelle i ergibt sich:

$$\eta\left(\xi = \frac{a}{l}\right) = \frac{a}{l}(l-a)$$

Am rechten Auflager ($\xi = 1$) ist der Wert der Geraden $\eta(\xi = 1) = 1 \cdot (l-a) = (l-a)$. Diese Ordinate liegt außerhalb des Definitionsbereiches und hat daher keine mechanische Bedeutung.

Im zweiten Bereich ($x > a$) erhalten wir am linken Auflager $\eta(\xi = 0) = (1-0) \cdot a = a$, an der Stelle i:

$$\eta\left(\xi = \frac{a}{l}\right) = \left(1 - \frac{a}{l}\right) \cdot a = \frac{a}{l}(l-a)$$

Das ist derselbe Wert wie für den ersten Bereich. Für $\xi = 1$ ergibt sich die Ordinate Null und an der Kragarmspitze die Ordinate:

$$\eta\left(\xi = \frac{l+l_k}{l}\right) = \left(1 - \frac{l+l_k}{l}\right) \cdot a = \frac{a}{l}l_k$$

9.2 Kinematische Ermittlung der Einflusslinien

Die bisher gezeigte Vorgehensweise zur Einflusslinienermittlung mithilfe der Gleichgewichtsbedingungen ist recht umständlich, obwohl das der Betrachtung zugrunde gelegte System sehr einfach ist.

Da es bei der Ermittlung von Einflusslinien für Kraftgrößen um eine bestimmte Schnittgröße geht, ist es naheliegend, auf eine Methode zurückzugreifen, die darauf zugeschnitten ist, eine einzige Schnittgröße mithilfe nur einer Gleichung gezielt zu ermitteln. Solch eine Methode haben wir in Kapitel 7 kennen gelernt, nämlich das Prinzip der virtuellen Verschiebungen.

Dieses Prinzip werden wir im Folgenden für die Einflusslinienermittlung verwenden. Wir betrachten noch einmal das vorherige System in *Bild 9.1*, um die Einflusslinie für die Auflagerkraft A auf diesem neuen Weg zu bestimmen. Dazu führen wir zunächst die Lagrangesche Befreiung durch, indem wir das linke Auflager entfernen und die Auflagerkraft als äußere Größe ansetzen.

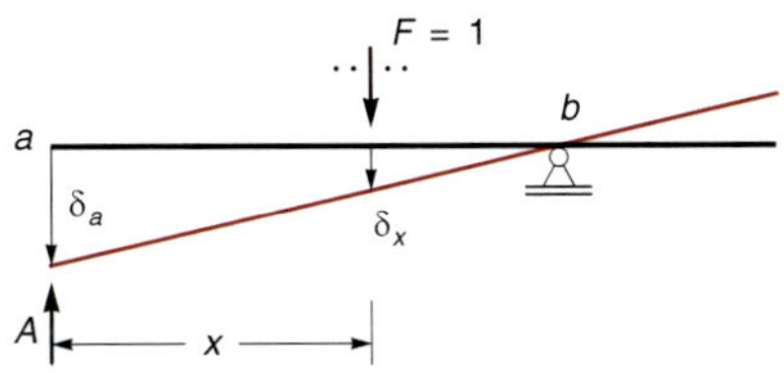

Bild 9.4 Virtuelle Verschiebung nach Lagrangescher Befreiung

Durch das Entfernen des Auflagers ist das System zur zwangläufigen kinematischen Kette geworden. Wir bringen nun eine virtuelle Verschiebung auf und berechnen die Arbeiten, die auf der virtuellen Verschiebung geleistet werden. Da das System nur durch eine Kraft $F = 1$ belastet ist, treten in der Arbeitsgleichung nur zwei Terme auf, die Arbeit der Wanderlast sowie die Arbeit der Schnittgröße. Die Arbeitsgleichung lautet also:

$$\sum \overline{W} = -A \cdot \delta_a + F \cdot \delta_x = 0$$

$$\Rightarrow A = F \cdot \frac{\delta_x}{\delta_a}$$

Die Arbeit der Auflagerkraft ist negativ, da die Verschiebung δ_a der Kraft entgegengerichtet ist. δ_x ist die Ordinate der Verschiebung an der Stelle der Wanderlast. Das Ziel ist die Ermittlung der Einflusslinie η. Diese ist nach Definition gleich der Schnittgröße, hier also gleich der Auflagerkraft A, infolge einer Kraft der Größe eins.

Mit $F = 1$ und $\delta_a = 1$ entgegen A folgt:

$$A = \eta = F \cdot \frac{\delta_x}{\delta_a} = 1 \cdot \frac{\delta_x}{1} = \delta_x$$

Die Einflusslinienordinate η ist also gleich der Ordinate der Verschiebungsfigur δ_x, wenn A auf einer Verschiebung der Größe eins negative Arbeit leistet. Unter dieser Voraussetzung entspricht die Einflusslinie der Verschiebungsfigur der kinematischen Kette.

Die Einflusslinienermittlung ist damit also auf die Ermittlung einer speziellen virtuellen Verschiebungsfigur zurückgeführt. Es lässt sich allgemein der folgende Satz formulieren:

Die Einflusslinie einer Kraftgröße ist gleich der Verformungsfigur des Systems, wenn diesem nach dem Lösen der zugehörigen Bindung eine der Kraftgröße entgegengerichtete Einheitsverformung aufgezwungen wird.

9.2.1 Einflusslinien für Schnittgrößen biegesteifer Systeme

Es soll nun nochmals für das System in *Bild 9.1* die Einflusslinie für das Moment im Punkt i auf kinematischem Wege ermittelt werden.

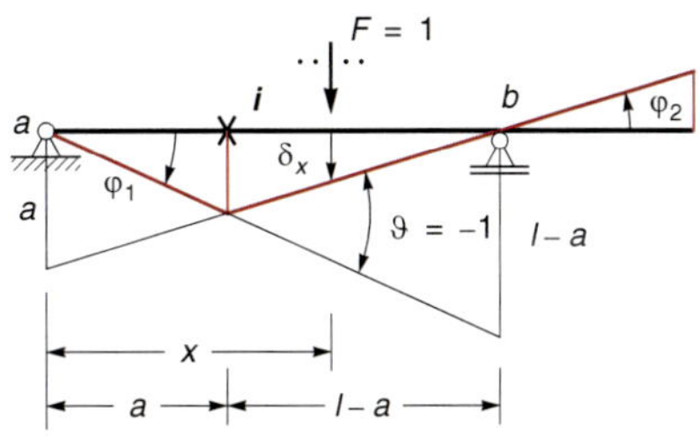

Bild 9.5 Virtuelle Verschiebung zur Ermittlung der Einflusslinie für M_i

Zur Ermittlung der Einflusslinie werden die folgenden Schritte durchgeführt.

1. Durchführung der Lagrangeschen Befreiung

   Gelenk in i einsetzen, M_i als äußere Doppelgröße ansetzen

2. Aufbringen einer virtuellen Verschiebung
3. Formulierung der Arbeitsgleichung des Prinzips der virtuellen Verschiebungen

$$\sum \overline{W} = -M_i \cdot \varphi_1 - M_i \cdot \varphi_2 + F \cdot \delta_x = 0$$

$$-M_i \cdot (\varphi_1 + \varphi_2) + F \cdot \delta_x = 0$$

$$-M_i \cdot \vartheta + F \cdot \delta_x = 0$$

$$M_i = \frac{F \cdot \delta_x}{\vartheta}$$

9

Mit $F = 1$ und $\vartheta = 1$ entgegen M_i folgt:

$$M_i = \delta_x = \eta_{M_i}$$

Die Größe ϑ, auf der die Doppelgröße M_i Arbeit leistet, ist die Summe der Winkelbeträge $\varphi_1 + \varphi_2$. Diese Größe wird als Knick bezeichnet. Es ist die sprunghafte Änderung des Neigungswinkels in einem Punkt. Genauer betrachtet ist der Knick die Differenz der beiden Winkel. Es ist jedoch einfacher, bei den Winkeln nicht mit Vorzeichen zu arbeiten, sondern anschaulich aus der Figur abzulesen, ob sich der Knick aus der Summe oder der Differenz der Winkelbeträge ergibt. Das Vorzeichen des in *Bild 9.5* eingetragenen Knicks $\vartheta = -1$ hat nichts mit dem Vorzeichen eines Winkels zu tun. Das Minuszeichen bedeutet nur, dass der Knick der Richtung des Doppelmoments entgegengesetzt ist, also negative Arbeit geleistet wird.

Die kinematische Ermittlung der Einflusslinie für M_i erfolgt also durch das Aufbringen einer virtuellen Verschiebung, die nun nicht mehr beliebig vorgegeben wird, sondern so aufgebracht werden muss, dass der Knick im Punkt i den Betrag eins hat und der Richtung des Doppelmomentes entgegengesetzt ist.

Beispiel 9.1

Für den dargestellten Gelenkträger ist die Einflusslinie für das Moment im Punkt i zu ermitteln.

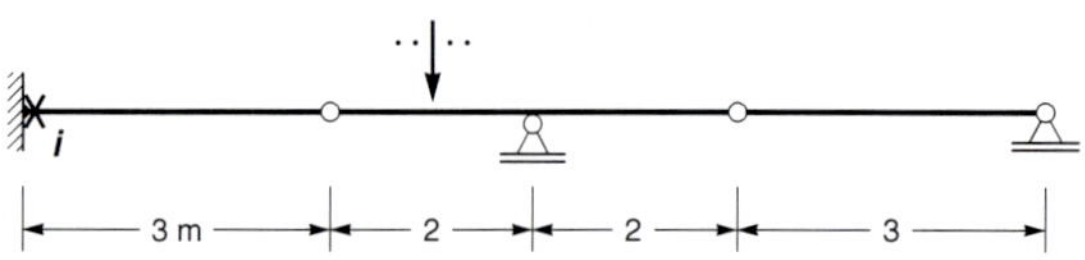

Bild 9.6 Gelenkträger zur Einflusslinienermittlung für M_i

1. Durchführung der Lagrangeschen Befreiung
   Gelenk in i einsetzen, M_i als äußere Doppelgröße ansetzen.

2. Aufbringen einer virtuellen Verschiebung so, dass der Knick in i den Betrag eins hat und dem Doppelmoment entgegengesetzt ist.
   In diesem Beispiel ist der Knick im Punkt i identisch mit dem Drehwinkel der linken Scheibe. Dieser Winkel muss im Gegenuhrzeigersinn drehen, da der rechte Teil des Doppelmoments im Uhrzeigersinn dreht.

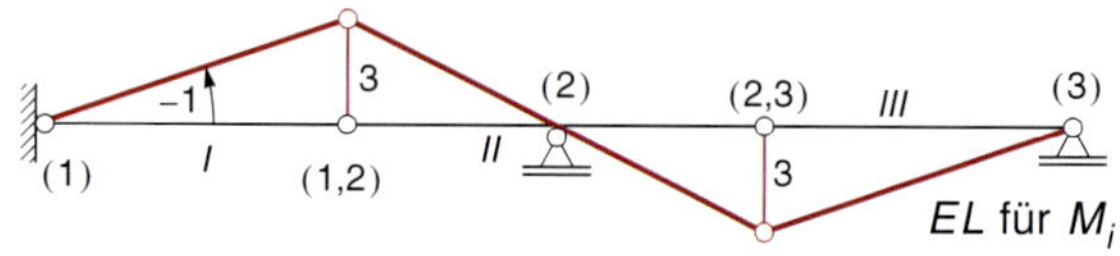

Bild 9.7 Einflusslinie für M_i

Beispiel 9.2

Für den dargestellten Gelenkträger ist die Einflusslinie für die Querkraft im Punkt i zu ermitteln.

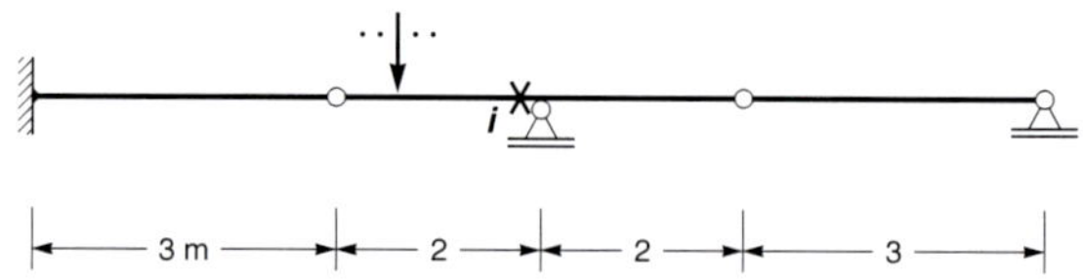

Bild 9.8 Gelenkträger zur Einflusslinienermittlung für V_i

1. Durchführung der Lagrangeschen Befreiung
   Gelenk in i einsetzen, V_i als äußere Doppelgröße ansetzen.

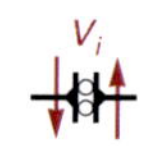

2. Aufbringen einer virtuellen Verschiebung mit einer Klaffung „-1" in i.

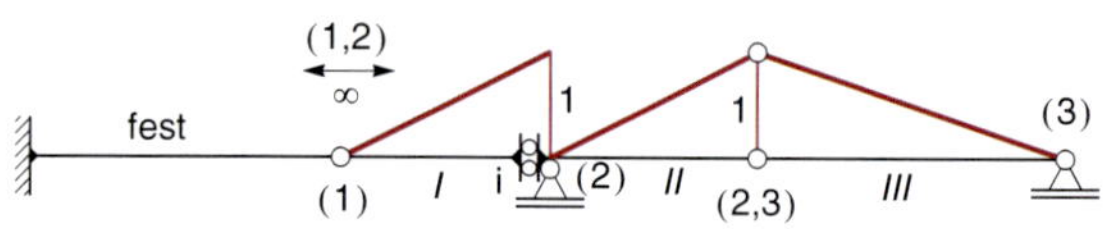

Bild 9.9 Einflusslinie für V_i

9.2.2 Auswertung von Einflusslinien

Die Grundlage für die Auswertung von Einflusslinien ist die Gültigkeit des Superpositionsprinzips.

Die Einflusslinienordinate $\eta(x)$ ist die Schnittgröße im Punkt i, wenn an der Stelle x eine Kraft der Größe 1 wirkt. Bezeichnen wir die Schnittgröße allgemein mit S, so gilt:

$$S(F = 1) = 1 \cdot \eta$$

Wirkt eine Kraft F, so ist die Einflusslinienordinate mit der Größe der Kraft zu multiplizieren.

$$S(F) = F \cdot \eta$$

Das Superpositionsprinzip besagt, dass die Gesamtlösung gleich der Summe der Einzellösungen ist. Daher ist bei mehreren wirkenden Einzelkräften die Summe zu bilden.

$$S = \sum F_i \cdot \eta_i$$

Die Auswertung für Streckenlasten ergibt sich in Analogie zur Berechnung der Arbeit einer verteilten Belastung, wie in Abschnitt 7.1 hergeleitet wurde. Dabei ist die Verschiebung $\delta(x)$ durch die Funktion der Einflusslinie $\eta(x)$ zu ersetzen.

Die Auswertung der Einflusslinie ist ja nichts anderes als die Auswertung der Arbeitsgleichung des Prinzips der virtuellen Verschiebungen für eine spezielle virtuelle Verschiebung, die die Bedingung erfüllt, dass an der Stelle i die Schnittgröße auf dem Betrag eins negative Arbeit leistet.

Für eine Wanderlast der Größe eins lautet die Arbeitsgleichung:

$$S \cdot (-1) + 1 \cdot \eta = 0$$

$$S = \eta$$

Dies ist die Grundlage der Einflusslinienermittlung nach der kinematischen Methode. Für eine andere Belastung als die Kraft der Größe eins ergibt sich aus der Arbeitsgleichung:

$$S \cdot (-1) + \sum F_i \cdot \eta_i + \int q(x) \cdot \eta(x)\,dx = 0$$

$$S = \sum F_i \cdot \eta_i + \int q(x) \cdot \eta(x)\,dx$$

Aus der Arbeitsbetrachtung ist die Einflusslinienauswertung auch einfach für eine Belastung durch Einzelmomente und verteilte Momente zu erweitern. Momente leisten Arbeit auf den Drehungen der virtuellen Verschiebungsfigur, also auf der Neigung η'.

Damit lautet die vollständige Auswertungsgleichung:

$$S = \sum F_i \cdot \eta_i + \int q(x) \cdot \eta(x)\,dx + \sum M_i \cdot \eta'_i + \int m(x) \cdot \eta'(x)\,dx$$

Der Anteil $\int q(x) \cdot \eta(x)\,dx$ infolge der Streckenlast kann entsprechend Abschnitt 7.1 durch die Resultierende mit $R \cdot \eta(x_R)$ berücksichtigt werden. Dabei ist unbedingt zu beachten, dass eine Resultierende nur innerhalb von Bereichen stetiger Einflusslinienverläufe gebildet werden darf. Streckenlastresultierende sind für jede Scheibe getrennt zu ermitteln!

In dem häufigen Fall einer konstanten Streckenlast kann diese vor das Integral gezogen werden

$$\int q(x) \cdot \eta(x)\,dx = q \int \eta(x)\,dx$$

Das Integral $\int \eta(x)\,dx$ ist der Flächeninhalt unter der Einflusslinie im Bereich der Streckenlast. Der Streckenlastanteil in der Auswertungsgleichung folgt durch Multiplikation des Flächeninhalts mit der Streckenlastgröße q.

Beispiel 9.3

Die Einflusslinie für M_i aus Beispiel 9.1 ist für die angegebene Belastung auszuwerten.

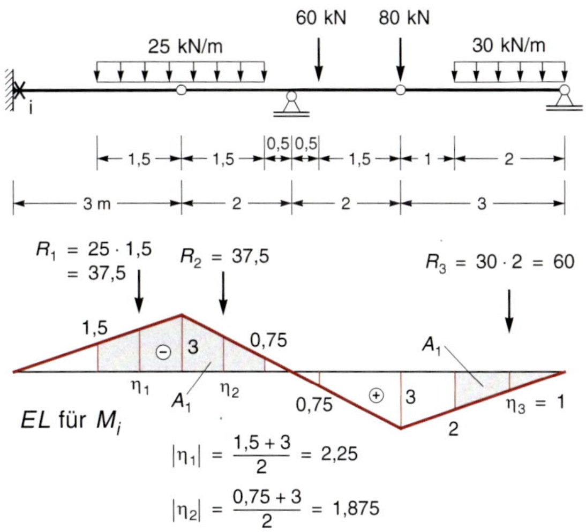

Bild 9.10 Auswertung der Einflusslinie für M_i

Die Auswertungsgleichung lautet für dieses Beispiel:

$$M_i = \sum F_i \cdot \eta_i + \int q(x) \cdot \eta(x)\,dx$$

Für die Auswertung werden die in *Bild 9.10* angegebenen Ordinaten benötigt. Sie lassen sich geometrisch aus dem Strahlensatz ermitteln. Wir berechnen zunächst den Anteil infolge der beiden Einzelkräfte.

$$\sum F_i \cdot \eta_i = 60 \cdot 0{,}75 + 80 \cdot 3 = 285$$

Den Streckenlastanteil berechnen wir zunächst mit der Beziehung $R \cdot \eta(x_R)$, indem wir Teilresultierende bilden.

$$\int q(x) \cdot \eta(x)\mathrm{d}x = R_1 \cdot \eta_1 + R_2 \cdot \eta_2 + R_3 \cdot \eta_3$$
$$= 37{,}5 \cdot (-2{,}25) + 37{,}5 \cdot (-1{,}875) + 60 \cdot 1$$
$$= -94{,}6875$$

Alternativ ermitteln wir den Anteil aus der Streckenlast durch den Flächeninhalt unter der Einflusslinie. Dies ist die grau unterlegte Fläche in *Bild 9.10*.

$$A_1 = -1{,}5\left(\frac{1}{2} \cdot 1{,}5 + 3 + \frac{1}{2} \cdot 0{,}75\right) = -6{,}1875$$

$$A_2 = \frac{1}{2} \cdot 2 \cdot 2 = 2$$

Damit erhalten wir:

$$\int q(x) \cdot \eta(x)\mathrm{d}x = 25 \cdot A_1 + 30 \cdot A_2$$
$$= 25 \cdot (-6{,}1875) + 30 \cdot 2$$
$$= -94{,}6875$$

Unter Berücksichtigung beider Anteile ergibt sich das Moment in *i*.

$$M_i = \sum F_i \cdot \eta_i + \int q(x) \cdot \eta(x)\mathrm{d}x$$
$$= 285 - 94{,}6875 = 190{,}3125 \text{ kNm}$$

9.2.3 Mittelbare Lasteinleitung

Es wurde bisher vorausgesetzt, dass die Scheiben des Systems von der Wanderlast unmittelbar berührt werden. Häufig ist ein Tragwerk jedoch so konstruiert, dass die Belastung indirekt, d. h. durch andere Konstruktionselemente, in das Haupttragwerk eingeleitet wird. *Bild 9.11* zeigt die Einflusslinie für das Moment im Punkt *i*.

Das statische System in *Bild 9.11* ist die schematische Darstellung der Fahrbahnkonstruktion eines Brückentragwerks, bestehend aus Längs-, Quer- und Hauptträger. Nur der Längsträger wird durch die Wanderlast unmittelbar beansprucht. Der Längsträger stützt sich auf den benachbarten Querträgern ab, die letztlich den Hauptträger belasten.

Die gestrichelte Linie in *Bild 9.11* gibt den Verlauf der Einflusslinie für eine direkte Lasteinleitung an. Wie erhält man nun den Verlauf für die mittelbare Belastung?

Die Grundlage für die Ermittlung von Einflusslinien nach der kinematischen Methode ist die Arbeitsgleichung des Prinzips der virtuellen Verschiebungen. Dieses Prinzip liefert auch den anschaulichsten Zugang, da die Einflusslinienermittlung auf die Ermittlung einer Verformungsfigur zurückgeführt wird.

Befindet sich die Wanderlast nun auf dem Längsträger, so leistet sie auf den dort vorhandenen Verschiebungen Arbeit. Es gilt daher in der Einflusslinie die Verschiebungsfigur des Längsträgers. Sind die Querträger, auf denen sich der Längsträger abstützt, auf ein und derselben Scheibe eines Hauptträgers, so ist die Verformung von Haupt- und Längsträger identisch. Dies ist in *Bild 9.11a* bei den beiden äußeren Längsträgern der Fall. Die Verschiebung des mittleren Längsträgers entspricht der Verbindungslinie der beiden Einflusslinienordinaten unter den Querträgern.

Die in *Bild 9.11b* dargestellte Längsträgerkonstruktion entspricht einem Gerberträger. In diesem Fall ist die mittlere Linie in beiden Richtungen bis zum Längsträgergelenk zu verlängern. Es ist ohne weiteres erkennbar, dass die Einflusslinie der Verschiebungsfigur der drei Längsträgerstäbe entspricht.

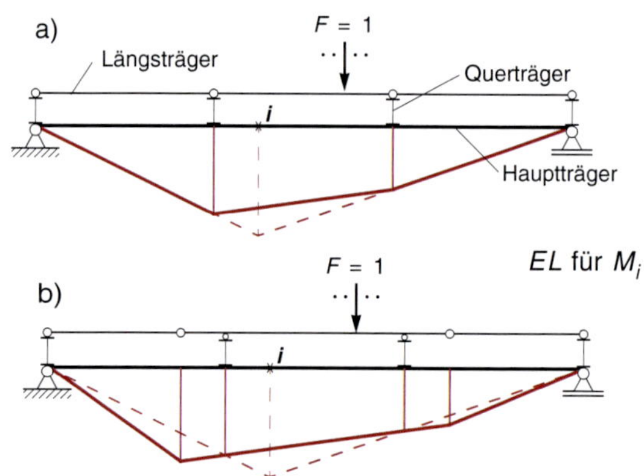

Bild 9.11 Einflusslinie bei mittelbarer Lasteinleitung

9.2.4 Einflusslinien bei verzweigten Systemen

Die bisher betrachteten Systeme bestanden nur aus horizontalen Stäben. Ist das System verzweigt, wie der rechtwinklig geknickte Träger in *Bild 9.12*, so sind einige

Besonderheiten zu beachten. Es soll die Einflusslinie für die vertikale Auflagerkraft *B* ermittelt werden. Führen wir die Lagrangesche Befreiung durch, indem wir das Auflager entfernen, ist das System eine kinematische Kette, die aus einer Scheibe besteht. Der Absolutpol ist der Auflagerpunkt *a*. Die Verschiebung muss so vorgegeben werden, dass die vertikale Verschiebung in *b* den Betrag eins hat und der Auflagerkraft entgegengerichtet ist. Dies ist unten in *Bild 9.12* dargestellt. Es ergeben sich hier jedoch auch horizontale Verschiebungen. Was ist von der gesamten Figur nun die Einflusslinie?

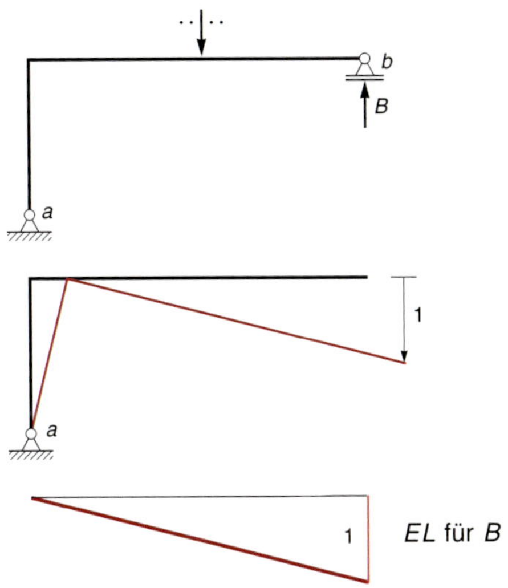

Bild 9.12 Verzweigtes System

Die Grundlage für die Einflusslinienermittlung nach der kinematischen Methode ist die Arbeitsgleichung des Prinzips der virtuellen Verschiebungen. Bezeichnen wir die Schnittgröße, für die die Einflusslinie ermittelt werden soll, allgemein mit *S*, lautet die Arbeitsgleichung:

$$\sum \overline{W} = S \cdot (-1) + 1 \cdot \eta = 0$$

$1 \cdot \eta$ ist die Arbeit der Wanderlast auf der virtuellen Verschiebung. Da die Arbeit ein Skalarprodukt ist, ist η die Komponente der Verschiebung in Richtung der Wanderlast. Die Einflusslinienordinate η ist also die Komponente der virtuellen Verschiebungsfigur in Richtung der Wanderlast. Weiterhin leistet die Wanderlast nur Arbeit auf den Scheiben, über die sie wandert. Darum sind nur diese Scheiben für die Einflusslinie relevant. Zusammengefasst ergeben sich die folgenden Regeln:

- In der Einflusslinie erscheinen nur die Komponenten der virtuellen Verschiebungsfigur in Richtung der Wanderlast.
- In der Einflusslinie erscheinen nur die Scheiben, über die die Last wandert.

In diesem Beispiel ist die Wanderlast eine vertikale Kraft. In der Einflusslinie erscheinen also nur die vertikalen Verschiebungskomponenten. Sie ergeben sich aus dem Scheibendrehwinkel multipliziert mit dem horizontalen Abstand vom Absolutpol der Scheibe. Sie werden von einer horizontalen Bezugslinie abgetragen. Um die Einflusslinie zu konstruieren, tragen wir die Scheibendrehwinkel von einer Bezugslinie senkrecht zur Wanderlast ab. Die so entstehenden Linien nennen wir die Geraden der Scheiben. Da sich die vertikalen Verschiebungskomponenten aus den horizontalen Abständen vom Absolutpol ergeben, sind die Ordinaten der Einflusslinie unter einem Absolutpol gleich null. In einem Relativpol haben zwei Scheiben dieselbe Verschiebung, also sind die Einflusslinienordinaten gleich. Daraus ergeben sich für die Konstruktion der Geraden der Einflusslinie folgende Regeln:

- Unter einem Absolutpol hat die Gerade der Scheibe einen Nulldurchgang.
- Unter einem Relativpol ist der Schnittpunkt zweier Geraden. Liegt der Relativpol im Unendlichen, sind die Geraden parallel.

Beispiel 9.4

Für den in *Bild 9.13* dargestellten Dreigelenkrahmen ist die Einflusslinie für das Moment im Punkt *i* zu ermitteln.

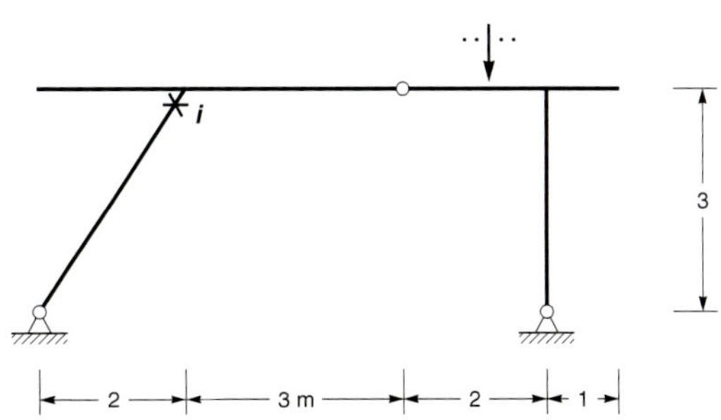

Bild 9.13 Dreigelenkrahmen

1. Durchführung der Lagrangeschen Befreiung

Einsetzen eines Gelenks im Punkt *i* und Ansetzen von M_i als äußere Doppelgröße

2. Polplanermittlung

(1), (3): [Auflagersymbol], (1,2), (2,3): Gelenk

$$(2)\begin{bmatrix}(1)-(1,2)\\(3)-(2,3)\end{bmatrix},\quad (1,3)\begin{bmatrix}(1)-(3)\\(1,2)-(2,3)\end{bmatrix}$$

3. Konstruktion der Geraden der Einflusslinie:

Es wird eine Gerade in einem geeigneten Maßstab beliebig vorgegeben. Die Gerade muss nur die Bedingung erfüllen, dass sie unter dem Absolutpol eine Nullstelle hat. Für dieses Beispiel wird die Gerade g_1 vorgegeben. Gerade g_2 hat einen Nulldurchgang unter Absolutpol (2) und einen Schnittpunkt mit der Geraden g_1 unter dem Relativpol (1,2). Gerade g_3 hat einen Schnittpunkt mit Gerade g_2 unter dem Relativpol (2,3) und eine Nullstelle unter dem Absolutpol (3).

Damit ist die Einflusslinie durch die Geraden g_2 und g_3 qualitativ festgelegt. Die Gerade g_1 erscheint nicht in der Einflusslinie, da die Last nur über die Scheiben *II* und *III* wandert.

4. Ermittlung der Ordinaten

Um die Ordinaten der Einflusslinie zu bestimmen, muss die Bedingung erfüllt werden, dass der Knick im Punkt *i* den Betrag eins hat. Wie aus der Geradenkonstruktion erkennbar ist, ist der Knick gleich der Summe der Winkelbeträge $\varphi_{1,2} = \varphi_1 + \varphi_2$. Es muss also gelten:

$$\varphi_1 + \varphi_2 = 1$$

Da die kinematische Kette nur einen Freiheitsgrad hat, sind die beiden Winkel nicht unabhängig voneinander. Der Winkel φ_1 kann durch den Winkel φ_2 ausgedrückt werden. Das Verhältnis der beiden Winkel ergibt sich durch die gemeinsame Vertikalverschiebung im Relativpol (1,2). Diese Vertikalverschiebung berechnet sich durch den Winkel multipliziert mit dem horizontalen Abstand von Absolutpol zu Relativpol. Der horizontale Abstand des Absolutpols (2) vom Relativpol (1,2) beträgt 1,5 m. Wegen der gleichen Steigung der beiden Bestimmungsgeraden für Absolutpol (2) liegt (2) in der Mitte des Bereiches (1,2) – (2,3). Daraus folgt:

$$\varphi_1 \cdot 2 = \varphi_2 \cdot 1{,}5 \Rightarrow \varphi_1 = \frac{3}{4}\varphi_2$$

In der Bedingungsgleichung $\varphi_1 + \varphi_2 = 1$ kann nun φ_1 durch φ_2 ersetzt werden:

$$\varphi_1 + \varphi_2 = \frac{3}{4}\varphi_2 + \varphi_2 = \varphi_2\left(1 + \frac{3}{4}\right) = 1$$

$$\Rightarrow \varphi_2 = \frac{4}{7}$$

Die Winkel φ_1 und φ_3 sind gleich, da der Relativpol (1,3) im Unendlichen liegt.

$$\varphi_1 = \varphi_3 = \frac{3}{4}\varphi_2 = \frac{3}{4}\cdot\frac{4}{7} = \frac{3}{7}$$

Nun sind alle Winkel bekannt und die Ordinaten der Einflusslinie können berechnet werden.

Ordinate unter Absolutpol (1):

$$\varphi_2 \cdot 3{,}5\ \text{m} = \frac{4}{7}\cdot 3{,}5\ \text{m} = 2\ \text{m}$$

Ordinate unter Relativpol (2,3):

$$\varphi_2 \cdot 1{,}5\ \text{m} = \frac{4}{7}\cdot 1{,}5\ \text{m} = \frac{6}{7}\ \text{m}$$

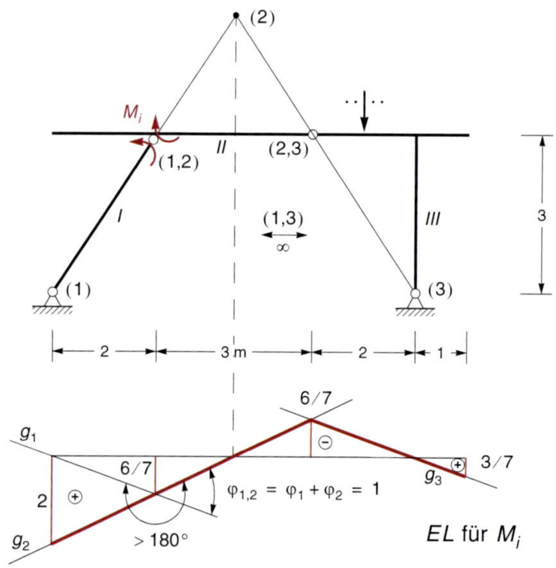

Bild 9.14 Einflusslinie für M_i

5. Bestimmung des Vorzeichens

Bei der Konstruktion der Geraden wurde g_1 willkürlich im Uhrzeigersinn drehend vorgegeben. Dabei wurde nicht berücksichtigt, dass die virtuelle Verschiebung so vorzugeben ist, dass die Schnittgröße M_i negative Arbeit leistet. Diese Bedingung ist einfacher zu überprüfen, wenn die Einflusslinie schon konstruiert wurde. Wir verzichten also darauf, positive Ordinaten auf eine bestimmte Seite aufzutragen. Die Darstellung kann also unterschiedlich erfolgen, je nach Vorgabe der ersten Geraden. Die Bedingung der negativen Arbeit wird danach durch das Festlegen des Vorzeichens der Ordinaten erfüllt. Bei der zugrunde liegenden Arbeitsgleichung

$$\sum \overline{W} = S \cdot (-1) + 1 \cdot \eta = 0$$

ist der Term $1 \cdot \eta$ positiv vorausgesetzt. Das bedeutet, dass die Wanderlast auf der Ordinate η positive Arbeit leistet, also beide Größen gleichgerichtet sind. Ist die Bedingung der negativen Arbeit erfüllt ($S \cdot (-1)$), folgt aus der Gleichung $S = \eta$, dass die positiven η-Werte die Richtung der Wanderlast haben. Ist die Bedingung der negativen Arbeit dagegen nicht erfüllt, so sind die Ordinaten in Richtung der Wanderlast negativ.

Um die Bedingung der negativen Arbeit zu überprüfen, betrachten wir die Stelle i und skizzieren die entsprechende Verformung so, dass sie der Richtung der Schnittgröße entgegengesetzt ist. Diese Situation vergleichen wir mit der entsprechenden Verformung in der Einflusslinie. Bei einer Übereinstimmung ist die Bedingung erfüllt und die Ordinaten sind in Richtung der Wanderlast positiv, bei einem Widerspruch sind sie negativ.

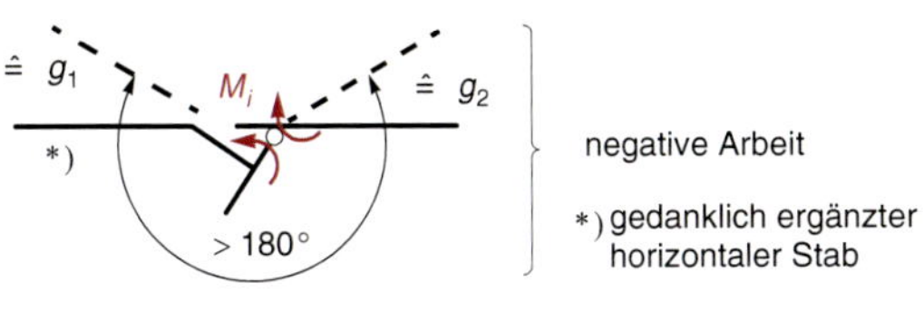

Bild 9.15 Vorzeichenermittlung

Die zu betrachtende Verformung im Punkt i ist diejenige, auf der die Schnittgröße Arbeit leistet. Im vorliegenden Beispiel muss im Punkt i ein Knick entgegen der Richtung von M_i vorhanden sein. In der Einflusslinie erscheinen die Verformungen von horizontalen Linien der Scheiben. Da die Scheibe *I* ein schräger Stab ist, denken wir uns die Scheibe materiell um einen horizontalen Stab ergänzt, wie in *Bild 9.15* dargestellt ist. Der Knick entgegen der Richtung des Doppelmomentes lässt sich nun mithilfe der beiden horizontalen Linien skizzieren.

In der Skizze in *Bild 9.15* ist der Winkel unterhalb der Geraden g_1 und g_2 größer als 180°. Er wird nun mit dem entsprechenden Winkel in der Einflusslinienkonstruktion verglichen. Auch dort ist der Winkel unterhalb der Geraden g_1 und g_2 größer als 180°. Es besteht also Übereinstimmung. Daraus folgt, dass die Ordinaten in Richtung der Wanderlast, also nach unten, positiv sind.

Damit ist die Einflusslinienermittlung abgeschlossen.

Zur Überprüfung der Einflusslinie erfolgt eine rechnerische Kontrolle der linken Ordinate. Diese Ordinate gibt an, wie groß das Moment im Punkt i ist, wenn an der Kragarmspitze eine vertikale Kraft der Größe eins wirkt. Die Situation ist in *Bild 9.16* dargestellt.

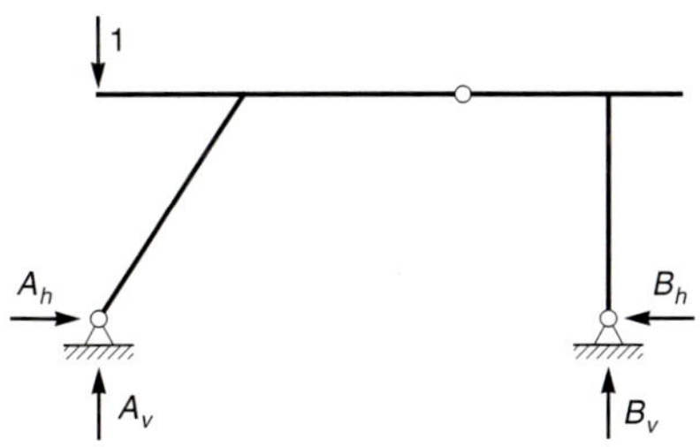

Bild 9.16 Berechnung des Momentes M_i

Durch die spezielle Belastung ist nur die Auflagerkraft A_v ungleich null, wie aus der nachfolgend durchgeführten Berechnung deutlich wird. Das Moment in i ergibt sich durch Freischneiden des linken Stiels aus der Auflagerkraft A_v, es stimmt mit der Einflusslinienordinate überein.

$$\sum M_{(a)} = 0 \Rightarrow B_v = 0$$

$$\sum M_{(g)}^{re} = 0 \Rightarrow B_h = 0$$

$$\sum H = 0 \Rightarrow A_h = 0$$

$$\sum V = 0 \Rightarrow A_v = 1 \Rightarrow M_i = A_v \cdot 2 = 2 \text{ kNm}$$

Beispiel 9.5

Für den Dreigelenkrahmen in *Bild 9.13* ist die Einflusslinie für die Normalkraft im Punkt *i* zu ermitteln.

1. Durchführung der Lagrangeschen Befreiung

Einsetzen eines Normalkraftgelenks (Schiebehülse) im Punkt *i* und Ansetzen von N_i als äußere Doppelgröße

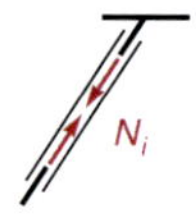

2. Polplanermittlung

(1), (3) [△], (2,3): Gelenk zwischen den Scheiben

(1,2) [∞ ↖↘ //]

$$(2)\begin{bmatrix}(1)-(1,2)\\(3)-(2,3)\end{bmatrix},\quad (1,3)\begin{bmatrix}(1)-(3)\\(1,2)-(2,3)\end{bmatrix}$$

Für die Ermittlung des Absolutpols (2) wird eine Senkrechte zum linken Stiel im Punkt *a* errichtet. Nur wenn (1) und (2) auf dieser Linie liegen, ergibt sich die Richtung für (1,2) im Unendlichen. Die Berechnung der Lage der Pole (2) und (1,3) ist in *Bild 9.17* angegeben.

3. Konstruktion der Einflusslinie

Gerade g_2 wird vorgegeben: Über (2) ist eine Nullstelle, die Ordinate unter (1) wird mit 1,2 cm nach unten gewählt. Daraus folgt die Gerade g_3 durch den Schnittpunkt mit g_2 unter dem Relativpol (2,3) und der Nullstelle unter (3). Gerade g_1 hat eine Nullstelle unter (1) und ist parallel zu g_2, da der Relativpol (1,2) im Unendlichen liegt. In der Einflusslinie erscheinen wiederum nur die Geraden g_2 und g_3.

4. Ermittlung der Ordinaten

Die Bedingung zur Ermittlung der Ordinaten ist, dass die Spreizung in *i* den Betrag eins haben muss. Die Spreizung erfolgt in Richtung der geneigten Stabachse. In der Einflusslinie ist jedoch nur die Vertikalkomponente der Spreizung sichtbar. Sie ergibt sich, wie rechts in *Bild 9.17* dargestellt, aus dem Sinus des Neigungswinkels.

$$\sin\alpha = \frac{3}{\sqrt{13}} = 0{,}8321$$

Dieses Maß entspricht dem vertikalen Versatz zwischen den Geraden g_1 und g_2. Die weiteren Ordinaten lassen sich geometrisch mit dem Strahlensatz ermitteln.

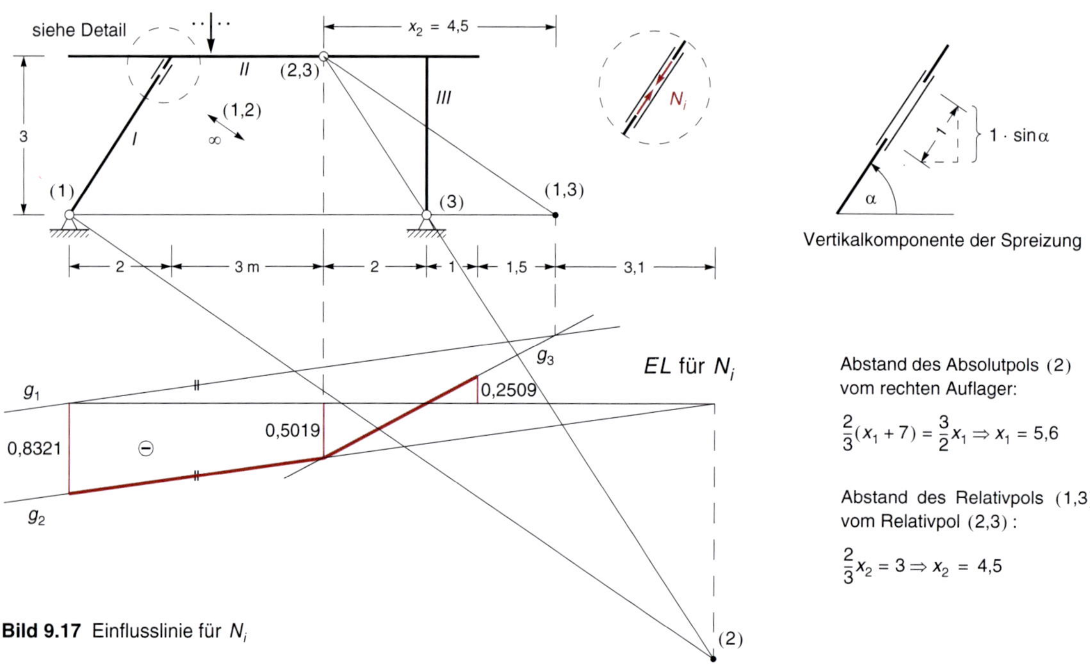

Bild 9.17 Einflusslinie für N_i

Ordinate unter (2,3): $0{,}8321 \cdot 7{,}6/12{,}6 = 0{,}5019$

Ordinate rechts: $0{,}5019 \cdot 1/2 = 0{,}2509$

5. Bestimmung des Vorzeichens

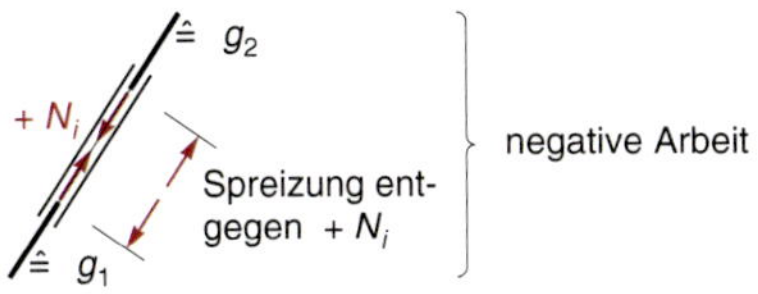

Bild 9.18 Skizze zur Ermittlung des Vorzeichens

Die Normalkraft N_i muss auf der Spreizung negative Arbeit leisten, d. h., die Spreizung muss entgegen der Richtung von $+N_i$ erfolgen. Daraus folgt, dass g_2 über g_1 liegen muss. In der Einflusslinie liegt g_2 unter g_1. Es gibt also einen Widerspruch, darum sind die Ordinaten in Lastrichtung negativ.

Bei dem vorherigen Beispiel entspricht die vertikale Komponente der Spreizung „1" dem Abstand zwischen den Geraden der zugehörigen Scheiben in der Einflusslinie. Wäre die Einflusslinie für eine Normalkraft in einem horizontalen Stab gesucht, so erfolgte die Spreizung „1" ebenfalls in horizontaler Richtung und hätte keine Komponente, die in der Einflusslinienkonstruktion sichtbar ist. Das gleiche Problem tritt bei der Einflusslinienermittlung für eine Querkraft in einem vertikalen Stiel auf, da dann die Klaffung ebenfalls nur in horizontaler Richtung erfolgt. Die Vorgehensweise für diesen Sonderfall wird anhand des folgenden Beispiels erläutert.

Beispiel 9.6

Für den in *Bild 9.19* dargestellten Dreigelenkrahmen ist die Einflusslinie für die Querkraft im Punkt *i* zu ermitteln.

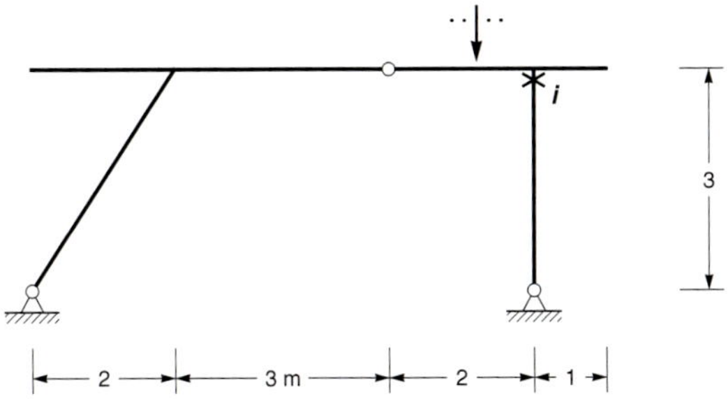

Bild 9.19 Dreigelenkrahmen

1. Durchführung der Lagrangeschen Befreiung

Einsetzen eines Querkraftgelenks im Punkt *i* und Ansetzen von V_i als äußere Doppelgröße

2. Polplanermittlung

(1), (3): , (1,2): Gelenk zwischen den Scheiben

(2,3) 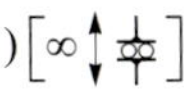

$$(2)\begin{bmatrix}(1)-(1,2)\\(3)-(2,3)\end{bmatrix}$$

3. Konstruktion der Einflusslinie

Gerade g_1 wird vorgegeben: Nullstelle unter (1), Ordinate unter (1,2) mit 0,75 cm nach unten gewählt. Daraus ergibt sich die Gerade g_2 durch den Schnittpunkt mit g_1 unter dem Relativpol (1,2) und der Nullstelle unter (2). Gerade g_3 ist parallel zu g_2, da der Relativpol (2,3) im Unendlichen liegt. Da g_3 unter dem Absolutpol (3) eine Nullstelle hat, fallen die Geraden g_2 und g_3 übereinander. In der Einflusslinie erscheinen nur die Geraden g_1 und g_2, dennoch wird g_3 für die Ermittlung von Ordinaten und Vorzeichen benötigt.

4. Aufrisskonstruktion

Da Gerade g_3 in der Grundrisskonstruktion mit der Geraden g_2 zusammenfällt, führen wir die Einflusslinienkonstruktion noch einmal für eine vertikale Bezugslinie durch, also so, als würde die Wanderlast horizontal wirken. In dieser Aufrisskonstruktion sind die horizontalen Komponenten der Verschiebungsfigur dargestellt. Da die vertikalen und horizontalen Verschiebungskomponenten senkrecht zueinander sind, sind auch die zugehörigen Geraden in Grund- und Aufrisskonstruktion senkrecht zueinander.

Die Geraden in der Aufrisskonstruktion lassen sich mit denselben Bedingungen ermitteln wie in der Grundrisskonstruktion, d. h., sie müssen auf der Höhe der Absolutpole Nullstellen und in den Relativpolen Schnittpunkte haben. Allerdings ist bei der Zeichnung auch schon die zuerst gezeichnete Gerade völlig festgelegt, da sie zu der zugehörigen Geraden im Grundriss senkrecht sein muss.

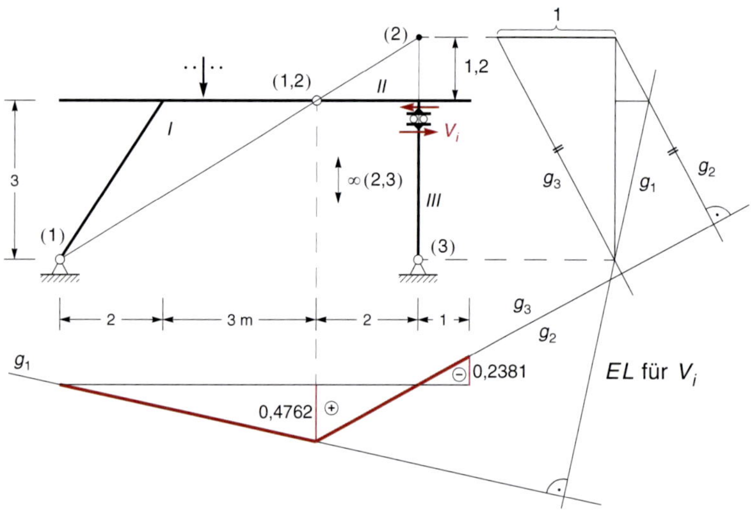

Bild 9.20 Einflusslinienermittlung mit Aufrisskonstruktion

5. Ermittlung der Ordinaten

Die Bedingung zur Ermittlung der Ordinaten ist, dass die Klaffung in *i* den Betrag „1" haben muss. Da die Klaffung in horizontaler Richtung erfolgt, entspricht sie dem Abstand der parallelen Geraden g_2 und g_3 im Aufriss. Daraus folgt der Drehwinkel der Geraden g_2 und g_3 mit:

$$\varphi_2 = \varphi_3 = \frac{1}{3 + 1{,}2} = 0{,}2381$$

Die Ordinate unter (1,2) ist demnach:

$$0{,}2381 \cdot 2 = 0{,}4762$$

und die Ordinate rechts: $0{,}2381 \cdot 1 = 0{,}2381$

6. Bestimmung des Vorzeichens

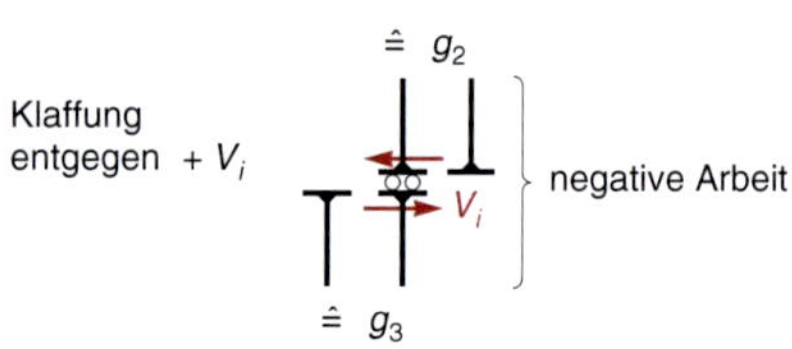

Bild 9.21 Skizze zur Ermittlung des Vorzeichens

Damit negative Arbeit geleistet wird, muss die Klaffung im Querkraftgelenk der positiven Querkraft V_i entgegengerichtet sein, wie in *Bild 9.21* dargestellt ist. Daraus folgt, dass die Gerade g_3 links von g_2 liegen muss. Da in der Aufrisskonstruktion in *Bild 9.20* g_3 links von g_2 liegt, besteht Übereinstimmung und die Ordinaten sind in Richtung der Wanderlast positiv.

9.2.5 Einflusslinien für Stabkräfte von Fachwerken

Die grundsätzliche Vorgehensweise der Einflusslinienermittlung bei Fachwerksystemen ist die gleiche wie bei biegesteifen Systemen. Bei der Ermittlung der Stabkrafteinflusslinien treten jedoch gewisse Besonderheiten auf, die anhand der nachfolgend behandelten Beispiele erläutert werden.

Beispiel 9.7

Für das in *Bild 9.22* dargestellte Fachwerksystem sind die Einflusslinien für die Kräfte in den angekreuzten Stäben zu ermitteln.

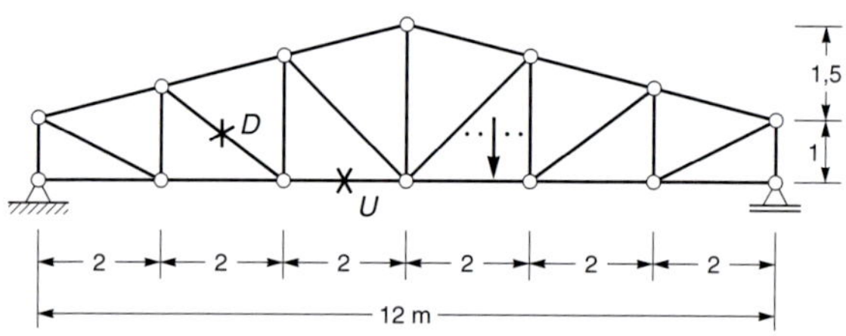

Bild 9.22 Fachwerksystem

Ermittlung der Einflusslinie für die Stabkraft *U*

1. Durchführung der Lagrangeschen Befreiung

Der Untergurtstab wird geschnitten und die Stabkraft U als äußere Doppelgröße positiv angesetzt.

2. Polplanermittlung

Es werden zunächst in sich unverschiebliche Teile des Fachwerks zu Scheiben zusammengefasst.

(1): [ ], (1,2): Gelenk

(2) [(1) – (1,2)]

3. Konstruktion der Einflusslinie

Zum Zeichnen der Geraden g_1 und g_2 wird ein Freiheitsgrad in geeignetem Maßstab willkürlich vorgegeben, hier die Ordinate unter (1,2) mit 0,8 cm nach unten.

4. Ermittlung der Ordinaten

Die Spreizung im freigeschnittenen Stab muss den Betrag „1" haben. Da der Untergurtstab horizontal ist, ist die Spreizung in der Einflusslinie nicht sichtbar. Die Spreizung wird durch eine Relativdrehung ausgedrückt, weil diese in der Einflusslinie immer sichtbar ist. Durch die Spreizung drehen sich die Scheiben *I* und *II* relativ zueinander um den Relativpol (1,2). Da die Spreizung „1" den Abstand $r_{1,2}$ vom Relativpol ((1,2) hat, folgt daraus der Relativdrehwinkel:

$$\varphi_{1,2} = \frac{1}{r_{1,2}}$$

Mit $r_{1,2} = 2{,}0$ m ergibt sich:

$$\varphi_{1,2} = \frac{1}{r_{1,2}} = \frac{1}{2{,}0} = 0{,}5$$

Aus der Einflusslinienkonstruktion folgt anschaulich, dass $\varphi_{1,2}$ gleich der Summe der Winkelbeträge ist.

$$\varphi_{1,2} = \varphi_1 + \varphi_2$$

Die Winkel φ_1 und φ_2 haben das gleiche Verhältnis wie die Abstände der beiden Absolutpole zum Relativpol (1,2).

$$\varphi_1 \cdot 4 = \varphi_2 \cdot 8 \Rightarrow \varphi_2 = \frac{1}{2}\varphi_1$$

Damit folgt:

$$\varphi_{1,2} = \varphi_1 + \varphi_2 = \varphi_1 + \frac{1}{2}\varphi_1 = \frac{3}{2}\varphi_1 = 0{,}5$$

$$\Rightarrow \varphi_1 = \frac{2}{3} \cdot \frac{1}{2} = \frac{1}{3}$$

Ordinate unter (1,2): $\varphi_1 \cdot 4 = \frac{1}{3} \cdot 4 = \frac{4}{3}$

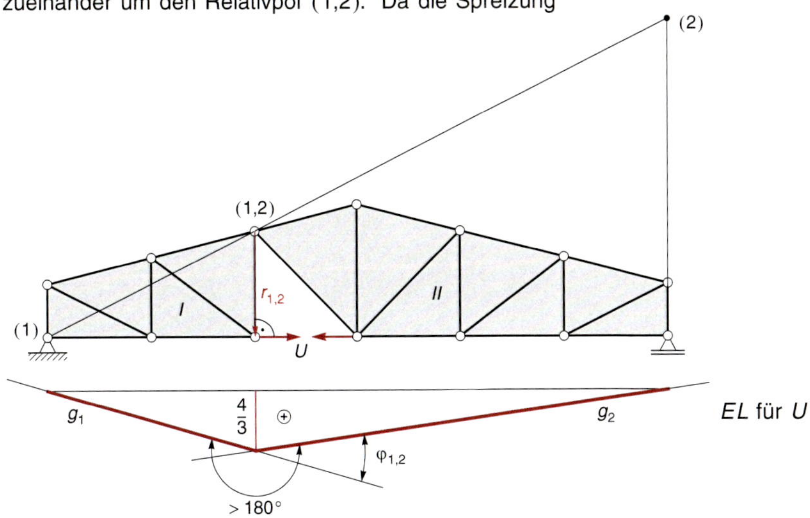

Bild 9.23 Einflusslinie für die Untergurtkraft *U*

5. Bestimmung des Vorzeichens

Die Stabkraft U muss auf der Spreizung „1“ negative Arbeit leisten, d.h., die Spreizung muss entgegen der Richtung von U erfolgen. Auch für die Vorzeichenbestimmung betrachten wir die sich aus der Spreizung ergebende Relativdrehung in (1,2), wobei die Verformung horizontaler Linien betrachtet wird.

Wie aus *Bild 9.24* erkennbar ist, wird durch die Spreizung der Winkel unterhalb der beiden Geraden größer als 180°. In der Einflusslinie ist der Winkel unterhalb der Geraden auch größer als 180°. Aufgrund der Übereinstimmung sind die Ordinaten in Richtung der Wanderlast positiv.

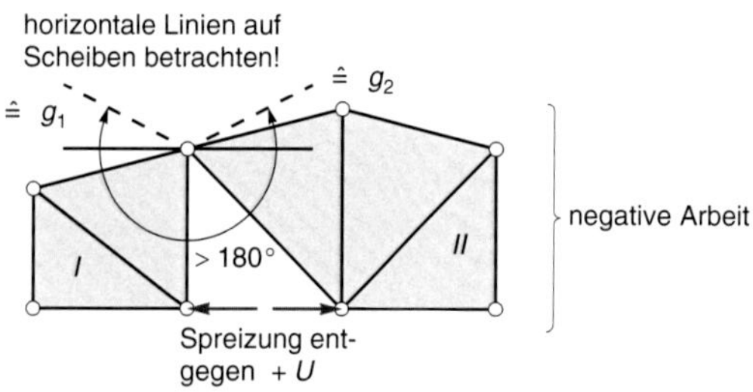

Bild 9.24 Skizze zur Vorzeichenermittlung

Da die Wanderlast am Untergurt wirkt, stellt sich die Frage, was im Bereich des freigeschnittenen Stabes passiert.

Bei Fachwerksystemen wird vorausgesetzt, dass die Einleitung der Lasten nur in den Knoten erfolgt. Es muss daher im Bereich zwischen den Knoten eine Konstruktion vorhanden sein, die die Last zu den Knoten überträgt. Dies entspricht einer mittelbaren Lastübertragung nach Abschnitt 9.2.3. In *Bild 9.25* ist die Situation schematisch dargestellt.

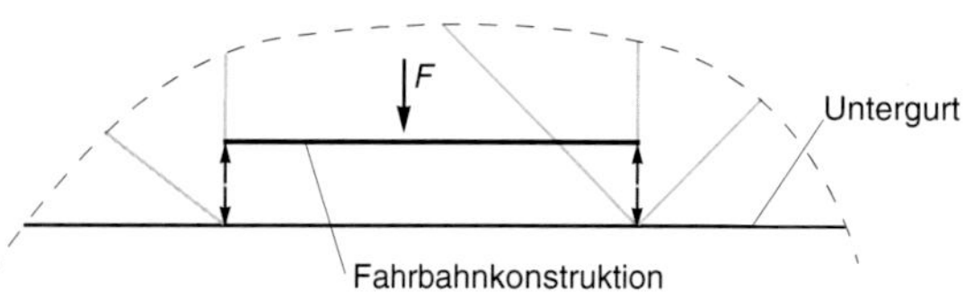

Bild 9.25 Mittelbare Lastübertragung

Die Fahrbahnkonstruktion ist zwischen den Untergurtknoten als Einfeldträger ausgebildet, darum verteilt sich die Last nach dem Hebelgesetz auf die angrenzenden Knoten. Die Einflusslinienordinaten an den beiden Untergurtknoten sind daher im Bereich des freigeschnittenen Stabes geradlinig zu verbinden. Da in diesem Beispiel der linke Knoten unter dem Relativpol (1,2) liegt, fällt die geradlinige Verbindung mit der Geraden g_2 zusammen.

Ermittlung der Einflusslinie für die Stabkraft *D*

1. Durchführung der Lagrangeschen Befreiung

Der Diagonalstab wird geschnitten und die Stabkraft D als äußere Doppelgröße positiv angesetzt.

2. Polplanermittlung

Es werden zunächst in sich unverschiebliche Teile des Fachwerks zu Scheiben zusammengefasst.

(1): [Lager], (1,2), (1,3), (2,4), (3,4): Gelenke

$(2,3)\begin{bmatrix}(1,2)-(1,3)\\(2,4)-(3,4)\end{bmatrix},\quad (1,4)\begin{bmatrix}(1,3)-(3,4)\\(1,2)-(2,4)\end{bmatrix},$

$(4)\begin{bmatrix}(1)-(1,4)\\ \text{Lager}\end{bmatrix}$

Da die Linien $(1)-(1,2)$ und $(4)-(2,4)$ zusammenfallen, kann der Absolutpol (2) noch nicht ermittelt werden. Er ergibt sich erst, wenn Absolutpol (3) bekannt ist.

$(3)\begin{bmatrix}(1)-(1,3)\\(4)-(3,4)\end{bmatrix},\quad (2)\begin{bmatrix}(1)-(1,2)\\(3)-(2,3)\end{bmatrix}.$

3. Konstruktion der Einflusslinie

Die Geraden g_1, g_2 und g_4 lassen sich aus den Nullstellen unter den Absolutpolen und den Schnittpunkten unter den Relativpolen ermitteln. Unter Relativpol (1,2) wurde die Ordinate mit 0,8 cm nach unten vorgegeben.

4. Ermittlung der Ordinaten

Die Spreizung im Diagonalstab muss den Betrag „1“ haben. Die Ermittlung erfolgt über den Relativdrehwinkel anliegender Scheiben. Wir wählen die Scheiben *I* und *II*. Möglich wäre auch, die Scheiben *III* und *IV* zu betrachten. Dann müsste allerdings auch die Gerade g_3 gezeichnet werden. Es kann kein Relativdrehpunkt betrachtet werden, von dem die geschnittene Stabkraft keinen Abstand hat!

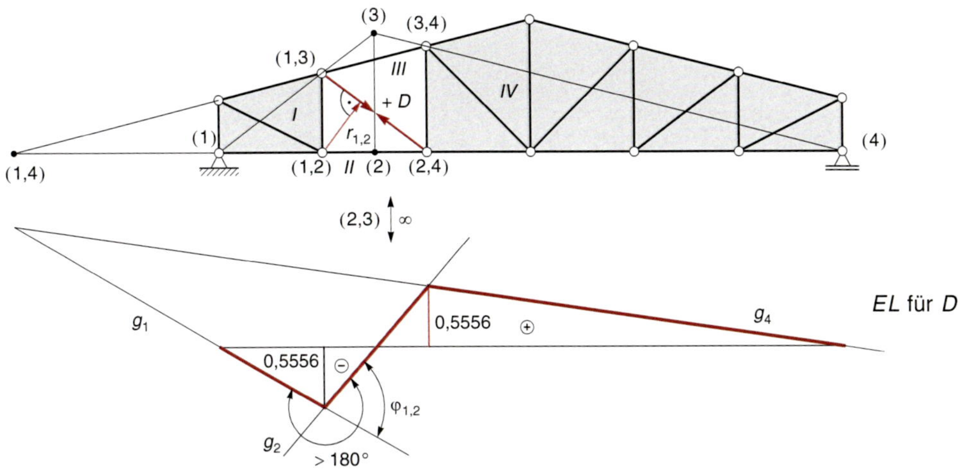

Bild 9.26 Einflusslinie für den Diagonalstab D

Der Relativdrehwinkel folgt wieder aus dem Abstand der Spreizung „1" vom Relativpol (1,2):

$$\varphi_{1,2} = \frac{1}{r_{1,2}}$$

Der Abstand $r_{1,2} = 1{,}2$ m folgt aus geometrischen Beziehungen. Der weitere Berechnungsablauf entspricht dem vorherigen Beispiel.

$$\varphi_{1,2} = \varphi_1 + \varphi_2 = \frac{1}{r_{1,2}} = \frac{1}{1{,}2} = 0{,}833$$

$$\varphi_2 = 2\varphi_1$$

$$\Rightarrow \varphi_1 + \varphi_2 = \varphi_1 + 2\varphi_1 = 0{,}833 \Rightarrow \varphi_1 = 0{,}2778$$

Ordinate unter (1,2):

$$\varphi_1 \cdot 2 = 0{,}2778 \cdot 2 = 0{,}5556$$

5. Bestimmung des Vorzeichens

Die Stabkraft *D* muss auf der Spreizung „1" negative Arbeit leisten, d. h., die Spreizung muss entgegen der Richtung von *D* erfolgen. Dadurch entsteht unterhalb von *I* und *II* ein Winkel, der kleiner als 180° ist (*Bild 9.27*).

In der Einflusslinie ist der Winkel unterhalb von g_1 und g_2 größer als 180°. Aufgrund des Widerspruchs sind die Ordinaten in Richtung der Wanderlast negativ.

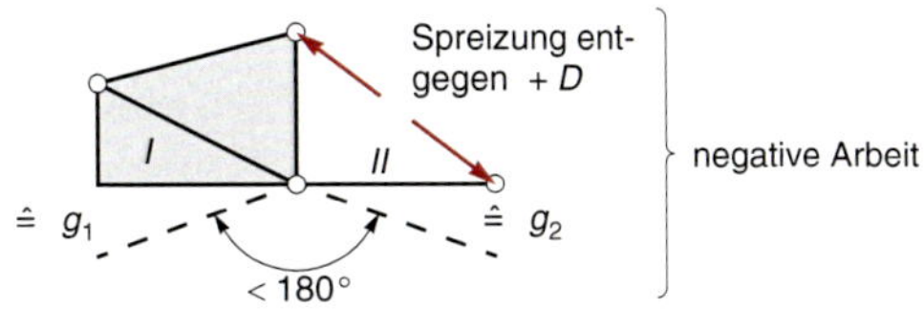

Bild 9.27 Skizze zur Vorzeichenermittlung

Beispiel 9.8

Für das in *Bild 9.28* dargestellte Fachwerksystem sind die Einflusslinien für die Kräfte in den angekreuzten Stäben zu ermitteln.

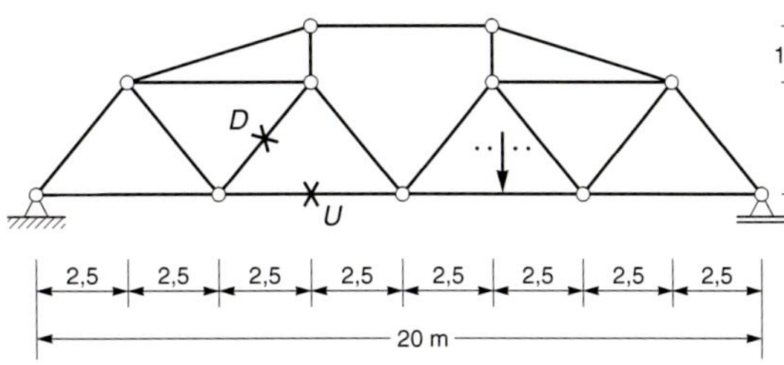

Bild 9.28 Fachwerksystem

Ermittlung der Einflusslinie für die Stabkraft *U*

1. Durchführung der Lagrangeschen Befreiung

Der Untergurtstab wird geschnitten und die Stabkraft *U* als äußere Doppelgröße positiv angesetzt.

2. Polplanermittlung

In sich unverschiebliche Teile des Fachwerks werden zu Scheiben zusammengefasst.

(1): [Festlager], Gelenke: Relativpole

$$(1,4)\ \begin{bmatrix}(1,2)-(2,4)\\(1,3)-(3,4)\end{bmatrix}\ \text{Gelenkviereck!}$$

$$(4)\ \begin{bmatrix}(1)-(1,4)\\ \text{Lager}\end{bmatrix},\quad (3)\ \begin{bmatrix}(1)-(1,3)\\(4)-(3,4)\end{bmatrix}\ \text{(Kontrolle)}$$

Die Absolut- und Relativpole sind nur für belastete und anliegende Scheiben erforderlich!

3. Konstruktion der Einflusslinie

Die Geraden g_1, g_3 und g_4 ergeben sich aus den Nullstellen unter den Absolutpolen und den Schnittpunkten unter den Relativpolen. Im linken Punkt des geschnittenen Stabes wurde die Ordinate mit 1,2 cm nach unten vorgegeben.

4. Ermittlung der Ordinaten

Die Lage der Pole folgt aus geometrischen Beziehungen und ist in *Bild 9.29* angegeben. Aus der Bedingung, dass die Spreizung im Untergurtstab den Betrag „1“ hat, ergibt sich mit dem Abstand $r_{1,3}$ der Relativdrehwinkel $\varphi_{1,3}$.

$$\varphi_{1,3} = 1/r_{1,3} = 1/3 = 0{,}3333$$

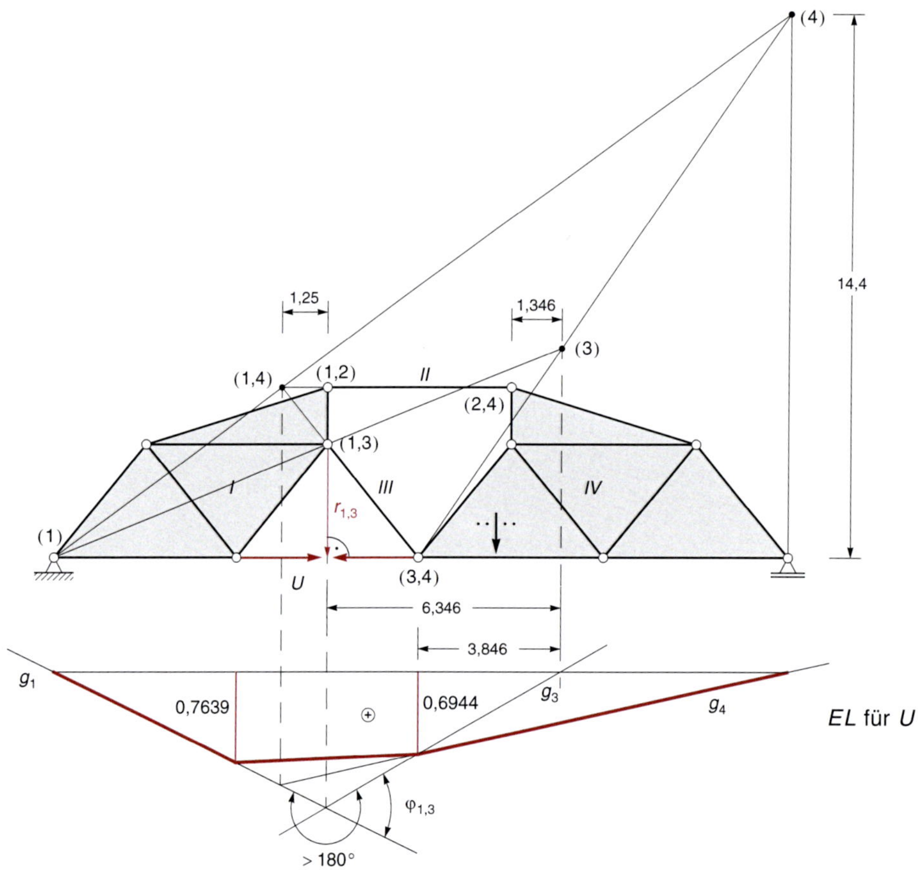

Bild 9.29 Einflusslinie für die Untergurtkraft *U*

$\varphi_{1,3} = \varphi_1 + \varphi_3$

$\varphi_3 = \varphi_1 \cdot 7{,}5/6{,}346 = 1{,}1818\varphi_1$

$\Rightarrow \varphi_{1,3} = \varphi_1 + 1{,}1818\varphi_1 = 2{,}1818\varphi_1 = 0{,}3333$

$\Rightarrow \varphi_1 = 0{,}15278 \Rightarrow \varphi_3 = 1{,}1818\varphi_1 = 0{,}18056$

Ordinate im linken Punkt des geschnittenen Stabes:

$\varphi_1 \cdot 5 = 0{,}15278 \cdot 5 = 0{,}7639$

Ordinate unter $(3{,}4)$:

$\varphi_3 \cdot 3{,}846 = 0{,}18056 \cdot 3{,}846 = 0{,}6944$

5. Bestimmung des Vorzeichens

Die Stabkraft *U* muss auf der Spreizung „1" negative Arbeit leisten, d. h., die Spreizung muss entgegen der Richtung von *U* erfolgen. Daraus ergibt sich unterhalb von *I* und *II* ein Winkel, der größer als 180° ist *(Bild 9.30)*.

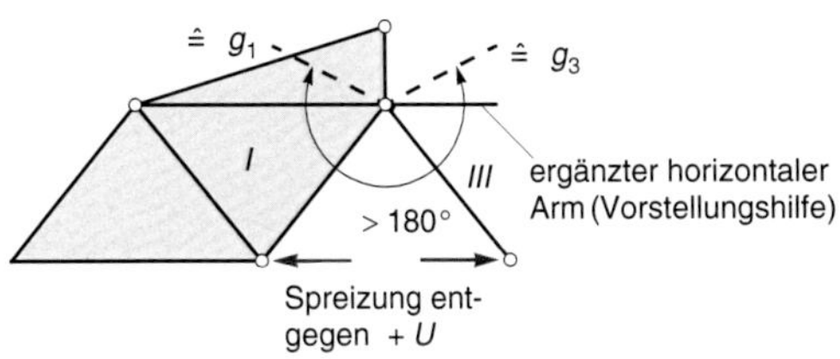

Bild 9.30 Skizze zur Vorzeichenermittlung

In der Einflusslinie ist der Winkel unterhalb von g_1 und g_3 auch größer als 180°. Aufgrund der Übereinstimmung sind die Ordinaten in Richtung der Wanderlast positiv.

Ermittlung der Einflusslinie für die Stabkraft *D*

1. Durchführung der Lagrangeschen Befreiung

Der Untergurtstab wird geschnitten und die Stabkraft *D* als äußere Doppelgröße positiv angesetzt.

In sich unverschiebliche Teile des Fachwerks werden zu Scheiben zusammengefasst. Die Absolut- und Relativpole sind nur für belastete und anliegende Scheiben erforderlich!

2. Polplanermittlung

(1): [], Gelenke: Relativpole

Der Absolutpol (6) kann hier erst ermittelt werden, wenn der Relativpol (1,6) bekannt ist, dieser ergibt sich aus Relativpol (2,6)

→ (6) [ ; (1) – (1,6)?]

→ (1,6) [(1,3) – (3,6) ; (1,2) – (2,6)?]

(2,6) [(2,4) – (4,6) ; (2,5) – (5,6)]

Es ist sehr hilfreich, bei einem Gelenkviereck die sich aus dem Relativpolsatz ergebenden zwei weiteren Relativpole zu ermitteln.

Der Absolutpol (2) wird für die Ordinaten- und Vorzeichenermittlung benötigt.

(2) [(1) – (1,2) ; (6) – (2,6)]

Absolutpol (3) kann erst bestimmt werden, wenn Relativpol (2,3) bekannt ist.

→ (3) [(1) – (1,3) ; (2) – (2,3)?]

(2,3) [(1,2) – (1,3) ; (2,6) – (3,6)]

3. Konstruktion der Einflusslinie

Mit den Nullstellen unter den Absolutpolen und den Schnittpunkten unter den Relativpolen lassen sich die Geraden g_1, g_3, g_6, und g_2 zeichnen. Unter Relativpol (1,3) wurde die Ordinate mit 1,2 cm nach oben vorgegeben.

4. Ermittlung der Ordinaten

Die genaue Lage der Pole sowie der Abstand $r_{1,2}$ sind in *Bild 9.32* angegeben. Die Ordinatenberechnung erfolgt wieder aus der Bedingung, dass die Spreizung im Diagonalstab den Betrag „1" hat.

$\varphi_{1,2} = 1/r_{1,2} = 1/3{,}841 = 0{,}26034$

$\varphi_{1,2} = \varphi_1 + \varphi_2$

$\varphi_2 = \varphi_1 \cdot 2{,}5/1{,}7857 = 1{,}4\varphi_1$

$\Rightarrow \varphi_{1,2} = \varphi_1 + 1{,}400\varphi_1 = 2{,}4\varphi_1 = 0{,}26034$

$\Rightarrow \varphi_1 = 0{,}10848 \Rightarrow \varphi_3 = \varphi_2 = 1{,}4\varphi_1 = 0{,}15187$

Ordinate unter (1,3):

$\varphi_1 \cdot 5 = 0{,}10848 \cdot 5 = 0{,}5424$

Ordinate unter (3,6):

$\varphi_3 \cdot 1{,}429 = 0{,}15187 \cdot 1{,}429 = 0{,}2170$

5. Bestimmung des Vorzeichens

Die Stabkraft D muss auf der Spreizung „1" negative Arbeit leisten, d. h., die Spreizung muss entgegen der Richtung von D erfolgen. Daraus ergibt sich unterhalb von *I* und *II* ein Winkel, der größer als 180° ist *(Bild 9.31)*.

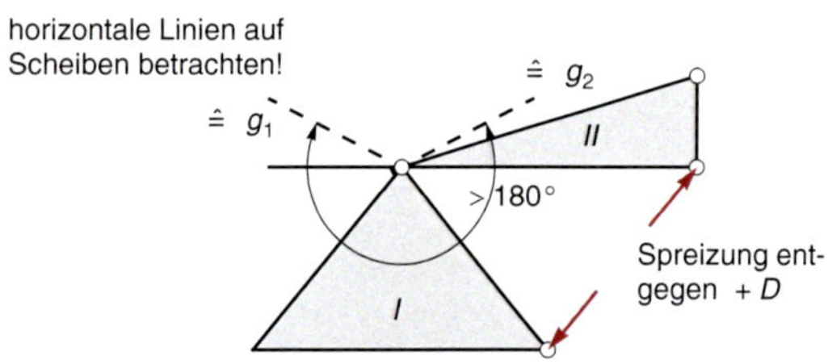

Bild 9.31 Skizze zur Vorzeichenermittlung

In der Einflusslinie ist der Winkel unterhalb von g_1 und g_2 kleiner als 180°. Aufgrund des Widerspruchs sind die Ordinaten in Richtung der Wanderlast negativ.

Alternative Ermittlung der Ordinaten

Eine Möglichkeit, die Einflusslinienordinaten ohne Berechnung von Abständen und Drehwinkeln rein zeichnerisch zu ermitteln, ist im Folgenden dargestellt.

- Messung des Abstandes der Spreizung vom Relativdrehpunkt, hier: $r_{1,2} = 1{,}9$ cm
- Der Relativdrehwinkel $\varphi_{1,2} = 1/r_{1,2}$ findet sich in der Einflusslinie zwischen den Geraden g_1 und g_2 wieder!
- Im Abstand $r_{1,2}$ vom Schnittpunkt der Geraden g_1 und g_2 muss sich die Größe „1" zwischen g_1 und g_2 wiederfinden.
- Die Größe „1" ist als 2,2 cm (gemessen) dargestellt.

Damit kann ein Skalierungsfaktor für die gemessenen Ordinaten ermittelt werden: $1/2{,}2 = 0{,}4545$

Die Ordinaten werden nun gemessen und mit dem Skalierungsfaktor multipliziert:

unter (1,3): $1{,}2 \cdot 0{,}4545 = 0{,}545$

unter (3,6): $0{,}48 \cdot 0{,}4545 = 0{,}218$

Die Abweichungen gegenüber der rechnerischen Lösung entstehen aus Ungenauigkeiten bei Zeichnung und Ablesung.

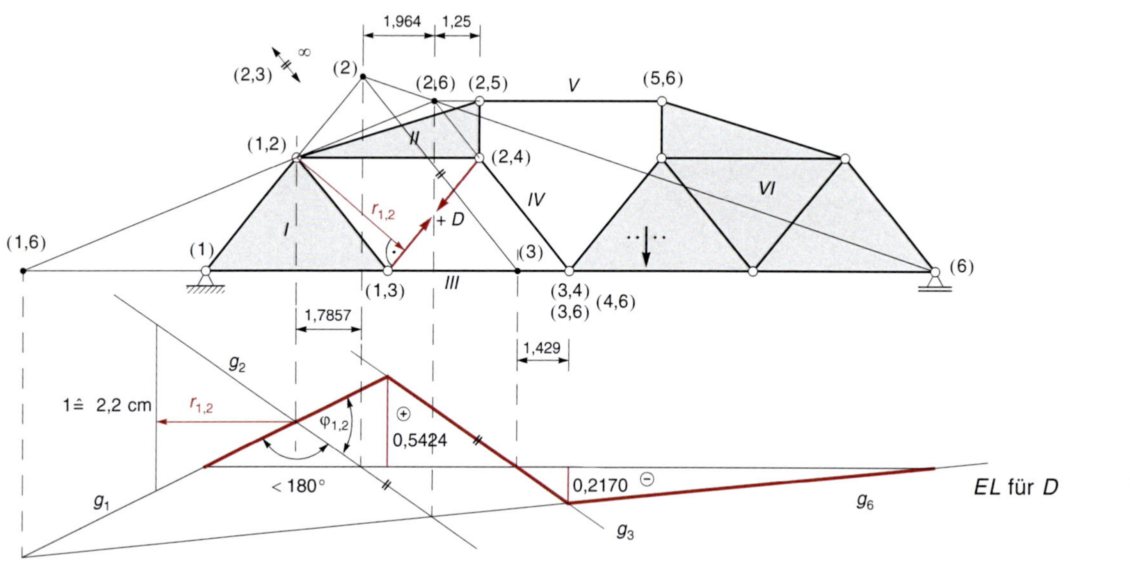

Bild 9.32 Einflusslinie für die Diagonalkraft D

Aufgaben

Für die nachfolgend dargestellten Systeme sind die Einflusslinien für die angegebenen Schnittgrößen zu ermitteln.

Aufgabe 9.1

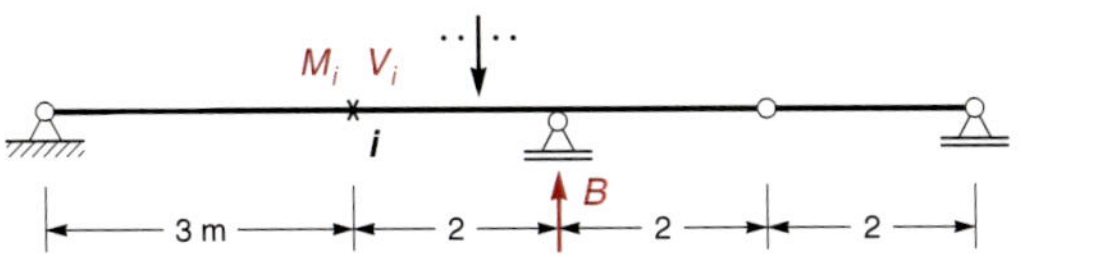

Aufgabe 9.2

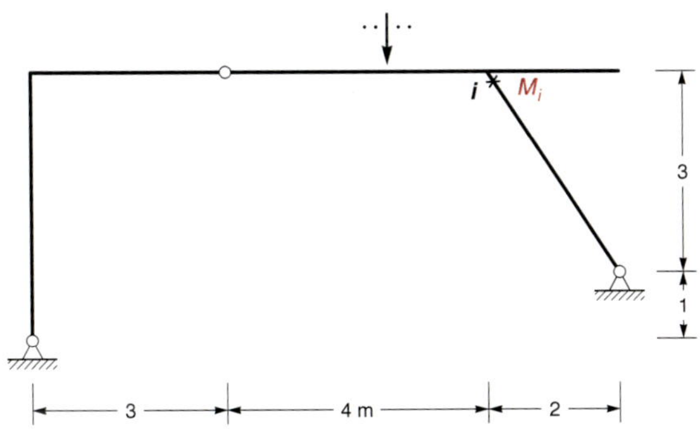

Aufgabe 9.3

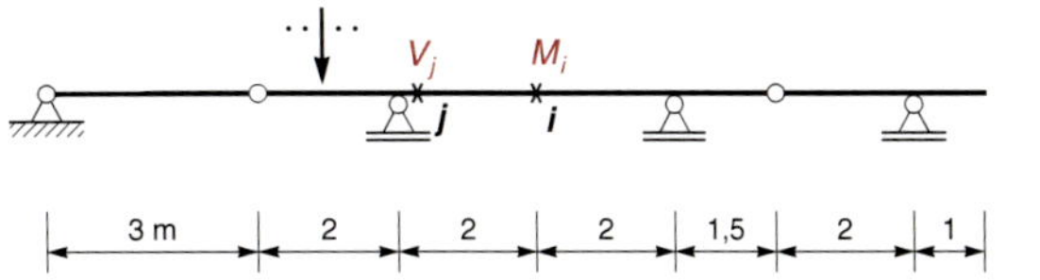

Aufgabe 9.4

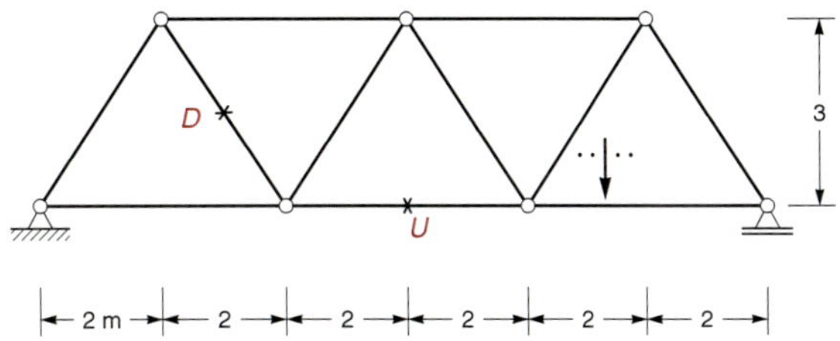

Aufgabe 9.5

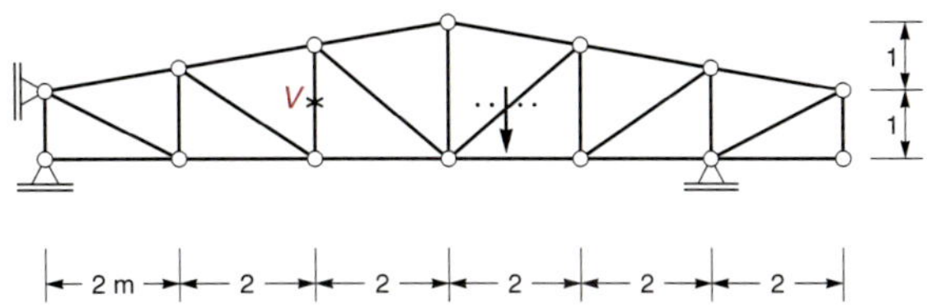

9

Lösungen

Nachfolgend sind die Lösungen für die am Ende der Kapitel gestellten Aufgaben angegeben. Ausführlichere Darstellungen unter Angabe des Lösungsweges sind im Internet unter http://www.dallmann.bau.hs-wismar.de oder http://www.hanser-fachbuch.de/9783446463189 verfügbar.

2.1

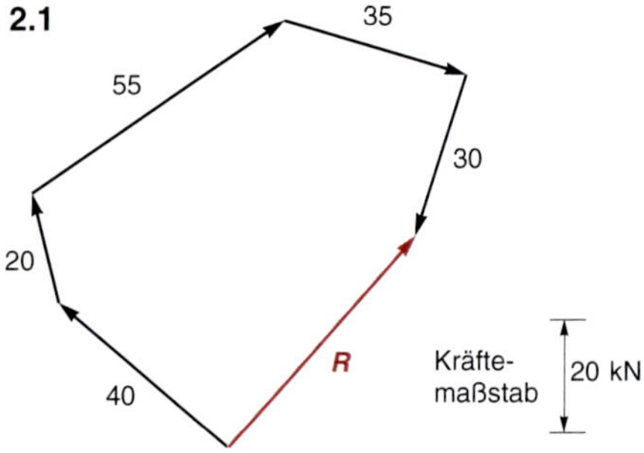

$$\boldsymbol{R} = \frac{40}{\sqrt{61}}\begin{bmatrix}-6\\5\end{bmatrix} + \frac{20}{\sqrt{17}}\begin{bmatrix}-1\\4\end{bmatrix} + \frac{55}{\sqrt{13}}\begin{bmatrix}3\\2\end{bmatrix} + \frac{35}{\sqrt{53}}\begin{bmatrix}7\\-2\end{bmatrix} + \frac{30}{\sqrt{10}}\begin{bmatrix}-1\\-3\end{bmatrix} = \begin{bmatrix}34{,}35\\37{,}44\end{bmatrix}$$

2.2

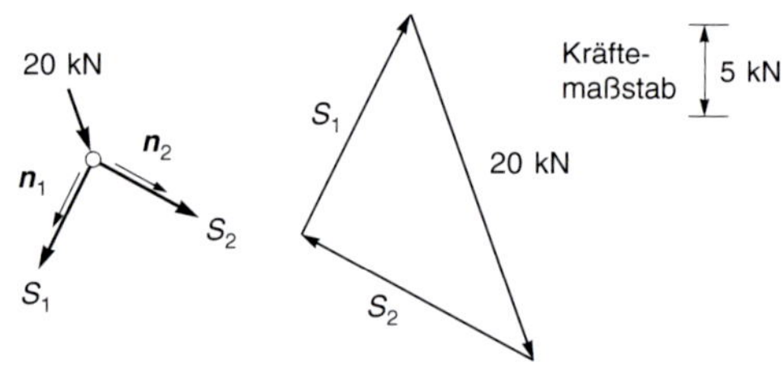

$$\tilde{S}_1 \cdot \boldsymbol{n}_1 + \tilde{S}_2 \cdot \boldsymbol{n}_2 + \boldsymbol{F} = 0$$

$$\tilde{S}_1\begin{bmatrix}-2\\-4\end{bmatrix} + \tilde{S}_2\begin{bmatrix}15\\-8\end{bmatrix} + \begin{bmatrix}6{,}840\\-18{,}794\end{bmatrix} = \begin{bmatrix}0\\0\end{bmatrix} \quad \Rightarrow \begin{bmatrix}\tilde{S}_1\\\tilde{S}_2\end{bmatrix} = \begin{bmatrix}-2{,}9893421\\-0{,}85457895\end{bmatrix}$$

$$\Rightarrow \begin{bmatrix}S_1\\S_2\end{bmatrix} = \begin{bmatrix}-2{,}9893421\cdot\sqrt{20}\\-0{,}85457895\cdot 17\end{bmatrix} = \begin{bmatrix}-13{,}368744\\-14{,}527842\end{bmatrix}$$

2.3

$$\tilde{S}_1\begin{bmatrix}6\\4\\5\end{bmatrix} + \tilde{S}_2\begin{bmatrix}4\\-2\\5\end{bmatrix} + \tilde{S}_3\begin{bmatrix}-2\\2\\5\end{bmatrix} + \begin{bmatrix}0\\0\\30\end{bmatrix} = \begin{bmatrix}0\\0\\0\end{bmatrix} \Rightarrow \begin{bmatrix}\tilde{S}_1\\\tilde{S}_2\\\tilde{S}_3\end{bmatrix} = \begin{bmatrix}0{,}545454545\\-2{,}72727273\\-3{,}81818182\end{bmatrix} \quad \Rightarrow \begin{bmatrix}S_1\\S_2\\S_3\end{bmatrix} = \begin{bmatrix}0{,}545454545\cdot\sqrt{77}\\-2{,}72727273\cdot\sqrt{45}\\-3{,}81818182\cdot\sqrt{33}\end{bmatrix} = \begin{bmatrix}4{,}7863442\\-18{,}295102\\-21{,}933785\end{bmatrix}$$

3.1 zeichnerisch

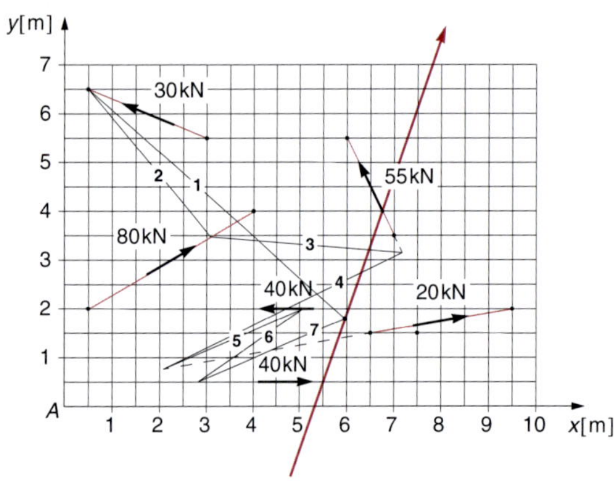

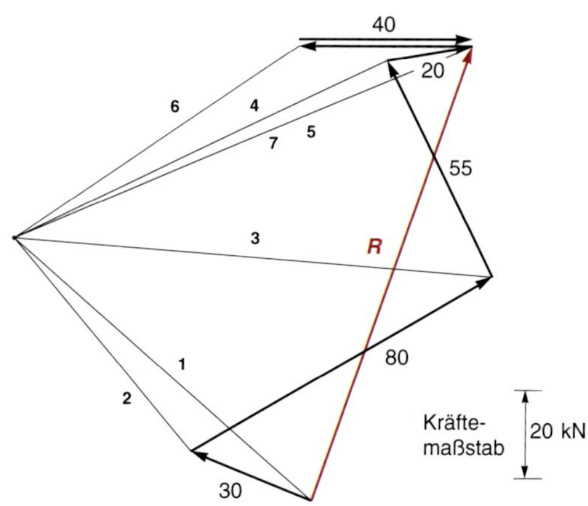

3.1 rechnerisch

$$\boldsymbol{R} = \frac{30}{\sqrt{29}}\begin{bmatrix}-5\\2\end{bmatrix} + \frac{80}{\sqrt{65}}\begin{bmatrix}7\\4\end{bmatrix} + \frac{55}{\sqrt{5}}\begin{bmatrix}-1\\2\end{bmatrix} + \frac{20}{\sqrt{37}}\begin{bmatrix}6\\1\end{bmatrix}$$

$$= \begin{bmatrix}-27{,}854301\\11{,}14172\end{bmatrix} + \begin{bmatrix}69{,}459451\\39{,}691115\end{bmatrix} + \begin{bmatrix}-24{,}596748\\49{,}193496\end{bmatrix} + \begin{bmatrix}19{,}727878\\3{,}2879797\end{bmatrix}$$

$$= \begin{bmatrix}36{,}736281\\103{,}31431\end{bmatrix}$$

$$M_A(\boldsymbol{F}_1) = \frac{30}{\sqrt{29}}(5 \cdot 5{,}5 + 2 \cdot 3) = 186{,}62381$$

$$M_A(\boldsymbol{F}_2) = \frac{80}{\sqrt{65}}(-7 \cdot 2 + 4 \cdot 0{,}5) = -119{,}07335$$

$$M_A(\boldsymbol{F}_3) = \frac{55}{\sqrt{5}}(1 \cdot 3{,}5 + 2 \cdot 7) = 430{,}44309$$

$$M_A(\boldsymbol{F}_4) = \frac{20}{\sqrt{37}}(-6 \cdot 1{,}5 + 1 \cdot 6{,}5) = -8{,}2199494$$

$$M_A(\boldsymbol{F}_5) = 40 \cdot 1{,}5 = 60$$

$$M_A = 186{,}62381 - 119{,}07335 + 430{,}44309 - 8{,}2199494 + 60$$
$$= 549{,}77361$$

Zentralachse:

$$y = \frac{103{,}31431}{36{,}736281}x - \frac{549{,}77361}{36{,}736281} = 2{,}8123236x - 14{,}965413$$

Achsabschnitte:

$$x_R = \frac{M_A}{R_y} = \frac{549{,}77361}{103{,}31431} = 5{,}3213694$$

$$y_R = -\frac{M_A}{R_x} = -\frac{549{,}77361}{36{,}736281} = -14{,}965413$$

3.2

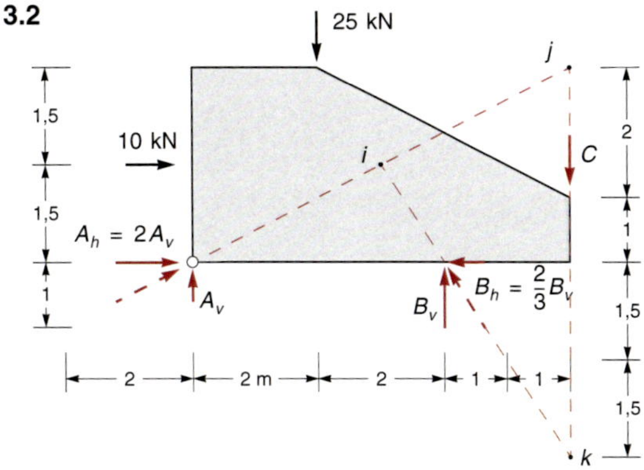

$$\sum M_{(j)} = 0{:}\quad -B_v \cdot 2 - \frac{2}{3}B_v \cdot 3 + 10 \cdot 1{,}5 + 25 \cdot 4 = 0$$
$$\Rightarrow B_v = 28{,}75 \text{ kN}$$
$$\Rightarrow B_h = \frac{2}{3} \cdot 28{,}75 = 19{,}166667 \text{ kN}$$

$$\sum M_{(k)} = 0{:}\quad -A_v \cdot 6 - 2A_v \cdot 3 - 10 \cdot 4{,}5 + 25 \cdot 4 = 0$$
$$\Rightarrow A_v = 4{,}5833333 \text{ kN}$$
$$\Rightarrow A_h = 2 \cdot 4{,}5833333 = 9{,}1666667 \text{ kN}$$

$$\sum M_{(i)} = 0{:}\quad -C \cdot 3 + 25 \cdot 1 = 0 \Rightarrow C = 8{,}3333 \text{ kN}$$

4.1

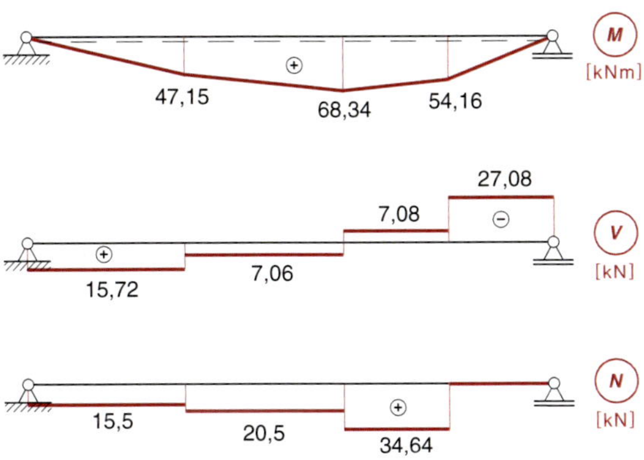

4.2

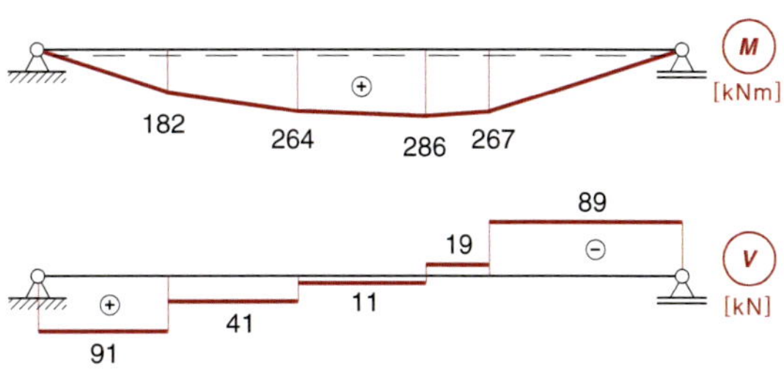

4.3

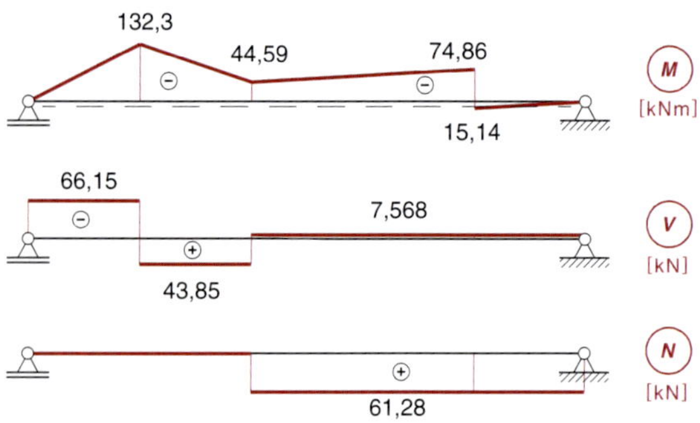

4.4

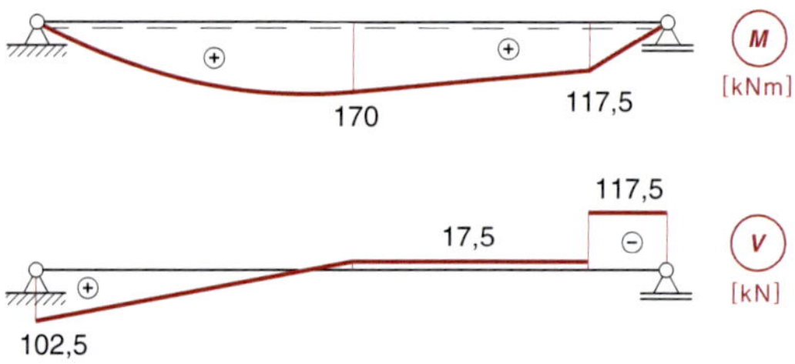

4.5

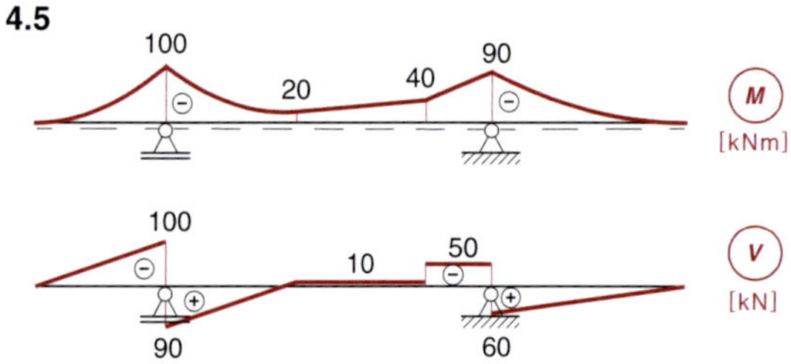

4.6

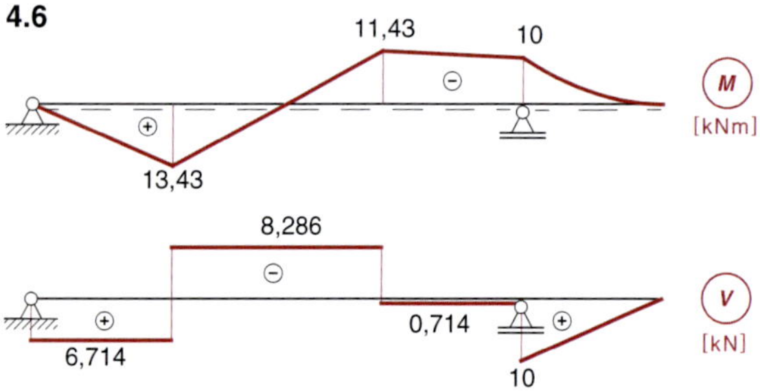

4.7

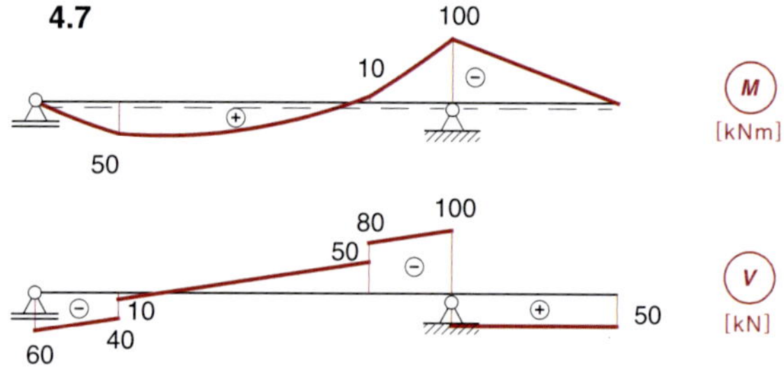

4.8

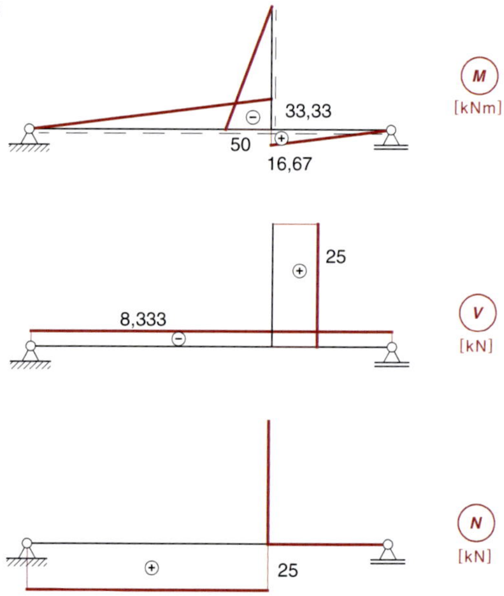

4.9

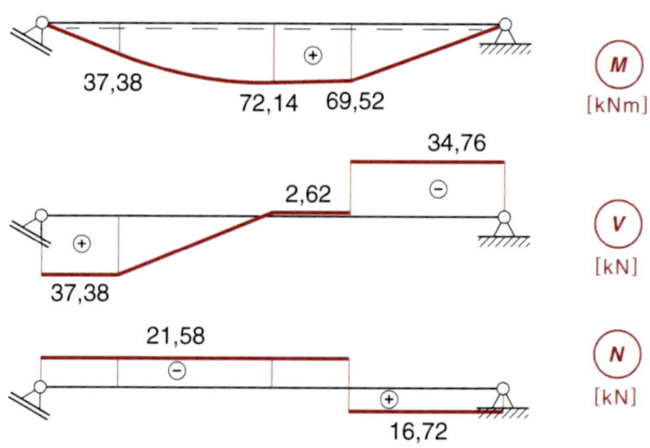

4.10

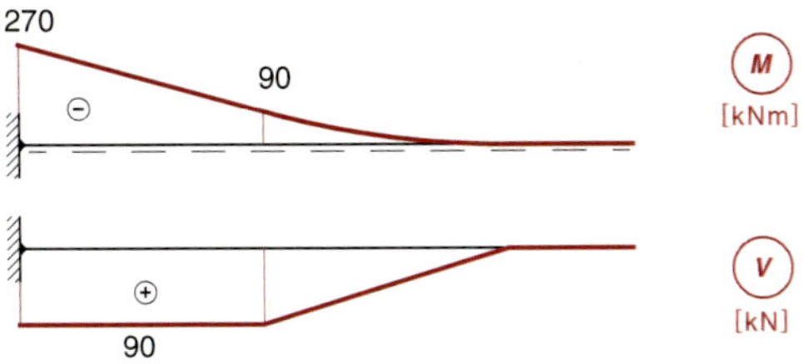

4.11

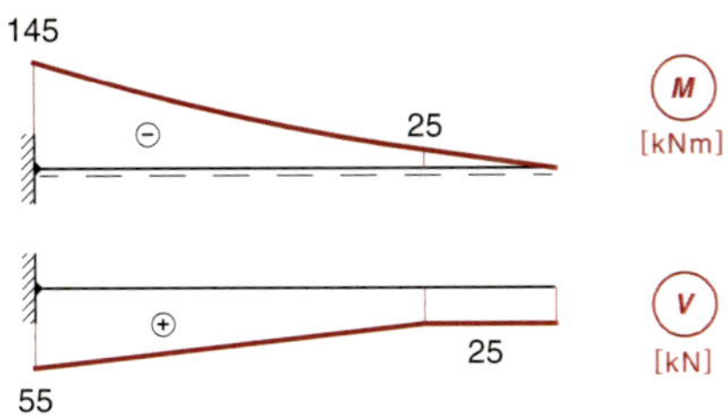

4.12

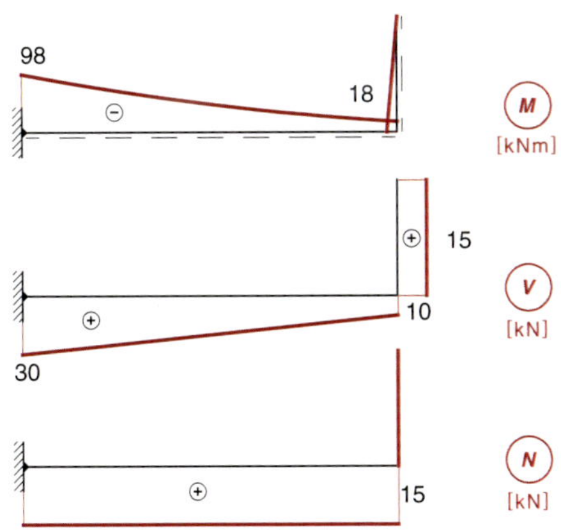

4.13

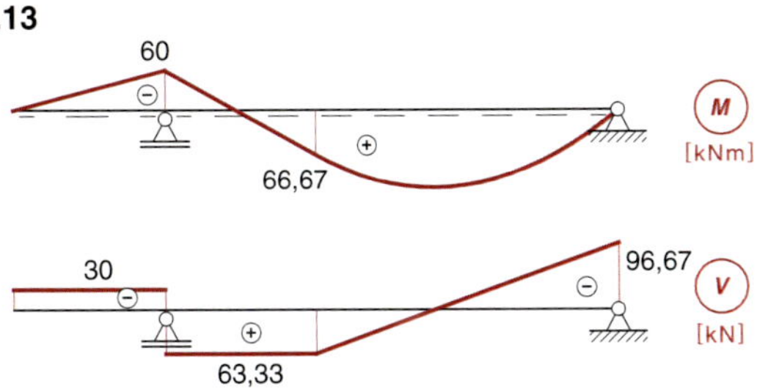

4.14

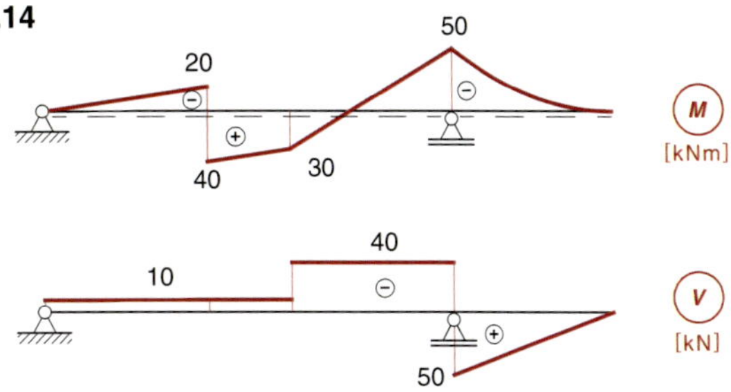

4.15

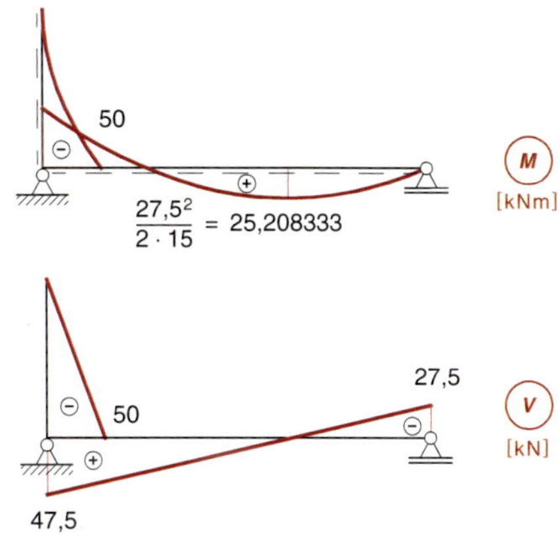

4.16

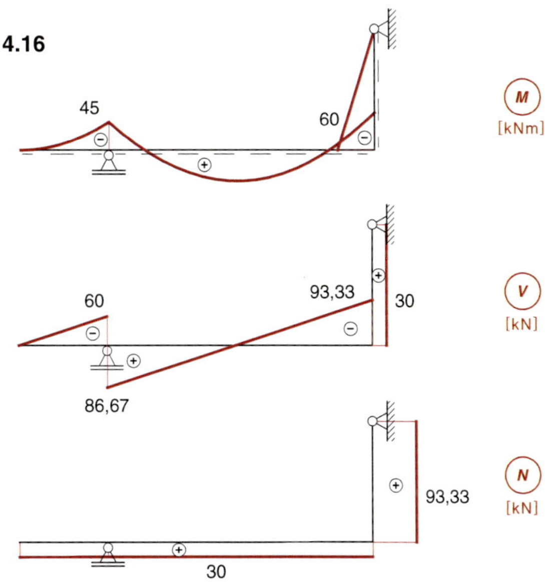

4.17

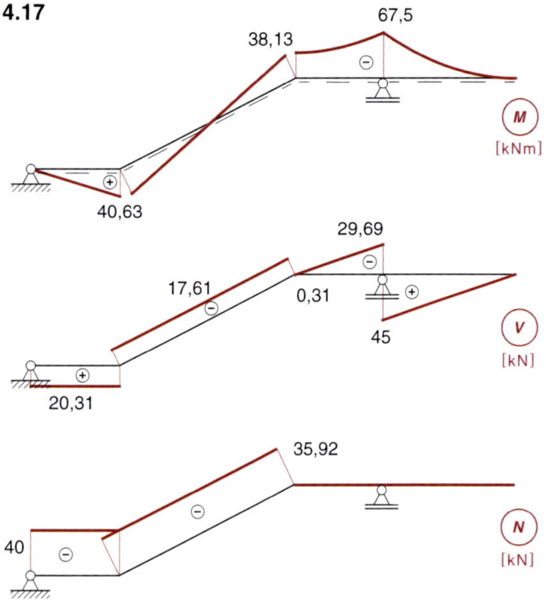

4.18

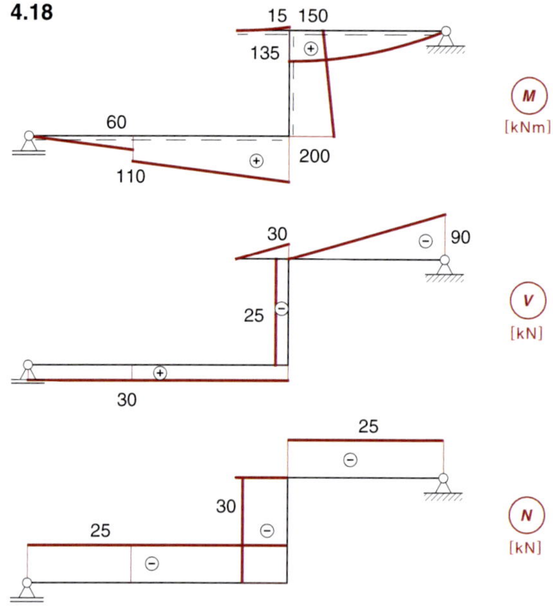

4.19

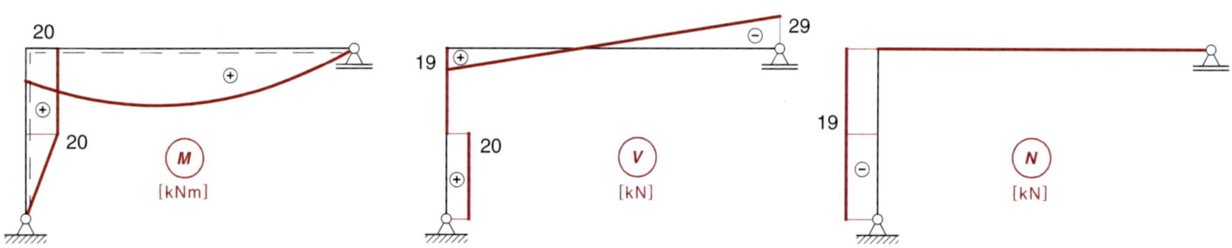

4.20

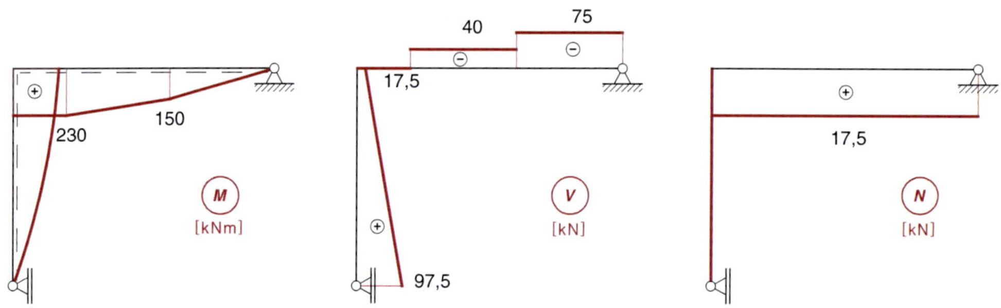

4.21

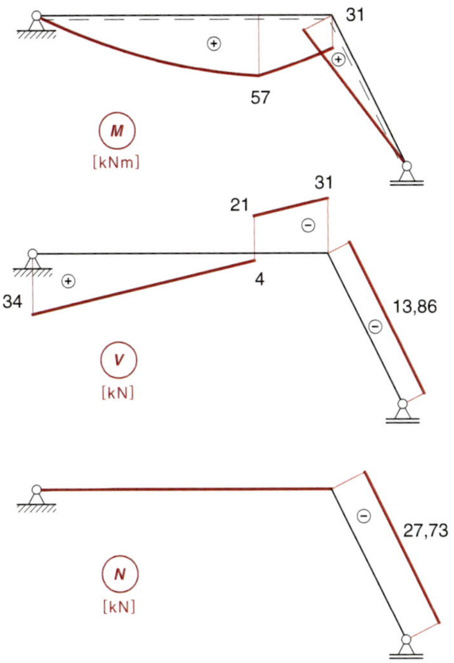

4.22

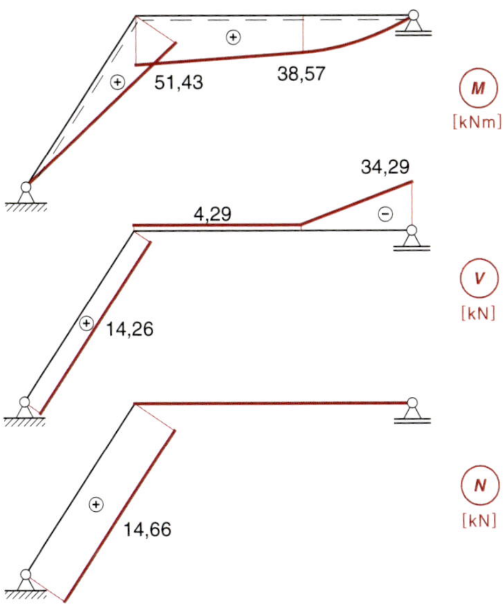

4.23

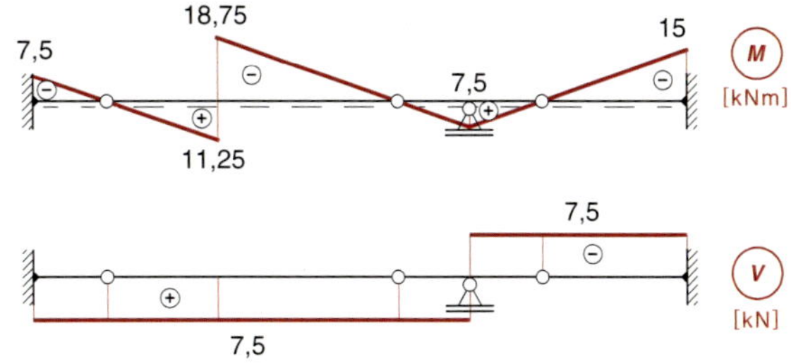

4.24

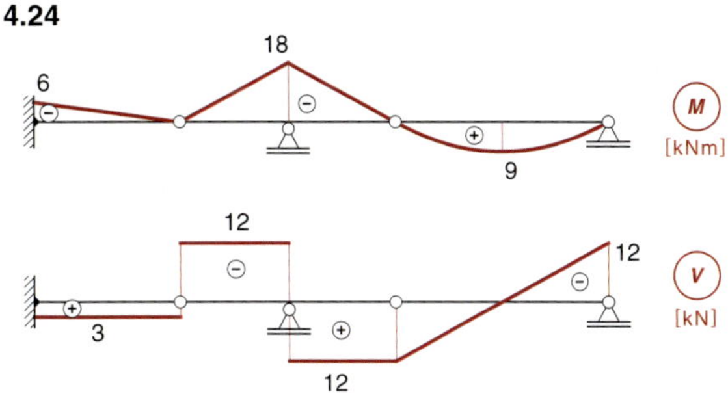

4.25

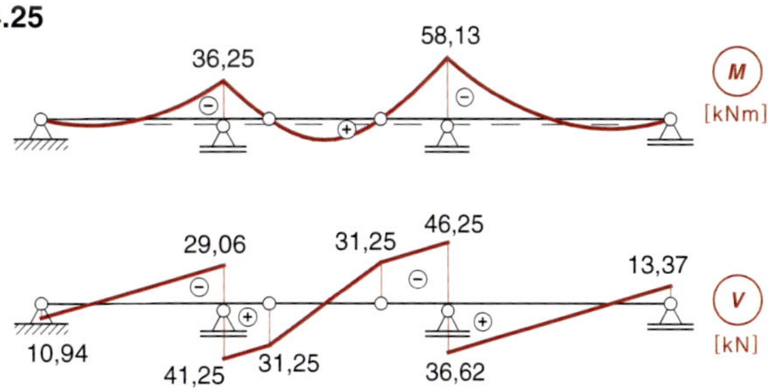

4.26

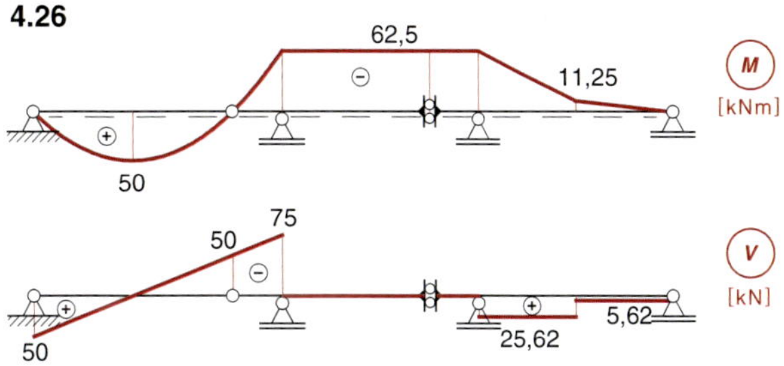

4.27

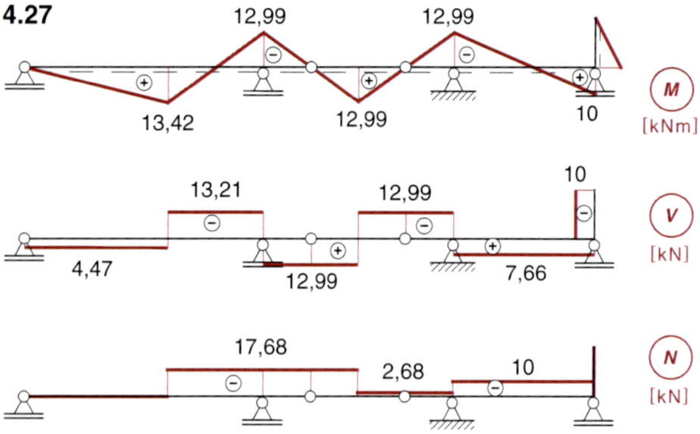

4.28

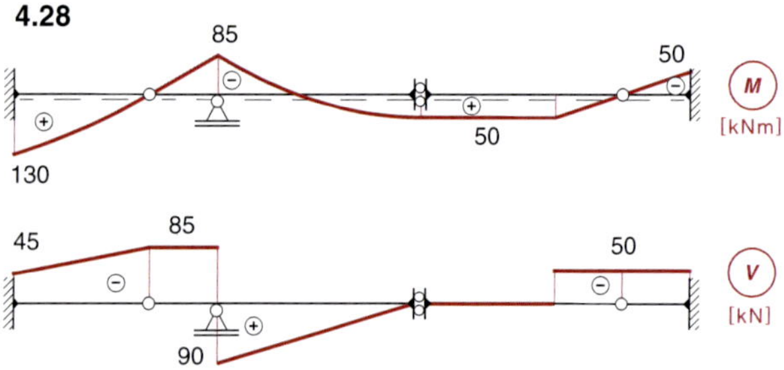

4.29

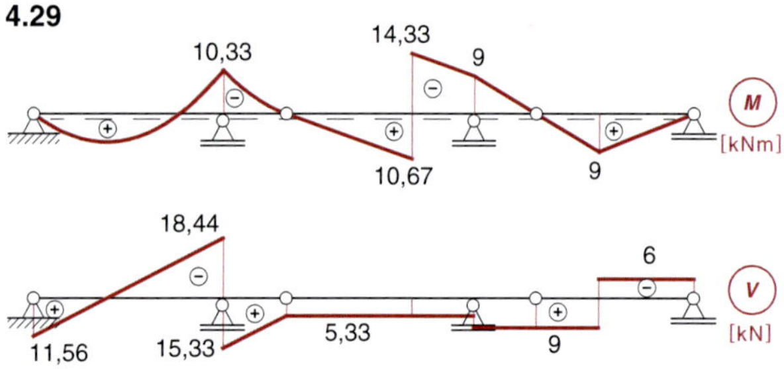

4.30

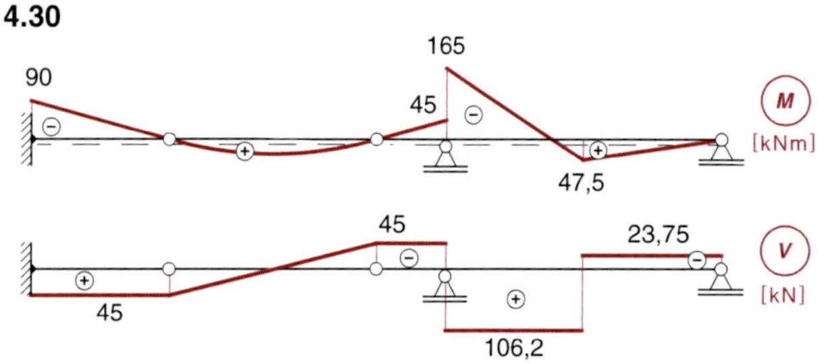

4.31

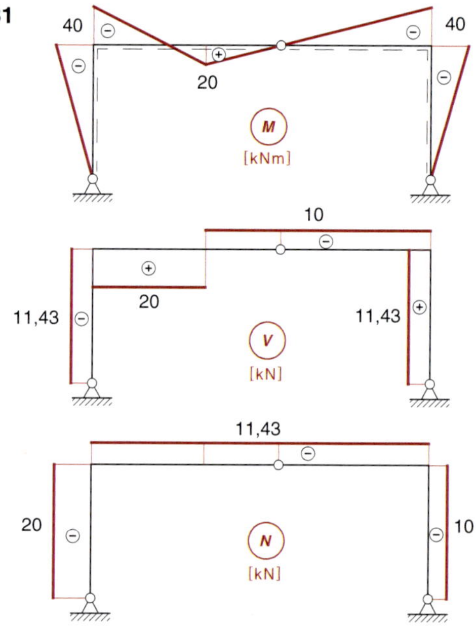

4.32

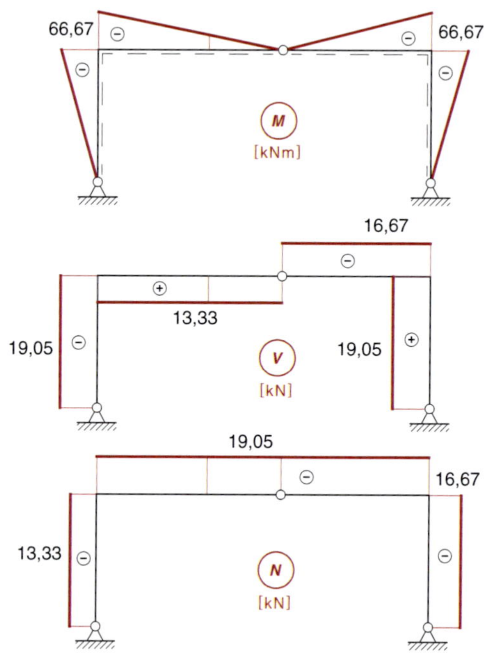

4.33

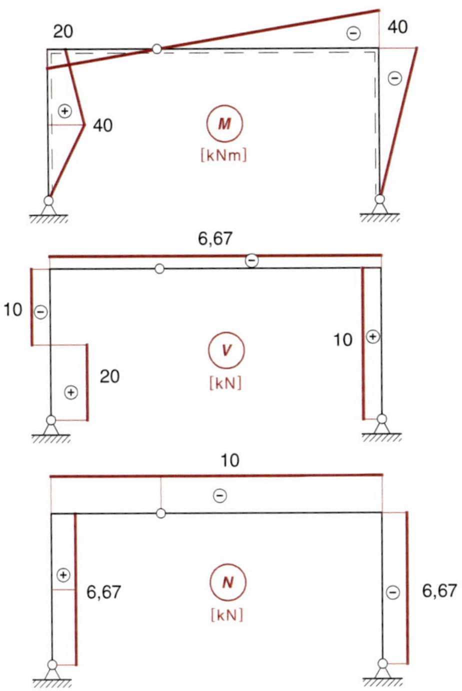
20
40
40
M
[kNm]
6,67
10
20
10
V
[kN]
10
6,67
6,67
N
[kN]

4.35

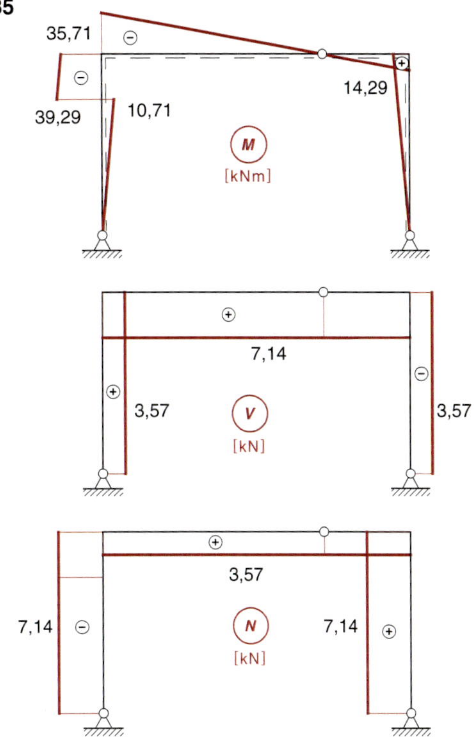
35,71
39,29
10,71
14,29
M
[kNm]
7,14
3,57
3,57
V
[kN]
3,57
7,14
7,14
N
[kN]

4.34

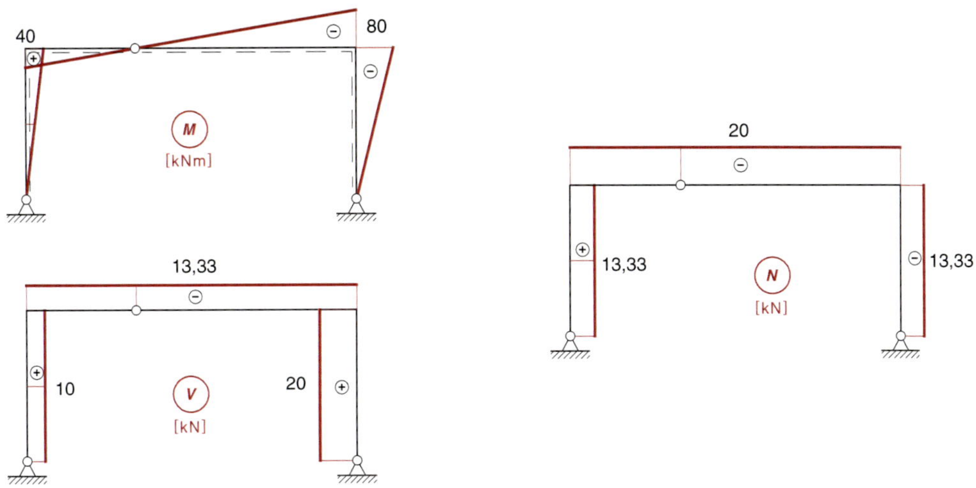
40
80
M
[kNm]
13,33
10
20
V
[kN]
20
13,33
13,33
N
[kN]

4.36

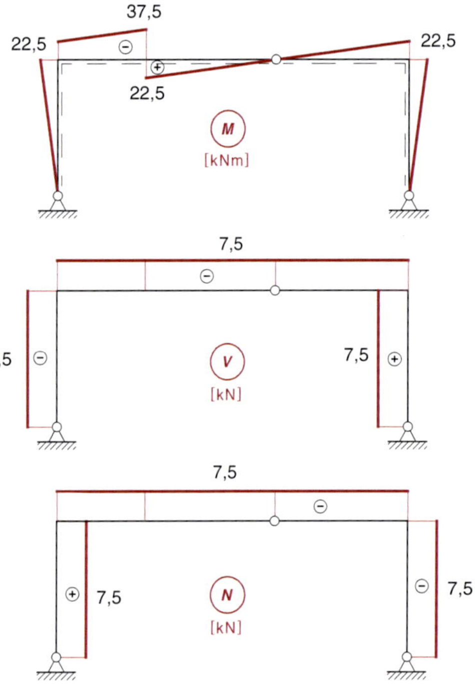
37,5
22,5
22,5
22,5
M
[kNm]
7,5
7,5
7,5
V
[kN]
7,5
7,5
7,5
N
[kN]

4.37

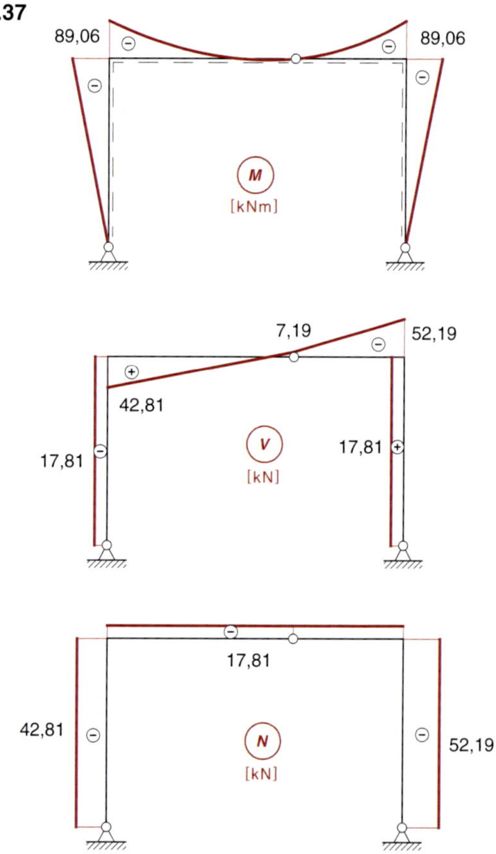
89,06
89,06
M
[kNm]
7,19
52,19
42,81
17,81
17,81
V
[kN]
17,81
42,81
52,19
N
[kN]

4.38

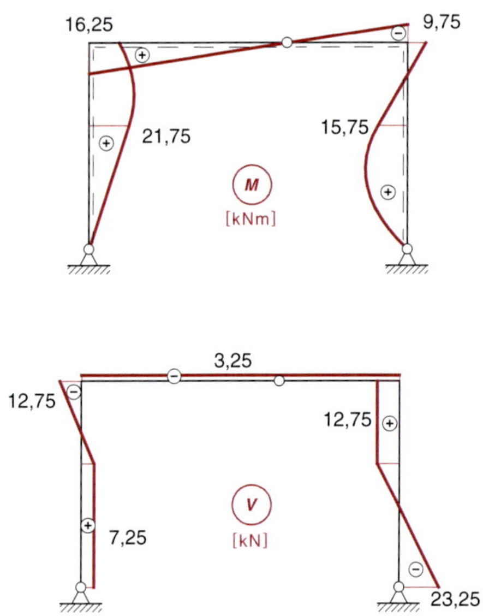
16,25
9,75
21,75
15,75
M
[kNm]
3,25
12,75
12,75
7,25
V
[kN]
23,25

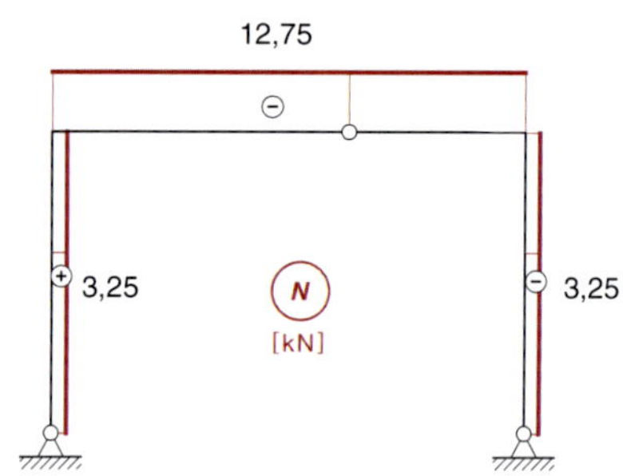
12,75
3,25
3,25
N
[kN]

4.39

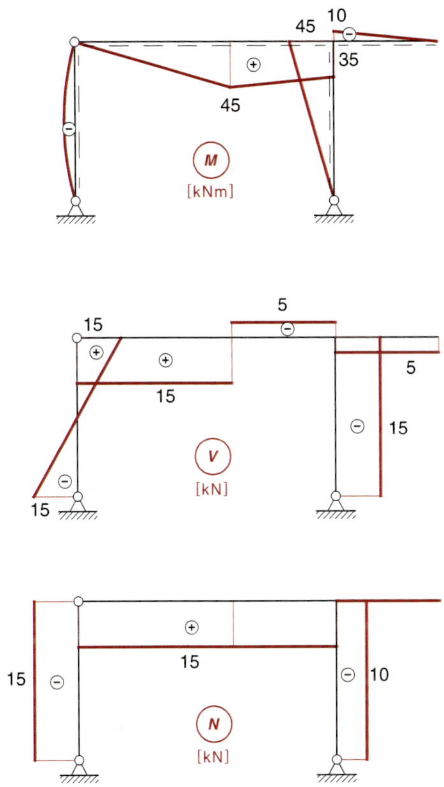
45
10
35
45
M
[kNm]
15
5
5
15
15
V
[kN]
15
15
15
10
N
[kN]

4.40

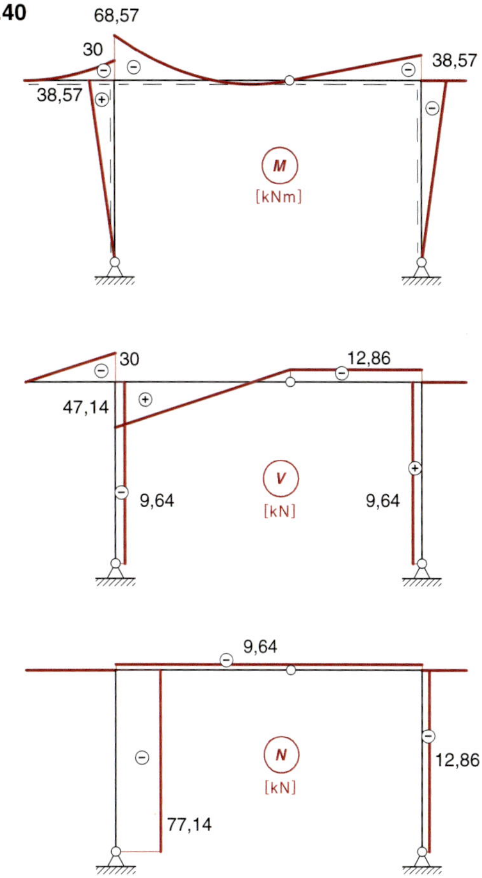
68,57
30
38,57
38,57
M
[kNm]
30
12,86
47,14
9,64
V
[kN]
9,64
9,64
N
[kN]
12,86
77,14

4.41

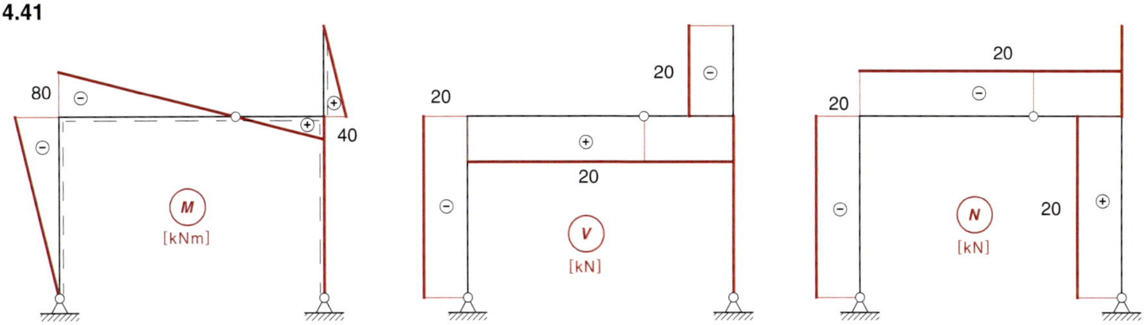
80
40
M
[kNm]
20
20
20
V
[kN]
20
20
20
N
[kN]

4.42

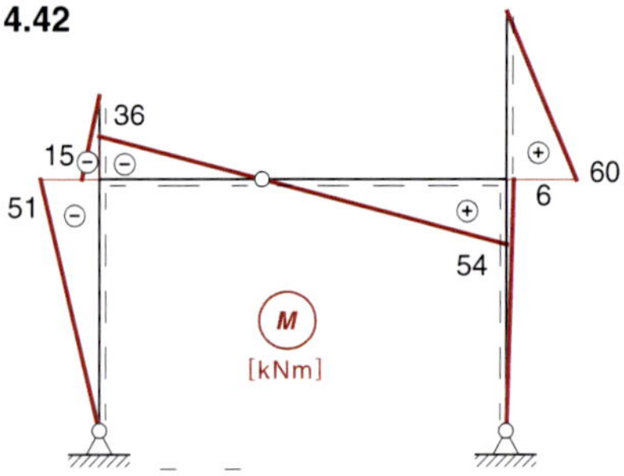
36
15
51
60
6
54
M
[kNm]

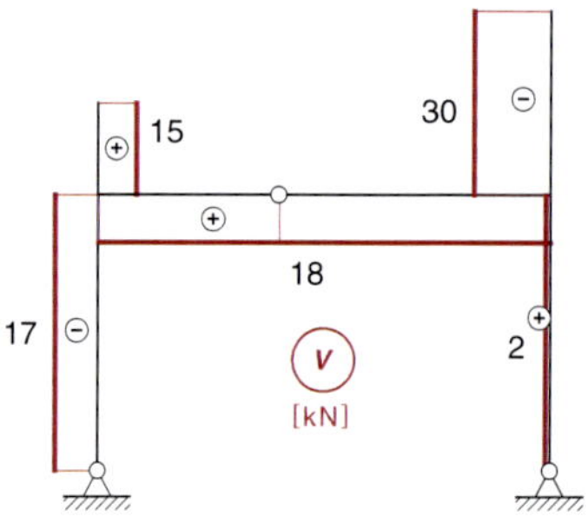
15
30
18
17
2
V
[kN]

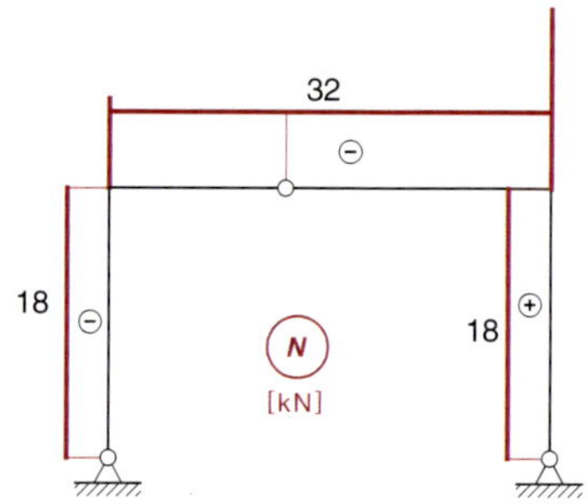
32
18
18
N
[kN]

4.43

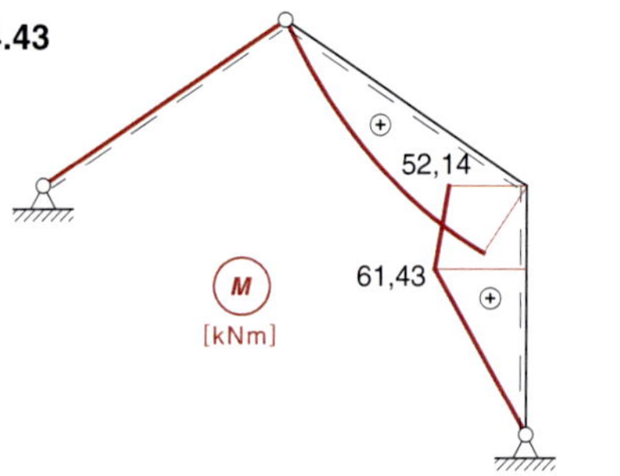
52,14
61,43
M
[kNm]

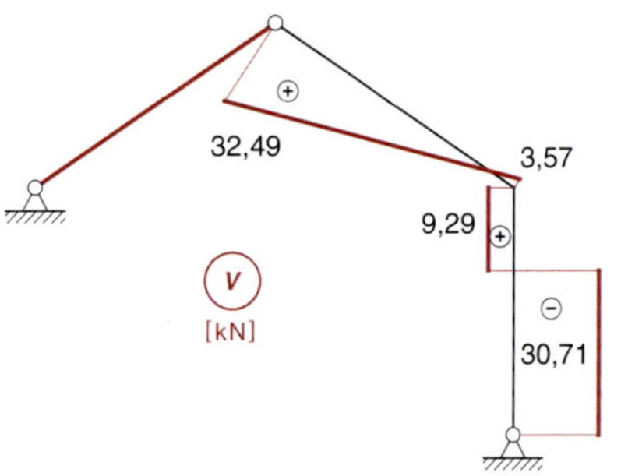
32,49
3,57
9,29
30,71
V
[kN]

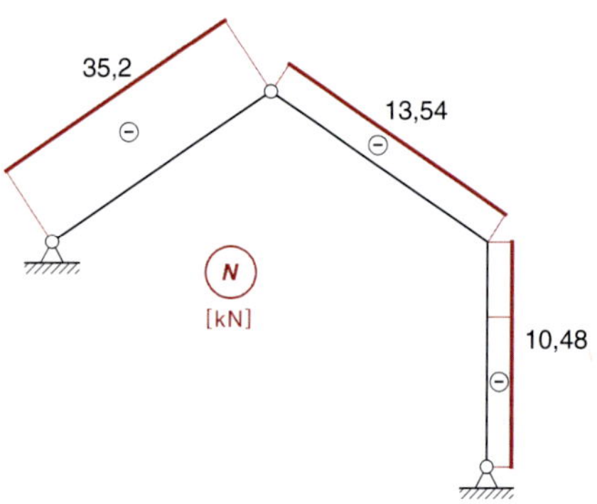
35,2
13,54
10,48
N
[kN]

4.44

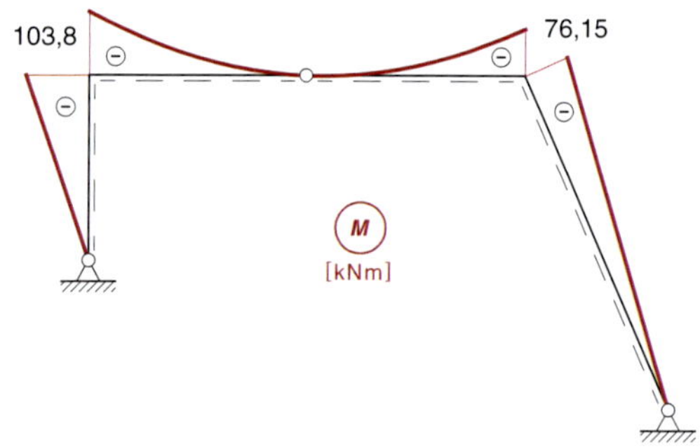
103,8
76,15
M
[kNm]

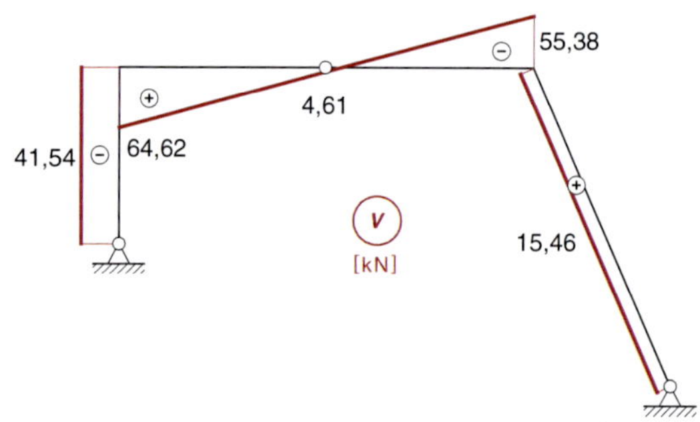
55,38
4,61
41,54
64,62
15,46
V
[kN]

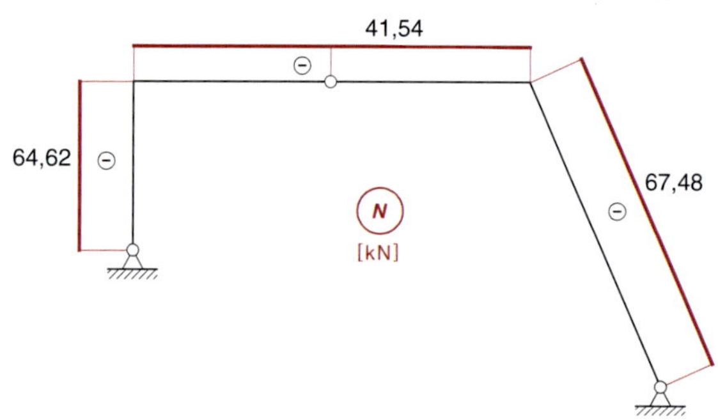
41,54
64,62
67,48
N
[kN]

4.45

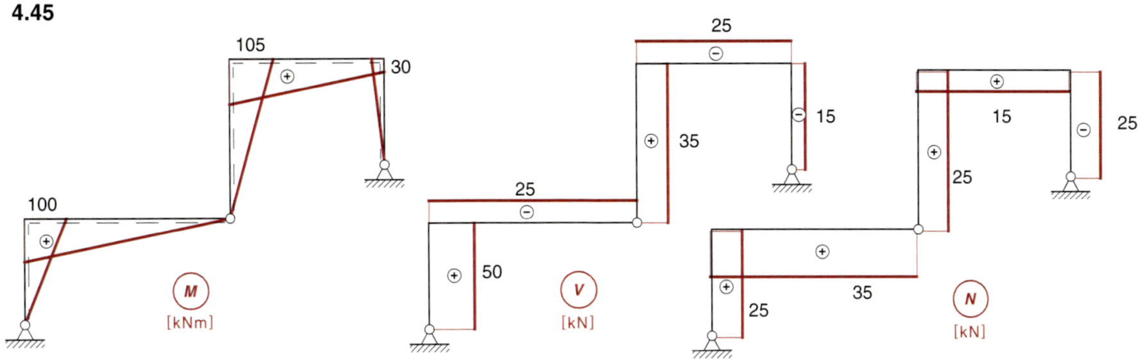
105
30
100
M
[kNm]
25
15
35
25
50
V
[kN]
15
25
25
35
25
N
[kN]

4.46

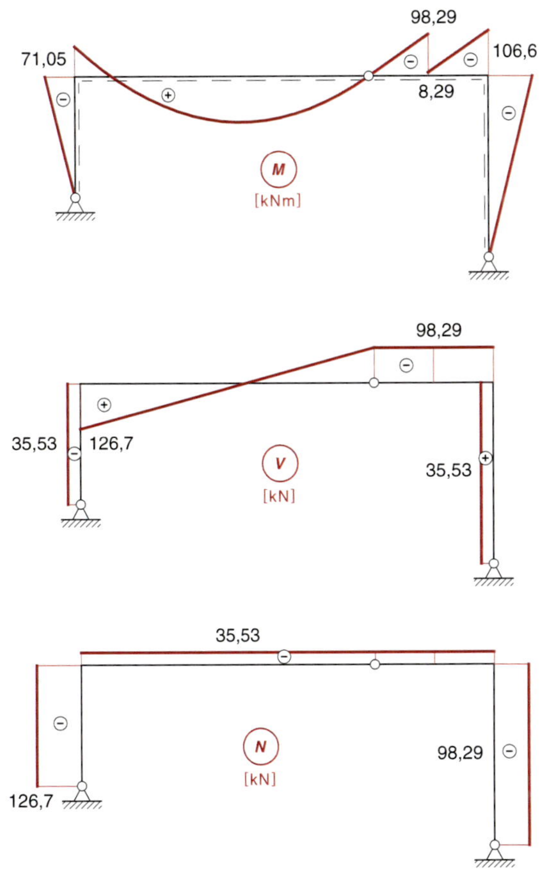
98,29
71,05
106,6
8,29
M
[kNm]
98,29
35,53
126,7
V
[kN]
35,53
35,53
N
[kN]
98,29
126,7

4.47

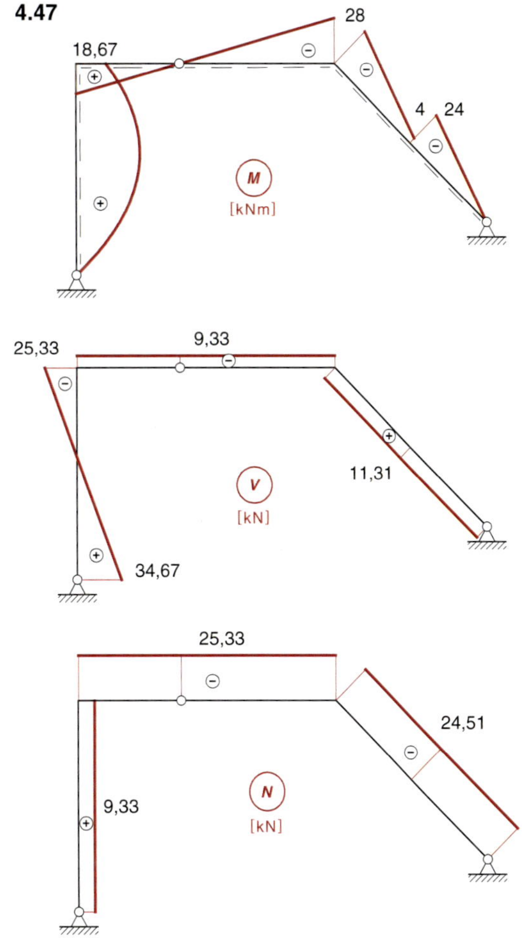
28
18,67
4
24
M
[kNm]
25,33
9,33
V
[kN]
11,31
34,67
25,33
24,51
N
[kN]
9,33

4.48

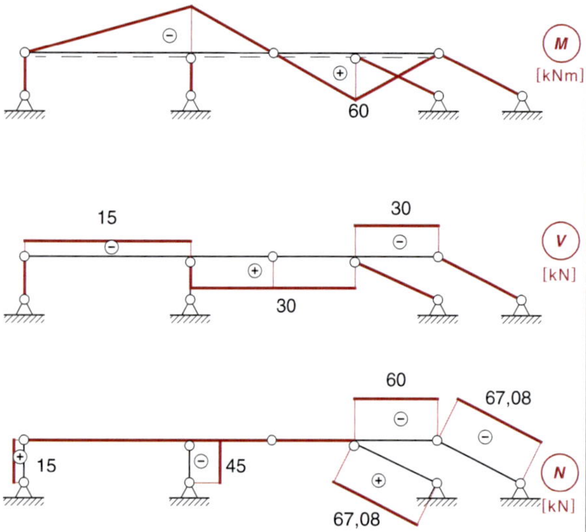

4.49

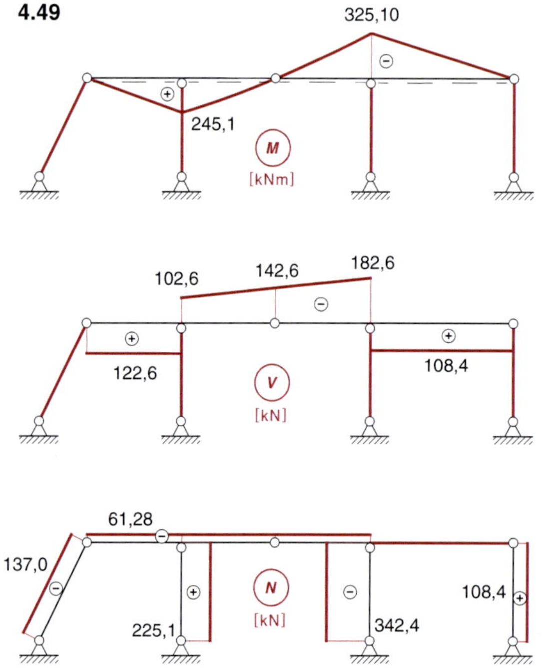

4.50

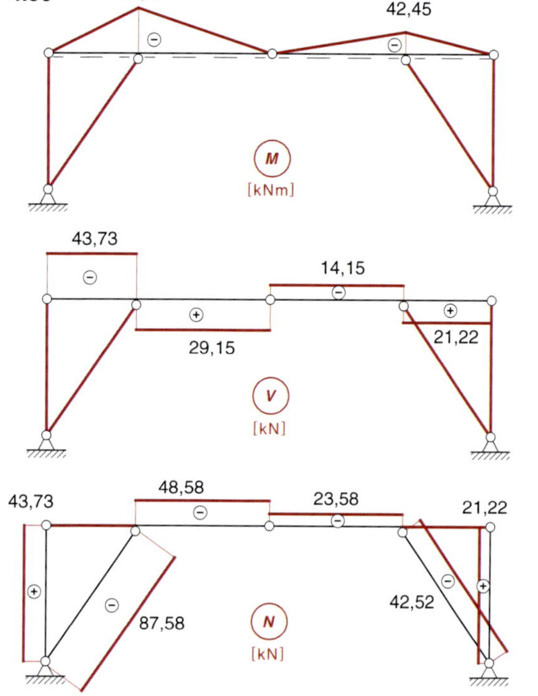

4.51

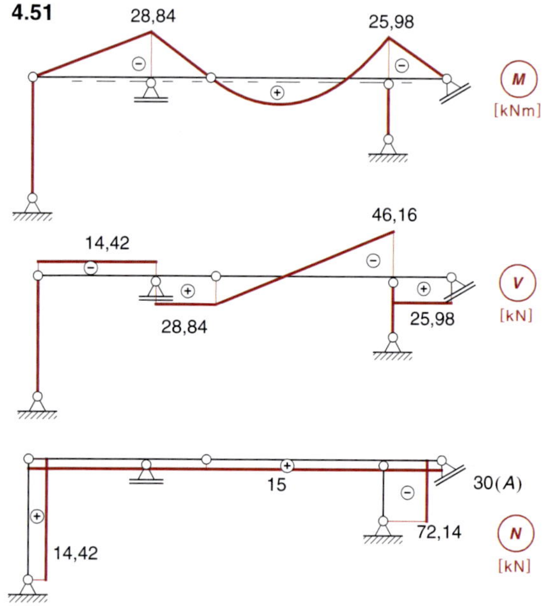

4.52

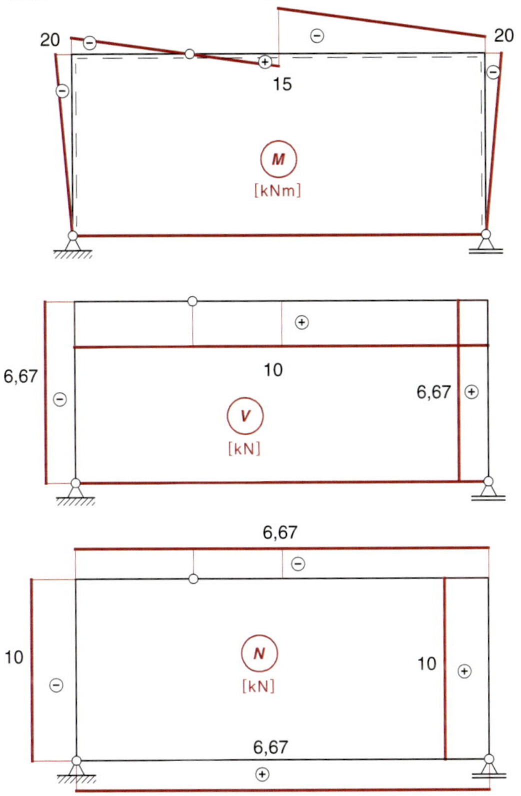
55
20
20
15
M
[kNm]
6,67
10
6,67
V
[kN]
6,67
10
N
[kN]
10
6,67

4.53

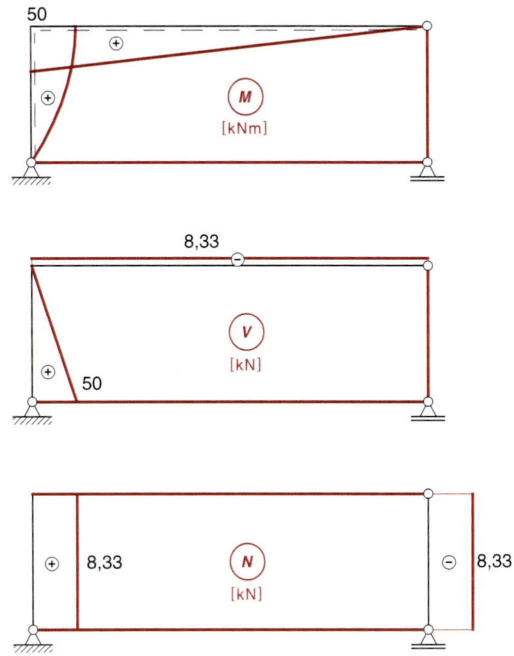
50
M
[kNm]
8,33
V
[kN]
50
8,33
N
[kN]
8,33

4.54

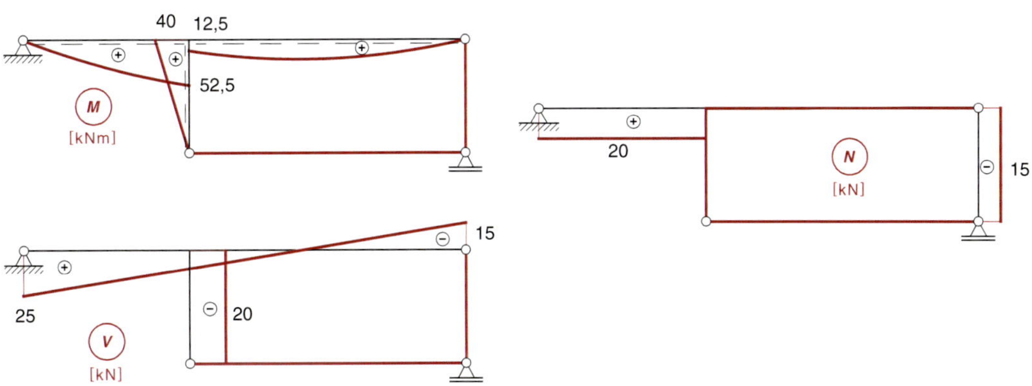
40
12,5
52,5
M
[kNm]
20
N
[kN]
15
15
25
20
V
[kN]

4.55

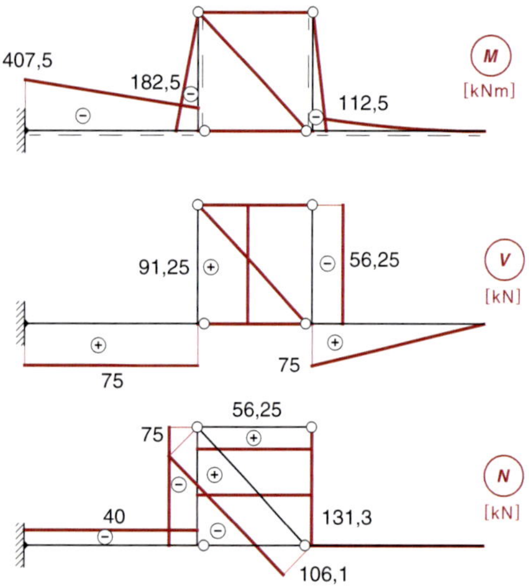
407,5
182,5
112,5
M
[kNm]
91,25
56,25
V
[kN]
75
75
56,25
75
40
131,3
N
[kN]
106,1

4.56

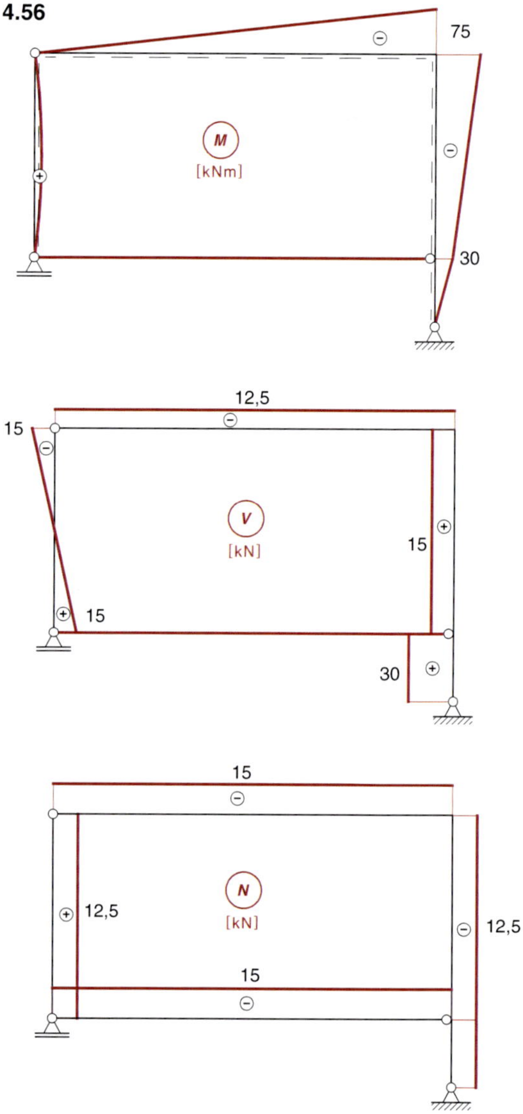
75
M
[kNm]
30
12,5
15
V
[kN]
15
15
30
15
12,5
N
[kN]
12,5
15

4.57

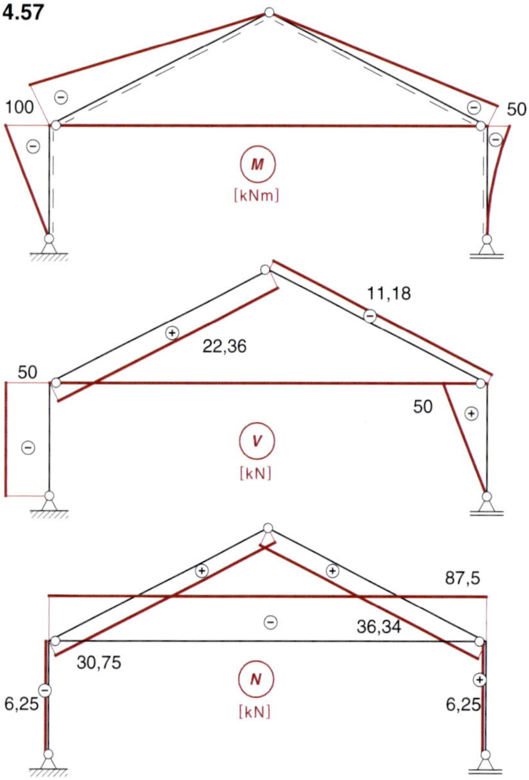
100
50
M
[kNm]
11,18
22,36
50
50
V
[kN]
87,5
36,34
30,75
6,25
N
[kN]
6,25

4.58

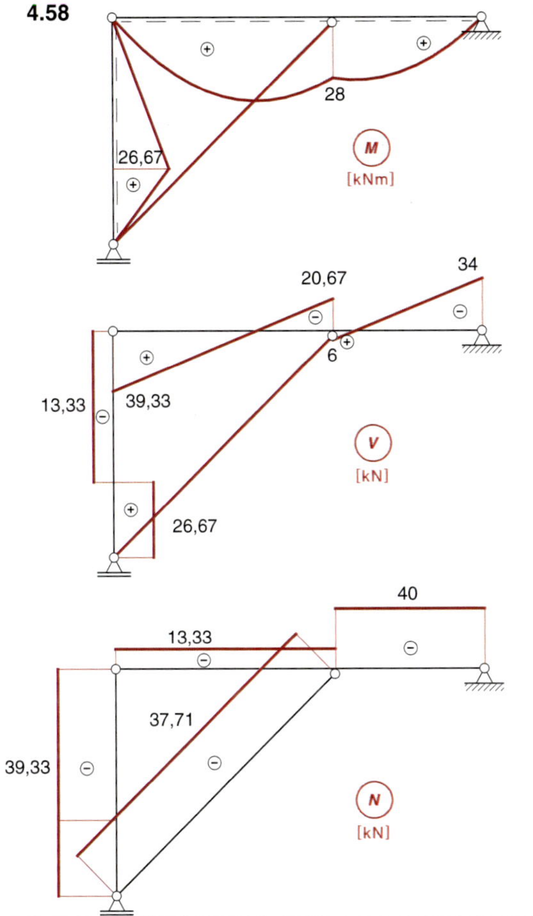
28
26,67
M
[kNm]
20,67
34
6
13,33
39,33
V
[kN]
26,67
40
13,33
37,71
39,33
N
[kN]

4.59

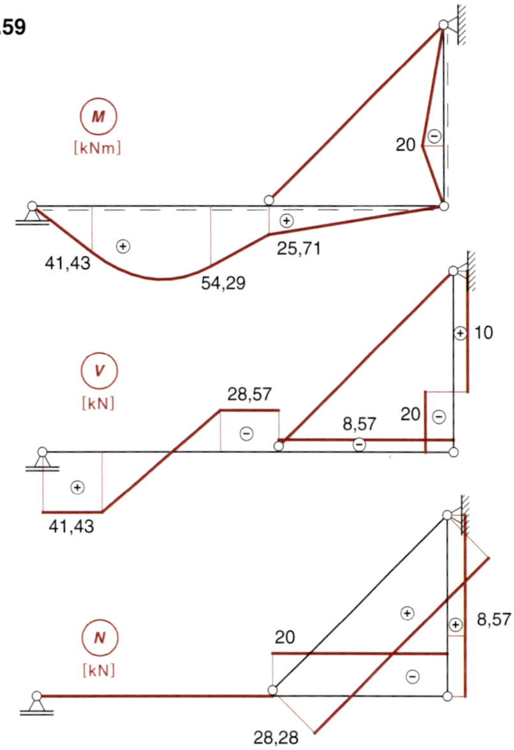
M
[kNm]
20
41,43
54,29
25,71
10
V
[kN]
28,57
8,57
20
41,43
N
[kN]
20
8,57
28,28

4.60

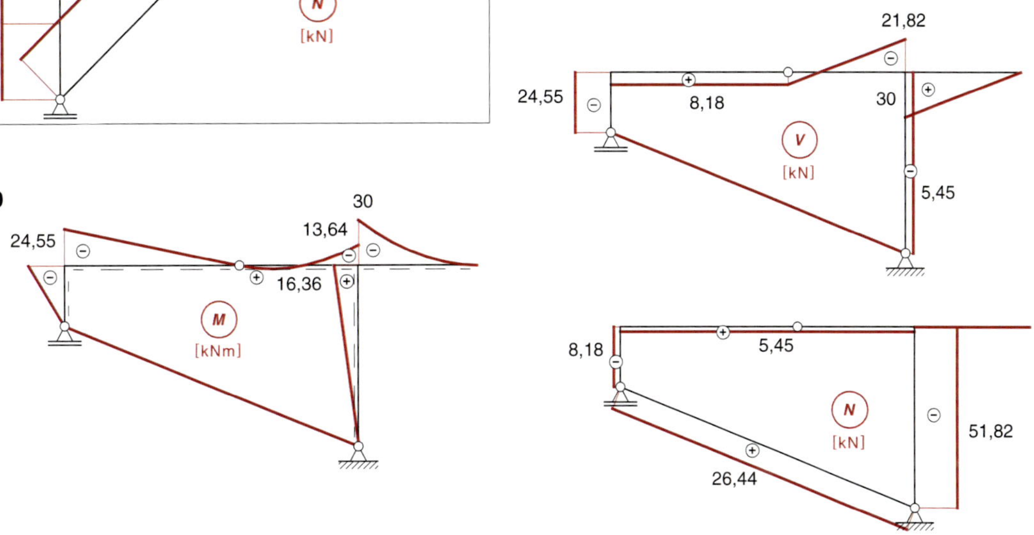
30
24,55
13,64
16,36
M
[kNm]
21,82
24,55
8,18
30
V
[kN]
5,45
8,18
5,45
N
[kN]
51,82
26,44

4.61

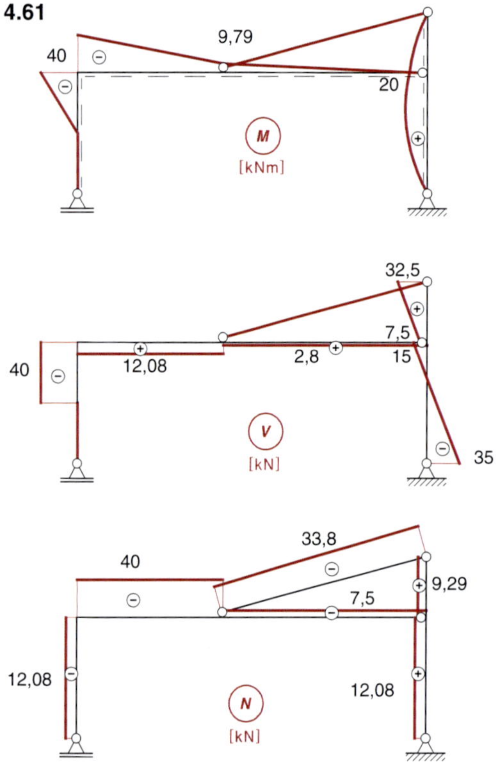
9,79
40
20
M
[kNm]
32,5
7,5
40
12,08
2,8
15
35
V
[kN]
33,8
40
9,29
7,5
12,08
12,08
N
[kN]

4.62

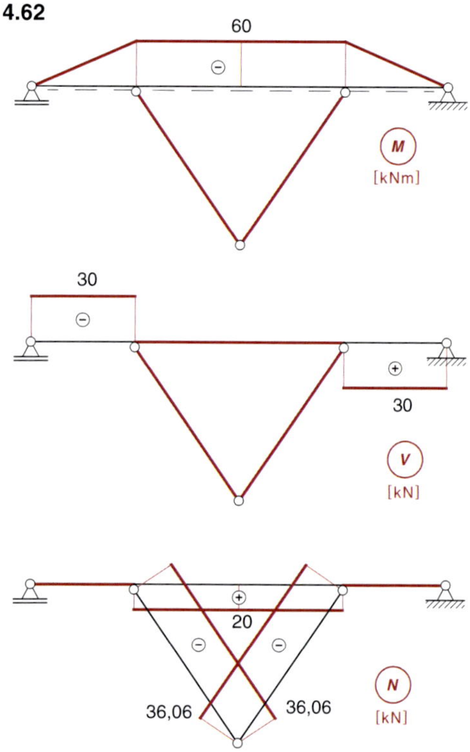
60
M
[kNm]
30
30
V
[kN]
20
36,06
36,06
N
[kN]

4.63

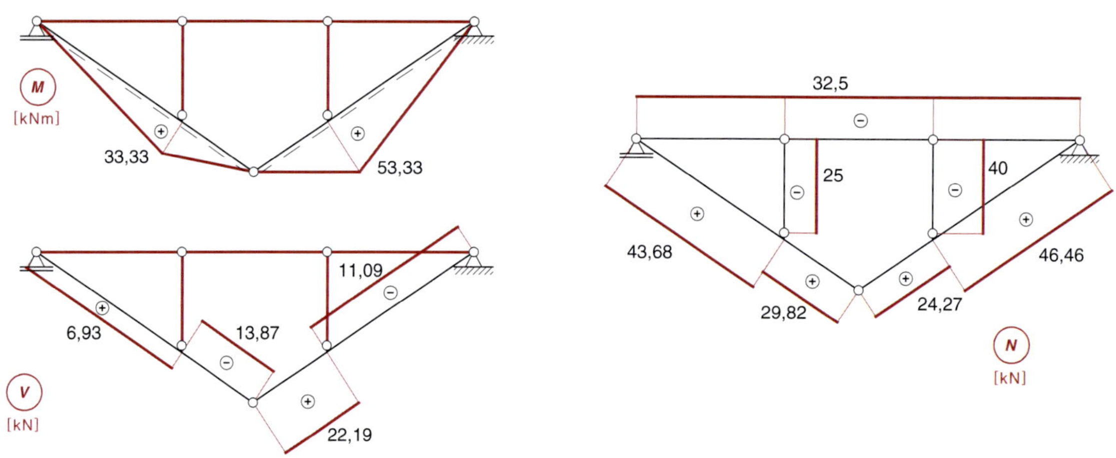
M
[kNm]
33,33
53,33
11,09
6,93
13,87
V
[kN]
22,19
32,5
25
40
43,68
46,46
29,82
24,27
N
[kN]

4.64

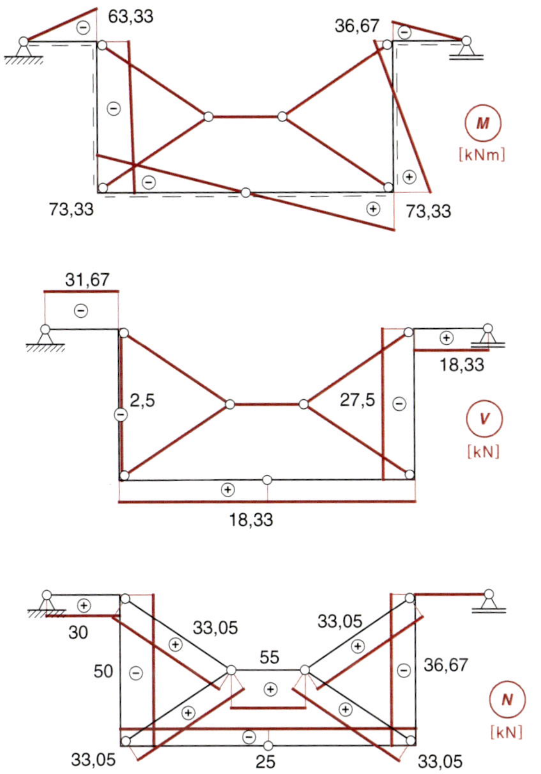
63,33
36,67
M
[kNm]
73,33
73,33
31,67
18,33
2,5
27,5
V
[kN]
18,33
30
33,05
33,05
55
50
36,67
N
[kN]
33,05
25
33,05

4.65

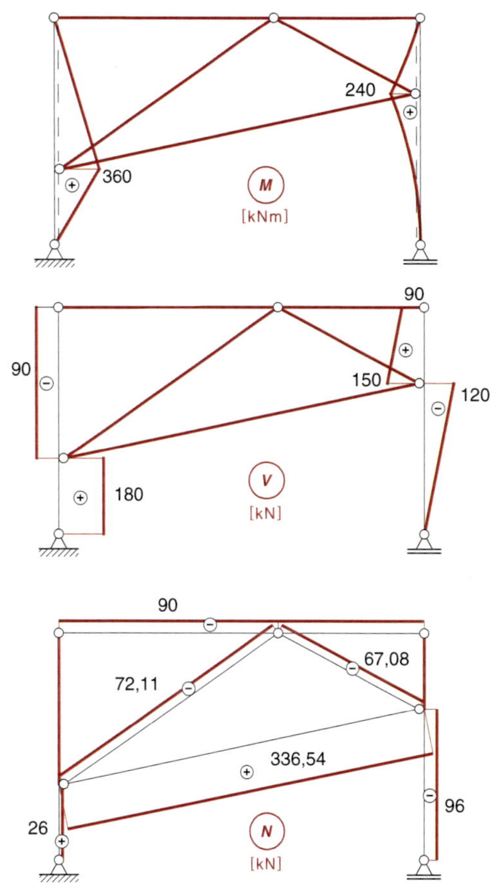
240
360
M
[kNm]
90
90
150
120
180
V
[kN]
90
72,11
67,08
336,54
26
96
N
[kN]

4.66

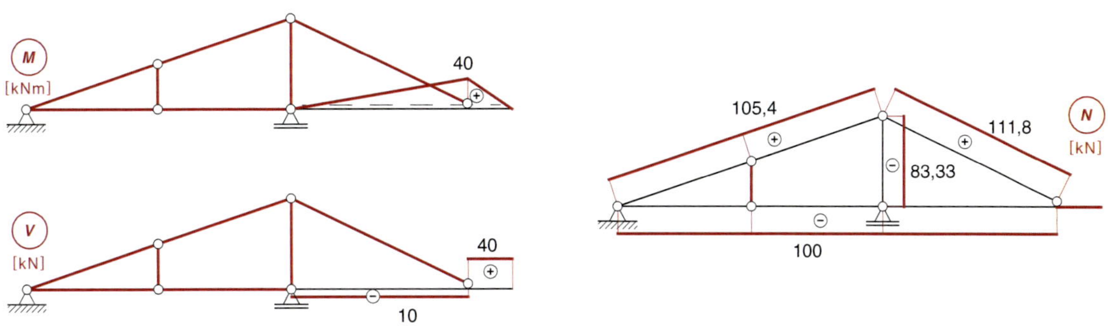
M
[kNm]
40
V
[kN]
40
10
105,4
111,8
N
[kN]
83,33
100

4.67

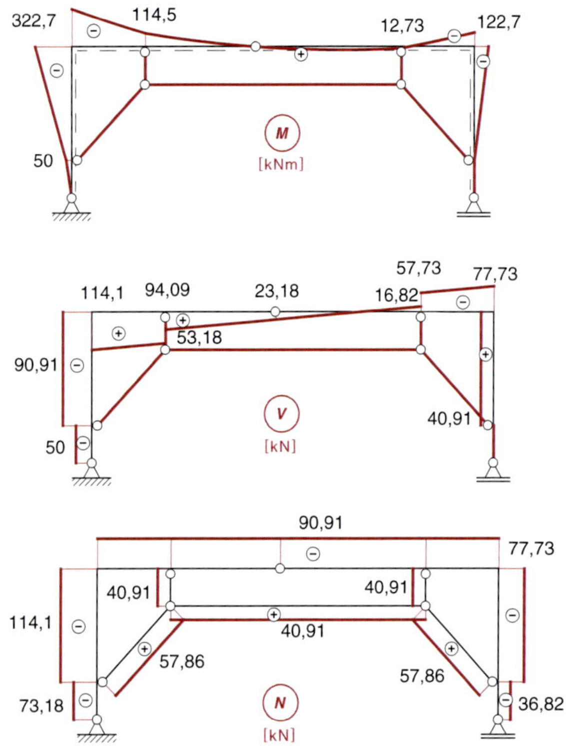

322,7
114,5
12,73
122,7
50
M
[kNm]
114,1
94,09
23,18
57,73
16,82
77,73
53,18
90,91
40,91
50
V
[kN]
90,91
77,73
40,91
40,91
114,1
40,91
57,86
57,86
73,18
36,82
N
[kN]

4.68

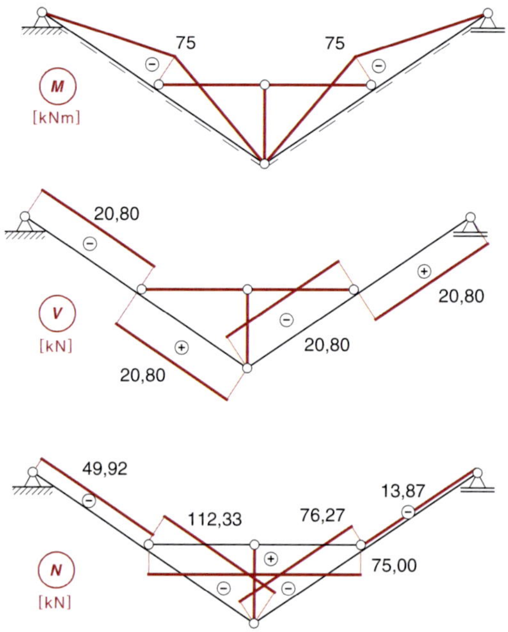

75
75
M
[kNm]
20,80
20,80
V
[kN]
20,80
20,80
49,92
13,87
112,33
76,27
75,00
N
[kN]

4.69

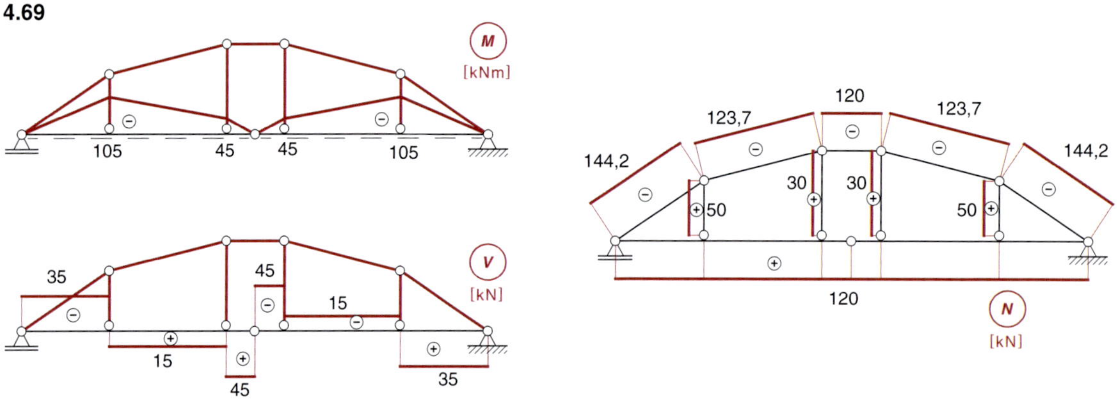

M
[kNm]
105
45
45
105
35
45
15
V
[kN]
15
45
35
120
123,7
123,7
144,2
144,2
30
30
50
50
120
N
[kN]

4.70

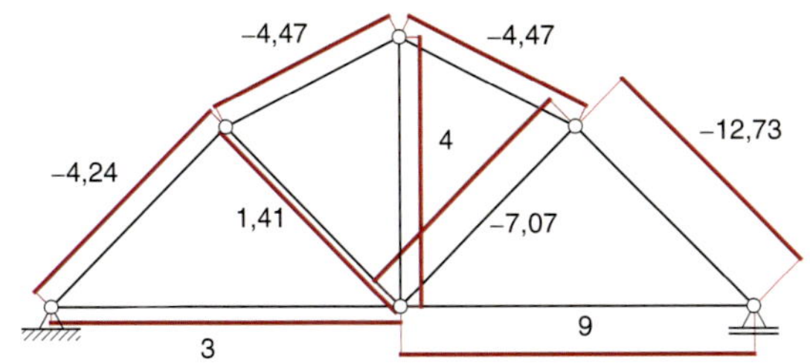

4.71

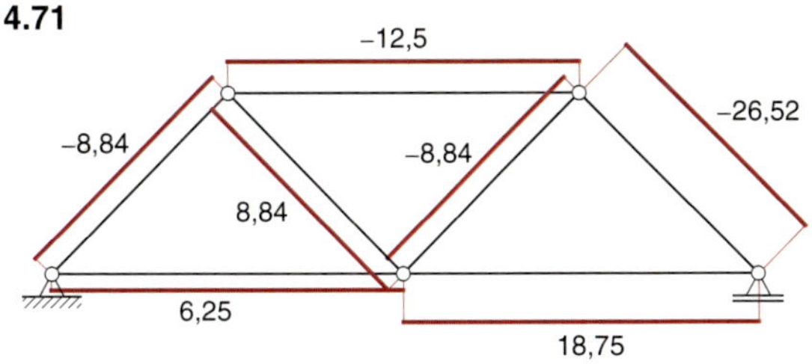

4.72

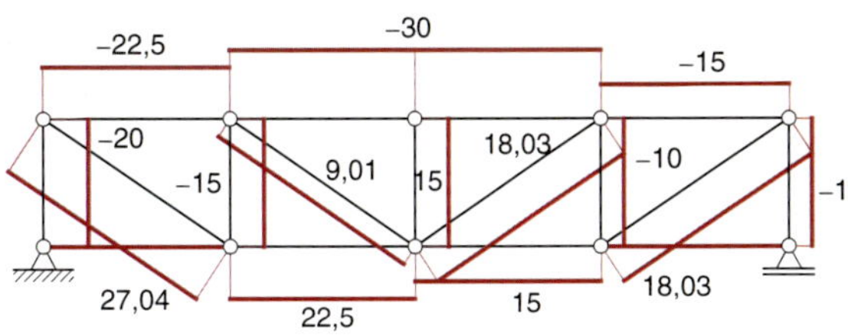

4.73

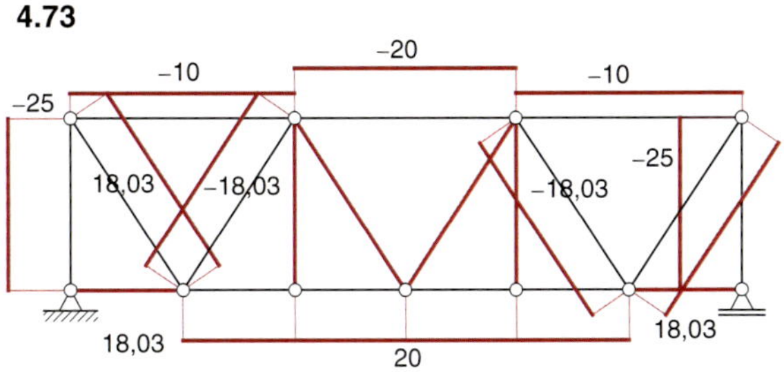

4.74

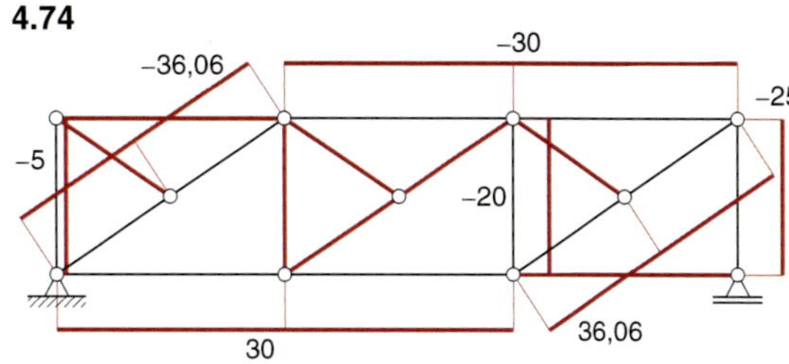

4.75

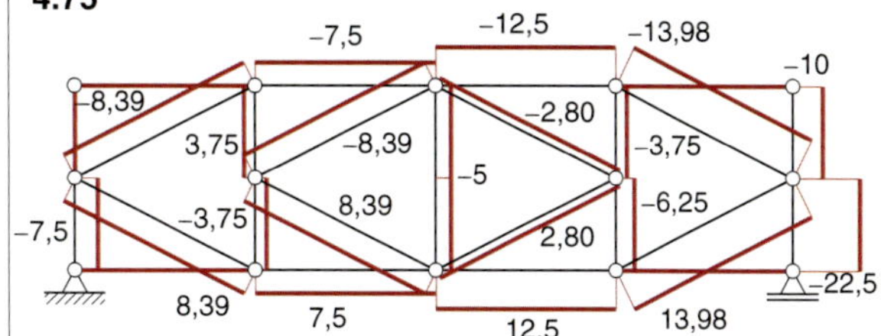

4.76

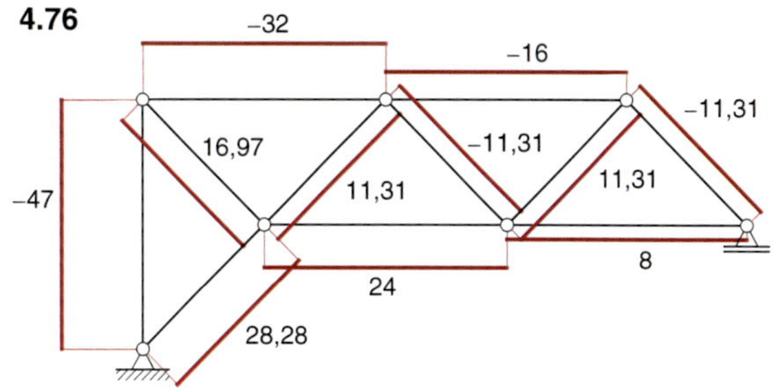

4.77

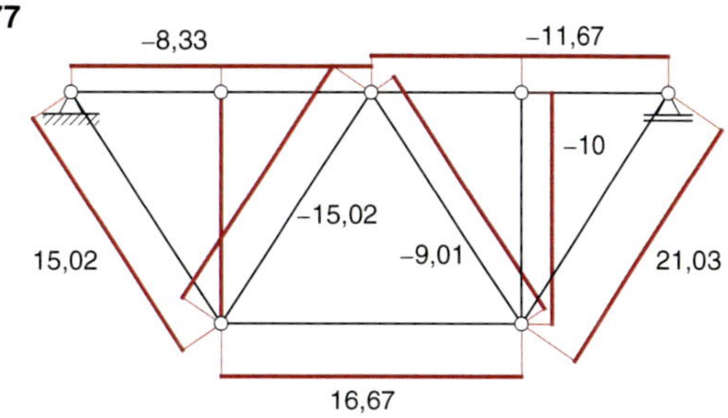

4.78

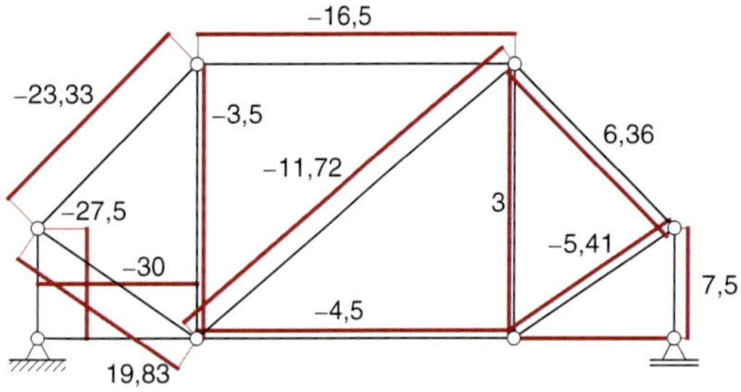

4.79

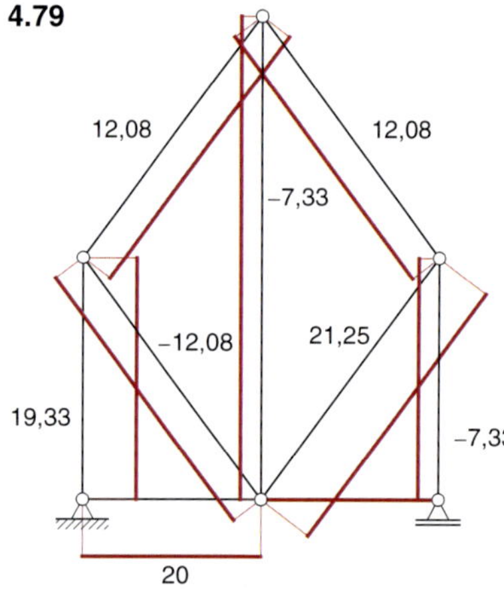

5.1

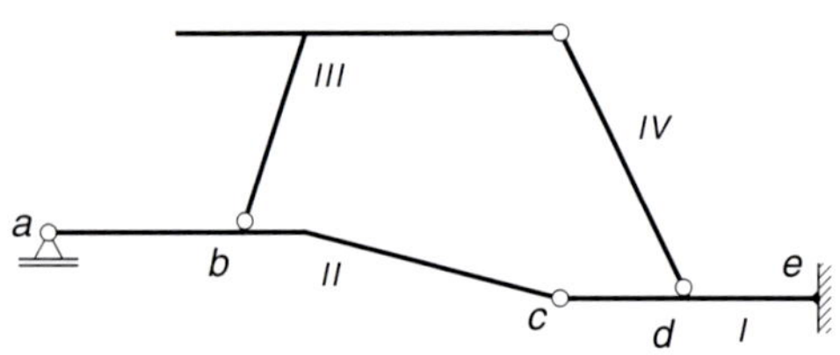

1. Kragarm *I* ist stat. best. und unverschieblich ⇒ Punkt *c* fest, 2-wertiges Lager für *II*, Punkt *d* fest, 2-wertiges Lager für *IV*
2. *II* bildet einen Balken auf zwei Stützen, 2-wertig in *c,* 1-wertig in a. ⇒ Punkt *b* fest, 2-wertiges Lager für *III*
3. *III* und *IV* bilden einen Dreigelenkrahmen

5.2

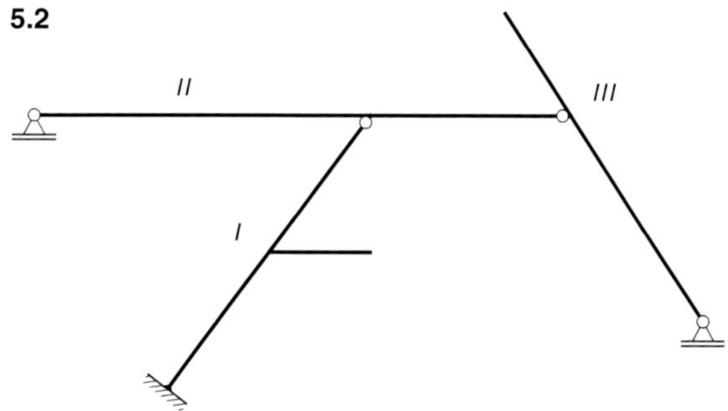

1. Kragarm *I* ist stat. best. und unverschieblich ⇒ Gelenk fest, 2-wertiges Lager für *II*
2. *II* an Kragarmspitze 2-wertig und links 1-wertig gelagert ⇒ Balken auf zwei Stützen
3. *III* am oberen Gelenk 2-wertig und unten 1-wertig gelagert ⇒ Balken auf zwei Stützen

5.3

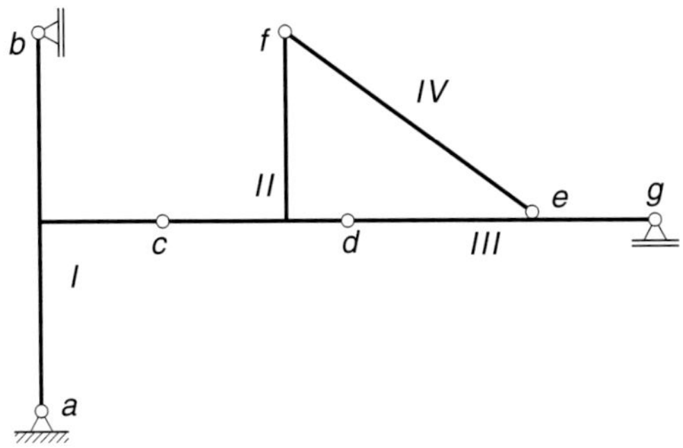

1. *I* ist in *a* 2-wertig und in *b* 1-wertig gelagert ⇒ Balken auf zwei Stützen mit Kragarm ⇒ Punkt *c* fest, 2-wertiges Lager

2. *II, III* und *IV* bilden ein in sich unverschiebliches Gelenkdreieck mit den Gelenken *d*, *e* und *f* und damit eine Gesamtscheibe

3. Die Gesamtscheibe *II, III, IV* ist in *c* 2-wertig und in *g* 1-wertig gelagert ⇒ Balken auf zwei Stützen.

5.4

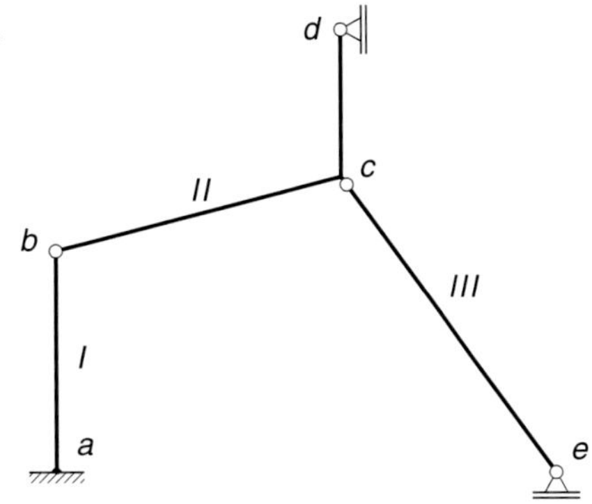

1. Kragarm *I* ist stat. best. und unverschieblich ⇒ Gelenk *b* fest, 2-wertiges Lager für *II*

2. *II* ist in *b* 2-wertig und in *d* 1-wertig gelagert ⇒ Balken auf zwei Stützen ⇒ Gelenk *c* fest, 2-wertiges Lager für *III*

3. *III* ist in *c* 2-wertig und in *e* 1-wertig gelagert ⇒ Balken auf zwei Stützen

6.1

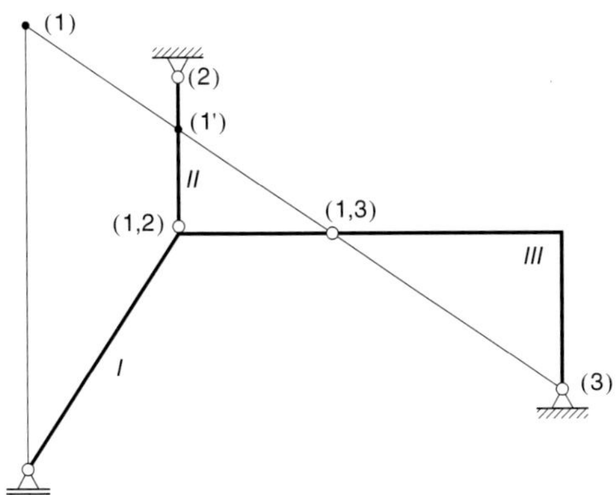

(2), (3): [ ], (1,2), (1,3), Gelenke

(1) $\begin{bmatrix}(3)-(1,3)\\ \end{bmatrix}$, (1') $\begin{bmatrix}(3)-(1,3)\\(2)-(1,2)\end{bmatrix}$,

zwei Absolutpole (1) ⇒ Scheibe *I* ist fest.

(1,3) → (3') und (1,2) → (2'), weitere Absolutpole für die Scheiben *II* und *III* ⇒ Scheiben *II* und *III* sind fest.

6.2

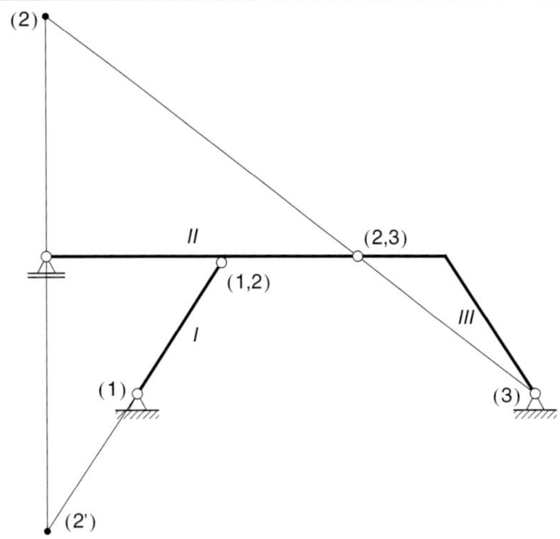

(1), (3): [ ], (1,2), (2,3), Gelenke

(2) $\begin{bmatrix}(3)-(2,3)\\ \end{bmatrix}$, (2') $\begin{bmatrix}(1)-(1,2)\\ \end{bmatrix}$,

zwei Absolutpole (2) ⇒ Scheibe *II* ist fest.

(2,3) → (3') und (1,2) → (1'), weitere Absolutpole für die Scheiben *I* und *III* ⇒ Scheiben *I* und *III* sind fest.

6.3

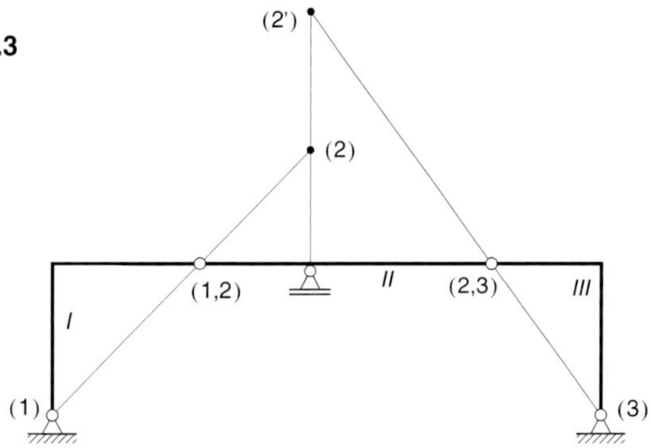

(1), (3): [Lager], (1,2), (1,3), Gelenke

(2) [(3) – (2,3) ⊥ Lager], (2') [(1) – (1,2) ⊥ Lager],

zwei Absolutpole (2) $\Rightarrow$ Scheibe *II* ist fest.

(2,3) $\rightarrow$ (3') und (1,2) $\rightarrow$ (1'), weitere Absolutpole für die Scheiben *I* und *III* $\Rightarrow$ Scheiben *I* und *III* sind fest.

7.1

$\varphi_1 = \varphi \qquad \varphi_2 = \frac{3}{4}\varphi$

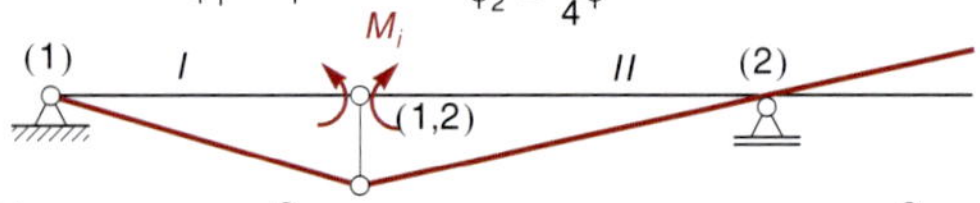

$$\overline{W} = -M_i \cdot \varphi - M_i \cdot \frac{3}{4}\varphi + 30 \cdot \varphi \cdot 3 + 15 \cdot 3 \cdot \varphi \cdot 1{,}5 + 15 \cdot 6 \cdot \frac{3}{4}\varphi \cdot 1 = 0$$

$\Rightarrow M_i = 128{,}57$

$\varphi_1 = \varphi_2 = \varphi$

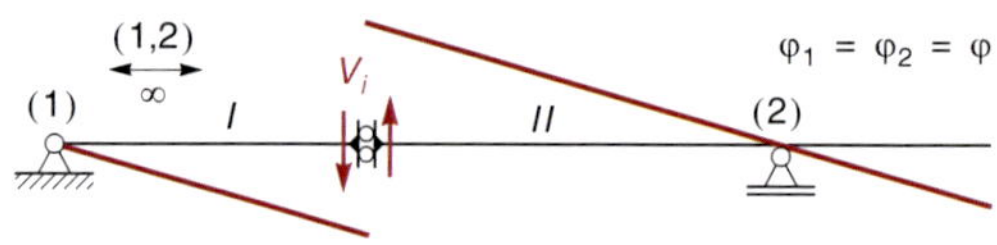

$$\overline{W} = V_i \cdot \varphi \cdot 3 + V_i \cdot \varphi \cdot 4 + 30 \cdot \varphi \cdot 3 + 15 \cdot 3 \cdot \varphi \cdot 1{,}5 - 15 \cdot 6 \cdot \varphi \cdot 1 = 0$$

$\Rightarrow V_i = -9{,}643$

7.2

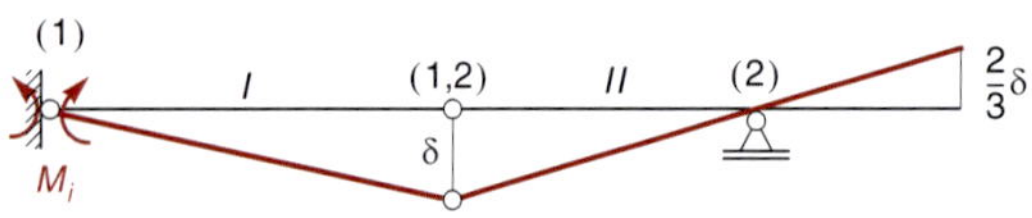

$$\overline{W} = M_i \cdot \frac{\delta}{4} + 40 \cdot 4 \cdot \frac{\delta}{2} - 50 \cdot \frac{\delta}{3} - 20 \cdot \frac{2}{3}\delta = 0$$

$\Rightarrow M_i = -200$

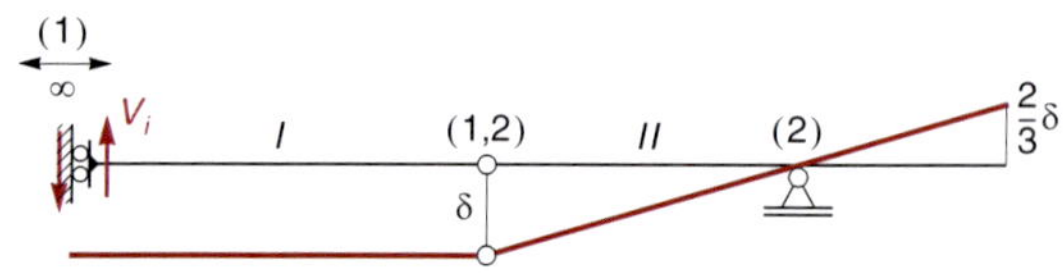

$$\overline{W} = -V_i \cdot \delta + 40 \cdot 4 \cdot \delta - 50 \cdot \frac{\delta}{3} - 20 \cdot \frac{2}{3}\delta = 0$$

$\Rightarrow V_i = 130$

7.3

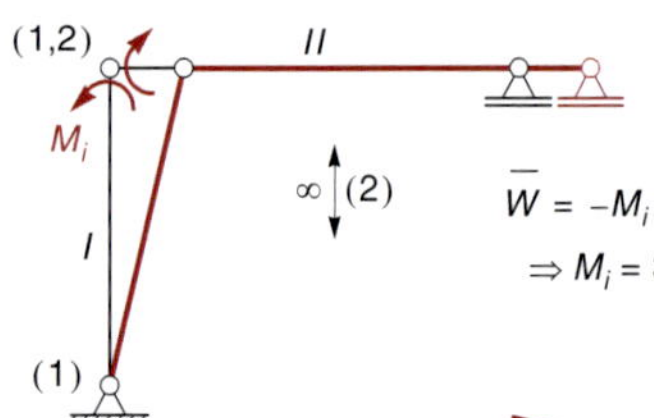

$$\overline{W} = -M_i \cdot \varphi + 10 \cdot \varphi \cdot 3 = 0$$

$\Rightarrow M_i = 30$

$\varphi_1 = \varphi_2 = \varphi$

$$\overline{W} = V_i \cdot \varphi \cdot 4 + 10 \cdot \varphi \cdot 3 = 0$$

$\Rightarrow V_i = -7{,}5$

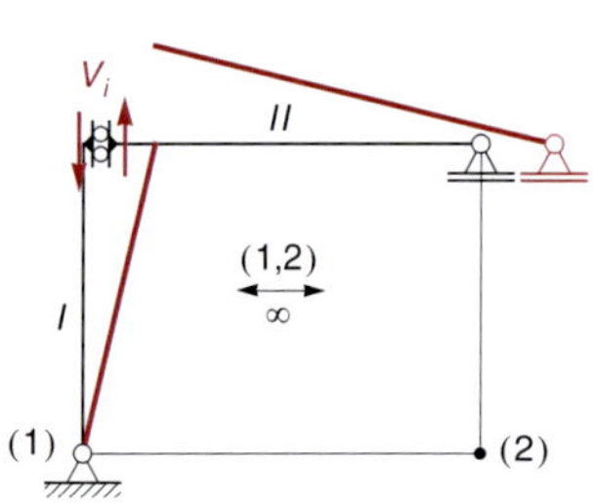

7.4

$\varphi_1 = \varphi$

$\varphi_2 = \varphi \cdot \frac{6}{3} = 2\varphi = \varphi_3$

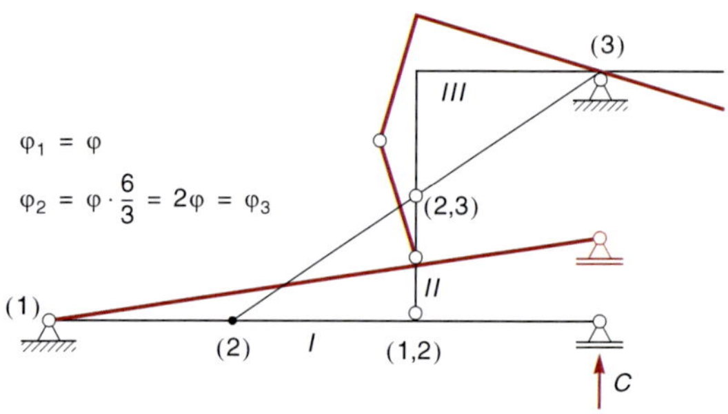

$$\overline{W} = C \cdot \varphi \cdot 9 - 30 \cdot \varphi \cdot 4 - 15 \cdot 2 \cdot 2\varphi \cdot 1 - 15 \cdot 2 \cdot 2\varphi \cdot 1 - 45 \cdot 2\varphi = 0$$

$\Rightarrow C = 36{,}666667$

7.5

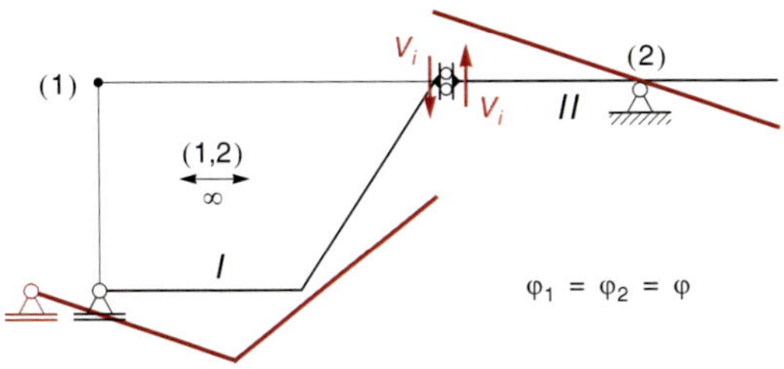

$$\varphi_1 = \varphi_2 = \varphi$$

$$\overline{W} = V_i \cdot \varphi \cdot 5 + V_i \cdot \varphi \cdot 3 + 40 \cdot \varphi$$
$$+ 15 \cdot 2 \cdot \varphi \cdot 4 - 15 \cdot 3 \cdot \varphi \cdot 1{,}5 + 25 \cdot \varphi \cdot 3 = 0$$
$$\Rightarrow V_i = -20{,}9375$$

7.6

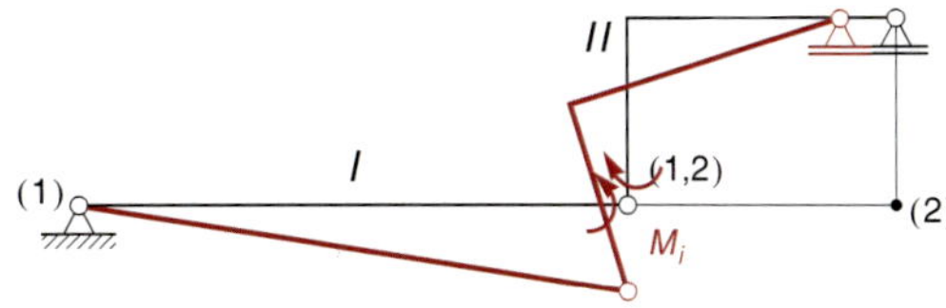

$$\varphi_1 = \varphi$$

$$\varphi_2 = \varphi \cdot \frac{6}{3} = 2\varphi$$

$$\overline{W} = -M_i \cdot \varphi - M_i \cdot 2\varphi - 40 \cdot \varphi$$
$$+ 15 \cdot \varphi \cdot 4 + 10 \cdot 3 \cdot 2\varphi \cdot 1{,}5 + 20 \cdot 2\varphi \cdot 2 = 0$$
$$\Rightarrow M_i = 63{,}333333$$

8.1

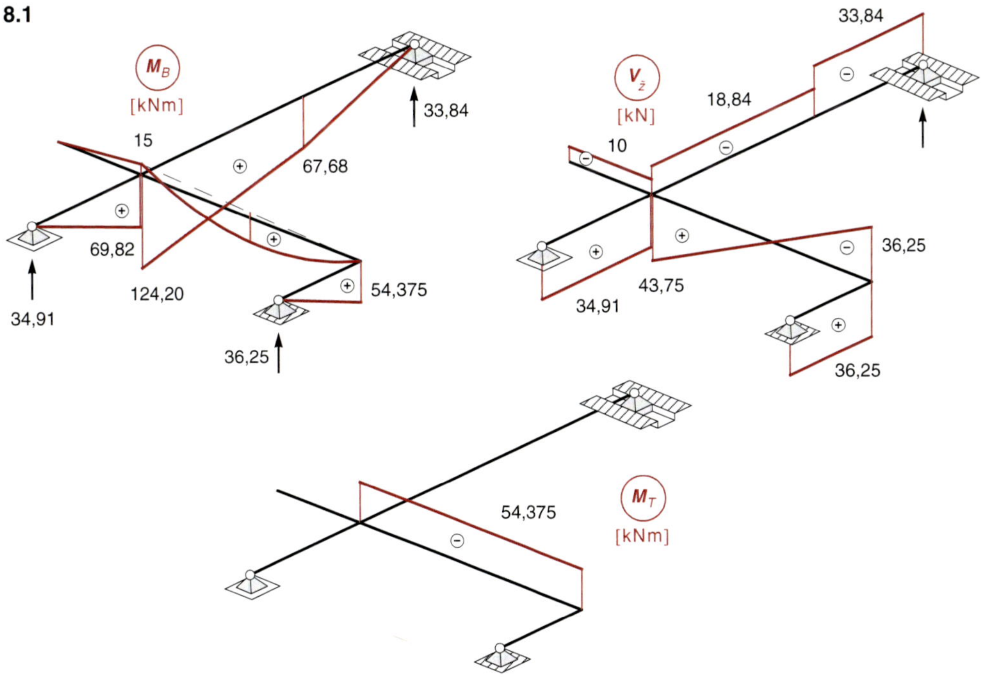

8.2

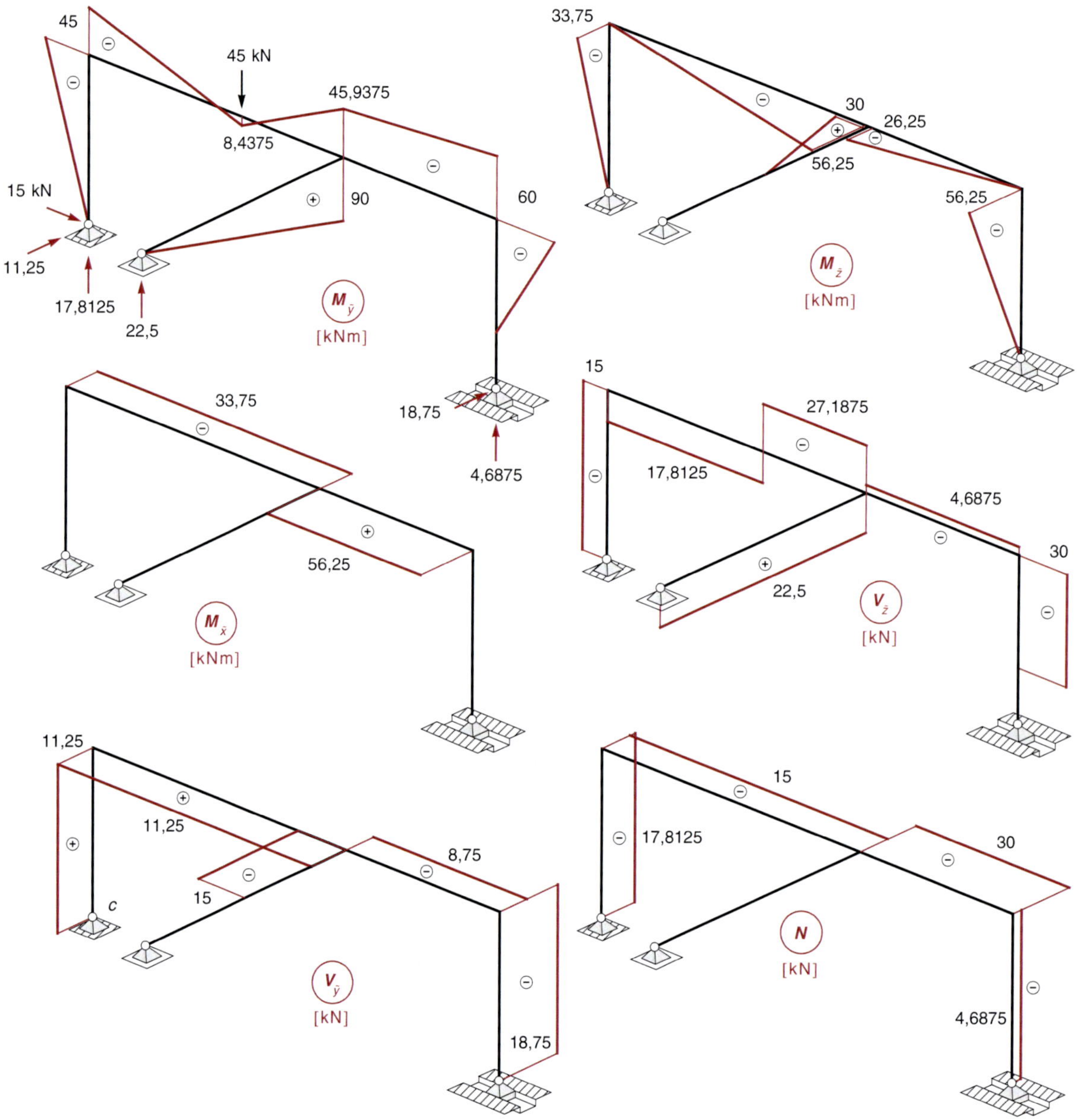
45
45 kN
45,9375
8,4375
15 kN
90
60
11,25
17,8125
22,5
$M_{\bar{y}}$
[kNm]
33,75
30
26,25
56,25
56,25
$M_{\bar{z}}$
[kNm]
15
33,75
27,1875
18,75
17,8125
4,6875
4,6875
56,25
30
22,5
$M_{\bar{x}}$
[kNm]
$V_{\bar{z}}$
[kN]
11,25
11,25
15
8,75
15
c
30
17,8125
N
[kN]
$V_{\bar{y}}$
[kN]
4,6875
18,75

9.1

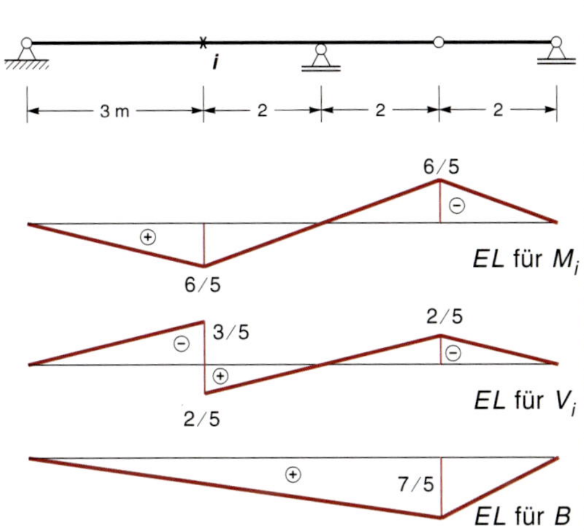
i
3 m
2
2
2
6/5
6/5
EL für M_i
3/5
2/5
2/5
EL für V_i
7/5
EL für B

9.4

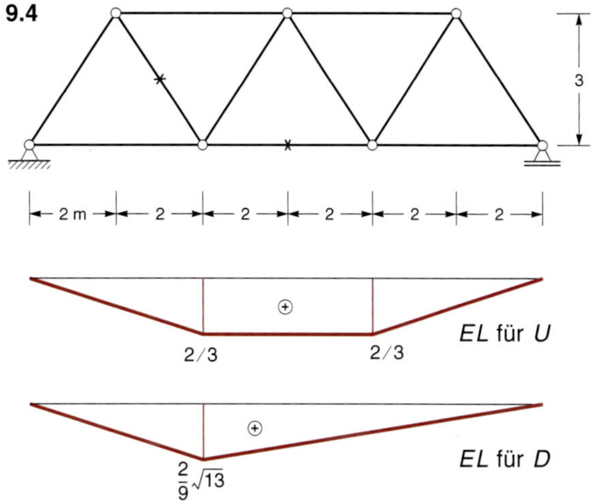
3
2 m
2
2
2
2
2
2/3
2/3
EL für U
$\frac{2}{9}\sqrt{13}$
EL für D

9.2

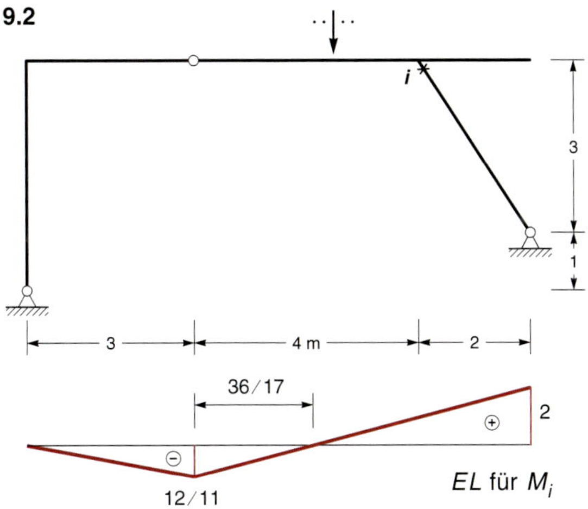
i
3
1
3
4 m
2
36/17
2
12/11
EL für M_i

9.3

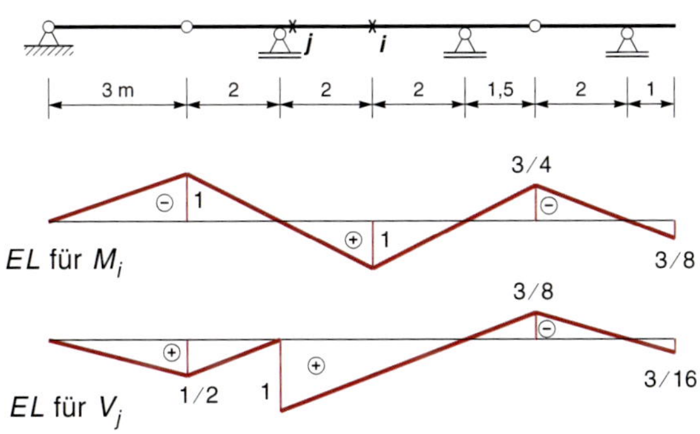
j
i
3 m
2
2
2
1,5
2
1
1
1
3/4
3/8
EL für M_i
3/8
1/2
1
3/16
EL für V_j

9.5

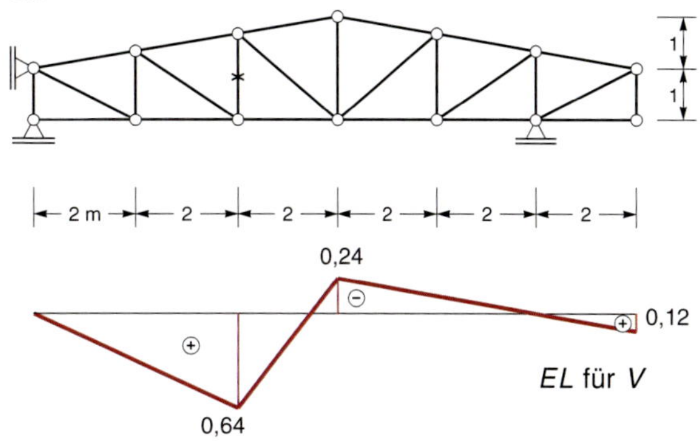
1
1
2 m
2
2
2
2
2
0,24
0,12
0,64
EL für V

Literaturverzeichnis

Bletzinger, K-U., Dieringer, F., Fisch, R., Philipp, B.: Aufgabensammlung zur Baustatik, Fachbuchverlag Leipzig im Carl Hanser Verlag 2015

Bochmann, F.: Statik im Bauwesen, Band 1: Statisch bestimmte Systeme, 21. Auflage, Verlag Bauwesen, Berlin 2003

Dinkler, D.: Grundlagen der Baustatik, 3. Auflage, Springer-Vieweg-Verlag, Berlin, Heidelberg, New York 2014

Duddeck, H., Ahrens, H.: Statik der Stabtragwerke. In: Betonkalender. Ernst & Sohn, Berlin 1991, 1994, 1998

Gross, D., Hauger, W., Schröder, J, Wall, W.A.: Technische Mechanik 1: Statik, 10. Aufl., Springer-Verlag, Heidelberg 2009

Hirschfeld, K.: Baustatik, Theorie und Beispiele, 5. Aufl., Springer-Verlag, Berlin 2006

Krätzig, W., Harte, R., Meskouris, K., Wittek, U.: Tragwerke 1 - Theorie und Berechnungsmethoden statisch bestimmter Stabtragwerke, 5. Aufl., Springer-Verlag, Berlin 2010

Meskouris, K., Hake, E.: Statik der Stabtragwerke - Einführung in die Tragwerkslehre, 2. Aufl., Springer-Verlag, Berlin 2009

Schneider, K-J., Schweda, E.: Statisch bestimmte Systeme, 5. Aufl., Werner-Verlag, Düsseldorf 1999

Szabo, I.: Einführung in die Technische Mechanik, 8. Aufl., Springer-Verlag, Berlin, Göttingen, Heidelberg 1975, Nachdruck 2003

Wagner, W., Erlhof, H.: Praktische Baustatik, Teil 1, 19. Aufl. 1997, B.G. Teubner Verlag, Wiesbaden

Wetzell, O.W.: Technische Mechanik für Bauingenieure, Band 1: Statisch bestimmte Stabtragwerke. B.G. Teubner Verlag, Wiesbaden 1972, 3. Aufl. 2011

Sachwortverzeichnis